弹头控制原理

主　编　赵　欣
副主编　朱晓菲　秦伟伟
参　编　李国梁　何　兵　沈晓卫

西安电子科技大学出版社

内容简介

本书是按照知识层层递进、原理与技术融合、传统与前沿兼顾的思路进行编写的。全书总体架构分为三层：基础知识层，含弹头控制理论基础和弹头概述两章；基本原理层，含弹头姿态控制原理和弹头制导原理两章；实现技术层，含弹头慢旋与滚速控制技术、多弹头分导控制技术和弹头的机动变轨技术三章。

本书既可用于飞行器导航、制导与控制专业的本科生教学，也可用于国防生首次任职教育和相关专业的专科生教学，还可作为短期任职培训及研究生关联专业教育的参考书。

图书在版编目(CIP)数据

弹头控制原理 / 赵欣主编. --西安：西安电子科技大学出版社，2024.1
ISBN 978 - 7 - 5606 - 6946 - 5

Ⅰ. ①弹…　Ⅱ. ①赵…　Ⅲ. ①弹头—导弹控制　Ⅳ. ①TJ765

中国国家版本馆 CIP 数据核字(2023)第 115198 号

策　　划　明政珠
责任编辑　武翠琴
出版发行　西安电子科技大学出版社(西安市太白南路 2 号)
电　　话　(029)88202421　88201467　　邮　　编　710071
网　　址　www.xduph.com　　电子邮箱　xdupfxb001@163.com
经　　销　新华书店
印刷单位　咸阳华盛印务有限责任公司
版　　次　2024 年 1 月第 1 版　2024 年 1 月第 1 次印刷
开　　本　787 毫米×1092 毫米　1/16　印张 17
字　　数　402 千字
定　　价　61.00 元
ISBN 978 - 7 - 5606 - 6946 - 5/TJ
XDUP 7248001 - 1

前　言

反导技术日趋成熟，对弹头的控制也提出了新要求。因武器型号系列繁多，在本科专业课教学中，同时深入细致地讲授各种武器平台的控制机理和技术是不可能的，一种可行的办法是抽象出现有武器型号系列的共用控制技术，通过剖析其内在原理构建教学内容，然后完成教学，以便在配合具体武器型号技术课程教学的同时达到让学生一专多能的目的。

本书是电子信息工程专业的专业背景课程“弹头控制原理”的配套教材。“弹头控制原理”课程始设于1984年的弹头姿控与突防专业，后经学校重点课程建设，融入国际同时期最新慢旋与滚控技术、多弹头分导控制技术和常规弹头调姿技术等，形成了《弹头控制与突防技术》教材，并完成了对应校级精品课程的建设。后来火箭军工程大学在2018年和2020年两次人才培养方案修订中，按照“强基础、宽面向”的理念，同时考虑到当前国际最新型滑翔类高机动弹头专业教学和任职岗位培养的需求，融合了临近空间飞行器原理相关内容，经过反复论证，再次编写了教材，并更名为《弹头控制原理》。

本书的主要内容如下：

第1章：弹头控制理论基础，主要包括导弹飞行过程及特点、导弹空间飞行定性分析、导弹空间飞行定量分析、导弹飞行控制原理。

第2章：弹头概述，主要包括弹道导弹弹道及弹头结构、弹头控制技术及其发展。

第3章：弹头姿态控制原理，主要包括姿态控制系统基本概念、传统弹道导弹弹头姿态控制基本原理、新型高机动弹头姿态控制基本原理、姿态控制指令生成及稳定性分析基本方法。

第4章：弹头制导原理，主要包括导弹制导系统概述、主动段制导原理、中制导基本原理——惯性制导原理、中制导基本原理——其他典型制导方式原理、自寻的制导原理。

第5章：弹头慢旋与滚速控制技术，主要包括弹头慢旋技术、弹头滚速控制技术。

第6章：多弹头分导控制技术，主要包括多弹头分导技术发展、多弹头分导系统、工程应用中的惯性测量组合、分导控制原理。

第 7 章：弹头的机动变轨技术，主要包括机动弹头的特点与组成、机动弹头的气动设计、机动弹头的热环境与热防护、再入机动弹头的运动方程及分析。

本书的主要特色如下：

（1）兼顾学科专业性和基础性，同时传递体现学科特色的前沿性知识，因此科学性极强；

（2）适用面宽，既可用于本学科专业的本科生教学，也可推广用于国防生首次任职教育和相关专业的专科生教学，还可作为短期任职培训及研究生关联专业教育的参考书；

（3）既对国外传统型号武器的共性基本原理进行了较为全面的讲解，又对国外最新发展的下一代新型装备的相关基本控制原理进行了系统阐述，通俗易懂，深入浅出，具有一定的创新性；

（4）抽象出现有及未来发展型号装备系列的共用技术，通过剖析其内在通用原理构建教材内容，提炼出具有普遍规律的弹头控制基本原理及典型技术，具有较高的学术价值。

本书由火箭军工程大学弹头控制教学团队组织策划，由赵欣担任主编并统稿。编写分工为：第 1 章、第 3 章和第 4 章由赵欣编写，第 5 章和第 6 章由朱晓菲编写，第 2 章由秦伟伟编写，第 7 章由李国梁编写，何兵和沈晓卫参与了第 3 章和第 7 章的编写。

在本书编写过程中，火箭军工程大学核工程学院各级领导和专家教授提出了许多宝贵的建议，编者在此深表感谢！

由于编者水平和经验有限，书中难免有不足之处，恳请读者批评指正！

编　者

2023 年 10 月

目　录

第 1 章 弹头控制理论基础

导弹是依靠自身能量推进，由控制系统控制飞行轨迹，将弹头导向并毁伤目标的武器。导弹控制在广义上包括导弹地面测试与发射控制以及导弹空中飞行控制，其中导弹空中飞行控制是导弹控制的核心。完成地面测试与发射控制任务的一整套装置称为“测试与发射控制系统”，简称“测发控系统”；完成导弹空中飞行控制任务的一整套装置称为“导弹控制系统”。

导弹控制的对象是飞行全程的导弹，其任务实际上就是在导弹控制系统正常工作的情况下，自动、高标准地控制导弹飞行任务的完成。通常可以将导弹控制的任务分为两部分：第一部分是确保导弹控制系统能够正常工作，并且很好地遵循自动控制理论的各项原理；第二部分是控制导弹飞行任务的完成。其中第二部分与导弹飞行任务相对应，是导弹控制任务的核心，包括以下两种控制形式：

(1) 质心运动准确性控制：首先控制导弹的质心运动轨迹按照设计好的规律进行变化，其次保证导弹在干扰作用下的质心运动轨迹的规律性变化能够达到准确度指标。准确度控制通常称为制导控制，需要由导弹制导系统和姿态控制系统共同执行。

(2) 绕质心运动稳定性控制：首先控制导弹的飞行姿态按照设计好的规律进行变化，其次保证导弹在干扰作用下的飞行姿态的规律性变化能够达到稳定性指标。稳定性控制通常称为姿态控制，主要由导弹姿态控制系统执行。

弹头控制是导弹全程飞行控制的阶段性工作，是对导弹弹头在被动段或头体分离后飞行过程中的控制工作，本质上也包括质心运动准确性控制和绕质心运动稳定性控制。因此，就控制理论基础而言，弹头控制和导弹控制是一致的。本章以导弹空间飞行为对象，从定性和定量两个方面介绍基本的分析方法和结论。

1.1 导弹飞行过程及特点

导弹的分类方法有很多种，常见的包括按发射点与目标点的关系分类、按作战任务分类、按攻击目标类型分类、按飞行轨迹分类、按射程分类、按携带弹头数量分类和按发动机级数分类，如图 1-1 所示。本节以地(舰)地(舰)弹道导弹为例，描述其典型飞行过程并简要分析其飞行特点。

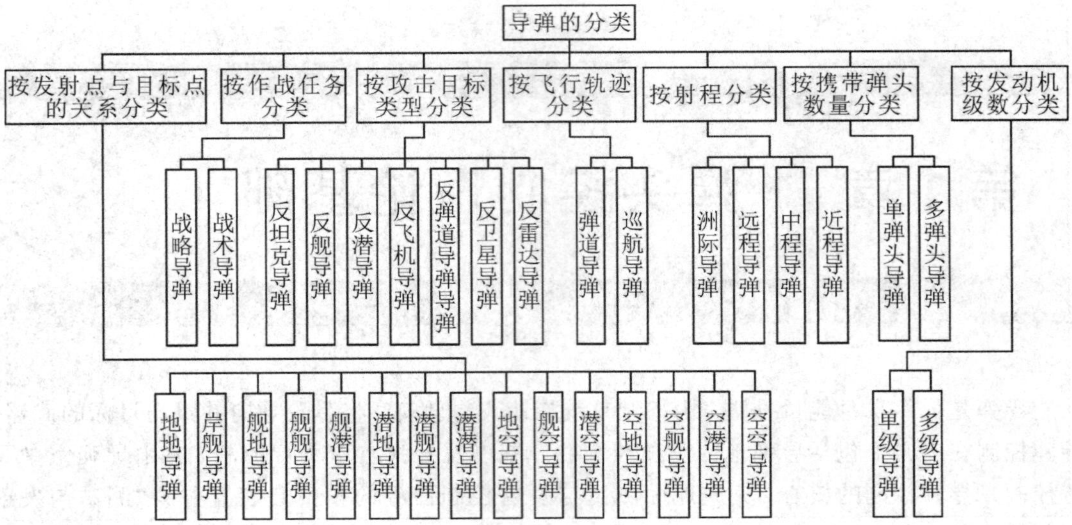

图 1-1 导弹的分类

1.1.1 弹道导弹典型飞行过程

不同型号弹道导弹的飞行各具特点，但基本过程大致相同，均可以以末级主发动机关机为界，分为主动段和被动段。弹道导弹飞行轨迹的典型分段如图 1-2 所示。

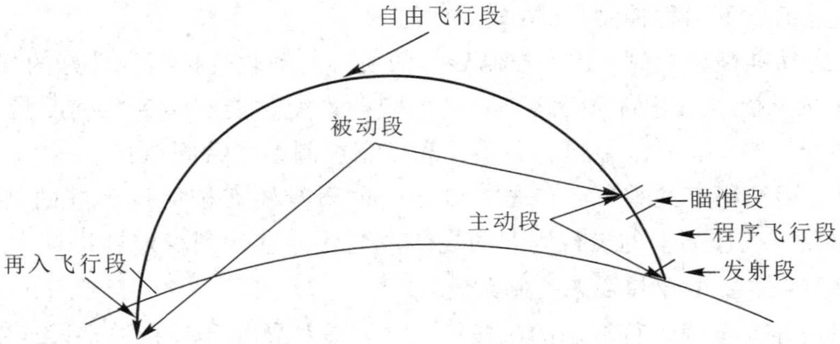

图 1-2 弹道导弹飞行轨迹的典型分段示意图

1. 弹道导弹主动段飞行

弹道导弹的主动段，是从导弹发射至末级主发动机关机的飞行段，通常可以分为发射段、程序飞行段和瞄准段。

1）发射段

发射段是指从导弹发射至程序转弯开始时刻的飞行段，也称为起飞段。

在发射段，导弹飞行的特点有：

(1) 导弹发动机推力逐渐增加，由零推力达到额定推力；导弹受到较大的震动干扰，需要加以抑制，避免造成破坏性影响。

(2) 导弹与地面发射装置(发射架或发射筒)距离很近，需要将导弹的姿态漂移控制在很小的范围内，使姿态角基本保持不变，避免发生碰撞。

需要指出的是，垂直发射和倾斜发射的导弹，在发射段的控制需求有所不同，但都要尽可能获得较高的推力/高度值；热点火发射与弹射冷点火发射的导弹，其飞行零秒的起算时间是不同的。

2）程序飞行段

程序飞行段是指从程序转弯开始至程序转弯结束的飞行段，也称转弯段。

在程序飞行段，导弹飞行的特点有：

(1) 导弹飞行程序角(俯仰角)逐渐减小，导弹飞行速度矢量与发射点水平面的夹角逐渐减小，需要使姿态角的变化过程按照标准程序进行，直至达到额定值。

(2) 导弹飞行轨迹穿越大气层，导弹飞行受到较大气动干扰，需要消除各种内外干扰的影响，使导弹保持飞行轨迹的准确性和飞行姿态的稳定性。

需要指出的是，多级导弹通常选择在程序飞行段完成前级发动机关机、后级发动机点火以及级间分离等控制工作，因此程序飞行段是工作压力最大、控制飞行最困难的飞行段。

3）瞄准段

瞄准段是指从程序转弯结束至末级主发动机关机的飞行段。

在瞄准段，导弹飞行的特点有：

(1) 导弹飞行姿态保持不变。

(2) 依据飞行位置和飞行速度选择末级主发动机关机时刻，将导弹落点控制在较精确的范围。

需要指出的是，多弹头导弹可以按照预定方案完成多次飞行姿态和飞行轨迹调整，并完成多枚弹头的依次抛射，同时保证每枚弹头的落点精度，因此可理解为有多个"瞄准段"。

2. 弹道导弹被动段飞行

弹道导弹的被动段，是从导弹末级主发动机关机至战斗部起爆的飞行段，本质上属于弹头独立飞行的过程，通常可以分为自由飞行段和再入飞行段。

1）自由飞行段

自由飞行段是指从导弹末级主发动机关机至导弹重新进入大气层的飞行段。在此飞行段，导弹的主要控制工作已经完成，主发动机动力结束，导弹依靠惯性飞行，弹头控制系统完成再入大气层前的姿态调整等工作。

在自由飞行段，导弹飞行的特点有：

(1) 导弹弹头需要调整姿态，以达到再入大气层时的姿态角(再入角)要求。

(2) 具备中制导能力的导弹，可以进行飞行轨迹的进一步精确控制或飞行轨迹的机动变化控制。

需要指出的是，弹道导弹自由飞行段的飞行距离很长，占导弹射程的90%以上，而且导弹通常是在大气层外飞行，飞行所受干扰很小。导弹在自由飞行段的飞行轨迹包括上升的升弧段和下降的降弧段。在升弧段，导弹飞行的动能由最大值逐渐减小，而势能逐渐增大；到达飞行轨迹的最高点(弧顶)时，动能最小，而势能最大；进入降弧段后，势能逐渐减小，而动能逐渐增大，导弹飞行速度也持续增大。

2）再入飞行段

再入飞行段是指从导弹重新进入大气层至战斗部起爆的飞行段。

在再入飞行段，导弹飞行的特点有：

(1) 导弹受到比主动段大几十倍的动载荷，必须精确控制姿态角(再入角)才能保证弹体不被破坏或烧蚀。

(2) 具备末制导能力的导弹，可以运用各种末制导技术精确控制导弹攻击目标。

需要指出的是，弹道导弹再入飞行段的空气密度逐渐增加，由于空气阻力的作用，导弹飞行速度大幅下降，导弹受到的空气动力作用加剧，出现严重的气动加热现象，使弹头壳体材料的抗拉强度明显降低；导弹再入角对导弹飞行能否成功起到关键作用。

1.1.2 弹道导弹飞行特点

从宏观上，可以将弹道导弹的飞行特点总结为以下几个方面。

1. 导弹飞行轨迹的外形特点

导弹的飞行轨迹是指空间运动过程中导弹质心行进的路线，也就是常称的弹道。通常弹道导弹的飞行轨迹是在通过发射点和目标点的特定平面上的一条曲线，曲线的基本形状是近似的抛物线，分为升弧段和降弧段。关于这条曲线，需要做以下说明：

(1) 在某些飞行区间，弹道导弹的飞行轨迹是直线；

(2) 在某些飞行时段，弹道导弹的飞行轨迹会偏离发射点和目标点所确定的特定平面；

(3) 由于弹道导弹的质心在飞行过程中具有相对的内部移动，因此严格来说其飞行轨迹是一条忽略了这种移动之后的光滑曲线；

(4) 导弹的外形通常是由同轴、同底的多个圆锥体和圆柱体组合而成的(圆锥体和圆柱体共有的轴称为导弹纵轴，导弹纵轴的长度即导弹长度 l，底圆的半径为 r、直径为 D，导弹长度与底圆直径之比 l/D 称作导弹的长细比)，虽然其外形尺寸与其飞行的空间距离相比十分微小，但是由于导弹具有较大长细比，而且导弹自身的运动姿态对其运动轨迹具有巨大的影响，对运动的安全性更是具有决定性的影响，因此不能将导弹的空间飞行简单地作为质点的运动来处理，而是要特别关注导弹自身的姿态运动。

2. 导弹空间飞行的运动性质

从运动性质分析，导弹的空间飞行包括了刚性弹体运动(简称刚体运动)和弹体弹性振动，是这两种性质运动相互叠加的复合运动。其中，刚体运动包括三个自由度的质心运动和三个自由度的绕质心运动；弹体弹性振动自身具有桁梁弹性变形的运动特点，同时又对刚体运动产生影响。

需要指出的是，如果导弹采用的是液体推进剂，还需要考虑液体推进剂在贮箱内的晃动和在管道内的流动，液体推进剂在贮箱内的晃动自身具有弹簧-质量体的运动特点，同时也对刚体运动和弹体弹性振动产生影响。

3. 导弹空间飞行的标准

导弹的空间飞行是在预先进行了飞行姿态计算和飞行轨迹计算的基础上有准备的有控飞行。

导弹飞行控制所遵循的标准分为两部分，其中关于飞行姿态的变化标准称为标准程序角，有三个自由度；而关于飞行轨迹的变化标准即标准弹道，也有三个自由度。同时，飞行标准对导弹飞行的约束不仅体现在飞行姿态和飞行轨迹的各三个自由度上，还包括要求与时间轴一一对应。也就是说飞行标准可以表示为一个三元组 $P(t, \Delta, s)$，其中：t 代表飞行时间，Δ 代表飞行姿态（三个自由度），s 代表飞行轨迹（三个自由度）。这个三元组要求导弹在飞行的 A 时间点，必须具有 A 飞行姿态和 A 飞行轨迹；而在飞行的 B 时间点，则必须具有 B 飞行姿态和 B 飞行轨迹。导弹控制系统所需要做的就是以标准程序角和标准弹道以及时间轴作为约束条件，控制导弹飞行的所有参数，并且消除各种干扰因素对飞行姿态和飞行轨迹的影响，保证导弹以尽可能高的精度同时满足标准程序角和标准弹道的要求。由此可见，飞行标准既是导弹飞行控制的出发点也是导弹飞行控制的落脚点，它的重要性不言而喻。

4. 导弹飞行环境的特点

导弹的飞行环境十分恶劣，既是导弹飞行的重要特点，也是导弹控制的重要特点，具体体现在以下几个方面。

1）飞行震动冲击剧烈

导弹在飞行过程中，既有由静止状态到高速飞行状态的急剧变化，也有由姿态缓慢变化到遇到干扰后姿态急剧变化并带来稳定性风险的状况，还有由多级导弹级间转换造成的综合性状态剧烈变化。这些飞行状态方面的剧烈变化，必然带来导弹在飞行过程中的剧烈震动，对其造成冲击。

2）环境温度大幅变化

导弹的飞行是在广阔空间中完成的，其飞行高度上的大幅变化，带来了导弹飞行环境温度的大幅变化。特别是导弹在再入大气层时，由于飞行速度非常高，与逐渐浓密的大气之间的摩擦会产生巨大的气动热，使得弹头表面温度能够达到几千摄氏度，对其造成严重的烧蚀。

3）飞行干扰因素众多

导弹飞行过程中的干扰因素非常多，其外部干扰除了震动和温度，还包括：风干扰，尤其是切变风干扰；大过载干扰，尤其是再入飞行段的横向过载干扰；气象条件干扰，比如雷电、雨雪干扰；敌方施加的干扰，比如电磁干扰和核环境干扰。其内部干扰主要来源于导弹系统的制造、安装误差，以及控制系统的设计误差、方法误差和工作误差。

4）控制系统工作条件恶劣

在导弹飞行过程中，导弹控制系统除了必须经受住外界各项恶劣条件和控制系统内部各项干扰（如零漂、非线性、电磁干扰等）的挑战，还要面对导弹长期储存、一次使用后长期储存保持较高使用可靠性和稳定性要求的考验，以及由于控制系统组成繁复、工作任务及工作过程复杂多样，要求所有元件和设备都具有较低失效率的考验。

1.2 导弹空间飞行定性分析

导弹空间飞行的分析是对导弹进行飞行控制的基础，而其分析可以分为定性分析和定量分析。本节以导弹刚体运动为主要对象进行简要的定性分析。

导弹刚体运动是在忽略导弹弹体变形的前提下的一种近似运动。对于多级弹道导弹而言，刚体外形在飞行过程中会有跳跃式的变化。导弹刚体运动可以分为质心的平动运动和绕质心的转动运动，导弹质心运动的轨迹就是导弹的运动轨迹——弹道。

1.2.1 导弹刚体质心运动

导弹刚体质心运动包括两个方面：导弹质心在空间的运动和导弹质心在弹体内的移动。在飞行过程中，导弹依靠推进剂燃烧后所产生的高温燃气向后高速喷出产生的反作用力推动而以刚体形式向前运动，于是导弹质心表现为空间运动。与此同时，导弹的总质量由于推进剂的持续消耗而呈现出时变性，而且质量分布也呈现时变性，这种变化使得导弹的质心沿导弹纵轴移动。导弹质心在弹体内的移动将影响导弹的静稳定性，在控制系统完成绕质心运动稳定性任务时必须加以考虑；导弹质心在空间的运动规律则决定着导弹飞行的准确性，从而决定导弹控制系统对质心运动准确性任务的完成，是导弹质心运动研究的重点。本书若不加特殊说明，则“导弹的质心运动”专指导弹质心在空间的运动，而忽略导弹质心在弹体内的移动。

从运动学的角度分析，导弹质心在空间的运动是具有三个自由度的曲线运动，即在运动空间的三个方向上各自具有一个自由度。如果定义一个三维空间坐标系，就能够将导弹的质心用一组三维坐标表示，并进一步对质心运动进行定量分析。

在一个确定的三维空间坐标系内展开对导弹质心运动的研究时，所涉及的参数包括：

(1) 导弹质心的位置——由质心的坐标值确定；

(2) 导弹质心运动的速度矢量——由单位时间内质心坐标值的变化率确定；

(3) 导弹质心运动的加速度矢量——由单位时间内质心运动速度矢量的变化率确定。

显然，在以上运动物理参数的描述下，导弹质心运动将遵循牛顿力学定律，其力学物理量是“力”。

1.2.2 导弹刚体绕质心运动

导弹刚体外形巨大，在工程实现中，为了运动控制的便利，将质心设计在导弹的纵轴上，而且使得质心即便是在导弹内部有移动，也是稳定地在纵轴上进行直线移动。导弹刚体在运动过程中受到多个力的作用，这些力中有的力作用于质心或力的矢量(指的是力的延长线)通过质心，有的力的作用点和力的矢量都偏离质心，正是这些没有作用于质心的力及其力臂所产生的力矩，使得导弹产生绕质心运动。

从运动学的角度分析，导弹绕质心的空间运动也具有三个自由度，即在运动空间的三个方向上各自具有一个转动自由度。如果定义一个三维空间坐标系，就能够确定一组三维绕质心转动角度，并进一步对绕质心运动进行定量分析。

在一个确定的三维空间坐标系内展开对导弹绕质心运动的研究，所涉及的参数包括：

(1) 导弹绕质心转动量——由相对坐标轴的转动角度确定；

(2) 导弹绕质心运动的速度矢量——由单位时间内转动角度的变化率确定；

(3) 导弹绕质心运动的加速度矢量——由单位时间内绕质心运动速度矢量的变化率确定。

显然，在以上运动物理参数的描述下，导弹绕质心运动将遵循刚体陀螺力学定律，其力学物理量是“力矩”。

1.2.3 导弹刚体绕质心运动与质心运动的关系

导弹在空间飞行过程中，当要求其质心沿标准弹道做曲线运动时，就会要求导弹主动做出姿态变化，即必须做绕质心运动。这是因为：导弹运动的主要动力是发动机的推力，推力矢量正常情况下与导弹纵轴重合，指向弹头方向，其作用点位于导弹尾部，与质心有一段距离；导弹的质心在沿曲线运动时，导弹速度矢量的方向是沿着弹道的切线方向的，必须改变推力矢量方向才能够改变速度矢量方向并最终实现质心的曲线运动。推力矢量方向的改变将带来两个结果：第一，导弹质心的受力方向不再与导弹纵轴重合，速度矢量方向改变，质心改变运动方向，开始做曲线运动；第二，推力矢量产生与导弹纵轴垂直的分量，称为控制力，控制力将通过推力矢量作用点与导弹质心之间的力臂产生相对于质心的力矩，使得导弹出现绕质心运动。导弹绕质心运动与质心运动关系示意图如图 1-3 所示。

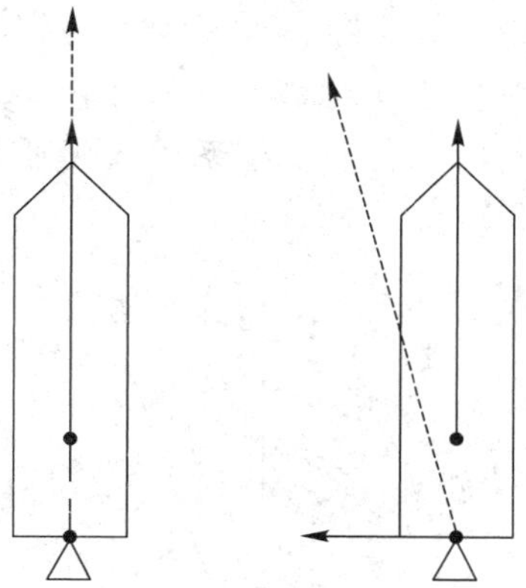

图 1-3　导弹绕质心运动与质心运动关系示意图

总而言之，导弹的绕质心运动在某种程度上是为了控制导弹质心曲线运动的实现而由导弹控制系统控制实现的。从另外一个角度来说，导弹对质心曲线运动的控制是通过导弹控制绕质心运动来实现的。这也是在导弹飞行控制系统工作过程中，要将制导控制信号送到姿态控制系统中，与姿态控制信号综合后再控制执行机构的根本原因。

需要指出的是，以上的分析只考虑了导弹发动机推力和控制力，而导弹实际飞行中所受到的力和力矩是复杂多样的，它们都会对导弹质心运动和绕质心运动产生影响，并且各种力和力矩对导弹质心运动和绕质心运动的作用效果是复杂多样的。我们既可以对它们逐一进行细致的分析，又可以从控制的角度将它们一律作为干扰力和干扰力矩看待。另外，多级弹道导弹在飞行中不断抛掉前一级弹体，从而在外形上呈现跳跃式的变化。这些因素都会带来导弹飞行所受力和力矩的极大变化，都需要在实施控制时详细考虑。

1.3 导弹空间飞行定量分析

对导弹空间飞行的定量分析需要从建立坐标系入手，然后在特定的坐标系内分别进行动力学分析和运动学分析，最终建立导弹空间飞行运动模型。

1.3.1 导弹运动分析常用坐标系

导弹运动分析常用的坐标系有很多，如用于基本分析的发射坐标系和地心大地直角坐标系，主要用于质心运动分析的速度坐标系和轨迹坐标系，主要用于绕质心运动分析的惯性坐标系和弹体坐标系。以下给出各坐标系的定义。

1. 发射坐标系

发射坐标系如图 1-4 所示，其坐标原点取于导弹发射点 O；Oy 轴为过发射点的铅垂线，向上为正，其延长线过地球赤道平面交地轴于 O'_e 点，它与赤道平面构成夹角 B_T，称为天文纬度，而 Oy 轴所在的天文子午面与起始天文子午面（过英国格林威治天文台的天文子午面）构成二面角 λ_T，称为发射点天文经度；Ox 轴与 Oy 轴垂直，且指向瞄准方向，它与发射点天文子午面正北方向构成夹角 A_T，称为天文瞄准方位角；Oz 轴与 Ox、Oy 轴构成右手直角坐标系。在弹道学理论中，常将 xOy 平面称为射击平面，简称射面。依据定义，显然发射坐标系为动坐标系，它固连于地球，且随之转动，可以作为讨论导弹运动规律的基本参考系。当不计地球旋转时，发射坐标系才成为惯性坐标系，或称为初始发射坐标系。

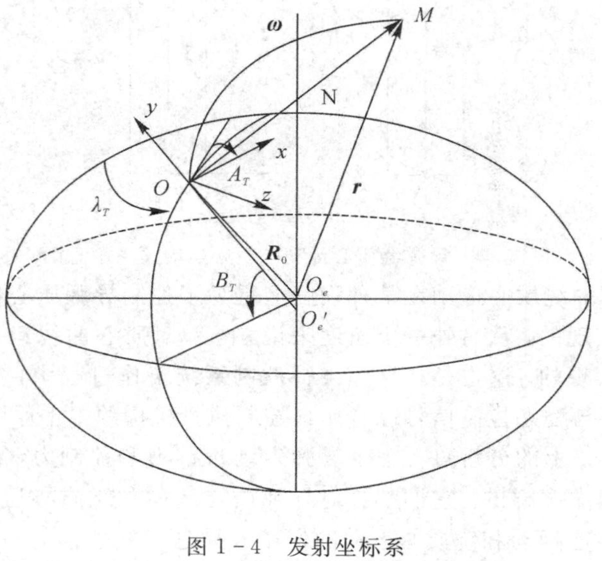

图 1-4 发射坐标系

需要强调指出，由于真实地球近似为一椭球体，因此发射坐标系 Oy 轴与发射点处的法线并不重合，只有在忽略垂线偏差时，Oy 轴才沿发射点的法线方向。此外，Oy 轴的延长线也并不通过地心 O_e，这是由地球质量相对于包含发射点地心矢径在内的平面分布不对称以及地球旋转而产生的牵连惯性力所引起的。

有了发射坐标系后，我们就可较方便地描述运动中的导弹质心任一时刻相对地球的位置和速度，同时也可描述地球对导弹的引力问题。假设导弹某时刻位于空间 M 点，那么该点位置既可以用 M 点在发射坐标系中的坐标(x, y, z)来表示，也可以由 M 点对地心的矢径 $\boldsymbol{r}$ 来确定。

由图 1-4 可得

$$\boldsymbol{r}=\boldsymbol{R}_0+\overrightarrow{OM} \tag{1.1}$$

或

$$r=(R_{0x}+x)x^{0}+(R_{0y}+y)y^{0}+(R_{0z}+z)z^{0} \tag{1.2}$$

式中：R_{0x}、R_{0y}、R_{0z}——发射点地心矢径 $\boldsymbol{R}_0$ 在发射坐标系各轴上的投影；

$\boldsymbol{x}^0$、$\boldsymbol{y}^0$、$\boldsymbol{z}^0$——发射坐标系各轴的单位矢量。

矢径 $\boldsymbol{r}$ 的大小 r 及其方向余弦可表示为

$$\begin{cases} r=\sqrt{(R_{0x}+x)^2+(R_{0y}+y)^2+(R_{0z}+z)^2} \\ \cos(\boldsymbol{r},\widehat{\ }\boldsymbol{x}^0)=\dfrac{R_{0x}+x}{r} \\ \cos(\boldsymbol{r},\widehat{\ }\boldsymbol{y}^0)=\dfrac{R_{0y}+y}{r} \\ \cos(\boldsymbol{r},\widehat{\ }\boldsymbol{z}^0)=\dfrac{R_{0z}+z}{r} \end{cases} \tag{1.3}$$

在确定了飞行导弹质心相对发射坐标系的矢径后，其质心相对该坐标系的速度也就容易确定了。因此在研究导弹相对地面的运动时，发射坐标系是一个较为方便的参考系。

这里顺便提一下地面坐标系的概念：地面坐标系也固连于地球，其坐标原点仍取于发射点 O；而 Oy 轴则沿发射点地心矢径 $\boldsymbol{R}_0$ 方向；Ox 轴垂直于 Oy 轴，且指向瞄准方向；Oz 轴与 Ox、Oy 轴构成右手直角坐标系。这样看来，一般情况下，发射坐标系与地面坐标系并不重合，只有在忽略地球扁率和不计地球旋转时两个坐标系才重合。在研究中、近程弹道导弹的运动中，常常采用地面坐标系。

2. 地心大地直角坐标系

地心大地直角坐标系 $O_ex_sy_sz_s$ 如图 1-5 所示，其坐标原点位于地球中心 O_e；O_ez_s 轴沿地球自转轴指向北极；O_ex_s 轴为起始天文子午面与地球赤道平面之交线，且指向外方；O_ey_s 轴指向东方，且与 O_ez_s、O_ex_s 轴构成右手直角坐标系。

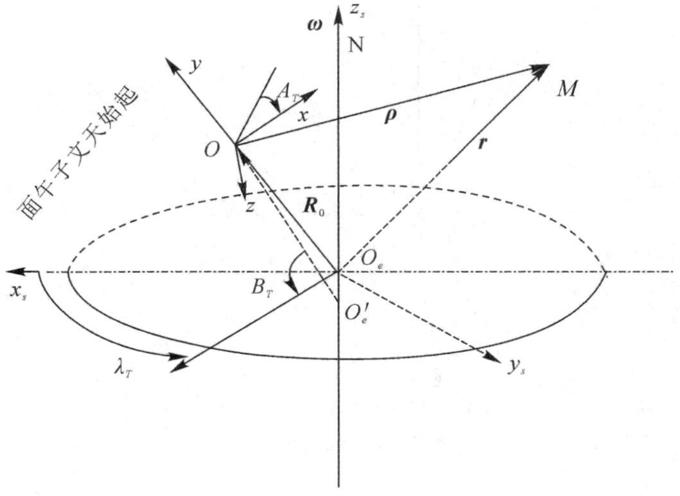

图 1-5　地心大地直角坐标系

3. 速度坐标系

导弹在飞行中，速度矢量 **v** 是一空间矢量。为确定矢量 **v** 在空间的方位以及研究作用于导弹上的空气动力，需要引入以速度矢量 **v** 为参考的速度坐标系 $O_zx_cy_cz_c$，如图 1-6 所示。

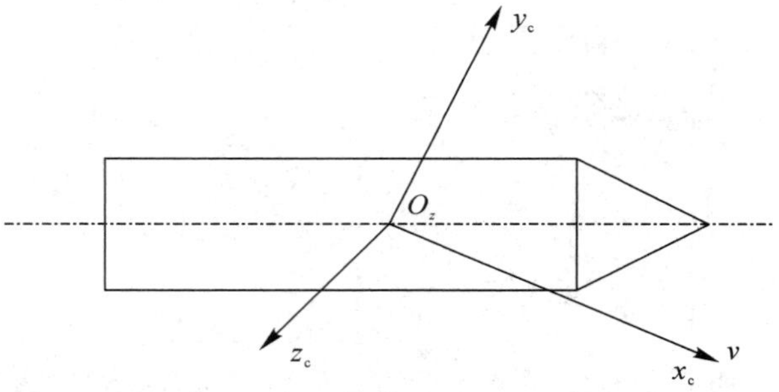

图 1-6 速度坐标系

速度坐标系的坐标原点取在导弹质心 O_z；O_zx_c 轴的方向与导弹速度矢量 **v** 的方向一致；O_zy_c 轴在导弹纵对称平面(即导弹发射瞬时与射击平面重合的平面)内，垂直于 O_zx_c 轴，指向上方；O_zz_c 轴与 O_zx_c、O_zy_c 轴构成右手直角坐标系。

4. 轨迹坐标系

轨迹坐标系 $O_zx_2y_2z_2$ 亦称为半速度坐标系，如图 1-7 所示。该坐标系的坐标原点仍取在导弹质心 O_z 上；O_zx_2 轴的方向与导弹速度矢量 **v** 的方向一致；O_zy_2 轴位于射击平面 xOy 平面内，且垂直于 O_zx_2 轴，指向上方；O_zz_2 轴与 O_zx_2、O_zy_2 轴构成右手直角坐标系。

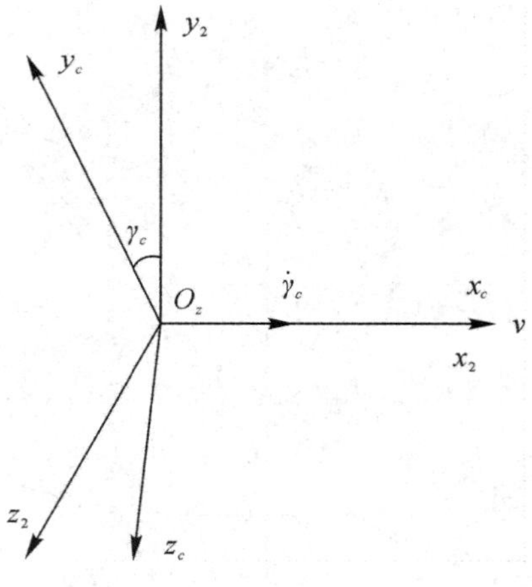

图 1-7 轨迹坐标系

5. 惯性坐标系

惯性坐标系 $Ox^ay^az^a$ 是以惯性空间为参考而定义的坐标系，如图 1-8 所示。该坐标系在导弹起飞瞬时与发射坐标系相重合。导弹起飞以后，固连于地球上的发射坐标系随地球旋转而转动，而惯性坐标系的坐标轴却始终指向惯性空间的固定方向，即与固连于惯性陀螺平台上的惯性坐标系各坐标轴保持一致。因此，惯性坐标系也称为初始发射坐标系或平台惯性坐标系。

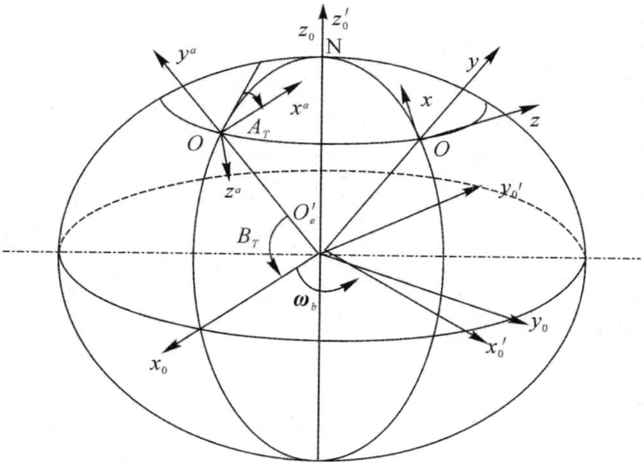

图 1-8 惯性坐标系

6. 弹体坐标系

为描述飞行导弹相对地球的运动姿态，引进一个固连于弹体且随导弹一起运动的直角坐标系 $O_zx_1y_1z_1$，该坐标系称为弹体坐标系，如图 1-9 所示。

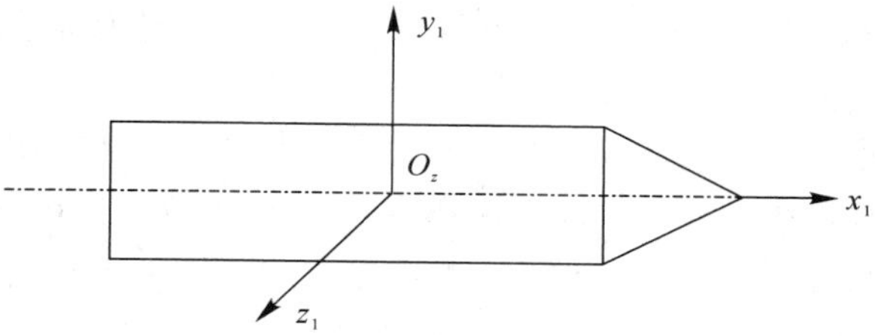

图 1-9 弹体坐标系

弹体坐标系的原点取在导弹质心 O_z 上；O_zx_1 轴与弹体纵对称轴一致，指向弹头方向；O_zy_1 轴垂直于 O_zx_1 轴，且位于导弹纵对称面内，指向上方；O_zz_1 轴与 O_zx_1、O_zy_1 轴构成右手直角坐标系。

引入弹体坐标系，不仅能方便地描述飞行导弹相对地球的运动姿态，而且由于发动机的推力方向和控制力的方向与弹体坐标系的 O_zx_1 轴方向和 O_zy_1、O_zz_1 轴方向相一致，因而用这个坐标系来描述推力和控制力也是十分简便的。

由于弹道导弹多为垂直发射的，因而在发射时，必须对其进行发射定向工作。按照发射时“导弹纵对称面须在射击平面内”的要求，在发射瞬间，导弹纵轴 O_zx_1 轴必然与发射坐标系的 Oy 轴重合；而弹体坐标系的 O_zy_1 轴则应指向射击瞄准方向的反向；至于 O_zz_1 轴则自然与 Oz 轴同向。弹体在发射坐标系中的位置如图 1-10 所示。

1.3.2 常用坐标系转换

从以上坐标系的定义可以看出，各坐标系之间有着非常密切的内在联系。虽然同一个

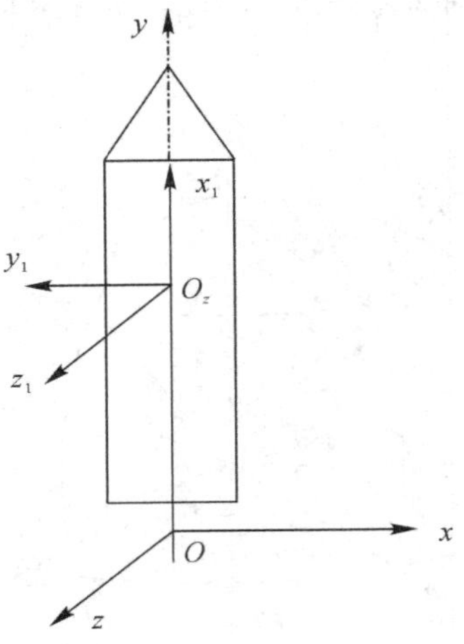

图 1-10　弹体在发射坐标系中的位置

物理量在不同的坐标系中有不同的表现形式，但是其实质是不变的。因此人们提出了这样一个问题：同一物理量如何在不同的坐标系之间转换？或者说，各坐标系之间有着怎样的联系？下面结合各主要坐标系间的角度关系讲述其转换关系。

如果将坐标系视为一个刚体，那么可以通过三次转动使两坐标系相应轴重合，即可以以三个转动角作为独立变量来描述两坐标系间的转换关系，这三个转动角就是两坐标系间的欧拉角。需要特别指出的是，当两坐标系位置确定时，转动次序不同，其欧拉角的大小也不同。因总共有六种转动次序，故有六组不同的欧拉角，但两坐标系间的最终转换矩阵中的九个元素值却是唯一的。

常用的坐标系转换的方法有欧拉角法、方向余弦矩阵法和四元数法。由于可通过欧拉角推导出方向余弦矩阵的表达形式，因此本书中仅介绍比较常用的欧拉角法和四元数法。关于四元数法的内容将在第 4 章中给出，这里重点讲述欧拉角法原理。

1. 弹体坐标系与发射坐标系之间的转换关系

导弹飞行过程中，如果其质心相对发射坐标系的坐标(x, y, z)已知，那么导弹相对发射点的位置也就认为是确定的。然而此时导弹的运动是抬头还是低头、是偏左还是偏右，我们并不知道。换言之，发射坐标系能够确定的仅仅是导弹质心任一时刻相对地球的位置，而无法确定飞行导弹相对地球的运动姿态。只有将固连于地球的发射坐标系和固连于导弹的弹体坐标系联合使用，才能既描述飞行导弹任一飞行瞬时相对地球的位置，又确定其相对地球的飞行姿态。为此，需建立弹体坐标系与发射坐标系间的关系。

在建立两坐标系间的关系时，我们认为弹体坐标系是由在发射瞬时与发射坐标系相重合的辅助发射坐标系平移(这种平移并不影响发射坐标系相对弹体坐标系的方位姿态，而仅仅改变发射坐标系的原点)到导弹质心后，经过三次连续旋转得到的。当然旋转方法不止一种，一种常用的旋转顺序为：$O_zxyz \xrightarrow{(z\text{逆}\ \varphi)} O_zx'y'z' \xrightarrow{(y'\text{逆}\ \psi)} O_zx''y''z'' \xrightarrow{(x''\text{逆}\ \gamma)} O_zx_1y_1z_1$(如图 1-11 所示)，每次旋转相应两坐标系间的方向余弦矩阵分别为 $\boldsymbol{L}(\varphi)$、$\boldsymbol{L}(\psi)$、$\boldsymbol{L}(\gamma)$。显然，平移后的辅助发射坐标系与弹体坐标系各轴间的三个欧拉角分别为 φ、ψ、γ，其对应的角速度矢量分别为 $\dot{\boldsymbol{\varphi}}$、$\dot{\boldsymbol{\psi}}$、$\dot{\boldsymbol{\gamma}}$。

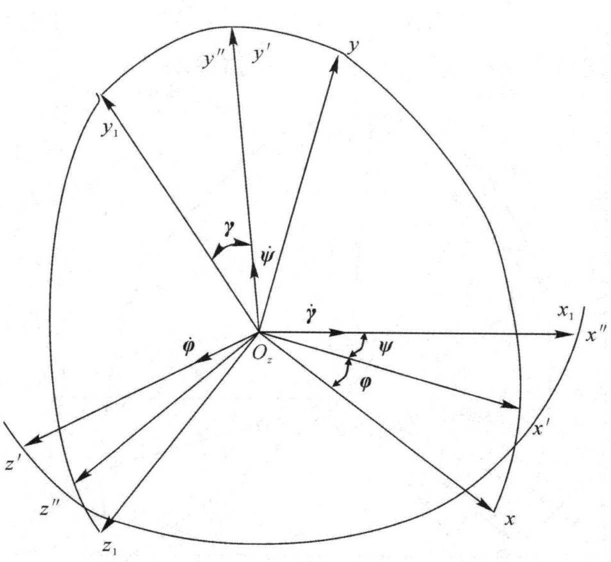

图 1-11 弹体坐标系与发射坐标系之间的转换

弹体坐标系与发射坐标系间的坐标变换式为

$$\begin{bmatrix} x_1 \\ y_1 \\ z_1 \end{bmatrix} = \boldsymbol{L}_o^1(\gamma, \psi, \varphi)\begin{bmatrix} x_o \\ y_o \\ z_o \end{bmatrix} = \boldsymbol{L}(\gamma)\cdot\boldsymbol{L}(\psi)\cdot\boldsymbol{L}(\varphi)\begin{bmatrix} x_o \\ y_o \\ z_o \end{bmatrix}$$

$$= \begin{bmatrix} \cos\varphi\cos\psi & \sin\varphi\cos\psi & -\sin\psi \\ \cos\varphi\sin\psi\sin\gamma - \sin\varphi\cos\gamma & \sin\varphi\sin\psi\sin\gamma + \cos\varphi\cos\gamma & \cos\psi\sin\gamma \\ \cos\varphi\sin\psi\cos\gamma + \sin\varphi\sin\gamma & \sin\varphi\sin\psi\cos\gamma - \cos\varphi\sin\gamma & \cos\psi\cos\gamma \end{bmatrix}\begin{bmatrix} x_o \\ y_o \\ z_o \end{bmatrix} \tag{1.4}$$

其中 $\boldsymbol{L}_o^1(\gamma, \psi, \varphi)$表示由发射坐标系至弹体坐标系的坐标转换矩阵。

从式(1.4)不难看出，弹体坐标系与发射坐标系间的转换关系完全由 φ、ψ、γ 三个欧拉角所描述。在弹道学中，角度 φ、ψ、γ 分别称为俯仰角、偏航角及滚动角，统称为导弹相对地球的飞行姿态角。它们是研究导弹相对于地面飞行的最为重要的角度，其具体含义及几何意义如下：

(1) 俯仰角 φ：O_zx_1 轴在 xO_zy 平面内的投影与 O_zx 轴之间的夹角。规定：当 O_zx_1 轴在射面 xO_zy 平面内的投影在 O_zx 轴的上方时，φ 为正，反之为负。由此可知，俯仰角实质上是描述飞行导弹相对地面下俯(即导弹低头)或上仰(即导弹抬头)程度的一个物理量。

(2) 偏航角 ψ：O_zx_1 轴与 xO_zy 平面间的夹角。规定：当 O_zx_1 轴在射面 xO_zy 平面的左边(沿 O_zx 轴正方向看去)时，ψ 为正，反之为负。因此，偏航角实质上是描述飞行导弹偏离射面程度的一个物理量。

(3) 滚动角 γ：O_zz_1 轴与 x_1O_zz 平面间的夹角。规定：当 O_zz_1 轴在 x_1O_zz 平面之下时，γ 为正，反之为负。由此可见，滚动角实质上是描述弹体绕 O_zx_1 轴滚转程度的一个物理量。

2. 速度坐标系与发射坐标系之间的转换关系

由速度坐标系与发射坐标系的定义可知，速度坐标系可由平移到导弹质心的发射坐标系经过三次旋转得到(如图 1-12 所示)，因此这两个坐标系之间的转换关系类似于弹体坐标系与发射坐标系，同样由三个欧拉角 θ、σ、γ_c 所描述。

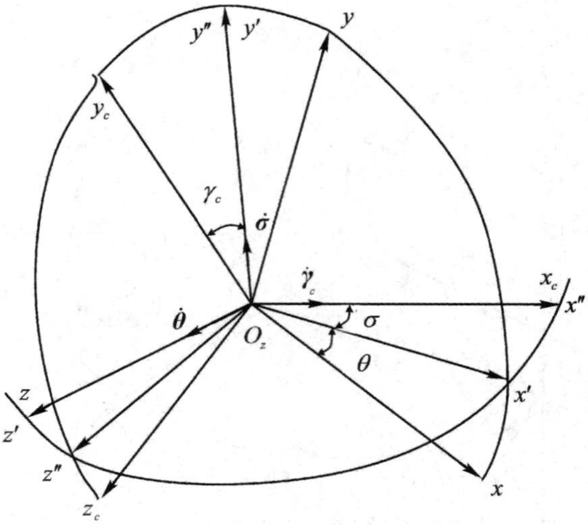

图 1-12　速度坐标系与发射坐标系之间的转换

类比弹体坐标系与发射坐标系之间的转换关系，我们可以直接列写出速度坐标系与发射坐标系之间的转换关系式，即将式(1.4)中的 φ、ψ、γ 分别对应换成θ、σ、γ_c，即可得到下述坐标变换式：

$$\begin{bmatrix} x_c \\ y_c \\ z_c \end{bmatrix} = \boldsymbol{L}_o^c(\gamma_c, \sigma, \theta) \begin{bmatrix} x_o \\ y_o \\ z_o \end{bmatrix} = \boldsymbol{L}(\gamma_c) \cdot \boldsymbol{L}(\sigma) \cdot \boldsymbol{L}(\theta) \begin{bmatrix} x_o \\ y_o \\ z_o \end{bmatrix}$$

$$= \begin{bmatrix} \cos\theta\cos\sigma & \sin\theta\cos\sigma & -\sin\sigma \\ \cos\theta\sin\sigma\sin\gamma_c - \sin\theta\cos\gamma_c & \sin\theta\sin\sigma\sin\gamma_c + \cos\theta\cos\gamma_c & \cos\sigma\sin\gamma_c \\ \cos\theta\sin\sigma\cos\gamma_c + \sin\theta\sin\gamma_c & \sin\theta\sin\sigma\cos\gamma_c - \cos\theta\sin\gamma_c & \cos\sigma\cos\gamma_c \end{bmatrix} \begin{bmatrix} x_o \\ y_o \\ z_o \end{bmatrix} \tag{1.5}$$

描述速度坐标系与发射坐标系间转换关系的角度 θ、σ 和 γ_c 分别称为弹道倾角、弹道偏角和倾斜角，其几何意义如下：

(1) 弹道倾角 θ：飞行器质心速度矢量在 xO_zy 平面内的投影与 O_zx 轴之间的夹角。当投影在 O_zx 轴上方时，θ 为正，反之为负。

(2) 弹道偏角 σ：飞行器质心速度矢量与 xO_zy 平面间的夹角。向弹头方向看去，速度矢量在 xO_zy 平面左侧时，σ 为正，反之为负。

(3) 倾斜角 γ_c：O_zz_c 轴与 x_cO_zz 平面间的夹角。当 O_zz_c 轴在 x_cO_zz 平面之下时，γ_c 为正，反之为负。

3. 弹体坐标系与速度坐标系之间的转换关系

由弹体坐标系与速度坐标系的定义可知，O_zy_1 轴与 O_zy_c 轴在同一平面内，这样，两坐标系间的转换关系只需用两个欧拉角来描述。换言之，速度坐标系只要按照一定顺序旋转两次便可得到弹体坐标系(如图 1-13 所示)。

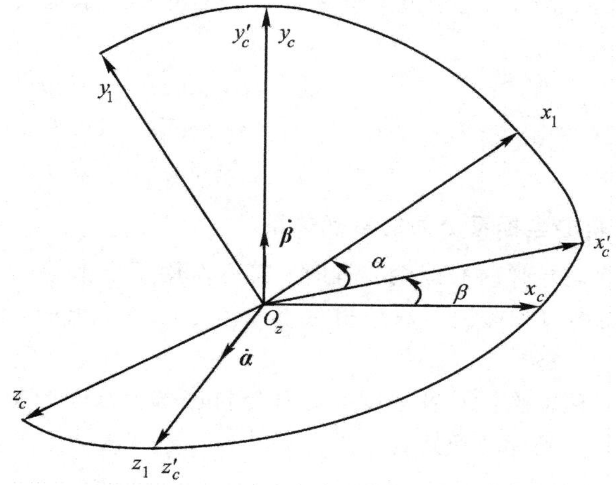

图 1-13 弹体坐标系与速度坐标系之间的转换

弹体坐标系与速度坐标系间的坐标变换式为

$$\begin{bmatrix} x_1 \\ y_1 \\ z_1 \end{bmatrix} = \boldsymbol{L}_c^1(\alpha)\boldsymbol{L}_c^1(\beta)\begin{bmatrix} x_c \\ y_c \\ z_c \end{bmatrix} = \boldsymbol{L}_c^1(\alpha, \beta)\begin{bmatrix} x_c \\ y_c \\ z_c \end{bmatrix} = \begin{bmatrix} \cos\beta\cos\alpha & \sin\alpha & -\sin\beta\cos\alpha \\ -\cos\beta\sin\alpha & \cos\alpha & \sin\beta\sin\alpha \\ \sin\beta & 0 & \cos\beta \end{bmatrix}\begin{bmatrix} x_c \\ y_c \\ z_c \end{bmatrix} \tag{1.6}$$

欧拉角 α 和 β 分别称为攻角和侧滑角，其几何意义如下：

(1) 攻角 α：飞行器质心速度矢量在其主对称面 $x_1O_zy_1$ 平面内的投影与弹体纵轴 O_zx_1 轴之间的夹角。当其投影在 O_zx_1 轴之下时，α 取正，反之取负。

(2) 侧滑角 β：飞行器质心速度矢量与飞行器主对称面 $x_1O_zy_1$ 平面之间的夹角。沿 O_zx_1 轴正方向看去，当速度矢量在主对称面右侧时，β 取正，反之取负。

由上述几何意义可知，攻角是衡量飞行器速度矢量相对弹体轴上下倾斜程度的一个标志，而侧滑角则是度量速度矢量相对主对称面左右偏离程度的一个尺度。同样，速度坐标系旋转顺序不同，所得攻角和侧滑角的定义也必然不同，这里我们采用了通常的旋转方法来定义。

4. 速度坐标系与轨迹坐标系之间的转换关系

根据轨迹坐标系的定义，其与速度坐标系间只有一个欧拉角 γ_c，即倾斜角。因此只需将轨迹坐标系绕 O_zx_2 轴旋转 γ_c 角度便可得到速度坐标系。速度坐标系与轨迹坐标系间的坐标变换式为

$$\begin{bmatrix} x_c \\ y_c \\ z_c \end{bmatrix} = \boldsymbol{L}_2^c(\gamma_c)\begin{bmatrix} x_2 \\ y_2 \\ z_2 \end{bmatrix} = \begin{bmatrix} 1 & 0 & 0 \\ 0 & \cos\gamma_c & \sin\gamma_c \\ 0 & -\sin\gamma_c & \cos\gamma_c \end{bmatrix}\begin{bmatrix} x_2 \\ y_2 \\ z_2 \end{bmatrix} \tag{1.7}$$

5. 发射坐标系与轨迹坐标系之间的转换关系

由前述内容可知，速度坐标系与发射坐标系间存在 θ、σ 和 γ_c 三个欧拉角，而速度坐标系与轨迹坐标系间却只有一个欧拉角 γ_c。因此 γ_c 为零时的速度坐标系与发射坐标系间的关

系矩阵的逆矩阵，即发射坐标系与轨迹坐标系间的关系矩阵。于是发射坐标系与轨迹坐标系间的坐标变换式为

$$\begin{bmatrix} x_o \\ y_o \\ z_o \end{bmatrix} = \boldsymbol{L}_2^o(\theta)\boldsymbol{L}_2^o(\sigma)\begin{bmatrix} x_2 \\ y_2 \\ z_2 \end{bmatrix} = \boldsymbol{L}_2^o(\theta,\ \sigma)\begin{bmatrix} x_2 \\ y_2 \\ z_2 \end{bmatrix} = \begin{bmatrix} \cos\theta\cos\sigma & -\sin\theta & \cos\theta\sin\sigma \\ \sin\theta\cos\sigma & \cos\theta & \sin\theta\sin\sigma \\ -\sin\sigma & 0 & \cos\sigma \end{bmatrix}\begin{bmatrix} x_2 \\ y_2 \\ z_2 \end{bmatrix} \tag{1.8}$$

6. 弹体坐标系与轨迹坐标系之间的转换关系

在轨迹坐标系中建立导弹质心运动方程时，需将作用于导弹上的推力和控制力投影在轨迹坐标系各轴上，而推力和控制力矩是相对于弹体坐标系给出的，因而需要寻找弹体坐标系与轨迹坐标系间的关系。

根据弹体坐标系与速度坐标系及速度坐标系与轨迹坐标系间的坐标变换式，可得弹体坐标系与轨迹坐标系间的坐标变换式为

$$\begin{bmatrix} x_1 \\ y_1 \\ z_1 \end{bmatrix} = \boldsymbol{L}_2^1(\gamma_c,\ \beta,\ \alpha)\begin{bmatrix} x_2 \\ y_2 \\ z_2 \end{bmatrix}$$

$$= \begin{bmatrix} \cos\alpha\cos\beta & \sin\alpha\cos\gamma_c+\cos\alpha\sin\beta\sin\gamma_c & \sin\alpha\sin\gamma_c-\cos\alpha\sin\beta\cos\gamma_c \\ -\sin\alpha\cos\beta & \cos\alpha\cos\gamma_c-\sin\alpha\sin\beta\sin\gamma_c & \cos\alpha\sin\gamma_c+\sin\alpha\sin\beta\cos\gamma_c \\ \sin\beta & -\cos\beta\sin\gamma_c & \cos\beta\cos\gamma_c \end{bmatrix}\begin{bmatrix} x_2 \\ y_2 \\ z_2 \end{bmatrix} \tag{1.9}$$

上述描述飞行器运动的八个角度 φ、ψ、γ、θ、σ、γ_c、α、β 并不是完全独立的，其中只有五个角度相互独立。由于在飞行器控制系统作用下，一般 γ_c，β，ψ，γ，σ 均为小偏差，因此经有关推导和简化，可得如下关系：

$$\begin{cases} \varphi \approx \theta+\alpha \\ \psi \approx \sigma+\beta \\ \gamma = \gamma_c \end{cases}$$

常用坐标系之间的欧拉角如表 1-1 所示。

表 1-1　常用坐标系之间的欧拉角

	发射坐标系	弹体坐标系	速度坐标系	轨迹坐标系
发射坐标系		俯仰角 φ	弹道倾角 θ	弹道倾角 θ
		偏航角 ψ	弹道偏角 σ	弹道偏角 σ
		滚动角 γ	倾斜角 γ_c	
弹体坐标系	俯仰角 φ		攻角 α	攻角 α
	偏航角 ψ		侧滑角 β	侧滑角 β
	滚动角 γ			倾斜角 γ_c

续表

	发射坐标系	弹体坐标系	速度坐标系	轨迹坐标系
速度坐标系	弹道倾角 θ	攻角 α		倾斜角 γ_c
	弹道偏角 σ	侧滑角 β		
	倾斜角 γ_c			
轨迹坐标系	弹道倾角 θ	攻角 α	倾斜角 γ_c	
	弹道偏角 σ	侧滑角 β		
		倾斜角 γ_c		

1.3.3 导弹空间飞行受到的力

导弹在空间飞行过程中受到了多种力的作用，这些力的特点和作用效果各不相同。有的力持续时间长，而有的力持续时间短；有的力是集中作用于一点的集中力，而有的力是分布力；有的力的矢量通过质心，而有的力的矢量偏离质心，等等。很容易理解，导弹所受各种力的合力，是其空间飞行运动的直接原因。以下不加推导地给出各种力的表达式。

1. 发动机推力

弹道导弹所采用的发动机通常为火箭发动机，火箭发动机产生的推力是导弹飞行的主要动力。根据火箭发动机所使用推进剂的不同，导弹可以分为液体推进剂导弹、固体推进剂导弹和固-液推进剂导弹。从控制学的角度来看，火箭发动机是动力系统(执行系统)的一个组成部分，它与推进剂贮存系统(液体推进剂贮箱或固体推进剂药柱)共同组成动力系统。火箭发动机自身主要包括两大部分：燃烧室和喷管(拉瓦尔管)。推进剂在燃烧室内燃烧，产生高温高压燃气，燃气通过喷管高速喷出，产生的反作用力即是发动机推力 $\boldsymbol{F}_{\mathrm{rel}}$，其表达式为

$$\boldsymbol{F}_{\mathrm{rel}}=-\dot{m}\boldsymbol{v}_e-\frac{\partial}{\partial t}(\dot{m}\boldsymbol{r}_e) \tag{1.10}$$

式中：$\boldsymbol{v}_e$——火箭发动机喷口截面处燃气平均排气速度矢量；

$\boldsymbol{r}_e$——导弹质心到喷口截面处喷出质量质心的矢径(轴对称流动时为导弹质心到喷口截面中心的矢径)；

$\dot{m}$——推进剂质量秒消耗量，即单位时间内消耗的推进剂的质量，简称“秒耗量”，$\dot{m}=\dfrac{\mathrm{d}m}{\mathrm{d}t}$。

因为相对于 v_e 而言，$\dfrac{\partial}{\partial t}r_e$ 和 $\dfrac{\partial}{\partial t}\dot{m}$ 均为小量，所以式(1.10)可以简化为

$$\boldsymbol{F}_{\mathrm{rel}}=-\dot{m}\boldsymbol{v}_e$$

由于发动机推力通常用 $\boldsymbol{P}$ 来表示，而燃气相对弹体的喷射速度常用 $\boldsymbol{u}$ 来表示，因此上式可以写为

$$\boldsymbol{P}=-\dot{m}\boldsymbol{u} \tag{1.11}$$

由式(1.11)可以看出，发动机推力方向与燃气相对弹体的喷射速度方向相反，这说明“发动机推力是高速后喷燃气动量变化所引起的反冲力”。当发动机安装轴线与弹体纵轴一

致时，发动机推力大小可表示为

$$P=\dot{m}u$$

由此可知，发动机推力 P 取决于推进剂质量秒消耗量 $\dot{m}$ 与燃气相对弹体的喷射速度 u。当推进剂质量秒消耗量 $\dot{m}$ 越大，或者说单位时间内喷出的推进剂生成物越多时，发动机推力越大；当燃气相对弹体的喷射速度 u 越大，或者说推进剂蕴藏的化学能越高、燃烧室和喷管设计得越好时，发动机推力也越大。

2. 发动机控制力

根据前面的分析，要实现导弹质心的曲线运动，必须首先完成导弹姿态变化的绕质心运动，而绕质心运动主要是通过改变发动机推力方向所产生的垂直于导弹纵轴的推力分量来完成的，这个推力分量称为发动机控制力。改变导弹上火箭发动机推力方向的方法主要有三种：发动机摇摆、空气舵(燃气舵)和发动机喷管二次喷射，以下主要介绍最为复杂的发动机摇摆方法。

发动机摇摆通过发动机摆动来改变推力方向，产生控制力和控制力矩以实现对导弹飞行姿态的控制，以这种方式工作的发动机称为摇摆发动机。由于这种控制方式具有不受发动机工作时间长短的影响、能够产生较大控制力和控制力矩的优点，因此在弹道导弹的控制中得到广泛应用，尤其适合应用于远程弹道导弹的控制。

摇摆发动机通常以四台一组的形式组成“摇摆发动机组”，每台摇摆发动机安装在正四棱锥体一个侧面的底边上，安装轴线相当于锥体侧面底边的中线，且与弹体纵轴构成安装角 μ，摇摆发动机可在锥体侧面内摆动。从导弹尾部看去，四台发动机相对于导弹的纵对称面有“×”型和“+”型两种布局，如图 1-14 所示。由于“×”型布局比“+”型布局的控制效率高，因而常被用于需要较大控制力和控制力矩的多级弹道导弹的第一级。对摇摆发动机摆角 δ 正负的定义方法可以有多种，其中最简单直接的定义方法是：从导弹尾部向前看去，发动机喷管顺时针摆动时 δ 为正，反之为负。

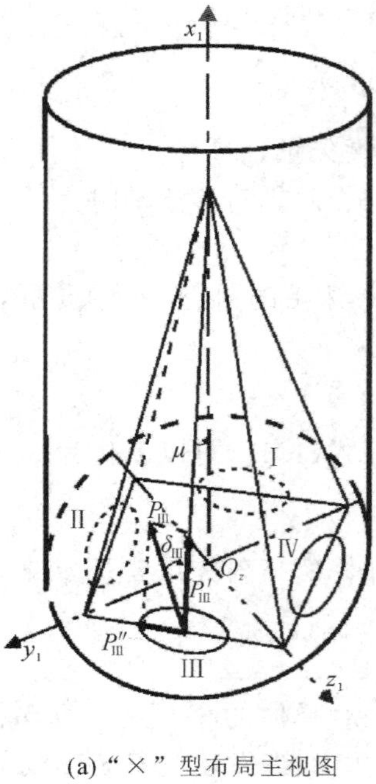

(a)“×”型布局主视图

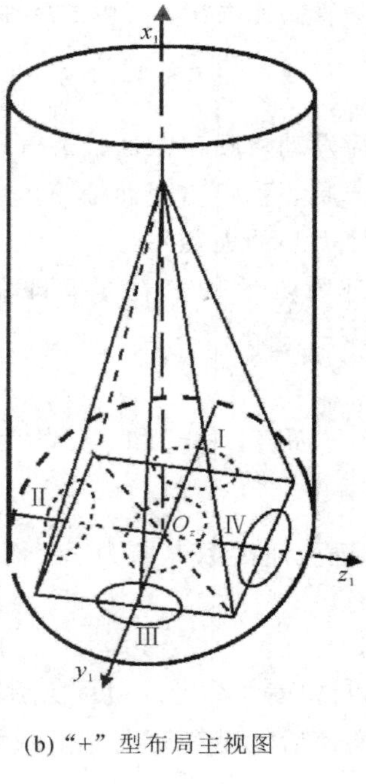

(b)“+”型布局主视图

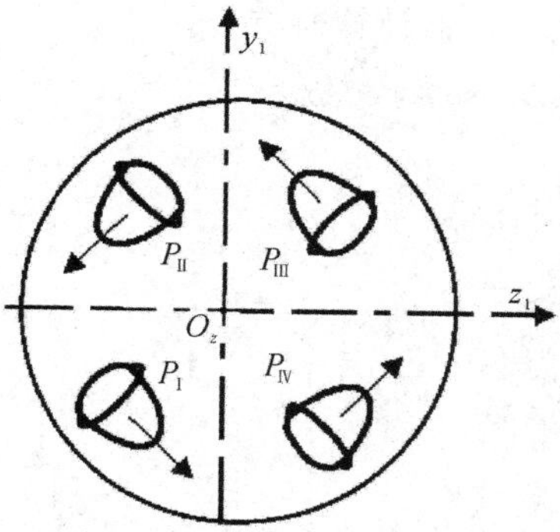

(c)"×"型布局尾部示意图

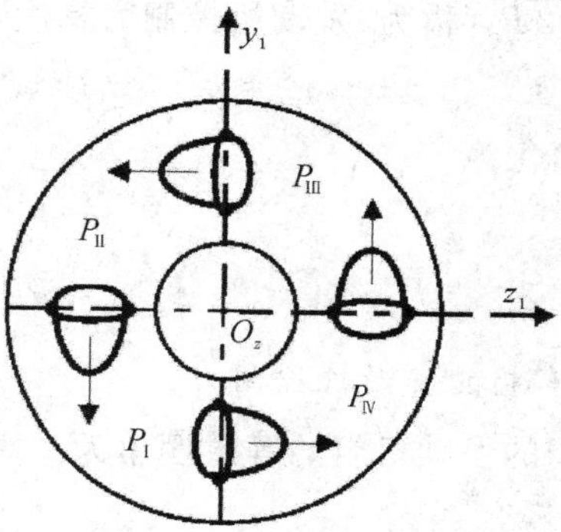

(d)"+"型布局尾部示意图

图 1-14 发动机布局示意图

单台发动机产生摆角 $\delta_i(i=\mathrm{I},\mathrm{II},\mathrm{III},\mathrm{IV})$时，其推力 P_b 在弹体轴 O_zx_1 方向的分量 P_{x_1} 和 O_zx_1 垂线方向的分量 P'_{x_1} 为

$$\begin{cases} P_{x_1}=P_b\cos\mu\cos\delta_i \\ P'_{x_1}=P_b\sin\mu\cos\delta_i \end{cases}$$

1)"×"型布局的发动机控制力

将每台发动机推力 $P_i(i=\mathrm{I},\mathrm{II},\mathrm{III},\mathrm{IV})$分解为沿其安装轴线方向上的分量 P'_i 和垂直于安装轴线方向上的分量 P''_i，其中 P'_i 可使导弹产生质心运动，而垂直于安装轴线方向上的分量 P''_i 则可使导弹产生绕其纵轴的姿态运动。

"×"型布局的发动机按一定规律摆动时均可控制导弹的俯仰、偏航和滚动三个运动姿态，其摆角合成关系为

$$\begin{cases} \delta_{\mathrm{I}}=-\delta_\psi-\delta_\varphi+\delta_\gamma \\ \delta_{\mathrm{II}}=+\delta_\psi-\delta_\varphi+\delta_\gamma \\ \delta_{\mathrm{III}}=+\delta_\psi+\delta_\varphi+\delta_\gamma \\ \delta_{\mathrm{IV}}=-\delta_\psi+\delta_\varphi+\delta_\gamma \end{cases} \tag{1.12}$$

计算控制力和控制力矩时，采用等效摆角，其含义是与实际摆角具有相同控制效果的平均摆角，即

$$\begin{cases} \delta_\varphi=\dfrac{1}{4}(-\delta_{\mathrm{I}}-\delta_{\mathrm{II}}+\delta_{\mathrm{III}}+\delta_{\mathrm{IV}}) \\ \delta_\psi=\dfrac{1}{4}(-\delta_{\mathrm{I}}+\delta_{\mathrm{II}}+\delta_{\mathrm{III}}-\delta_{\mathrm{IV}}) \\ \delta_\gamma=\dfrac{1}{4}(\delta_{\mathrm{I}}+\delta_{\mathrm{II}}+\delta_{\mathrm{III}}+\delta_{\mathrm{IV}}) \end{cases} \tag{1.13}$$

当四台发动机都有摆角时，总的有效推力 $P_I=P_{Ix_1}$ 为

$$P_{Ix_1}=\sum_{i=1}^{4}P_b\cos\mu\cos\delta_i=P_b\cos\mu\sum_{i=1}^{4}\cos\delta_i=4P_b\cos\mu\cos\delta_\varphi\cos\delta_\psi \tag{1.14}$$

控制力为

$$\begin{cases} F_{cy_1}=P_{Iy_1}=2\sqrt{2}P_b\sin\delta_\varphi\cos\delta_\psi \\ F_{cz_1}=P_{Iz_1}=-2\sqrt{2}P_b\cos\delta_\varphi\sin\delta_\psi \end{cases} \tag{1.15}$$

令 $R'_1 = 2\sqrt{2}P_b$（称为“发动机控制力梯度”），近似计算时有

$$\sin\delta_\varphi \approx \delta_\varphi,\ \sin\delta_\psi \approx \delta_\psi,\ \cos\delta_\varphi \approx \cos\delta_\psi \approx 1$$

则控制力可以简化为

$$\begin{cases} F_{cy_1} = P_{Iy_1} \approx R'_1\delta_\varphi \\ F_{cz_1} = P_{Iz_1} \approx -R'_1\delta_\psi \end{cases} \tag{1.16}$$

2）“＋”型布局的发动机控制力

“＋”型布局的发动机组的等效摆角为

$$\begin{cases} \delta_\varphi = \dfrac{1}{2}(\delta_{\text{II}} + \delta_{\text{IV}}) \\ \delta_\psi = \dfrac{1}{2}(\delta_{\text{I}} + \delta_{\text{III}}) \\ \delta_\gamma = \dfrac{1}{4}(-\delta_{\text{I}} - \delta_{\text{II}} + \delta_{\text{III}} + \delta_{\text{IV}}) \end{cases} \tag{1.17}$$

控制力为

$$\begin{cases} F_{cy_1} = P_{Iy_1} \approx 2P_b\delta_\varphi \\ F_{cz_1} = P_{Iz_1} \approx -2P_b\delta_\psi \end{cases} \tag{1.18}$$

3. 空气动力

对于弹道导弹，主动段有相当长的一段是在大气层内飞行，会受到稠密大气的作用，这种作用力称为空气动力。空气动力的大小和方向与导弹外形、导弹飞行速度和大气密度有关。空气动力虽然是分布力，但是其作用效果与作用在导弹纵轴上某一点的集中力等价，所以通常用这个集中力来分析空气动力对导弹飞行运动的影响。空气动力在导弹纵轴上的作用点 O_y 称为空气压力中心，简称压心。空气动力 $\boldsymbol{R}$ 是一空间矢量，它既可沿速度坐标系各轴进行分解，也可沿弹体坐标系各轴进行分解。

1）空气动力在速度坐标系的分解

当空气动力 $\boldsymbol{R}$ 沿速度坐标系各轴进行分解时，首先将其作用点 O_y 平移至速度坐标系的坐标原点，即导弹质心 O_z，然后可得其在各轴上的分量（如图 1－15 所示）为

$$\begin{cases} X = C_x q S_{\max} \\ Y = C_y q S_{\max} \\ Z = C_z q S_{\max} \end{cases} \tag{1.19}$$

式中：X——气动阻力，规定它与 $O_z x_c$ 轴负方向一致；

Y——气动升力，沿 $O_z y_c$ 轴正方向；

Z——气动侧力，沿 $O_z z_c$ 轴正方向；

C_x——气动阻力系数；

C_y——气动升力系数；

C_z——气动侧力系数；

$S_{\max}$——导弹最大横截面积；

q——速压头，$q=\frac{1}{2}\rho v^2$，其中 ρ 为空气密度，是高度 H 的函数。

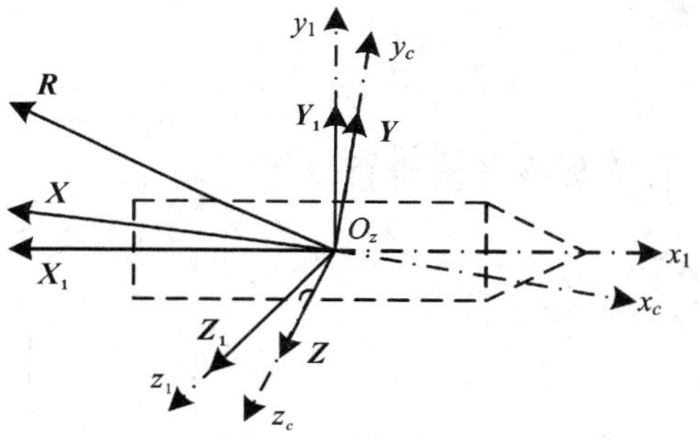

图 1-15　空气动力的分解

2）空气动力在弹体坐标系的分解

当空气动力 $\boldsymbol{R}$ 沿弹体坐标系各轴进行分解时，同样需要将其作用点 O_y 平移至弹体坐标系的坐标原点 O_z，然后可得其在各轴上的分量(如图 1-15 所示)为

$$\begin{cases} X_1 = C_{x_1} q S_{\max} \\ Y_1 = C_{y_1} q S_{\max} \\ Z_1 = C_{z_1} q S_{\max} \end{cases} \tag{1.20}$$

式中：X_1——轴向力，与 $O_z x_1$ 轴负方向一致；

Y_1——法向力，沿 $O_z y_1$ 轴正方向；

Z_1——横向力，沿 $O_z z_1$ 轴正方向；

C_{x_1}——轴向力系数；

C_{y_1}——法向力系数；

C_{z_1}——横向力系数。

4. 地球引力

地球对其外部空间任一质点均具有万有引力，此引力所做的功只取决于该质点的位置而与其路径无关。由于地球外形尺寸非常庞大，其自身的质量分布对远程飞行的导弹所受的引力有着明显的影响，所以对地球引力的描述需要分地球为圆球体和地球为椭球体两种情况进行。

1）地球为圆球体时的引力

单位质量质点在匀质圆球体地球外部任意点 P 所受的引力为

$$G=\frac{\partial U}{\partial r}=-fM\frac{1}{r^2} \tag{1.21}$$

其中：U 称为引力位，且

$$U=fM\frac{1}{r} \tag{1.22}$$

式中：r 为 P 点到地心 O_e 的位移矢量的大小；fM 为地心引力常数，且 $fM=3.986\ 005\times$

$10^{14}\ \mathrm{m}^3/\mathrm{s}^2$。

当地球平均半径 $\tilde{R}=6\ 371\ 000$ m 且地面平均引力加速度为 g_0 时，施加于导弹上的引力加速度可表示为

$$g=g_0\left(\frac{\tilde{R}}{r}\right) \tag{1.23}$$

将引力加速度 $\boldsymbol{g}$ 沿发射坐标系各轴进行分解（如图 1－16 所示），可得

$$g_i=g\cos(\widehat{\boldsymbol{r},i}),\quad i=x,y,z$$

其方向余弦关系为

$$\begin{cases}\cos(\widehat{\boldsymbol{r},x})=\dfrac{x}{r}\\[2mm] \cos(\widehat{\boldsymbol{r},y})=\dfrac{y+\tilde{R}}{r}\\[2mm] \cos(\widehat{\boldsymbol{r},z})=\dfrac{z}{r}\end{cases} \tag{1.24}$$

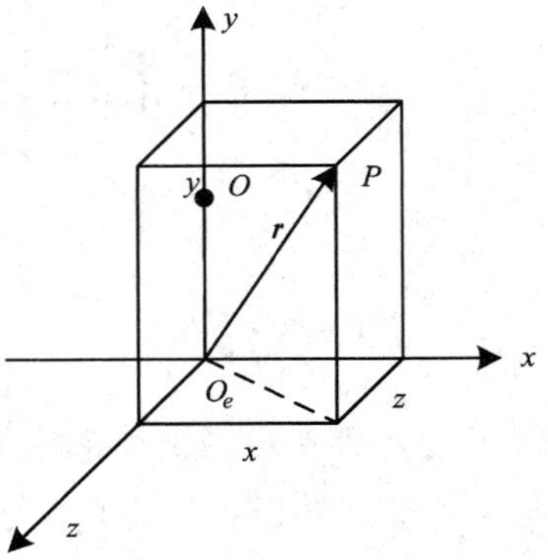

图 1－16　引力加速度在发射坐标系的分解

于是

$$\begin{cases}g_x=g\,\dfrac{x}{r}\\[2mm] g_y=g\,\dfrac{y+\tilde{R}}{r}\\[2mm] g_z=g\,\dfrac{z}{r}\end{cases} \tag{1.25}$$

式中：

$$r=\sqrt{x^2+(y+\tilde{R})^2+z^2} \tag{1.26}$$

显然，只要知道导弹质心相对发射坐标系的坐标(x,y,z)，应用上式便可很方便地求出导弹引力加速度在发射坐标系各轴上的投影。

2）地球为椭球体时的引力

求取单位质量质点在正常椭球体外部所受的引力，需要用球谐函数展开法求取引力位，即将真实地球引力位函数 U 展成球函数级数，并取其展开式中的前三项作为正常椭球体对应的正常引力位，然后应用位函数的性质求出地球为正常椭球体时的引力。

用位函数表达的正常椭球体引力位函数为

$$\begin{aligned}\bar{U}&=\frac{fM}{r}+\frac{1}{r^3}\left[A_2\left(\frac{3}{2}\sin^2\varphi_s-\frac{1}{2}\right)\right]\\&=\frac{fM}{r}\left[1+\frac{A_2}{fMa^2}\left(\frac{a}{r}\right)^2P_2\sin\varphi_s\right]=\frac{fM}{r}\left[1-J_2\left(\frac{a}{r}\right)^2P_2\sin\varphi_s\right]\end{aligned} \tag{1.27}$$

式中：

$$P_2\sin\varphi_s=\frac{1}{2}(3\sin^2\varphi_s-1) \tag{1.28}$$

r——地球外部任一单位质量质点（如单位质量导弹）的地心距离；

A_2——二阶球谐函数的系数；

φ_s——地球外部任一单位质量质点(如单位质量导弹)的地心纬度;

P_2——二阶勒让德主球谐函数;

J_2——二阶主球函数系数(或地球形状动力学系数),$J_2=-\dfrac{A_2}{fMa^2}$;

a——地球赤道半径。

根据引力位计算引力时,先计算出引力在北东坐标系各轴上的分量和在地球自转角速度 $\boldsymbol{\omega}$ 及径向 $\boldsymbol{r}$ 方向上的分量,然后求出引力在发射坐标系各轴上的分量。

由于"引力位对任一方向的偏导数等于引力在该方向上的分量",因此正常引力在北东坐标系各轴上的分量为

$$\begin{cases} G_r=\dfrac{\partial \bar{U}}{\partial r} \\ G_{\mathrm{E}}=\dfrac{1}{r\cos\varphi_s}\dfrac{\partial \bar{U}}{\partial \lambda_s} \\ G_{\mathrm{N}}=\dfrac{1}{r}\dfrac{\partial \bar{U}}{\partial \varphi_s} \end{cases} \tag{1.29}$$

式中:λ_s 为地球外部任一单位质量质点(如单位质量导弹)的地心经度。

由于大地子午面将质量分布均匀的正常椭球体分成对称的两部分,因此地球外部任一质点的引力矢量始终位于该点所对应的大地子午面内,从而分量

$$G_{\mathrm{E}}=\frac{1}{r\cos\varphi_s}\frac{\partial \bar{U}}{\partial \lambda_s}=0$$

将式(1.27)分别对 r、φ_s 求偏导数,并将结果代入式(1.29),可得匀质正常椭球体外部空间任一单位质量质点的正常引力分量为

$$\begin{cases} G_r=-\dfrac{fM}{r^2}\left[1-3J_2\left(\dfrac{a}{r}\right)^2 P_2\sin\varphi_s\right] \\ G_{\mathrm{N}}=-\dfrac{fM}{r^2}J_2\left(\dfrac{a}{r}\right)^2\dfrac{\mathrm{d}(P_2\sin\varphi_s)}{\mathrm{d}\varphi_s} \end{cases} \tag{1.30}$$

式中:

$$\frac{\mathrm{d}(P_2\sin\varphi_s)}{\mathrm{d}\varphi_s}=\frac{3}{2}\sin 2\varphi_s \tag{1.31}$$

将式(1.28)和式(1.31)代入式(1.30),且令

$$J=\frac{3}{2}J_2=1.623\ 945\times 10^{-3}$$

可得

$$\begin{cases} G_r=-\dfrac{fM}{r^2}\left[1+J\left(\dfrac{a}{r}\right)^2(1-3\sin^2\varphi_s)\right] \\ G_{\mathrm{N}}=-\dfrac{fM}{r^2}J\left(\dfrac{a}{r}\right)^2\sin 2\varphi_s \end{cases} \tag{1.32}$$

如图 1-17 所示,O_e 为地心圆心,纵横 $\boldsymbol{\omega}$ 表示地球自转角速度的方向轴,横轴 $\boldsymbol{\omega}_\perp$ 表示与 $\boldsymbol{\omega}$ 垂直的且在地球赤道面内的方向轴。

在实际计算中,常常用到沿径向 $\boldsymbol{r}$ 和地球自转角速度 $\boldsymbol{\omega}$ 方向上的引力分量,因此将 $\boldsymbol{G}_r$ 和 $\boldsymbol{G}_{\mathrm{N}}$ 沿 $\boldsymbol{r}$ 及 $\boldsymbol{\omega}$ 方向进行分解。假设导弹某时刻在空间 M 点所受的引力 $\boldsymbol{G}$ 与 M 点对地心的矢径 $\boldsymbol{r}$ 的夹角为 μ_1,则由图 1-17 可知,$\boldsymbol{G}_r$ 沿 $\boldsymbol{r}$ 方向,$\boldsymbol{G}_{\mathrm{N}}$ 在 $\boldsymbol{r}$ 及 $\boldsymbol{\omega}$ 方向上的分量为

$$\begin{cases} G_{Nr}=|G_N|\tan\varphi_s \\ G_{N\omega}=\dfrac{|G_N|}{\cos\varphi_s} \end{cases} \tag{1.33}$$

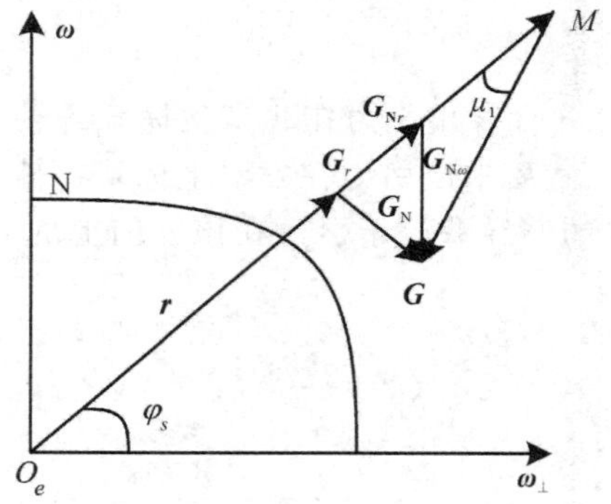

图 1-17　正常椭球体引力分解

根据矢量合成定理，可得 $\boldsymbol{G}$ 在 $\boldsymbol{r}$ 及 $\boldsymbol{\omega}$ 方向上的分量为

$$\begin{cases} G_{r总}=G_r-G_{Nr} \\ G_{\omega总}=G_{N\omega} \end{cases} \tag{1.34}$$

即

$$\begin{cases} G_{r总}=-\dfrac{fM}{r^2}\left[1+J\left(\dfrac{a}{r}\right)^2(1-5\sin^2\varphi_s)\right] \\ G_{\omega总}=-2\,\dfrac{fM}{r^2}J\left(\dfrac{a}{r}\right)^2\sin\varphi_s \end{cases} \tag{1.35}$$

引入地球扁率系数：

$$\mu=fMa^2J=2.633\ 281\times10^{25} \tag{1.36}$$

可得

$$\begin{cases} G_{r总}=-\dfrac{fM}{r^2}+\dfrac{\mu}{r^4}(5\sin^2\varphi_s-1) \\ G_{\omega总}=-2\,\dfrac{\mu}{r^4}\sin\varphi_s \end{cases} \tag{1.37}$$

应用方向余弦定理，将 $G_{r总}$ 及 $G_{\omega总}$ 分别投影于发射坐标系各轴上，可得

$$G_i=G_{r总}\cos(\widehat{\boldsymbol{r},i})+G_{\omega总}\cos(\widehat{\boldsymbol{\omega},i}),\quad i=x,\ y,\ z \tag{1.38}$$

因

$$\begin{cases} \cos(\widehat{\boldsymbol{r},i})=\dfrac{i+R_{0i}}{r} \\ \cos(\widehat{\boldsymbol{\omega},i})=\dfrac{\omega_i}{\omega} \end{cases} \tag{1.39}$$

故

$$G_i=G_{r总}\frac{i+R_{0i}}{r}+G_{\omega总}\frac{\omega_i}{\omega},\quad i=x,\ y,\ z \tag{1.40}$$

式中：R_{0i}——发射点地心矢径 $\boldsymbol{R}_0$ 在发射坐标系各轴上的投影；

ω_i——地球自转角速度矢量 $\boldsymbol{\omega}$ 在发射坐标系各轴上的投影。

5. 哥氏惯性力

导弹飞行所受的哥氏加速度 $\dot{\boldsymbol{W}}_c$ 和哥氏惯性力 $\boldsymbol{F}_c$ 在发射坐标系中的表达式为

$$\begin{cases}\dot{\boldsymbol{W}}_c=2\boldsymbol{\omega}\times\boldsymbol{v}=2\begin{bmatrix}\boldsymbol{x}^0 & \boldsymbol{y}^0 & \boldsymbol{z}^0\\ \omega_x & \omega_y & \omega_z\\ v_x & v_y & v_z\end{bmatrix}\\ \boldsymbol{F}_c=-m\dot{\boldsymbol{W}}_c\end{cases}\tag{1.41}$$

式中：m——导弹瞬时质量；

$\boldsymbol{x}^0$——发射坐标系 Ox 轴的单位矢量；

$\boldsymbol{y}^0$——发射坐标系 Oy 轴的单位矢量；

$\boldsymbol{z}^0$——发射坐标系 Oz 轴的单位矢量；

v_x——导弹质心相对地球(发射坐标系)的运动速度矢量 $\boldsymbol{v}$ 在发射坐标系 Ox 轴上的分量；

v_y——导弹质心相对地球(发射坐标系)的运动速度矢量 $\boldsymbol{v}$ 在发射坐标系 Oy 轴上的分量；

v_z——导弹质心相对地球(发射坐标系)的运动速度矢量 $\boldsymbol{v}$ 在发射坐标系 Oz 轴上的分量；

ω_x——地球自转角速度矢量 $\boldsymbol{\omega}$ 在发射坐标系 Ox 轴上的分量；

ω_y——地球自转角速度矢量 $\boldsymbol{\omega}$ 在发射坐标系 Oy 轴上的分量；

ω_z——地球自转角速度矢量 $\boldsymbol{\omega}$ 在发射坐标系 Oz 轴上的分量。

ω_x、ω_y、ω_z 的表达式为

$$\begin{cases}\omega_x=\omega\cos B_T\cos A_T\\ \omega_y=\omega\sin B_T\\ \omega_z=\omega-\cos B_T\sin A_T\end{cases}\tag{1.42}$$

式中：B_T——发射点天文纬度；

A_T——发射点天文瞄准方位角。

在弹道计算时，为方便起见，采用下式：

$$\dot{\boldsymbol{v}}_c=-\dot{\boldsymbol{W}}_c\tag{1.43}$$

令

$$\begin{cases}b_{12}=-b_{21}=2\omega_x\\ b_{31}=-b_{13}=2\omega_y\\ b_{23}=-b_{32}=2\omega_z\end{cases}\tag{1.44}$$

根据式(1.42)得 $\dot{v}_c$ 在发射坐标系各轴上的分量为

$$\begin{cases}\dot{v}_{cx}=b_{12}v_y+b_{13}v_z\\ \dot{v}_{cy}=b_{21}v_x+b_{23}v_z\\ \dot{v}_{cz}=b_{31}v_x+b_{32}v_y\end{cases}\tag{1.45}$$

或

$$\begin{bmatrix} \dot{v}_{cx} \\ \dot{v}_{cy} \\ \dot{v}_{cz} \end{bmatrix} = \begin{bmatrix} 0 & b_{12} & b_{13} \\ b_{21} & 0 & b_{23} \\ b_{31} & b_{32} & 0 \end{bmatrix} \begin{bmatrix} v_x \\ v_y \\ v_z \end{bmatrix} \tag{1.46}$$

于是，哥氏惯性力 $\boldsymbol{F}_c$ 在发射坐标系各轴上的投影为

$$\boldsymbol{F}_{ci} = m\dot{\boldsymbol{v}}_{ci}, \quad i = x, y, z \tag{1.47}$$

6. 牵连惯性力

导弹飞行所受的牵连加速度 $\dot{\boldsymbol{W}}_e$ 和牵连惯性力 $\boldsymbol{F}_e$ 在发射坐标系中的表达式为

$$\begin{cases} \dot{\boldsymbol{W}}_e = \boldsymbol{\omega} \times (\boldsymbol{\omega} \times \boldsymbol{r}) = (\boldsymbol{\omega} \cdot \boldsymbol{r})\boldsymbol{\omega} - \boldsymbol{\omega}^2 \boldsymbol{r} \\ \boldsymbol{F}_e = -m\dot{\boldsymbol{W}}_e \end{cases} \tag{1.48}$$

式中：$\boldsymbol{r}$ ——导弹质心的地心矢径。

当用 $\dot{\boldsymbol{v}}_e$ 代替 $-\dot{\boldsymbol{W}}_e$ 时，有

$$\begin{cases} \dot{\boldsymbol{v}}_e = \boldsymbol{\omega}^2 \boldsymbol{r} - (\boldsymbol{\omega} \cdot \boldsymbol{r})\boldsymbol{\omega} \\ \boldsymbol{F}_e = m\dot{\boldsymbol{v}}_e \end{cases} \tag{1.49}$$

为便于实际应用，引入关系式：

$$\begin{cases} \boldsymbol{\omega} = \omega_x \boldsymbol{x}^0 + \omega_y \boldsymbol{y}^0 + \omega_z \boldsymbol{z}^0 \\ \boldsymbol{r} = (R_{0x} + x)\boldsymbol{x}^0 + (R_{0y} + y)\boldsymbol{y}^0 + (R_{0z} + z)\boldsymbol{z}^0 \end{cases} \tag{1.50}$$

令

$$\begin{cases} a_{11} = \omega^2 - \omega_x^2 \\ a_{12} = a_{21} = -\omega_x \omega_y \\ a_{13} = a_{31} = -\omega_x \omega_z \\ a_{22} = \omega^2 - \omega_y^2 \\ a_{23} = a_{32} = -\omega_y \omega_z \\ a_{33} = \omega^2 - \omega_z^2 \end{cases} \tag{1.51}$$

则

$$\begin{cases} \dot{v}_{ex} = a_{11}(R_{0x} + x) + a_{12}(R_{0y} + y) + a_{13}(R_{0z} + z) \\ \dot{v}_{ey} = a_{21}(R_{0x} + x) + a_{22}(R_{0y} + y) + a_{23}(R_{0z} + z) \\ \dot{v}_{ez} = a_{31}(R_{0x} + x) + a_{32}(R_{0y} + y) + a_{33}(R_{0z} + z) \end{cases} \tag{1.52}$$

或

$$\begin{bmatrix} \dot{v}_{ex} \\ \dot{v}_{ey} \\ \dot{v}_{ez} \end{bmatrix} = \begin{bmatrix} a_{11} & a_{12} & a_{13} \\ a_{21} & a_{22} & a_{23} \\ a_{31} & a_{32} & a_{33} \end{bmatrix} \begin{bmatrix} R_{0x} + x \\ R_{0y} + y \\ R_{0z} + z \end{bmatrix} \tag{1.53}$$

这样，牵连惯性力 $\boldsymbol{F}_e$ 在发射坐标系各轴上的投影为

$$\boldsymbol{F}_{ei} = m\dot{\boldsymbol{v}}_{ei}, \quad i = x, y, z \tag{1.54}$$

计算表明，哥氏惯性力比牵连惯性力大得多，因此相对来说哥氏惯性力对导弹运动的影响是主要的，且射程越远，其影响也越大。例如，对远程导弹而言，如果由牵连惯性力产生的射程偏差为几十或近百千米，那么由哥氏惯性力引起的射程偏差能有几百乃至上千千米。所以，地转惯性力，尤其是哥氏惯性力对导弹飞行的影响是万万不可忽视的。

7. 摇摆发动机产生的惯性力

在摇摆发动机摆动一个角度产生控制力的同时，由于摇摆发动机本身质量很大，会产生一个摆动惯性力，对导弹的飞行运动产生影响。

设单个发动机质量为 m_R，发动机喷管质心至摆轴的距离为 l_R，发动机摆轴到导弹理论尖端的距离为 x_R，导弹质心 O_z 到理论尖端的距离为 x_T，发动机绕摆轴的转动惯量为 J_R，导弹轴向视加速度为 $\dot{W}_{x_1}$。发动机以 $\ddot{\delta}_\varphi$ 为角加速度摆动过 δ_φ 角度，如图 1-18 所示，将得到由 $\ddot{\delta}_\varphi$ 产生的发动机质心切向横移加速度 $l_R\ddot{\delta}_\varphi$，以及相应的惯性力 $m_R l_R\ddot{\delta}_\varphi$。

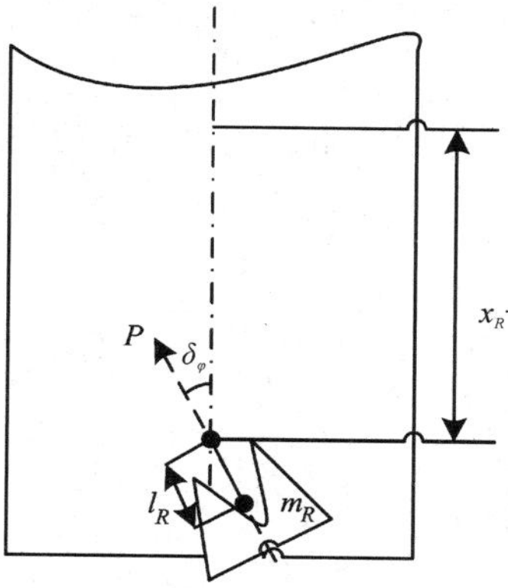

图 1-18 发动机摆动惯性示意图

8. 弹体弹性振动力

导弹弹体产生弹性形变之后，出于恢复原形的需要而产生弹性振动运动，这是一种简谐振动。由于弹性形变会使得作用在弹体上的所有外力都发生变化，而弹性振动产生的弹性力与所有的外力均有关联，所以弹性振动产生的弹性力非常复杂，需要通过定义广义质量、广义刚度和广义力等广义量来进行分析。以下直接给出结论。

第 j 阶振型的广义力为

$$Q_j = \int_0^l W_j(x) \sum f_y(x, t)\mathrm{d}x \tag{1.55}$$

式中：l——导弹长度；

$W_j(x)$——振动系统的固有振型，简称振型，描述不同时刻振幅的分布规律；

$\sum f_y(x, t)$——弹性振动所受外力的合力，包括推力、空气动力、发动机摆动惯性力和液体晃动力。

1）推力

“十”型布局的发动机推力为

$$F_{y_1P} = 2P_b\delta_\varphi - 4P_b\frac{\partial y(x_R, t)}{\partial x} \tag{1.56}$$

“×”型布局的发动机推力为

$$F_{y_1 P} = 2\sqrt{2} P_b \delta_\varphi - 4P_b \sum_{j=1}^{n} W_j'(x_R) q_j(t) \tag{1.57}$$

式中：$q_j(t)$——振动方程的广义坐标。

2）空气动力

速度坐标系中的法向力为

$$\begin{aligned} F_{y_2 \alpha} &= \int_0^l \mathrm{d}F_{y_2 \alpha} = qS_{\max}\alpha \int_0^l (C_y^\alpha)_x \mathrm{d}x - qS_{\max} \int_0^l (C_y^\alpha)_x \sum_{j=1}^{n} W_j'(x) q_j(t) \mathrm{d}x \\ &= qS_{\max} C_y^\alpha \alpha - \sum_{j=1}^{n} qS_{\max} \int_0^l (C_y^\alpha)_x W_j'(x) q_j(t) \mathrm{d}x \\ &= Y^\alpha \alpha + \sum_{j=1}^{n} Y^{q_j} q_j(t) \end{aligned} \tag{1.58}$$

式中：C_y^α——升力系数对攻角的偏导数，简称升力系数梯度，$(C_y^\alpha)_x$ 表示导弹纵轴上 x 处的 C_y^α 值。

弹体旋转及弹性变形角速度 ω 引起的附加攻角产生的空气动力为

$$\begin{aligned} F_{y_1 \omega} &= \int_0^l (C_y^\alpha)_x qS_{\max}(x - x_T) \frac{\dot{\varphi}}{v} \mathrm{d}x - \int_0^l (C_y^\alpha)_x qS_{\max} \sum_{j=1}^{n} \frac{W_j(x)}{v} \dot{q}_j(t) \mathrm{d}x \\ &= Y^{\dot{\varphi}} \cdot \dot{\varphi} + \sum_{j=1}^{n} Y^{\dot{q}_j} \cdot \dot{q}_j(t) \end{aligned} \tag{1.59}$$

3）发动机摆动惯性力

由 $\ddot{\delta}_\varphi$ 产生的发动机摆动惯性力为

$$F_{y_1 \delta} = 2\sqrt{2} m_R l_R \ddot{\delta}_\varphi \tag{1.60}$$

另外，有一些力矩的作用也会带来广义力，这里不再赘述。

4）液体晃动力

液体晃动的效果也是简谐运动，对弹体的作用力为

$$F_{ky} = -\sum_{p=1}^{4} m_p \Delta \ddot{y}_p \tag{1.61}$$

式中：m_p——参与晃动的液体质量；

$\Delta \ddot{y}_p$——晃动质量相对于弹体的晃动加速度。

1.3.4 导弹空间飞行受到的力矩

导弹空间飞行受到的力矩源自力的矢量不通过导弹质心的那些力，它们的作用效果是使导弹产生绕质心的姿态运动。以下不加推导地给出各种力矩的表达式。

1. 发动机控制力矩

(1)“×”型布局的发动机控制力矩为

$$\begin{cases} M_{z_1} \approx -F_{cy_1}(x_R - x_T) \approx -(x_R - x_T) R_1' \delta_\varphi \\ M_{y_1} \approx -F_{cz_1}(x_R - x_T) \approx -(x_R - x_T) R_1' \delta_\psi \end{cases} \tag{1.62}$$

式中：x_R——发动机摆轴到导弹理论尖端的距离；

x_T——导弹质心 O_z 到理论尖端的距离。

(2)“＋”型布局的发动机控制力矩为

$$\begin{cases} M_{z_1} \approx -2P_b(x_R - x_T)\delta_\varphi \\ M_{y_1} \approx -2P_b(x_R - x_T)\delta_\psi \end{cases} \tag{1.63}$$

2. 空气动力矩

1）气动稳定力矩

对于轴对称的导弹来说，与其飞行姿态有关的压力中心位于其纵对称轴上，而且不和与推进剂质量秒消耗量等因素有关的导弹质心相重合，因此作用于压力中心上的空气动力 $\boldsymbol{R}$ 对质心便产生使其转动的空气动力矩，这种力矩称为气动稳定力矩，记为 $\boldsymbol{M}_t$。将空气动力 $\boldsymbol{R}$ 沿弹体坐标系各轴进行分解，如图 1－19 所示，可得

$$\boldsymbol{R} = \boldsymbol{X}_1 + \boldsymbol{Y}_1 + \boldsymbol{Z}_1 \tag{1.64}$$

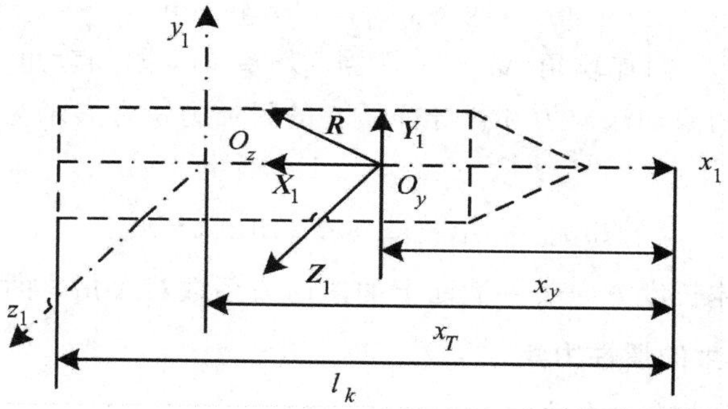

图 1－19　空气动力在弹体坐标系的分解

显然，轴向力 $\boldsymbol{X}_1$ 沿弹体纵轴，且通过质心，因此 $\boldsymbol{X}_1$ 不对质心产生力矩。于是 $\boldsymbol{R}$ 对质心 O_z 的力矩可表示为

$$\begin{aligned} \boldsymbol{M}_t &= (Y_1 + Z_1)(x_y - x_T)\boldsymbol{X}_1^0 \\ &= Y_1(x_y - x_T)\boldsymbol{X}_1^0 + Z_1(x_y - x_T)\boldsymbol{X}_1^0 \\ &= \boldsymbol{M}_{z_1 t} + \boldsymbol{M}_{y_1 t} \end{aligned} \tag{1.65}$$

式中：x_y——压力中心 O_y 至头部理论尖端的距离；

x_T——质心 O_z 至头部理论尖端的距离；

$\boldsymbol{X}_1^0$——弹体纵轴正方向的单位矢量；

$\boldsymbol{M}_{z_1 t}$——绕 $O_z z_1$ 轴的空气动力矩，规定顺坐标轴的正方向为正；

$\boldsymbol{M}_{y_1 t}$——绕 $O_z y_1$ 轴的空气动力矩，规定顺坐标轴的正方向为正。

2）气动阻尼力矩

当导弹在空气中绕质心转动时，就会引起附加的空气动力，从而产生对导弹转动起阻尼作用的力矩，这一力矩称为阻尼力矩。阻尼力矩同样可沿弹体坐标系各轴进行分解。

设导弹以角速度 ω_{z_1} 绕 $O_z z_1$ 轴转动，则沿弹体长度方向的表面上各点就会有局部附加攻角 $\Delta\alpha$ 产生，如图 1－20 所示，即

$$\Delta\alpha=\frac{v_y}{v}=\frac{\omega_{z_1}(x-x_T)}{v} \tag{1.66}$$

式中：v_y——导弹以角速度 ω_{z_1} 绕质心转动时外表面上各点激起的速度。

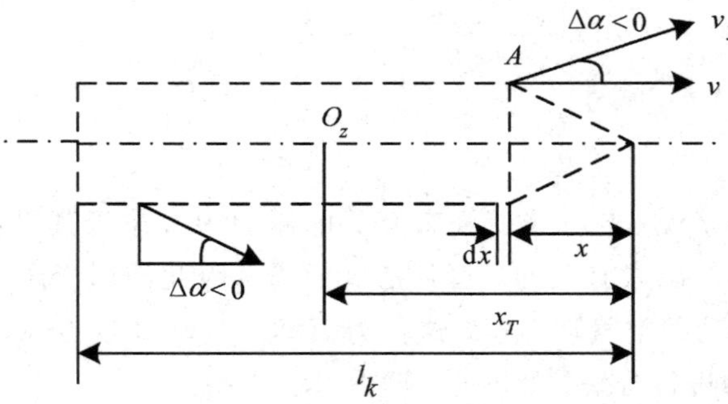

图 1-20 气动阻尼力矩作用图

显然，当 $x<x_T$ 时，附加攻角 $\Delta\alpha<0$；而当 $x>x_T$ 时，附加攻角 $\Delta\alpha>0$。因而，各点上由局部附加攻角引起的附加法向力和对导弹质心的附加力矩可表示为

$$\begin{cases}\mathrm{d}Y_1=C_{y_1\,\mathrm{sec}}^{\alpha}\Delta\alpha q S_{\max}\mathrm{d}x\\ \mathrm{d}M_{z_1 t}=-C_{y_1\,\mathrm{sec}}^{\alpha}\Delta\alpha q S_{\max}\mathrm{d}x(x-x_T)\end{cases} \tag{1.67}$$

式中：$C_{y_1\,\mathrm{sec}}^{\alpha}$——沿弹体长度方向某一截面上的法向力系数对攻角 α 的导数。

3. 摇摆发动机产生的惯性力矩

摇摆发动机产生的惯性力矩如下：

(1) m_R 偏离纵轴 $O_z x_1$，产生绕导弹质心的惯性力矩 $m_R\dot{W}_{x_1}l_R\delta_\varphi$；

(2) 由 $\ddot{\delta}_\varphi$ 产生发动机质心的切向横移加速度 $l_R\ddot{\delta}_\varphi$，以及相应的惯性力矩 $m_R l_R\ddot{\delta}_\varphi(x_R-x_T)$；

(3) 发动机绕摆轴的惯性力矩 $J_R\ddot{\delta}_\varphi$。

4. 弹体弹性振动力矩

1) 推力产生的力矩

由于弹体弹性变形，推力偏离纵轴，产生的力矩为

$$\begin{aligned}M_{z_1 P}&=-F_{y_1 P}(x_R-x_T)-4P_b y(x_R,t)\\&=-2\sqrt{2}P_b(x_R-x_T)\delta_\varphi+4P_b(x_R-x_T)\sum_{j=1}^{n}W_j'(x_R)q_j(t)-4P_b\sum_{j=1}^{n}W_j(x_R)q_j(t)\end{aligned} \tag{1.68}$$

2) 空气动力矩

由 $\mathrm{d}x$ 上的空气动力 $\mathrm{d}F_{y_1\alpha}$ 和 $\mathrm{d}F_{y_1\omega}$ 产生的对导弹质心的力矩为

$$\mathrm{d}M_{z_1\alpha}=-(x-x_T)\mathrm{d}F_{y_1\alpha}$$
$$\mathrm{d}M_{z_1\omega}=-(x-x_T)\mathrm{d}F_{y_1\omega}$$

则

$$
\begin{aligned}
M_{z_1\alpha} &= \int_0^l \mathrm{d}M_{z_1\alpha} \\
&= -qS_{\max}\alpha\int_0^l (C_n^\alpha)_x(x-x_T)\mathrm{d}x + qS_{\max}\sum_{j=1}^n\int_0^l (C_n^\alpha)_x(x-x_T)W_j'(x)q_j(t)\mathrm{d}x \\
&= M_{z_1}^\alpha \cdot \alpha + \sum_{j=1}^n M_{z_1}^{q_j} \cdot q_j(t)
\end{aligned}
\tag{1.69}
$$

式中：

$$
\begin{cases}
M_{z_1}^\alpha = -qS_{\max}\int_0^l (C_n^\alpha)_x(x-x_T)\mathrm{d}x = -qS_{\max}(C_n^\alpha)_x(x_y-x_T) \\
M_{z_1}^{q_j} = qS_{\max}\int_0^l (C_n^\alpha)_x(x-x_T)W_j'(x)\mathrm{d}x
\end{cases}
\tag{1.70}
$$

弹体旋转和弹性变形角速度 ω 引起的气动力矩为

$$
M_{z_1\omega} = -\int_0^l (C_n^\alpha)_x qS_{\max}(x-x_T)^2\frac{\dot{\varphi}}{v}\mathrm{d}x + \int_0^l (x-x_T)(C_n^\alpha)_x qS_{\max}\sum_{j=1}^n\frac{W_j(x)}{v}\dot{q}_j(t)\mathrm{d}x
$$

令

$$
\begin{cases}
M_{z_1}^\omega = -\int_0^l (C_n^\alpha)_x qS_{\max}(x-x_T)^2\frac{1}{v}\mathrm{d}x = \frac{qS_{\max}}{v}M_{z_1}^{\bar{\omega}_{z_1}}l^2 \\
M_{z_1}^{\dot{q}_j} = \int_0^l (x-x_T)(C_n^\alpha)_x qS_{\max}W_j(x)\frac{1}{v}\mathrm{d}x
\end{cases}
\tag{1.71}
$$

式中：$\bar{\omega}_{z_1}$——无因次俯仰角速度，$\bar{\omega}_{z_1}=\frac{\omega_{z_1}}{v}$。则

$$
M_{z_1\omega} = M_{z_1}^\omega \cdot \dot{\varphi} + \sum_{j=1}^n M_{z_1}^{\dot{q}_j} \cdot \dot{q}_j(t)
\tag{1.72}
$$

3）发动机摆动惯性力矩

“×”型布局的发动机摆动惯性力矩为

$$
\begin{aligned}
M_{z_1\delta} &= -2\sqrt{2}J_R\ddot{\delta}_\varphi - 2\sqrt{2}m_Rl_R\dot{W}_{x_1}\left[\delta_\varphi - \frac{\partial y(x_R,t)}{\partial x}\right] \\
&= -2\sqrt{2}J_R\ddot{\delta}_\varphi - 2\sqrt{2}m_Rl_R\dot{W}_{x_1}\delta_\varphi + 2\sqrt{2}m_Rl_R\dot{W}_{x_1}\sum_{j=1}^n W_j'(x_R)q_j(t)
\end{aligned}
\tag{1.73}
$$

“+”型布局的发动机摆动惯性力矩为

$$
\begin{aligned}
M_{z_1\delta} &= J_R\ddot{\delta}_\varphi - m_Rl_R\dot{W}_{x_1}\left[\delta_\varphi - \frac{\partial y(x_R,t)}{\partial x}\right] \\
&= J_R\ddot{\delta}_\varphi - m_Rl_R\dot{W}_{x_1}\delta_\varphi + m_Rl_R\dot{W}_{x_1}\sum_{j=1}^n W_j'(x_R)q_j(t)
\end{aligned}
\tag{1.74}
$$

4）液体晃动力矩

（1）弹簧作用力产生的力矩为

$$
M_{zk} = -\sum_{p=1}^4 (x_T-x_p)m_p\Delta\ddot{y}_p
\tag{1.75}
$$

式中：x_p 为第 p 阶振型弹力作用点离导弹端头距离；p 为弹簧振型阶数，一般取至 4。

（2）由于 m_p 偏离平衡位置，在纵向加速度作用下产生的偏心力矩为

$$
M_{zp}' = \sum_{p=1}^4 n_xgm_p\Delta y_p
\tag{1.76}
$$

式中：n_x 表示由弹体弹道高度决定的重力加速度系数；g 表示重力加速度。

(3) 液体晃动产生的绕 $O_z z_1$ 轴的总力矩为

$$M_{zp}=M_{zk}+M'_{zp}=-\sum_{p=1}^{4}(x_T-x_p)m_p\Delta\ddot{y}_p+\sum_{p=1}^{4}n_x g m_p\Delta y_p \tag{1.77}$$

1.3.5 导弹空间飞行运动模型

全面描述质点系平动和转动的动力学定理是动量定理和动量矩定理。

动量定理：

$$\frac{\mathrm{d}\boldsymbol{K}}{\mathrm{d}t}=\sum\boldsymbol{F}=m\frac{\mathrm{d}\boldsymbol{v}}{\mathrm{d}t} \tag{1.78}$$

动量矩定理：

$$\frac{\mathrm{d}\boldsymbol{H}_0}{\mathrm{d}t}=\sum\boldsymbol{M}_0 \tag{1.79}$$

通过这两个基本定理，可以建立动力学与运动学之间的联系，从而建立导弹运动模型。

1. 变质量体运动模型

导弹在飞行过程中，由于推进剂的消耗而成为质量持续变化的变质量体，而动量定理只适用于常质量系统，因此在研究导弹运动时，必须考虑变质量产生的动力学效果。

1）变质量的处理

设导弹在总的外力 $\boldsymbol{F}$ 作用下运动，在 t 时刻的总质量为 m，质心绝对速度为 $\boldsymbol{v}$，则动量 $\boldsymbol{K}(t)=m\boldsymbol{v}$。

若在 Δt 时间内，排出燃气流质量为 $|\Delta m|$，燃气相对弹体的喷射速度为 $\boldsymbol{v}_r$，质心速度增量为 $\Delta\boldsymbol{v}$，则 $(t+\Delta t)$ 时刻质点系总动量为

$$\boldsymbol{K}(t+\Delta t)=(m-|\Delta m|)(\boldsymbol{v}+\Delta\boldsymbol{v})+|\Delta m|\left(\boldsymbol{v}+\boldsymbol{v}_r+\frac{\Delta\boldsymbol{v}}{2}\right)$$

故 Δt 时间内的动量增量为

$$\boldsymbol{K}(t+\Delta t)-\boldsymbol{K}(t)=m\Delta\boldsymbol{v}+|\Delta m|\boldsymbol{v}_r-\frac{1}{2}|\Delta m|\Delta\boldsymbol{v}$$

如果 $|\Delta m|$ 仍作为原质点系内的质量来看待，那么在 Δt 内，质点系是常质量质点系，由动量定理得

$$\frac{\mathrm{d}\boldsymbol{K}}{\mathrm{d}t}=\lim_{\Delta t\to 0}\frac{\boldsymbol{K}(t+\Delta t)-\boldsymbol{K}(t)}{\Delta t}=m\frac{\mathrm{d}\boldsymbol{v}}{\mathrm{d}t}+\left|\frac{\mathrm{d}m}{\mathrm{d}t}\right|\boldsymbol{v}_r=\boldsymbol{F}$$

又燃气流反作用力 $\boldsymbol{F}_r$ 作用在弹体上，方向与 $\boldsymbol{v}_r$ 相反，即

$$\boldsymbol{F}_r=-\left|\frac{\mathrm{d}m}{\mathrm{d}t}\right|\boldsymbol{v}_r$$

故有

$$m\frac{\mathrm{d}\boldsymbol{v}}{\mathrm{d}t}=\boldsymbol{F}+\boldsymbol{F}_r \tag{1.80}$$

式(1.80)说明，若将喷射燃气流产生的动推力 $\boldsymbol{F}_r$ 也视为作用在导弹上的外力的一部分，则变质量质点系的运动微分方程在形式上与牛顿第二定律相同，即可按照动量定理列

写变质量系的运动方程。

又动推力 $\boldsymbol{F}_r$ 与静推力(导弹表面大气静压力与发动机喷口截面上燃气静压力所形成的向前的轴向力)的合成为推力，所以只要把推力视为导弹外力，就可按照动量定理列写微分方程。

2) 单级火箭的理想速度

由式(1.80)可导出导弹理想速度公式。在不考虑重力和气动阻力作用时，式(1.80)中的外力 $\boldsymbol{F}=\boldsymbol{0}$，则

$$m\frac{\mathrm{d}\boldsymbol{v}}{\mathrm{d}t}=-\left|\frac{\mathrm{d}m}{\mathrm{d}t}\right|\boldsymbol{v}_r=-|\dot{m}|\boldsymbol{v}_r$$

因为此时 $\boldsymbol{v}$ 与 $\boldsymbol{v}_r$ 共线反向，所以上式可以写成标量形式：

$$\mathrm{d}v=-v_r\frac{\mathrm{d}m}{\mathrm{d}t}\frac{\mathrm{d}t}{m}$$

当发动机处于额定工作状态时，燃气相对弹体的喷射速度 v_r 变化很小，可以视为常值，于是对上式两端积分可得

$$\int_{v_0}^{v}\mathrm{d}v=-v_r\int_{m_0}^{m}\frac{\mathrm{d}m}{m}=-v_r(\ln m-\ln m_0)$$

即

$$v-v_0=v_r\ln\frac{m_0}{m}$$

当初速度 $v_0=0$ 时，则有

$$v=v_r\ln\frac{m_0}{m}\tag{1.81}$$

式(1.81)中的 v 是只考虑动推力作用时的理想速度，但客观上推力总是包括动推力和静推力两部分，单纯的动推力也是测不出来的。静推力可表示为

$$S_a(P_a-P_H)$$

式中：S_a——喷口截面积；

P_a——喷口燃气平均压力；

P_H——导弹所在高度的大气压力。

于是，总推力为

$$F_p=F_r+S_a(P_a-P_H)=-|\dot{m}|v_r+S_a(P_a-P_H)$$

引入有效排气速度：

$$v_r'=-v_r+\frac{S_a(P_a-P_H)}{|\dot{m}|}$$

其含义是发动机总推力 F_p 全部由动推力提供时，燃气在喷口端面应具有的排气速度。因此

$$F_p=|\dot{m}|v_r'$$

将推进剂质量秒消耗量产生的推力定义为发动机的比推力，有

$$F_b=\frac{F_p}{|\dot{m}|g}=\frac{v_r'}{g}\tag{1.82}$$

用有效排气速度 v_r' 代替式(1.81)中的 v_r，则得

$$v = F_b g \ln \frac{m_0}{m}$$

用 v_k、m_k 分别表示关机时刻的速度和质量，则有

$$v_k = F_b g \ln \frac{m_0}{m_k} = -F_b g \ln \mu_k \tag{1.83}$$

式中，$\mu_k = \frac{m_k}{m_0}$。

式(1.83)即单级火箭关机点的理想速度公式，称为奇奥尔科夫斯基公式。由此公式可以计算出远程或洲际弹道导弹完成射程任务需要的关机速度，也可以理解为什么导弹即使需要承受级间分离带来的干扰以及增加复杂性带来的风险，也要设计成多级。

2. 导弹刚体质心运动模型

研究导弹相对于地球的质心运动时，选择发射坐标系作为基本参考系。而为研究导弹质心运动的特性，选择在轨迹坐标系 $O_z x_2 y_2 z_2$ 中建立质心运动方程，因为导弹理想的纵向运动平面与 $x_2 O_z y_2$ 平面重合，将使问题得到一定程度的简化。将发射坐标系视为静止坐标系，轨迹坐标系视为动坐标系，两坐标系之间的关系由弹道倾角 θ 和弹道偏角 σ 确定，如图 1-21 所示。

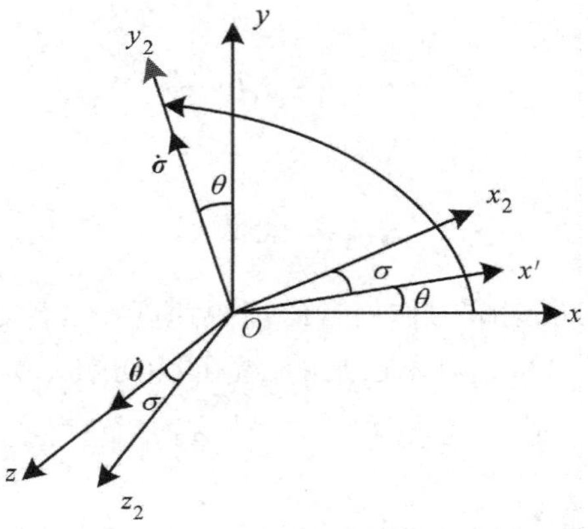

图 1-21　轨迹坐标系与发射坐标系之间的关系

轨迹坐标系转换到发射坐标系的步骤如下：

(1) 绕 y_2 轴右旋 $\dot{\boldsymbol{\sigma}}$，得 σ 角，$x_2 \to x'$，$z_2 \to z$；

(2) 绕 z 轴右旋 $\dot{\boldsymbol{\theta}}$，得 θ 角，$x' \to x$，$y_2 \to y$。

于是轨迹坐标系相对于发射坐标系的旋转角速度为

$$\boldsymbol{\omega} = \dot{\boldsymbol{\theta}} + \dot{\boldsymbol{\sigma}}$$

$\boldsymbol{\omega}$ 在轨迹坐标系三个轴上的投影为

$$\begin{cases} \omega_{x_2} = -\dot{\theta}\sin\sigma \\ \omega_{y_2} = \dot{\sigma} \\ \omega_{z_2} = \dot{\theta}\cos\sigma \end{cases} \tag{1.84}$$

式(1.84)所表达的关系也可由轨迹坐标系与发射坐标系之间的方向余弦得到。

轨迹坐标系相对于发射坐标系有角速度为 $\boldsymbol{\omega}$ 的转动。由陀螺力学知道，式(1.80)左边的速度矢量 $\boldsymbol{v}$ 对时间的绝对导数与轨迹坐标系中速度 $\boldsymbol{v}$ 对时间 t 的相对导数有如下关系：

$$\frac{\mathrm{d}\boldsymbol{v}}{\mathrm{d}t}=\frac{\mathrm{d}'\boldsymbol{v}}{\mathrm{d}t}+\boldsymbol{\omega}\times\boldsymbol{v} \tag{1.85}$$

把 $\boldsymbol{\omega}$ 和 $\boldsymbol{v}$ 用它们在轨迹坐标系三个轴上的投影表示，有

$$\boldsymbol{\omega}=\omega_{x_2}\boldsymbol{i}_2+\omega_{y_2}\boldsymbol{j}_2+\omega_{z_2}\boldsymbol{k}_2 \tag{1.86}$$

$$\boldsymbol{v}=v_{x_2}\boldsymbol{i}_2+v_{y_2}\boldsymbol{j}_2+v_{z_2}\boldsymbol{k}_2 \tag{1.87}$$

式中：$\boldsymbol{i}_2$、$\boldsymbol{j}_2$、$\boldsymbol{k}_2$——轨迹坐标系三个轴上的单位矢量；

v_{x_2}、v_{y_2}、v_{z_2}——$\boldsymbol{v}$ 在轨迹坐标系三个轴上的投影。

根据轨迹坐标系的定义，$\boldsymbol{v}$ 的三个投影分别为

$$\begin{cases} v_{x_2}=v \\ v_{y_2}=0 \\ v_{z_2}=0 \end{cases} \tag{1.88}$$

把式(1.84)和式(1.88)代入式(1.85)可得

$$\begin{aligned}\frac{\mathrm{d}\boldsymbol{v}}{\mathrm{d}t}&=\frac{\mathrm{d}'\boldsymbol{v}}{\mathrm{d}t}+\boldsymbol{\omega}\times\boldsymbol{v}=\frac{\mathrm{d}v_{x_2}}{\mathrm{d}t}\boldsymbol{i}_2+\frac{\mathrm{d}v_{y_2}}{\mathrm{d}t}\boldsymbol{j}_2+\frac{\mathrm{d}v_{z_2}}{\mathrm{d}t}\boldsymbol{k}_2+\begin{vmatrix}\boldsymbol{i}_2 & \boldsymbol{j}_2 & \boldsymbol{k}_2\\ \omega_{x_2} & \omega_{y_2} & \omega_{z_2}\\ v_{x_2} & v_{y_2} & v_{z_2}\end{vmatrix}\\ &=\frac{\mathrm{d}v_{x_2}}{\mathrm{d}t}\boldsymbol{i}_2+\begin{vmatrix}\boldsymbol{i}_2 & \boldsymbol{j}_2 & \boldsymbol{k}_2\\ -\dot{\theta}\sin\sigma & \dot{\sigma} & \dot{\theta}\cos\sigma\\ v & 0 & 0\end{vmatrix}\\ &=\frac{\mathrm{d}v}{\mathrm{d}t}\boldsymbol{i}_2+v\dot{\theta}\cos\sigma\boldsymbol{j}_2-v\dot{\sigma}\boldsymbol{k}_2\end{aligned} \tag{1.89}$$

将式(1.89)代入式(1.78)可得

$$m\frac{\mathrm{d}v}{\mathrm{d}t}\boldsymbol{i}_2+mv\dot{\theta}\cos\sigma\boldsymbol{j}_2-mv\dot{\sigma}\boldsymbol{k}_2=\sum\boldsymbol{F}$$

根据等式两边对应的系数相等，且 $v_{x_2}=v$，有

$$\begin{cases} m\dfrac{\mathrm{d}v}{\mathrm{d}t}=\sum F_{x_2} \\ mv\dot{\theta}\cos\sigma=\sum F_{y_2} \\ -mv\dot{\sigma}=\sum F_{z_2} \end{cases} \tag{1.90}$$

式中：F_{x_2}、F_{y_2}、F_{z_2}——$\boldsymbol{F}$ 在轨迹坐标系三个轴上的投影。

3. 导弹刚体绕质心运动模型

导弹绕质心运动方程选择在弹体坐标系 $O_z x_1 y_1 z_1$ 中建立，因为弹体外形是轴对称的，当坐标原点与弹体惯性中心重合、坐标轴与弹体惯性主轴重合时，弹体转动的惯性积为 0，

运动方程的形式得到简化，而且在弹体坐标系中描述外力矩也很方便。

刚体定点转动的动力学方程由动量矩定理描述。为了得到简洁的标量方程，把动量矩 $\boldsymbol{H}_0$ 投影到弹体坐标系的各个轴上，有

$$\boldsymbol{H}_0 = H_{x_1}\boldsymbol{i}_1 + H_{y_1}\boldsymbol{j}_1 + H_{z_1}\boldsymbol{k}_1 \tag{1.91}$$

式中：H_{x_1}、H_{y_1}、H_{z_1}——动量矩 $\boldsymbol{H}_0$ 在弹体坐标系三个轴上的投影；

$\boldsymbol{i}_1$、$\boldsymbol{j}_1$、$\boldsymbol{k}_1$——弹体坐标系三个轴上的单位矢量。

假设弹体坐标系相对于发射坐标系的转动角速度为 $\boldsymbol{\omega}_1$，则有

$$\boldsymbol{\omega}_1 = \omega_{x_1}\boldsymbol{i}_1 + \omega_{y_1}\boldsymbol{j}_1 + \omega_{z_1}\boldsymbol{k}_1 \tag{1.92}$$

式中：ω_{x_1}、ω_{y_1}、ω_{z_1}——$\boldsymbol{\omega}_1$ 在弹体坐标系三个轴上的投影。

由理论力学知道，刚体定点转动的动量矩在弹体坐标系各轴上的投影有如下关系：

$$\begin{cases} H_{x_1} = J_{x_1}\omega_{x_1} - J_{x_1y_1}\omega_{y_1} - J_{z_1x_1}\omega_{z_1} \\ H_{y_1} = J_{y_1}\omega_{y_1} - J_{x_1y_1}\omega_{x_1} - J_{y_1z_1}\omega_{z_1} \\ H_{z_1} = J_{z_1}\omega_{z_1} - J_{z_1x_1}\omega_{x_1} - J_{y_1z_1}\omega_{y_1} \end{cases} \tag{1.93}$$

式中：J_{x_1}、J_{y_1}、J_{z_1}——相对于弹体坐标系三个轴的转动惯量；

$J_{x_1y_1}$、$J_{y_1z_1}$、$J_{z_1x_1}$——相应的三个惯性积。

因为导弹是轴对称的，$O_z x_1$ 是惯性主轴，所以

$$\begin{cases} J_{x_1y_1} = \sum M_{x_1y_1} = 0 \\ J_{y_1z_1} = \sum M_{y_1z_1} = 0 \\ J_{z_1x_1} = \sum M_{z_1x_1} = 0 \end{cases}$$

于是

$$\begin{cases} H_{x_1} = J_{x_1}\omega_{x_1} \\ H_{y_1} = J_{y_1}\omega_{y_1} \\ H_{z_1} = J_{z_1}\omega_{z_1} \end{cases} \tag{1.94}$$

将式(1.94)代入式(1.91)，得

$$\boldsymbol{H}_0 = J_{x_1}\omega_{x_1}\boldsymbol{i}_1 + J_{y_1}\omega_{y_1}\boldsymbol{j}_1 + J_{z_1}\omega_{z_1}\boldsymbol{k}_1 \tag{1.95}$$

同样由陀螺力学知道，动量矩矢量 $\boldsymbol{H}_0$ 对时间 t 的绝对导数 $\frac{\mathrm{d}\boldsymbol{H}_0}{\mathrm{d}t}$ 与弹体坐标系中动量矩 $\boldsymbol{H}_0$ 对时间 t 的相对导数 $\frac{\mathrm{d}'\boldsymbol{H}_0}{\mathrm{d}t}$ 有如下关系：

$$\begin{aligned} \frac{\mathrm{d}\boldsymbol{H}_0}{\mathrm{d}t} &= \frac{\mathrm{d}'\boldsymbol{H}_0}{\mathrm{d}t} + \boldsymbol{\omega}_1 \times \boldsymbol{H}_0 \\ &= \frac{\mathrm{d}H_{x_1}}{\mathrm{d}t}\boldsymbol{i}_1 + \frac{\mathrm{d}H_{y_1}}{\mathrm{d}t}\boldsymbol{j}_1 + \frac{\mathrm{d}H_{z_1}}{\mathrm{d}t}\boldsymbol{k}_1 + \begin{vmatrix} \boldsymbol{i}_1 & \boldsymbol{j}_1 & \boldsymbol{k}_1 \\ \omega_{x_1} & \omega_{y_1} & \omega_{z_1} \\ J_{x_1}\omega_{x_1} & J_{y_1}\omega_{y_1} & J_{z_1}\omega_{z_1} \end{vmatrix} \\ &= [J_{x_1}\dot{\omega}_{x_1} + (J_{z_1} - J_{y_1})\omega_{y_1}\omega_{z_1}]\boldsymbol{i}_1 + [J_{y_1}\dot{\omega}_{y_1} + (J_{x_1} - J_{z_1})\omega_{x_1}\omega_{z_1}]\boldsymbol{j}_1 + \\ &\quad [J_{z_1}\dot{\omega}_{z_1} + (J_{y_1} - J_{x_1})\omega_{x_1}\omega_{y_1}]\boldsymbol{k}_1 \end{aligned} \tag{1.96}$$

将动量矩定理写成相对于弹体坐标系的标量形式，并与式(1.96)相比较，得

$$\begin{cases} J_{x_1}\dot{\omega}_{x_1}+(J_{z_1}-J_{y_1})\omega_{y_1}\omega_{z_1}=\sum M_{x_1} \\ J_{y_1}\dot{\omega}_{y_1}+(J_{x_1}-J_{z_1})\omega_{x_1}\omega_{z_1}=\sum M_{y_1} \\ J_{z_1}\dot{\omega}_{z_1}+(J_{y_1}-J_{x_1})\omega_{x_1}\omega_{y_1}=\sum M_{z_1} \end{cases} \tag{1.97}$$

式中：M_{x_1}、M_{y_1}、M_{z_1}——作用在导弹上的外力矩在弹体坐标系三个轴上的投影。

4. 导弹弹性振动运动模型

弹体是梁式结构，其在飞行中的弹性运动状态相当于两端自由的、受到各种分布或集中载荷作用的弹性梁。它的质量分布不均匀，各处刚度也不相同，是一个连续的非均匀梁。弹体轴对称的特点使关于其纵平面内的弯曲振动和侧向平面内的弯曲振动的研究可以独立进行。下面以纵平面内的弯曲振动为例建立其运动模型。

坐标原点选在导弹的理论尖端，Ox 轴与弹体未变形时的 O_zx_1 轴重合并指向尾端，Oy 轴在弹体纵平面内且垂直于 Ox 轴，如图 1-22 所示。MN 为某瞬时弯曲梁的轴线，称为弹性轴。弹性轴上任一点 x 在任一瞬时 t 相对于 Ox 轴的偏离量用 $y(x, t)$ 表示。因作用在弹体上的力(集中力或分布力)随位置和时间的变化而不同，故用 $f(x, t)$ 表示作用在单位长度上的分布力，力的方向取 Oy 轴正方向。用 $\rho(x)$ 表示单位长度的弹体质量。

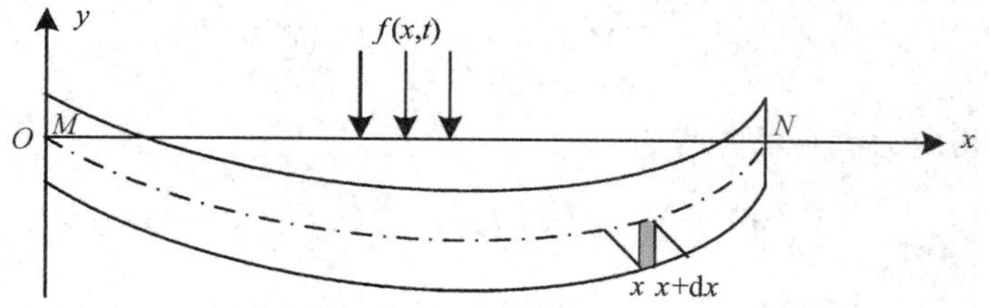

图 1-22 弹体弯曲变形时受力分析图

在未变形弹体上 x 和 $x+dx$ 处分别作垂直于未变形轴的平面。以未变形弹体上长为 dx 的一段(如图 1-22 中阴影部分所示)为对象，分析它在弹体有弯曲变形时的受力情况。

假设端面上的各点弯曲后仍处于垂直于弹性轴的同一平面内，端面转角为 φ。由于角 φ 很小，因此有如下近似关系：

$$\varphi\approx\tan\varphi=\left.\frac{\partial y}{\partial x}\right|_{x+dx}$$

$$\varphi'\approx\tan\varphi'=\left.\frac{\partial y}{\partial x}\right|_{x}$$

$$d\varphi=\varphi-\varphi'=\left.\frac{\partial y}{\partial x}\right|_{x+dx}-\left.\frac{\partial y}{\partial x}\right|_{x}=\frac{\partial^2 y}{\partial x^2}dx$$

在该微段上除了分布力 $f(x, t)dx$ 和惯性力 $\rho(x)\cdot y(x, t)dx$，还有在两端面上受到相邻微段作用的切应力(或称为剪力)V 和张力 N。右端面弹性轴上部面积元 ds 上的张力 $dN<0$(称为压缩力)，弹性轴下部面积元 ds 上的张力 $dN>0$(称为拉伸力)。在右端面，方向不同的张力形成端面弯矩 $M+dM$，在左端面为 M。记面积元 ds 到弹性对称面的距离为 η，则 ds

处的轴向相对变形为 $\eta\dfrac{\mathrm{d}\varphi}{\mathrm{d}x}\left(\dfrac{\mathrm{d}\varphi}{\mathrm{d}x}\text{是该微段单位长度上角度的变化量}\right)$，故作用到 ds 上的张力为

$$\mathrm{d}N=E(x)\eta\frac{\mathrm{d}\varphi}{\mathrm{d}x}\mathrm{d}s=E(x)\frac{\partial^2 y}{\partial x^2}\eta\mathrm{d}s \tag{1.98}$$

式中：$E(x)$——弹体在该截面处的弹性模量。

由于 $\mathrm{d}N$ 对该右截面形成的挠矩为

$$\Delta M=\mathrm{d}N\eta=E(x)\frac{\partial^2 y}{\partial x^2}\eta^2\mathrm{d}s \tag{1.99}$$

因此全截面张力形成的总挠矩为

$$M=\int_s E(x)\frac{\partial^2 y}{\partial x^2}\eta^2\mathrm{d}s=E(x)I(x)\frac{\partial^2 y}{\partial x^2} \tag{1.100}$$

式中：$I(x)$——截面 s 对截面中心轴的面积惯性矩，$I(x)=\int_s \eta^2\mathrm{d}s$。

当 $\mathrm{d}x$ 充分小时，在微段 $\mathrm{d}x$ 上 $f(x,t)$、$\rho(x)$ 可近似看作均匀分布，从而微段弹体绕其右端面上任一点的力矩平衡方程可写为

$$M-V\mathrm{d}x-(M+\mathrm{d}M)+\frac{1}{2}f(x,t)(\mathrm{d}x)^2-\frac{1}{2}\rho(x)\frac{\partial^2 y}{\partial t^2}(\mathrm{d}x)^2=0 \tag{1.101}$$

当 $\mathrm{d}x$ 足够小时，上式中的第四项、第五项是二阶微量，可以忽略不计，于是

$$-V=\frac{\mathrm{d}M}{\mathrm{d}x}=\frac{\partial}{\partial x}\left[E(x)I(x)\frac{\partial^2 y}{\partial x^2}\right] \tag{1.102}$$

又微段弹体切应力满足的方程为

$$V+\mathrm{d}V-V+f(x,t)\mathrm{d}x-\rho(x)\frac{\partial^2 y}{\partial t^2}\mathrm{d}x=0 \tag{1.103}$$

故有

$$\frac{\mathrm{d}V}{\mathrm{d}x}-\rho(x)\frac{\partial^2 y}{\partial t^2}=-f(x,t)$$

将式(1.102)代入上式，可得

$$\frac{\partial^2}{\partial x^2}\left[E(x)I(x)\frac{\partial^2 y}{\partial x^2}\right]+\rho(x)\frac{\partial^2 y}{\partial t^2}=f(x,t) \tag{1.104}$$

此即自由-自由弹体横向弯曲振动模型。

通过对以上振动模型的分析(分析过程从略)，可以得出以下结论：

(1) 导弹弹性振动具有无数个由系统的结构、参数决定的，与振动的初始条件无关的固有频率 ω_i。

(2) 每个固有频率 ω_i 对应一个由系统的结构、参数决定的，与振动的初始条件和振动时间 t 无关的振动函数 $W_i(x)$，该函数称为振动系统的固有振型，简称振型。

(3) 系统以它自己的任一固有频率进行主振动。主振动是简谐振动，符合叠加原理，导弹弹体的振动是所有主振动的线性组合，即

$$y(x,t)=\sum_{i=1}^{\infty}W_i(x)q_i(t) \tag{1.105}$$

(4) 各阶主振动之间具有正交性，即第 i 阶振动所产生的惯性力在第 j 阶振动所产生的位移上做的功等于零，或者说任何一阶固有振动不会激起其他阶的振动，亦即各阶主振

动之间不发生能量交换与传递。

在定义了各种广义量之后，可以研究弹体的强迫振动(研究过程从略)。在强迫振动条件下，系统的振动频率由外激励的频率决定，但总的振动仍可以由各阶主振动的线性组合来表示，如式(1.105)所示。将式(1.105)代入式(1.104)，并用广义量表达，即可得到导弹弹体强迫振动运动模型：

$$\ddot{q}_i(t)+2\varepsilon_i\omega_i\dot{q}_i(t)+\omega_i^2 q_i(t)=\frac{Q_i}{m_i},\quad i=1,2,3,\cdots \tag{1.106}$$

式中：ε_i——第 i 阶振型的阻尼比(实际阻尼系数与临界阻尼系数之比)，由实验确定。

将导弹弹性振动的所有广义力代入式(1.106)，则得到完整的导弹弹体强迫振动运动模型：

$$\begin{aligned}&m_i(\ddot{q}_i+2\varepsilon_i\omega_i\dot{q}_i+\omega_i^2 q_i)\\&=2\sqrt{2}P_b W_i(x_R)\delta_\varphi-4P_b\sum_{j=1}^{n}W_i(x_R)W_j'(x_R)q_j(t)+Q_{\alpha_i}^{\alpha}+\\&\sum_{j=1}^{n}Q_{\alpha_i}^{q_j}q_j(t)+Q_{\omega_i}^{\dot{\varphi}}\cdot\dot{\varphi}+\sum_{j=1}^{n}Q_{\omega_i}^{\dot{q}_j}\dot{q}_j(t)+2\sqrt{2}m_R l_R W_i(x_R)\ddot{\delta}_\varphi+\\&2\sqrt{2}J_R W_i'(x_R)\ddot{\delta}_\varphi+2\sqrt{2}m_R l_R\dot{W}_{x_1}W_i'(x_R)\delta_\varphi-\\&2\sqrt{2}m_R l_R\dot{W}_{x_1}\sum_{j=1}^{n}W_i'(x_R)W_j'(x_R)q_i(t)+Q_i\end{aligned}\tag{1.107}$$

5. 导弹液体晃动运动模型

导弹的液体推进剂在贮箱内受到导弹运动的影响而产生晃动，参与晃动的液体共有 i 阶，质量分别为 m_i，位于贮箱的上部，每一阶 m_i 的运动均等价于一个弹簧-质量体的运动；不参与晃动的液体质量为 m_0，位于贮箱的下部。与液体晃动等价的弹簧质量系统模型如图 1-23 所示。

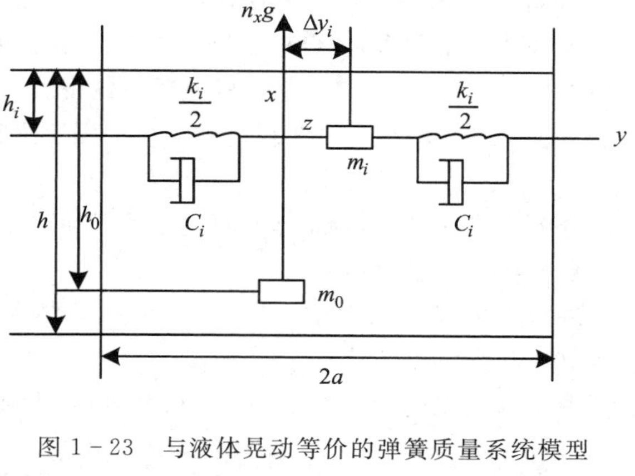

图 1-23 与液体晃动等价的弹簧质量系统模型

设导弹共有 p 个贮箱，其样式相同，且彼此独立。忽略弹体运动中的结构弹性，则当导弹在弹性轴的法线方向上有加速度时，晃动质量 m_p 在俯仰平面内将发生晃动。设晃动的相对位移为 y_p，在不考虑侧向运动和弹体结构的弹性变形时，y_p 与 $O_z y_1$ 轴平行。令 $\dot{v}_y$ 为弹体上与 m_p 平衡位置相重合点的加速度在 y_p 方向上的投影，则 m_p 平衡位置处的牵连加速度在 y_p 方向上的投影为

$$\dot{v}_{yp}=\ddot{y}_1+(x_T-x_p)\Delta\ddot{\varphi} \tag{1.108}$$

式中：

$$\ddot{y}_1=\dot{v}_{y_1}=v\dot{\theta}\cos\alpha-\dot{v}\sin\alpha \tag{1.109}$$

m_p 相对于弹体的加速度为 $\ddot{y}_p$，m_p 的绝对加速度为 $\ddot{y}_p+\dot{v}_{yp}$，根据牛顿力学公式有

$$m_p(\ddot{y}_p+\dot{v}_{yp})=\sum F_{ip} \tag{1.110}$$

式中，$\sum F_{ip}$ 表示作用到质量块 m_p 上的外力之和，包括：

（1）重力分量：

$$F_{gp}=-m_p g\cos\alpha \tag{1.111}$$

（2）弹簧变形产生的弹性力：

$$F_{kp}=-K_p y_p \tag{1.112}$$

式中，负号表示弹性力的方向与相对运动的方向相反，K_p 表示第 p 个贮箱的弹性系数。

（3）晃动阻尼力。为了提高晃动的稳定性，需要在贮箱内壁放置适当形式的阻尼板，以提高晃动阻尼。晃动阻尼系数可用阻尼特性 C_i 表示。分析中所表示的阻尼系数 ξ_p 通常用实验方法测出，于是 m_p 晃动运动的阻尼力为

$$F_{\xi p}=-2\xi_p\Omega_p m_p\dot{y}_p \tag{1.113}$$

式中：$\Omega_p=\sqrt{\dfrac{K_p}{m_p}}$。显然阻尼力与 $\dot{y}_p$ 成正比，且与其方向相反。

将以上各力代入式(1.110)，得

$$\ddot{y}_p+2\xi_p\Omega_p\dot{y}_p+\Omega_p^2 y_p=-v\dot{\theta}\cos\alpha+\dot{v}\sin\alpha-(x_T-x_p)\Delta\ddot{\varphi}-g\cos\alpha \tag{1.114}$$

此即导弹液体晃动运动模型。

6. 导弹空间飞行复合运动模型

导弹的飞行运动是具有多种运动形式的复合运动，各种运动之间相互联系、相互铰链，使得对导弹飞行运动进行分析非常困难。在前述对导弹进行动力学和运动学数学建模并对模型进行初步理论分析的基础上，工程上需要进行进一步的模型简化，才能够得到完整的导弹飞行运动模型，进而对导弹空间飞行进行定性和定量的分析。

导弹运动的数学模型是多维的、时变的、非线性的，在工程上进行模型简化时，通常有针对性地分为以下三步：

第一步：把空间运动分解为互相独立的纵向平面运动和侧向平面运动，以减少参数并简化参数之间的关联，使数学模型维数降低；

第二步：对数学模型进行泰勒展开，取第一项，使数学模型线性化，并进一步对系数进行无因次化，使模型表达更加简洁；

第三步：对数学模型中无因次化的变系数进行“冻结”，即假设在某一时间段内参数是不变的，是定常系数。

经过以上三步简化之后的数学模型，既便于分析理解，又便于进行进一步的数学运算。通常进行拉氏变换后将模型转化为传递函数，以便于运用控制理论进行分析和解算。

工程上建立导弹飞行复合运动数学模型的基本步骤如下：

第一步：分别建立导弹刚体运动、弹性振动和液体晃动的运动模型；

第二步：对运动模型进行简化；

第三步：分析弹性振动、液体晃动和摇摆发动机摆动对弹体的作用力和力矩；

第四步：将第三步的结果代入导弹刚体运动简化模型，并进一步对系数进行无因次化；

第五步：将弹性振动、液体晃动简化模型作为约束条件，与第四步的结果以及姿态角联系方程联立，得到最终的导弹飞行复合运动简化模型。

纵向运动模型：

$$\begin{cases}\Delta\dot{\theta}=C_1\Delta\alpha+C_2\Delta\theta+C_3\Delta\delta_\varphi+C_3''\Delta\ddot{\delta}_\varphi-\sum\limits_{p=1}^{4}C_{4p}\Delta\ddot{y}_p+\sum\limits_{j=1}^{5}C_{1j}\dot{q}_j+\\ \qquad\sum\limits_{j=1}^{5}C_{2j}q_j-\bar{F}_{yc}+\bar{F}_{\alpha W}\\ \Delta\ddot{\varphi}+b_1\Delta\dot{\varphi}+b_2\Delta\alpha+b_3\Delta\delta_\varphi+b_3''\Delta\ddot{\delta}_\varphi+\sum\limits_{p=1}^{4}b_{4p}\Delta\ddot{y}_p-\sum\limits_{p=1}^{4}b_{5p}\Delta y_p+\\ \qquad\sum\limits_{i=1}^{5}b_{1i}\dot{q}_i+\sum\limits_{i=1}^{5}b_{2i}q_i=\bar{M}_{yc}-\bar{M}_{\alpha W}\\ \Delta\alpha=\Delta\varphi-\Delta\theta\\ \Delta\ddot{y}_p+2\varepsilon_{p1}\Omega_p^2\Delta\dot{y}_p+\Omega_p\Delta y_p=-v\Delta\dot{\theta}+E_1\Delta\varphi+\dot{v}\Delta\alpha-(x_T-x_p)\Delta\ddot{\varphi}+\\ \qquad\qquad\sum\limits_{i=1}^{5}E_{ip}\ddot{q}_i+\sum\limits_{i=1}^{5}E_{(i+5)p}q_i\\ \ddot{q}_i+2\varepsilon_i\omega_i\dot{q}_i+\omega_i^2q_i=D_{1i}\Delta\dot{\varphi}+D_{2i}\Delta\alpha+D_{3i}\Delta\delta_\varphi+D_{3i}''\Delta\ddot{\delta}_\varphi+\\ \qquad\qquad\sum\limits_{p=1}^{4}G_{ip}\Delta\ddot{y}_p+\sum\limits_{p=1}^{4}G_{(i+5)p}\Delta y_p-\bar{Q}_{iyc}+\bar{Q}_{iyc}^{W}\end{cases}\tag{1.115}$$

侧向运动模型：

$$\begin{cases}\dot{\sigma}=C_1\beta+C_2\sigma+C_3\delta_\psi+C_3''\ddot{\delta}_\psi-\sum\limits_{p=1}^{4}C_{4p}\Delta\ddot{Z}_p+\sum\limits_{i=1}^{5}C_{1i}\dot{q}_i+\\ \qquad\sum\limits_{i=1}^{5}C_{2i}q_i-\bar{F}_{zc}+\bar{F}_{\beta W}\\ \ddot{\psi}+b_1\dot{\psi}+b_2\beta+b_3\delta_\psi+b_3''\ddot{\delta}_\psi+\sum\limits_{p=1}^{4}b_{4p}\Delta\ddot{Z}_p-\sum\limits_{i=1}^{5}b_{5p}\Delta Z_p+\\ \qquad\sum\limits_{i=1}^{5}b_{1i}\dot{q}_i+\sum\limits_{i=1}^{5}b_{2i}q_i=\bar{M}_{zc}-\bar{M}_{\beta W}\\ \psi=\beta+\sigma\\ \Delta\ddot{Z}_p+2\varepsilon_{pi}\Omega_p\Delta\dot{Z}_p+\Omega_p^2\Delta Z_p=-v\dot{\sigma}+E_1\psi+\dot{v}\beta-(x_T-x_p)\ddot{\psi}+\\ \qquad\qquad\sum\limits_{i=1}^{5}E_{ip}\ddot{q}_i+\sum\limits_{i=1}^{5}E_{(i+5)p}q_i\\ \ddot{q}_i+2\varepsilon_i\omega_i\dot{q}_i+\omega_i^2q_i=D_{1i}\dot{\psi}+D_{2i}\beta+D_{3i}\delta_\psi+D_{3i}''\delta_\psi+\sum\limits_{p=1}^{4}G_{ip}\Delta\ddot{Z}_p+\\ \qquad\qquad\sum\limits_{p=1}^{4}G_{(i+5)p}\Delta Z_p-\bar{Q}_{izc}+\bar{Q}_{izc}^{W}\end{cases}\tag{1.116}$$

1.4 导弹飞行控制原理

由前述内容可知，导弹的飞行控制即是由导弹控制系统通过控制导弹所受的力和力矩，以控制导弹质心运动准确性和绕质心运动稳定性。

1.4.1 导弹飞行控制基本原理

导弹的飞行控制从本质上来说就是有控制地改变导弹飞行速度的大小和方向。在最简单的情况下，导弹在大气中飞行时，受到发动机推力 P、空气动力 R 和重力 g 这三种力的作用，这三种力的合力就是导弹受到的总作用力 F。显然，要对导弹进行飞行控制就要想办法改变总作用力的大小和方向。但是由于重力是不能随意改变的，所以实际上能改变的力只有发动机推力和空气动力，将它们的合力记为 N。将此合力 N 分解为平行于导弹飞行方向的切向力 $N_{切}$ 和垂直于导弹飞行方向的法向力 $N_{法}$。切向力 $N_{切}$ 能改变导弹飞行速度的大小，法向力 $N_{法}$ 则能改变导弹飞行速度的方向。如果法向力不为 0，则导弹能在法向力所在的平面内做曲线运动，实现导弹的程序转弯。由于切向力和法向力都是控制导弹质心运动的力，所以称之为切向控制力和法向控制力，或统称为控制力。

弹道导弹大部分时间在稀薄大气层或大气层外飞行，空气动力很小或根本不产生空气动力，所以主要靠发动机推力来产生控制力，靠改变发动机推力的办法来改变控制力。而巡航导弹不仅全程飞行于大气层中，而且以水平飞行和横向机动飞行为主要运动状态，所以其控制力的控制和改变方式与弹道导弹有很大差异。以下的分析主要针对弹道导弹。

对于在整个飞行弹道上都进行方向控制的导弹，通常改变导弹飞行速度的方向，即改变法向控制力就够了。一般情况下，改变法向控制力的大小，需要使导弹弹体绕质心转动一个角度，也就是要改变导弹的攻角 α、侧滑角 β 和倾斜角 γ_c。

为了使弹体绕质心转动，必须对导弹施加适当的相对于导弹质心的力矩，这种力矩称为操纵力矩。用来产生操纵力矩的力称为操纵力。同样，用来产生操纵力矩和操纵力的元件称为操纵元件。必须注意，这里所说的操纵力与前面所说的控制力是有区别的，操纵力是操纵导弹绕质心发生转动的力，即能够产生力矩的力，而控制力是控制导弹质心运动的力。

操纵元件除了可以产生操纵力矩对导弹起操纵作用，还可以对导弹飞行起稳定的作用。导弹在飞行过程中，由于受到各种干扰的影响，如导弹本身的不对称性、发动机推力偏心、不稳定的大气以及其他随机因素，会偏离所要求的空间方位角，这时操纵元件动作后能产生操纵力矩使导弹产生绕质心的转动，修正导弹的偏离方位角，使其保持角稳定。在这种情况下，操纵元件对导弹起到稳定作用。

导弹控制系统产生和改变控制力矩的方法包括：

(1) 利用发动机推力来产生和改变控制力矩。弹道导弹大部分是在稀薄大气层或大气层外飞行，为无翼导弹，其控制力矩由发动机推力产生。法向控制力矩的获得由操纵元件——摇摆发动机产生的操纵力矩来实现。

(2) 利用空气动力来产生和改变控制力矩。通过改变在导弹纵向对称平面内的升力 Y 和在导弹侧向平面内的侧力 Z 来实现。

导弹具有轴对称性，在纵向对称平面内和侧向平面内都能产生较大的空气动力。如果要使导弹在纵向对称平面内向上或向下改变飞行方向，就需要利用操纵元件产生操纵力矩使导弹绕质心转动，从而改变导弹的攻角，使升力发生变化；如果要使导弹在侧向平面内向左或向右改变飞行方向，就需要利用操纵元件产生操纵力矩使导弹绕质心转动，从而改变侧滑角，使侧力发生变化；如果要使导弹在任意平面内改变飞行方向，就需要同时改变攻角和侧滑角，使升力和侧力同时发生变化。

1.4.2 导弹的稳定性和操纵性

1. 稳定性

导弹在飞行时，由于受到微小扰动而偏离原来的平衡状态，当扰动作用消失之后，如果经过一个过程后导弹仍能恢复到平衡状态，则称导弹是静稳定的，或称导弹具有静稳定性；如果不能恢复到平衡状态，而是一直偏离下去，则称导弹是静不稳定的，或称导弹不具有静稳定性；如果既不能恢复到平衡状态，又不继续偏离下去，则称导弹是中立稳定的。

在具有攻角的情况下，空气动力矩为 $M_{z_1}^{\alpha}$，那么：

当 $M_{z_1}^{\alpha}<0$ 时，$x_T-x_y<0$，导弹的压心位于质心之后，导弹静稳定；

当 $M_{z_1}^{\alpha}>0$ 时，$x_T-x_y>0$，导弹的压心位于质心之前，导弹静不稳定。

通常可以通过导弹的空气动力外形设计来保证导弹具有一定的静稳定性，但由于空气动力外形一经确定就不能改变，所以要保证导弹在各种特殊飞行条件下都能满足静稳定性的要求，就必须依靠导弹控制系统的工作。

2. 操纵性

在操纵元件动作时，导弹改变其原来的飞行状态的能力以及对此反应快慢的程度称为导弹的操纵性。飞行状态改变得越快，运动参数(姿态角、攻角和侧滑角)的改变量越大，导弹的操纵性就越好；否则，导弹的操纵性就越差。

3. 稳定性与操纵性的关系

导弹的操纵性和稳定性是既对立又统一的。操纵性越好，就越容易改变原来的飞行状态；稳定性越好，就越不容易改变原来的飞行状态。因此，提高操纵性，就会削弱稳定性；提高稳定性，就会削弱操纵性。从这个角度来说，两者是相互矛盾、对立的。但是，对于静稳定性差，或静不稳定的导弹，要求自动稳定系统使操纵元件发生动作而产生操纵力矩，以便对导弹进行操纵，来克服外加干扰，维持导弹的稳定。在这种情况下，如果导弹的操纵性好，那么在自动稳定系统作用下，导弹能够较快改变飞行状态，并迅速达到稳定。因此，导弹的操纵性有助于加强其稳定性，两者又是统一的。

1.4.3 导弹的机动性和过载

1. 机动性

导弹迅速改变其飞行速度大小和方向的能力称为导弹的机动性。机动性实际上就是导弹做曲线飞行的能力。机动性好的导弹，在飞行中能迅速改变其飞行速度的大小和方向，攻击目标的可能区域范围就大。

2. 过载

除重力外，作用在导弹上的所有外力的合力与导弹重力之比称为导弹的过载。过载是一个与导弹加速度方向相同的无量纲矢量，导弹承受过载的能力强弱代表着导弹结构强度的大小。

3. 机动性与过载的关系

导弹的过载可以分解为切向过载和法向过载，法向过载越大，则导弹飞行速度的方向改变越快，机动性越好。从另一个方面来讲，对导弹的机动性要求越高，则要求导弹所能够承受的过载越大。

1.4.4 导弹飞行控制实现方式

导弹飞行控制实现的方式，实际上就是导弹控制系统产生和改变控制力矩的方法。

1. 推力矢量控制

推力矢量控制是一种通过控制主推力相对弹轴的偏移，从而产生和改变控制力矩，以改变导弹姿态并进而改变导弹飞行方向的控制技术。这种控制技术的优点主要体现在：在任何飞行(尤其是没有空气动力)情况下均能够产生很大的控制力矩；控制实现相对简单。特别对于弹道导弹，由于其大部分是在稀薄大气层或大气层外飞行，为无翼导弹，需要很大的控制力矩，因此通常以推力矢量控制作为其飞行控制的实现方式。

常见的推力矢量控制方法主要有以下三种：

(1) 摆动喷管。摆动喷管的方式主要有两类：一类是通过控制操纵元件，使整个发动机摆动(这种发动机称为“摇摆发动机”)，从而改变整个燃气流的方向；另一类是只摆动发动机喷管(包括柔性喷管和球窝喷管)，以改变燃气流的方向。

(2) 喷流偏转。通过在发动机喷管喷出的燃气流中设置障碍物，改变燃气流的方向。最常见也是最主要的方式是设置燃气舵，另外还有偏流环喷流偏转器、轴向喷流偏转器、臂式扰流片和导流罩式致偏器等方式。

(3) 流体二次喷射。在发动机喷管的四个对称位置设置小喷管，控制流体从小喷管高速喷出，以引起发动机喷管燃气流的偏转。根据从小喷管中所喷出流体的不同，流体二次喷射可以分为液体二次喷射和热燃气二次喷射两种方式，它们均可简称为“二次喷射”。

2. 直接力控制

直接力控制通过在弹体的对称位置设置动力装置，产生垂直于导弹纵轴的推力，既可以直接产生横向推力，也可以直接产生横向控制力矩。直接力控制技术所采用的动力装置通常是喷流装置，其优点是不产生附加的操纵元件力矩。

常见的动力装置在弹体上的配置方式有以下三种：

(1) 偏离质心配置方式。将一套横向动力装置配置在偏离导弹质心的位置，所产生的推力主要用于对控制力矩的控制。

(2) 质心配置方式。将一套横向动力装置配置在导弹质心或接近质心的位置，所产生的推力主要用于对控制力的控制。

(3) 前后配置方式。将两套动力装置分别配置在导弹的头部和尾部，两套动力装置同时工作。当前后动力装置同向工作时，所产生的推力用于对控制力的控制；当前后动力装置反向工作时，所产生的推力用于对控制力矩的控制。

3. 空气动力控制

空气动力控制是通过改变导弹弹体纵轴与速度矢量之间的角度，从而产生较大的在导弹纵向对称平面内的升力 Y 和在导弹侧向平面内的侧力 Z，进而产生可控的空气动力矩。空气动力控制主要用于导弹在大气层内的飞行段。

思 考 题

1. 描述导弹飞行过程，并分析各飞行段的特点。
2. 描述导弹飞行的各种运动及其特点。
3. 描述导弹运动分析常用坐标系的特点。
4. 描述导弹空间飞行所受的力和力矩。
5. 描述导弹空间飞行运动模型的特点。

第2章 弹头概述

导弹是指安装有动力装置、能控制飞行弹道、带有战斗部的无人驾驶飞行武器，按照飞行轨迹可分为巡航导弹和弹道导弹。巡航导弹又称为飞航导弹，是指依靠喷气发动机推力和弹翼的升力、主要以巡航状态在大气层内飞行的导弹，最早的巡航导弹是第二次世界大战末期德国研制的V-1导弹。巡航状态是指导弹发动机推力约等于空气阻力、升力约等于导弹所受地球引力，使导弹保持等高程、定速飞行的状态。弹道导弹是指以火箭发动机为动力，由控制系统控制，垂直起飞经过向目标程序转弯把弹头送入预定弹道，弹头主要按照自由抛物体弹道飞行的导弹，最早的弹道导弹是第二次世界大战末期德国研制的V-2导弹。一般情况下，巡航导弹不分头体，整体投入目标区，产生毁伤效应；而弹道导弹分为弹头和弹体，弹体把弹头送入预定弹道后，头体分离，弹头经过自由抛物体弹道飞行再入大气层，投入目标区产生毁伤效应。因此，本书中的弹头是指弹道导弹的弹头。

2.1 弹道导弹弹道及弹头结构

2.1.1 弹道导弹弹道

弹道导弹的发射和飞行有其特定的规律，图2-1画出了地地弹道导弹的标准飞行弹道。

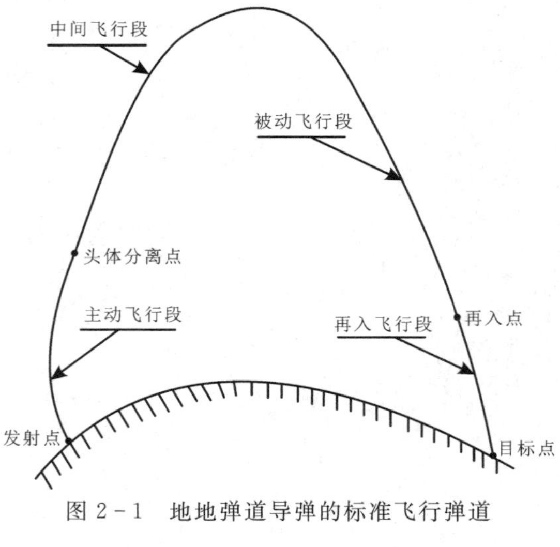

图2-1 地地弹道导弹的标准飞行弹道

1. 标准弹道

导弹发射前垂直矗立在大地上，所在地球上的点称为发射点；导弹所打击的地球上的点称为目标点。导弹在弹体控制作用下从发射点垂直起飞，快速穿过稠密大气层，几秒钟后按照控制系统程序指令向目标点方向程序转弯，当飞行速度和姿态满足打击精度要求(即把弹头送入预定弹道)时，弹体控制系统控制弹体和弹头分离，弹道上的这个点称为头体分离点。弹头继续飞行，在地球重力作用下重返大气层，距离地面垂直高度为 80 km(不同的导弹定义不一样，一般取 80 km 到 100 km)处与弹道的交点称为再入点。从发射点到头体分离点的飞行段称为导弹的主动飞行段，从头体分离点到目标点的飞行段称为导弹的被动飞行段，从头体分离点到再入点的飞行段称为导弹的中间飞行段(或自由飞行段)，从再入点到目标点的飞行段称为导弹的再入飞行段。显然，导弹的被动飞行段包括中间飞行段和再入飞行段。

弹道导弹的弹道有两种：一种是标准弹道，是由专业人员经过大量的测量和理论计算得到的，即根据牛顿三大定律和导弹性能参数建立导弹飞行的微分方程组，经过标准化处理忽略一些已知或未知的因素，利用计算机程序解方程组，代入大地测量获得的精确发射点和目标点参数，通过计算得到的导弹随时间变化的运动轨迹；另一种是实际飞行弹道，是在导弹真实飞行过程中实时测量得到的导弹飞行运动轨迹。因此，导弹发射前要先对发射点进行大地测量，获得发射点和目标点的精确参数，计算出标准弹道参数，并把相关的标准弹道参数装订到导弹控制系统。导弹发射后，导弹控制系统实时测量导弹飞行参数，并控制导弹按照标准弹道及运动规律飞行，直到命中目标。

2. 主动飞行段

主动飞行段简称主动段。在此飞行段，弹道导弹在动力装置推动下，按预定程序飞行，具体过程为：导弹先垂直起飞，平稳、加速上升，尽快突破稠密大气层；然后向目标程序转弯，瞄向目标区；最后达到预定要求(精确控制弹道参数，满足头体分离条件)，弹体脱落，头体分离，把弹头送入预定弹道。

在主动段，作用在导弹上的力和力矩有发动机推力、发动机控制力、空气动力、地球引力、发动机控制力矩和气动力矩。发动机推力主要用来克服地球引力和空气阻力，使导弹做加速飞行，并使导弹主动段终点运动参数达到飞行任务要求的数值。发动机控制力矩主要用来控制导弹的飞行姿态，确保导弹按给定的飞行姿态飞行，同时用来补偿各种干扰对导弹飞行的影响，确保导弹按预定的弹道飞行。近程地地导弹主动段飞行时间一般不到 60 s，远程地地导弹主动段飞行时间可达 300 s 以上。

3. 被动飞行段

被动飞行段简称被动段。在此飞行段，弹头在末助推动力装置推动下，进入预定参数弹道，释放子弹头和突防装置，在稀薄大气中形成多个真假攻击弹头，突破反导防御系统拦截飞向预定目标区上空；在重力作用下，再入大气层，突破反导防御系统拦截攻击预定目标。早期的导弹主要依靠主动段终点获得的动能和势能进行惯性飞行，所以弹道一般是固定不变的，飞行时间又很长，为反导防御系统的拦截提供必备的条件。

在自由飞行段，弹头飞行的特点主要有：通常在大气层外飞行，受外界干扰很小；飞行距离长，约占导弹射程的 90%；飞行轨迹包括上升的升弧段和下降的降弧段(在升弧段飞行动能由最大值逐渐减小，而势能逐渐增大；到达飞行轨迹的最高点时，动能最小，而势能最大；进入降弧段后，势能逐渐减小，而动能逐渐增大，弹头飞行速度也持续增大）；需要调整姿态，以达到再入大气层时的姿态角要求。具备中段制导能力的弹头，可以进行飞行轨迹的进一步精确控制或机动变化控制。

在再入飞行段，弹头飞行的特点主要有：空气密度逐渐增加，空气阻力逐渐加大，飞行速度大幅下降；受到的空气动力作用加剧，出现严重的气动加热现象，弹头壳体材料的抗拉强度明显降低；弹头受到比主动段大几十倍的动载荷，必须精确控制姿态角才能保证弹头不被破坏或烧蚀。具备末制导能力的弹头，可以运用各种末制导技术精确引向攻击目标。

4. 弹道导弹的特点

弹道导弹的主要特点如下：一是通常采用垂直发射，有利于缩短导弹在稠密大气层中的飞行时间；二是导弹沿着一条预定的弹道飞行，攻击固定目标；三是弹道绝大部分在稠密大气层以外，因此，动力装置只能使用火箭发动机；四是弹头再入稠密大气层时，由于弹头速度大，空气动力作用加热剧烈，因而必须采用有效的防热措施。对于弹道导弹来说，飞行弹道可分为主动段和被动段两部分，弹头在被动段飞行中不仅会遇到敌人反导防御系统的拦截，还要经受比主动段更恶劣的环境条件，特别是再入大气层后要受到巨大过载和高温的考验。因此，要保证攻击到敌人，弹头不但要能安全地飞到目标区，还要能承受恶劣环境条件的冲击，即要求弹头一定要结构强、可防热、能突防、精度高。

早期的弹道导弹都采用惯性制导，受技术条件的限制弹头是无控的，即导弹按照从发射点到目标点的一条基本固定的空间曲线飞行，头体分离后，弹头做惯性飞行，也就是被动飞行段是固定的。同时主动段飞行时间大约占导弹整个飞行时间的10%，被动段飞行时间大约占导弹整个飞行时间的90%，再入飞行段飞行时间大约占导弹整个飞行时间的1%。这就暴露出弹道导弹存在的两大问题：一是发射机动性差，打击精度不高(绝对误差大)；二是容易被反导防御系统识别跟踪和拦截。

造成弹道导弹发射机动性差的主要原因有：① 发射前需要花费大量时间精确测量发射点的参数，如重力加速度 g_0、海拔高度 h_0、时间零点 t_0 等；② 需要进行复杂的运算计算出标准弹道参数。造成弹道导弹打击精度不高(绝对误差大)的主要原因有：① 发射点的参数测量和标准弹道参数计算有误差，在列出运动方程和解算时会忽略一些影响因素；② 采用控制系统仪器测量导弹运动参数有误差，头体分离后弹头长时间处于无控状态而不能修正其遇到的各种干扰。解决的方法是可以借鉴巡航导弹的飞行控制模式，实施对弹道导弹全程飞行的控制，即在弹头上增加控制系统。在中间飞行段设置制导控制系统修正弹体控制系统的偏差，把头体分离后的弹头送到再入点附近；在再入飞行段设置末制导系统修正中间飞行段制导系统的偏差，把弹头精确地送到打击点。这样可以使导弹打击精度主要取决于末制导系统，降低弹体控制系统的控制精度的影响，缩短发射点参数的测量时间和标准弹道参数的计算时间，提高弹道导弹发射机动性。

反导防御系统出现后，需要在弹道导弹上设置突防系统，干扰敌方的识别跟踪，提高导弹在拦截环境中的生存能力，进而突破反导防御系统的拦截。

2.1.2 弹头结构

弹头是导弹攻击目标的专用装置，是直接对作战目标起破坏和杀伤作用的专用工具。

它必须能够突破敌方反导防御系统的拦截，安全穿过大气层到达预定的区域，精确可靠地打击敌人的军事目标和重要经济设施。

弹头是根据战争需要，随着导弹的发展而发展起来的。二战后期出现了导弹弹头；20世纪50年代主要发展远程核洲际导弹的单弹头；20世纪60年代在各类常规弹头性能提高的同时发展了核弹头；自20世纪70年代以来，弹头的毁伤能力、抗干扰能力和打击精度都有了提高，多弹头在核导弹中获得了发展，一枚导弹可以携带多个弹头，同时完成对不同目标的打击任务。

弹头按作战任务分为战术导弹弹头和战略导弹弹头；按数量分为单弹头和多弹头；按战斗装药的种类可分为普通装药弹头、核弹头、化学弹头、生物弹头。普通装药弹头又分为爆破弹头、杀伤弹头、聚能穿甲弹头、燃烧弹头和子母弹头等。同种弹头对不同种类的目标具有不一样的毁伤效果，因此根据打击目标的不同，可以为一种型号的导弹设计不同种类的几种弹头，部队按照作战意图进行选择使用。

1. 多弹头母舱结构

多弹头导弹是指一枚导弹同时装载多个弹头，它们能单独攻击不同的目标，也能集中攻击同一个目标。多弹头装在母舱中，母舱一般由外罩、再入子弹头、控制设备舱段、燃烧室和主推力喷管等组成，如图2-2所示。其中控制设备舱段配备控制系统和突防系统等。

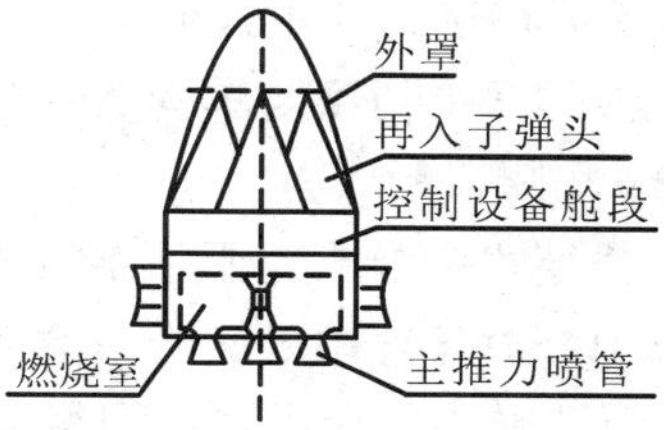

图2-2 多弹头母舱结构示意图

在突破反导防御系统时，多弹头导弹比单弹头导弹具有更强的灵活性和更高的突防概率，同时也可在母舱内安装其他突防装置，达到突防的目的。

正是出于这个原因，多弹头导弹均在主动段达到要求的飞行速度后，进行末修级的调速、调姿并从母舱中将子弹头释放于预定的空域上。子弹头在母舱内的布局，与子弹头等装置的数量、尺寸及释放方式相关。当子弹头装载数量较少时，应尽量采用单层布局方式，如图2-3(a)所示，以便于释放；当子弹头装载数量较多时，则需用叠层布局方式，如图2-3(b)、(c)所示。

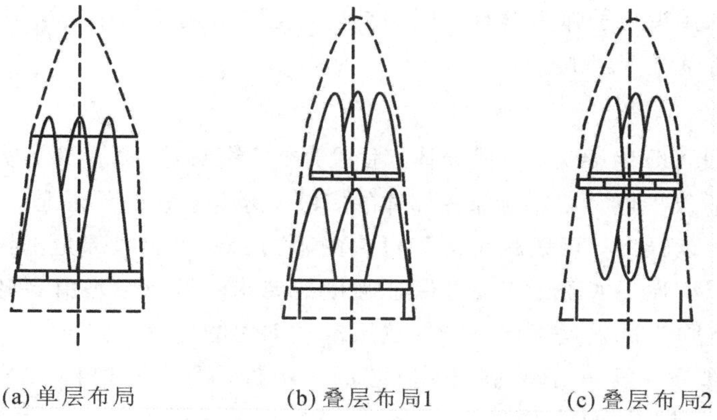

图2-3 多弹头布局示意图

多弹头可分为集束式、分导式和全导式3种形式。3种不同形式的多弹头及其飞行示意图如图2-4所示。

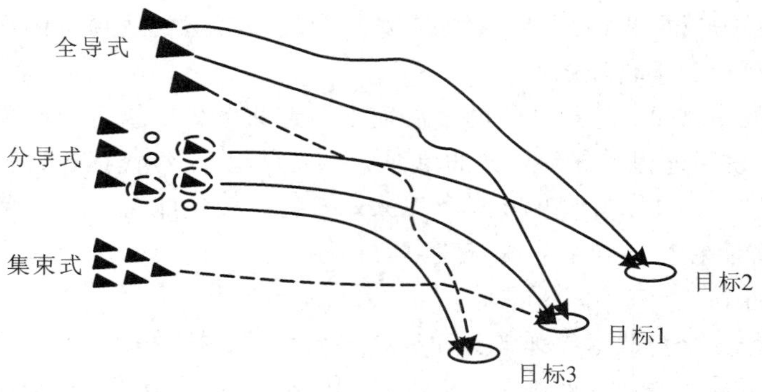

图 2-4　3种不同形式的多弹头及其飞行示意图

集束式(又称霰弹式)多弹头是一种简易的多弹头。这种多弹头导弹的母舱内装有多个子弹头，在达到预定弹道参数后，一次集束释放所有子弹头，用于攻击一个目标。这种多弹头导弹的命中精度与单弹头导弹相当。集束式多弹头多用于战术弹道导弹上，尤其是中近程导弹。

分导式多弹头克服了集束式多弹头的缺点，在母舱中增加了分离释放机构，能根据需要分别释放母舱中的每个子弹头，攻击一个或多个目标，各子弹头的落点间隔可达数百千米，而子弹头的命中精度圆概率误差(CEP)可达几百米。因此，它在远程潜地、地地弹道导弹上得到广泛的应用。由于子弹头上无控制系统，母舱中的子弹头释放后，只能沿预定的椭圆弹道进行惯性飞行，这就给反导拦截系统提供了预测拦截点的条件，这是分导式多弹头的缺点。

全导式多弹头不仅具有分导能力，而且每个子弹头都带有控制系统，可以做机动飞行，使子弹头的弹道无法预测，从而提高其突防概率和命中精度。美、俄的核战略弹道导弹有一半以上装备了全导式多弹头，以便在具备相同数量助推器的条件下，拥有更多的弹头数量及更强的核威慑能力。

2. 单弹头结构

一般来说，单弹头与子弹头具有相同的结构，主要由壳体、战斗部、引爆控制系统、弹头控制系统、突防系统等组成。

1）壳体

壳体按照部段可分为端头、前段壳体、后段壳体、密封盖、底遮板、防热套、仪器舱等。它既是整个弹头的保护层，又是内部各部件的安装支承架。它的外形是一个钝头的圆锥体，这样在弹头进入大气层时，可以减小空气对它的阻力。壳体的内部是由铝合金构成的框架和壳层，既可以减小弹头的质量，又可保证强度的要求；其外层是由高硅氧玻璃钢等组成的防热套，可保证弹头进入大气层时能够克服空气动力的加热。

端头的母体部分一般采用碳/碳材料，芯部采用含钨碳/碳材料，以实现端头在有侵蚀的情况下能保持稳定对称的外形，减小由端头烧蚀产生的附加气动力矩。前段壳体的外形为单锥结构，采用不锈钢材料，整体数控加工成形。前段壳体前端设计有内螺纹结构，端头帽通过“螺纹连接＋胶接”的方式安装在前段壳体上；后端设计有花瓣式连接结构，与后段壳体的花瓣式连接结构对应，可以满足快速连接和密封的要求。后段壳体为单锥结构，采用铝锂合金加工制造，在后段壳体前端有花瓣式连接结构，与前段壳体的花瓣式连接结构对应。壳体内设计了多个连接框，提供了密封盖、底遮板、战斗部和引爆控制系统的全部安装接口和空间。密封盖的主要作用是和弹头前、后段一起形成弹头内的密封舱，提供核战斗部需要的压力和温度环境，同时为穿墙密封插座、气密检查用阀门及三分器等部件提供安装平台。弹头密封盖采用盆状结构，选用铝合金材料，以螺钉连接形式安装在弹头内。底遮板的主要作用是防止底部热流进入弹头内腔，保证内装仪器的正常工作温度，同时提供慢旋系统和头体分插的安装接口。底遮板采用铝锂合金小凹底加筋结构，其外侧的承力部位设置一个高硅氧玻璃钢环，用于承力和防热。仪器舱用于安装弹头控制系统和突防系统的仪器设备。

壳体按照功能分为承力结构系统和防热系统等。承力结构系统用来维持弹头外形，承受弹头使用过程中的各种载荷，并为核战斗部提供良好的工作环境和可靠的安装固定。防热系统由端头、前壳体防热套、后壳体防热套、天线窗盖板、底遮板防护层及慢旋发动机防热套等零部件组成。防热系统的主要作用有：① 实现弹头防/隔热功能，通过采用烧蚀式防热的技术途径，确保在严酷的再入力热环境条件下(含粒子云侵蚀)防热系统本身不被烧毁或破坏并保证弹头承力壳体及内装仪器设备的正常工作温度；② 满足弹头被动式滚控要求，通过控制烧蚀外形，确保端头形状基本稳定，大面积防热层烧蚀花纹宏观有序，从而控制附加气动力矩的大小和方向，以满足弹头被动式滚控要求。

大面积防/隔热通过采用碳基防热材料和高效隔热套装胶实现。弹头前壳体防热套采用三维五向编织碳/酚醛防热套，后壳体防热套采用低捻、内加压固化的正反斜缠碳/酚醛防热套。后壳体防热套正、反向缠绕面积相等，以减小由弹头烧蚀引起的附加气动力矩，满足弹头的被动式滚控要求。弹头天线窗盖板为底部带有柱段加强环的圆台体，采用三向石英材料。利用三向石英材料的透波和抗烧蚀特性，可以完成天线防热并满足透波要求。弹头底遮板防护层选用酚醛树脂增强碳酚醛材料，这种材料在烧蚀后能形成密实的碳化层，可以起到良好的防热作用。对露在底遮板外面的部分，采用 GT－1 型硅橡胶进行热防护。硅橡胶防热套套装在发动机金属壳体外表面，可以增强其抗烧蚀性能，防止其底部被烧穿。

2）战斗部

战斗部是指用于直接毁伤预定目标的装置，既可以是核装置，也可以是以高能炸药或化学毒剂等为主的装置。按照作战性能不同，战斗部分为核战斗部、常规战斗部和特种战斗部。

核战斗部是指装有核武器的装置，主要包括原子弹、氢弹等核装置，依靠核爆炸产生毁伤效应。

常规战斗部是指装有高能炸药的装置，主要由装药、杀伤元素、辅助传爆药柱及壳体结构组成。装药一般采用的是 B 炸药，其组成成分为 60％RDX 和 40％TNT，并添加了少量的钝感剂。装药引爆后，炸药的能量一部分转化为杀伤元素的动能，另一部分转化为冲击波的能量。杀伤元素与冲击波联合作用，在不同距离上对目标产生不同等级的毁伤效应。杀伤元素一般采用大比重的球形杀伤元素——钨珠，用黏合剂黏接在头部壳体内壁，以提高战斗部的杀伤破坏能力。要把主装药引爆，并使其完全爆轰，需要足够大的引爆能量。然而由引爆控制系统发出引爆信号，把电雷管引爆后能量甚小，不足以直接引爆主装药或不能使主装药实现完全爆轰。因此采用一种传爆序列，逐级扩大引爆能量。辅助传爆药柱是用钝化黑索金压制而成的，每块辅助传爆药柱的形状都为圆柱形。辅助传爆药柱在弹头出厂前装好后用模拟保险机构及其支架顶紧固定，以确保在长期储存和运输中安全可靠。

特种战斗部是指装有特种杀伤功能装填物的装置，用于完成某种特定的作战任务，如干扰或破坏某些军事设施，杀伤有生力量或毁坏动植物等，主要有发烟战斗部、燃烧战斗部、化学战斗部、生物战斗部、干扰战斗部等。

3）引爆控制系统

战斗部的引爆控制任务由引爆控制系统承担，因此所有的战斗部都有引爆控制系统。引爆控制系统的作用主要有三点：一是根据预定的作战要求准确可靠地引爆战斗部，最大限度地发挥战斗部对打击目标的毁伤效应；二是在战斗部运输、储存、测试、发射、飞行过程中保证战斗部的绝对安全，最大程度确保操作使用人员和战斗部不受意外伤害；三是在导弹飞行出现意外时及时自毁战斗部，尽量降低战斗部对操作使用人员的伤害并确保战斗部的技术信息安全。

4）弹头控制系统

弹头控制系统与弹体控制系统共同组成导弹控制系统，用于控制弹头按照预定的弹道飞行，躲避反导防御系统的多层拦截，精确打击预定目标。与弹体控制系统一样，弹头控制系统由制导系统和姿态控制系统组成。制导系统利用导航解算出弹头运动参数对质心运动进行控制，按照目标、弹头运动信息和约束条件形成制导规律，控制弹头沿着制导规律确定的弹道命中目标。制导系统的主要功能有四点：一是对质心运动参数进行测量，二是对测得的运动参数进行导航计算，三是按照一定的规律对弹头进行导引，四是送出导引指令。姿态控制系统用于克服弹头飞行过程中的各种干扰，稳定弹头的姿态运动；实现俯仰、偏航和滚动姿态角对程序角的跟踪控制，使姿态角相对程序角的偏差在容许的范围内；根据制导系统发出的导引指令，通过改变弹头的飞行姿态实现对弹头质心横、法向运动的控制。

随着导弹在现代战争中的广泛运用和导弹控制技术的迅速发展，弹头控制系统越来越复杂。针对弹道导弹不同飞行段的特点，一般采取分段控制策略。主动段控制系统把弹头送入一个粗略的弹道空间；在中间飞行段通过中段制导，修正主动段弹道偏差，控制系统把弹头送入一个再入区域；在再入飞行段通过末制导，进一步修正弹道偏差，控制系统把弹头精确送入目标区域。这种控制策略的优点有：每段控制任务有所侧重，减轻了任务工作量，使每段任务易于设计；采用多种制导方式，降低了单个仪器的性能，使仪器易于制造；实现了全弹道控制，克服了全射程的干扰影响，提高了打击精度。

5）突防系统

突防系统是为了突破反导防御系统的防御、掩护导弹穿过层层拦截、提高弹头的生存概率而设置的系统，是弹道导弹与反导防御系统攻防对抗的产物。弹道导弹的“攻”和弹道导弹防御系统的“防”，实为“矛”与“盾”的关系。就“攻”方来说，也有防的问题，如弹头反拦截措施带有防的意义；就“防”方来说，其拦截弹就是攻击武器。弹道导弹的攻与防具有复杂的对抗关系。

弹道导弹的攻防对抗，实际上是弹道导弹的弹头所采取的各种以电子战为主的突防措施与弹道导弹防御系统中以光电、雷达为主的探测、识别、跟踪系统之间的斗争，这种斗争贯穿于整个弹道导弹的攻防过程。如果没有弹道导弹防御系统中的探测、识别和跟踪系统对弹头目标的“及时发现、正确识别和精确跟踪”，反导拦截弹就不可能对真弹头进行“有效拦截”。弹道导弹攻防作战示意图如图 2-5 所示。

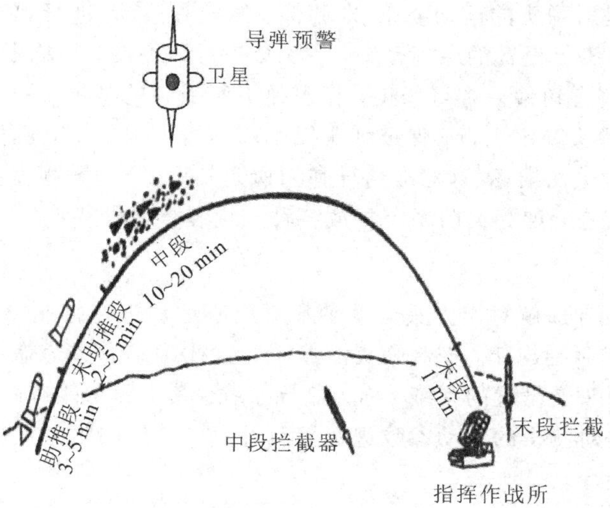

图 2-5 弹道导弹攻防作战示意图

2.2 弹头控制技术及其发展

2.2.1 常用弹头控制技术

随着控制技术的发展和导弹研制能力的提高，弹头上采用的控制技术越来越先进，设置的弹头控制系统也越来越丰富。以美国为例，在地地弹道导弹弹头上，采用的控制技术主要有慢旋控制技术、滚动速率控制技术、姿态控制技术、制导技术、多弹头分导控制技术、滑翔机动弹头控制技术等。

1. 慢旋控制技术

慢旋控制技术是给弹头提供一定的转动速率(或滚动速率)，使弹头慢旋后再入大气层，减小弹头再入散布误差的所有方法措施的统称。为此在弹头上设置的专门系统，称为慢旋系统。其主要作用是让弹头以一定的速率转动起来，慢旋再入大气层，增加弹头运动的稳定性，减小弹头再入散布误差，保证弹头打击精度。不同种类的弹头需要选择不同的慢旋速率。下面的内容中我们会讲述典型的慢旋系统。

2. 滚动速率控制技术

滚动速率控制技术是对弹头的滚动速率进行调整，保证其再入大气层后的滚动速率在要求的范围内的所有方法措施的统称。为此在弹头上设置的专门系统，称为滚动速率控制系统，简称滚控系统。其作用是在弹头再入大气层后的特定时刻启动工作，测量弹头的滚动速率，若小于要求的最小值则使弹头升旋，若大于要求的最大值则使弹头降旋，从而将弹头的滚动速率控制在要求的范围内，防止弹头结构损坏，保证弹头打击精度。

3. 姿态控制技术

姿态控制技术是对弹头的运动姿态(即俯仰、偏航和滚动)进行调整控制的所有方法措施的统称。为此在弹头上设置的专门系统，称为姿态控制系统，简称姿控系统。其主要作用如下：① 对弹头的姿态角偏差进行修正，克服弹头所受到的各种干扰，保证弹头按预定的弹道运动；② 控制弹头稳定飞行，保证弹头以小攻角再入大气层，避免弹头以大攻角再入时受到过大的横向过载而损坏(这对战略导弹来说尤其重要)；③ 根据弹头的需要为其他系统提供特定的运动姿态，如为突防系统释放各种干扰装置提供特定的弹头姿态等。

4. 制导技术

制导技术是利用导航解算出弹头运动参数对质心运动进行控制，按照目标、弹头运动信息和约束条件形成制导规律，控制弹头沿着制导规律确定的弹道命中目标的所有方法措施的统称。为此在弹头上设置的系统，称为制导系统。其主要功能有四点：一是对质心运动参数进行测量，二是对测得的运动参数进行导航计算，三是按照一定的规律对弹头进行导引，四是送出导引指令。

5. 多弹头分导控制技术

多弹头分导控制技术是对多弹头中各个子弹头进行准确的释放，并使其进入预定的一个或多个弹道，完成对一个或多个不同目标打击任务的所有方法措施的统称。为此在弹头上设置的专门系统，称为多弹头分导控制系统。其主要作用如下：一是在释放前完成弹头的运动参数及飞行姿态的调整，为把子弹头送入预定的弹道做好准备；二是在特定的时刻完成各个子弹头的准确释放。

6. 滑翔机动弹头控制技术

滑翔机动弹头控制技术是弹头再入大气层之前，依靠高升阻比外形进行无动力滑翔或有动力跳跃滑翔来改变弹道，以躲避对方反导系统拦截的所有方法措施的统称。采用滑翔机动飞行时，弹头先飞入高弹道，再做低空滑翔，俯冲目标，使对方不易拦截，达到突防目的。滑翔机动弹头飞行弹道也有多种形式。按照飞行特点，滑翔机动弹道可分为平衡滑翔弹道、无动力滑翔跳跃弹道和分段滑翔跳跃弹道，如图 2-6 所示。

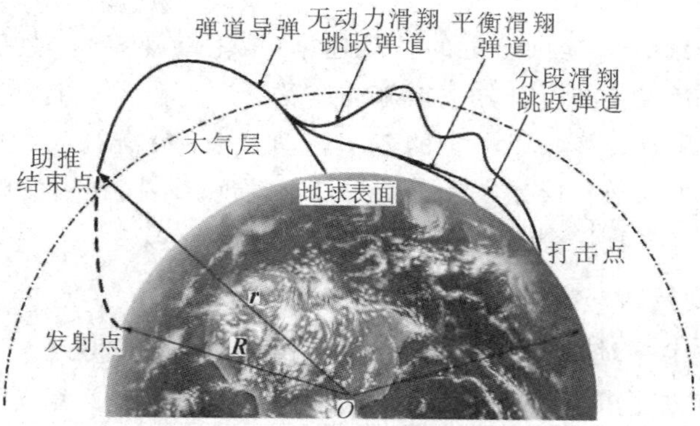

图 2-6 滑翔机动弹道分类

1）平衡滑翔弹道

平衡滑翔弹道由钱学森教授于1948年提出，又称为钱学森弹道。平衡滑翔是指飞行器在滑翔段飞行时，沿航迹每一点处在重力方向处于受力平衡状态。在实际的飞行中，由于控制系统控制精度等，要实现严格意义上的平衡滑翔是相当困难的，因此大多数研究中的平衡滑翔是指拟平衡滑翔。当飞行器以固定升阻比飞行时，若初始状态满足平衡滑翔条件，则飞行器将沿平衡滑翔曲线飞行；若不满足平衡滑翔条件，则飞行器将沿着平衡滑翔弹道进行衰减振荡，形成滑翔跳跃弹道，且偏离平衡滑翔条件越远，滑翔跳跃的幅度越大。

2）无动力滑翔跳跃弹道

最早采用无动力滑翔跳跃弹道的是德国的“银鸟”空间飞行器，其弹道在升力、重力、动能和势能的共同作用下形成。飞行器再入大气层时，升力较小，在重力作用下有向下的加速度；随着高度下降，大气密度增大，升力不断增大；当向下速度为零时，在升力作用下飞行器开始爬升，直至重力又大于升力；如此形成一个跳跃周期。由于阻力的影响，能量不断损失，跳跃幅度逐渐减小。在同样的助推级总体参数和约束条件下，助推滑翔跳跃导弹相比常规弹道导弹的射程和突防能力有显著提高。

3）分段滑翔跳跃弹道

分段滑翔跳跃弹道是指在滑翔跳跃飞行段，飞行器飞行到某一高度发动机点火，助推飞行器拉起爬升，到一定高度或速度发动机再关闭，飞行器经惯性上升后向下滑翔，如此循环以实现相应的射程和突防要求。相对无动力滑翔跳跃弹道，分段滑翔跳跃弹道在弹道末段有更好的机动能力，但实现起来相对困难。

随着双脉冲发动机、RBCC等新型动力形式的出现，国内外对分段滑翔跳跃弹道也进行了大量的研究，但基本都处于方案论证和前期飞行试验阶段。与无动力滑翔跳跃弹道相比，采用RBCC的分段滑翔跳跃弹道射程明显增大，且轨迹形式变化也有利于突防，如图2-7所示(因此这种弹道也称为周期巡航弹道)。相比于稳定的巡航弹道，分段滑翔跳跃弹道具有节省燃料的优点，但是高度的大幅变化不利于制导探测，组合发动机增加了系统结构质量和设计的复杂程度，因此也带来了新的问题。

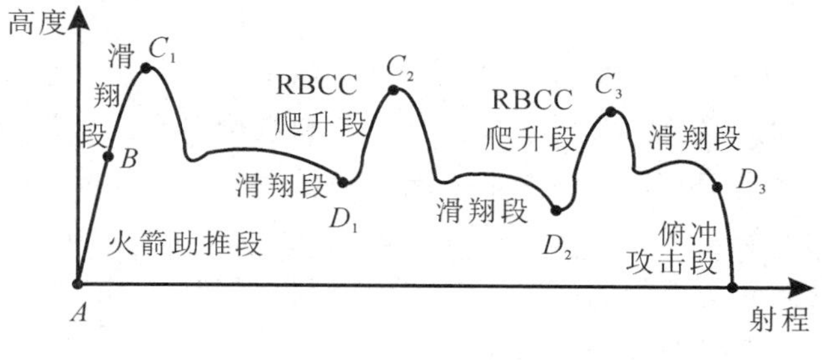

图2-7 基于RBCC的分段滑翔跳跃弹道

2.2.2 弹头控制技术的发展

早期的弹道导弹弹头是无控的。最早的弹道导弹是德国的V-2导弹，战斗部使用普通装药，弹头和弹体不分离。20世纪50年代初，美、苏、法等国先后研制成功头体分离的方法，战斗部使用了核装置，导弹的射程和威力大大增加。由于中程以上弹头再入时，速度很大，会受到高温、高压气流烧蚀和粒子云侵蚀，因此弹头防热成为突出问题。早期研制的弹头采用热沉式防热，具体方法是用很厚的金属端头帽吸热来达到防热的目的，如美国的"宇宙神""雷神"等弹头。但采用热沉式防热的弹头吸热有限且笨重，因而被烧蚀式弹头取代。烧蚀式弹头是在金属外壳表面覆盖一层非金属防热材料，如高应变石墨、高硅氧/酚醛、碳/酚醛、碳/石英等，非金属防热材料经过烧蚀带走热量。这样既较好地解决了防热问题，又减轻了弹头质量。随着反导防御系统的出现，弹头的生存遭到了极大的威胁，导弹的攻防对抗进入了一个新的阶段，各军事强国开始研制多种弹头控制技术，以对抗反导防御系统的拦截。为了释放突防装置，弹头上必须设置相应的控制系统；为了提高弹头的突防能力，采用了多弹头突防技术，弹头上设置了相应的分导控制系统；为了提高弹头的生存能力，采用了机动变轨突防技术，弹头上设置了相应的机动弹头控制系统；为了提高导弹发射的机动性，减少大地参数测量、导弹发射点参数精确测量时间，采用了弹头组合制导技术，弹头上设置了相应的中段制导系统；为了进一步提高导弹的射击精度，采用了弹头末制导技术，弹头上设置了相应的末分导系统；为了减小弹头的再入散布误差，采用了弹头慢旋技术，弹头上设置了相应的慢旋控制系统，等等。总体上，弹头控制技术的发展紧随武器装备的发展可分为以下两个方面。

1. 弹道导弹弹头控制技术的发展

1）*发展历程*

弹道导弹弹头控制技术的发展历程大致为：20 世纪 60 年代开始理论的探索研究；20 世纪 70 年代正式开始进行相关试验，展开从弹头的基本控制技术到弹头的机动飞行控制技术的全面研究，研制了多种弹头控制系统，成功运用到远程和中近程弹道导弹的弹头；20 世纪 80 年代开始多弹头分导技术研究及相关飞行试验；20 世纪 90 年代开始机动弹头机动变轨技术研究及相关飞行试验，并进行了中段制导和末制导技术研究，之后开始了雷达景象匹配制导和寻的制导等多种末制导技术研究。随着反导防御技术的提升，各军事强国又逐步于 2000 年后开始进行助推滑翔机动弹头控制技术研究试验，取得了多项成果，并成功运用到弹道导弹上，研制了多种高性能弹头。

早期的弹头都是无控弹头，打击精度有限。从洲际弹道导弹开始，弹头控制系统开始运用到弹头，比如在第一枚洲际弹道导弹弹头上采用了弹头慢旋和姿态控制技术，为突防系统释放诱饵提供了特定姿态，实现了弹头小攻角和慢旋再入大气层的控制。为了对抗反导防御系统日益增强的拦截能力，各军事强国研究了多弹头控制技术，开展了多弹头分导控制技术试验，成功研制了分导式多弹头洲际弹道导弹。为了提高弹道导弹的打击精度，在卫星导航的基础上，各军事强国研究了导弹中段制导控制技术，开展了弹头惯性制导加星光制导(如北斗或 GPS)的组合制导控制飞行试验，成功地把弹道导弹的打击精度提高到百米以内。为了更进一步提高弹道导弹的打击精度，在雷达技术进步的基础上，各主要军事强国研究了导弹末制导控制技术，开展了弹头雷达景象匹配制导和寻的制导控制飞行试验，成功地把弹道导弹的打击精度提高到十米级。现阶段为了应对各种反导防御系统，各军事强国在所研究的助推滑翔机动控制技术的基础上，研究了弹头再入机动控制技术，开展了滑翔机动弹头飞行试验，成功地实现了弹道导弹在再入段的大范围机动飞行，大大提高了突防能力。

2）发展总结

（1）全程分段飞行控制成为弹道导弹精确制导的关键。

弹道导弹既要快速发射，又要在多层反导防御系统的拦截下生存，还要实现对远距离目标的精确打击，所以需要具备多种能力以解决互相掣肘的多种难题。

由于弹道导弹飞行的特殊要求，导弹发射前首先要测量发射点的参数，参数测量精度越高，标准弹道的解算误差越小，控制精度越高，导弹打击精度越高。但发射点参数的测量精度越高，需要的测量设备越复杂，花费的时间越长，导弹发射准备时间越长。这样就出现了快速发射与提高打击精度之间不可调和的矛盾，只有运用主动段制导、中段制导和末制导飞行控制系统才能解决这个问题。要突破反导防御系统的中高空拦截，在中间飞行段需要释放突防装置及子弹头，需要设置弹头中段制导系统；在再入后控制弹头机动飞行，躲避反导防御系统的低空拦截，需要设置弹头末制导系统。另外随着射程的增加，导弹的打击精度逐渐降低，出现了射程与打击精度之间不可调和的矛盾。为了进一步提高打击精度，可以借鉴巡航导弹的飞行控制模式，实施对弹道导弹全程飞行的控制，即在弹头上增加控制系统。在中间飞行段设置制导控制系统修正弹体控制系统的偏差，把头体分离后的弹头送到再入点附近；在再入飞行段设置末制导系统修正中间段制导系统的偏差，把弹头精确地送到打击点。综上可知导弹全程分段飞行控制势在必行。

（2）基础技术综合运用成为弹头多项关键技术攻关的强力支撑。

弹头控制技术是现代各种新技术集中运用的综合，涉及数学、物理、化学、电子控制、材料机械、计算机人工智能等多个学科领域，没有深厚的基础性研究成果支撑，就很难有技术上的重大突破。这也说明先进武器的发展不能脱离现有的技术基础，美国也是如此：如果没有星球大战计划奠定的技术基础，就不会出现后续的“爱国者”“萨德”等反导防御系统；如果没有国际互联网技术基础，就不会出现 GPS，更不会出现导弹星光制导技术；如果没有地球物理基础，就不会有数字地球，也不会有导弹地形地图匹配制导技术。更不用说试验阶段就出现不足，若转向实用领域，则可能出现更多的问题。因此，型号研制过程中必须积极促进各分系统专业、各学科关键技术共同发展，为整个武器系统的研制提供有力保证。

（3）助推滑翔弹头成为机动控制的研究热点。

助推滑翔弹道能有效增大射程、提高机动能力。通过试验研究发现，现阶段的基础技术成果可以支撑工程研制，这无疑会对反导防御系统产生巨大冲击，全世界特别是军事强国都会下大力气发展此技术。各主要军事强国在中程导弹上采用分段滑翔或巡航技术，实现其远程精确打击的试验研究，无论是在无动力滑翔弹头研制，还是在助推滑翔弹头研制方面，均取得一定的突破。

2. 助推滑翔武器的发展历程

各军事强国中，美国是最早开展助推滑翔武器研究计划的，因此这里以美国为例介绍助推滑翔武器的发展历程。

20 世纪 50 年代，美国就开始了助推滑翔武器的相关研究。1958 年第一发助推-滑翔导弹 Alpha Draco 试飞成功；1962 年美国空军执行助推滑翔弹头（BGRV）计划，开始了助推滑翔弹头的研制；1963 年美国空军执行机动弹道弹头（MBRV）计划，开始了机动弹道弹头研制；1966 年美国国防高级研究计划局执行机动弹头控制与烧蚀研究（MARCAS）计划，开始各种研制试验；1968 年美国海军执行特种弹头(SRB)计划，开始了特种弹头的研制；1970 年美国海军开始第二代机动弹头的研制，研制了 MK500 机动弹头；1975 年美国空军开始研制第三代机动弹头，执行先进机动弹头(AMaRV)计划；1987 年美国开始高超声速滑翔武器(HGV)的研制；1996 年美国开始通用航空飞行器(CAV)研制，后合并为“猎鹰”计划(FACLON)，后续于 2003 年将该计划的重点转向高超声速试验飞行器(HTV)项目，现在唯一的保留项目是 HTV-2；1998 年 NASA 资助波音公司和 NASA Langley 研究中心开展了 Hypersoar 计划，重点研究超燃冲压发动机技术；2006 年空军开始基于陆基弹道导弹发展助推滑翔武器(CSM)，陆军进行先进高超声速武器(AHW)的研制；2010 年美国在现役 SM-3 型导弹的基础上，发展“弧光”(ArcLight)远程高超声速导弹；2014 年美国海军开展战术助推滑翔(TBG)项目的试验，在 HTV-2 的基础上发展空射或舰上垂直发射的战术武器；2017 年美国海军用改进 AHW 弹头和新型助推器研制 CPS 导弹；2018 年空军开始高超声速常规打击武器(HCSW)计划和空中快速反应武器(ARRW)研制。表 2-1 列出了美国助推滑翔武器的发展历程。

表 2-1 美国助推滑翔武器的发展历程

序号	项目名称	启动时间	概　况
1	Alpha Draco	1958 年	第一发助推-滑翔导弹 Alpha Draco 试飞成功，射程为 386 km
2	BGRV	1962 年	空军的助推滑翔弹头(BGRV)计划，弹头采用平台-计算机制导方案，弹头结构外形为由锥段和喇叭形裙部组成的双锥体，借助火箭发动机产生的推力控制弹头机动
3	MBRV	1963 年	空军的机动弹道弹头(MBRV)计划，弹头采用平台-计算机制导加自动驾驶仪控制空气翼方案，弹头结构外形为削面锥体，利用锥体后缘的多个液压驱动控制面控制弹头机动飞行，使其具备多种末段变轨能力
4	MARCAS	1966 年	国防高级研究计划局的机动弹头控制与烧蚀研究(MARCAS)计划，目的在于探索机动控制方案的技术途径，协助空军解决机动弹道弹头的尺寸和质量过大问题
5	SRB	1968 年	海军的特种弹头(SRB)计划，利用弯头使弹头在再入时以小攻角飞行，产生所需的升力。而弯头可以通过移动配重进行控制。当配重处于纵轴位置时，弹头按照原弹道飞行；当配重移向纵轴一侧时，弹头在重力和气动力的联合作用下就会滚转，此时气动力会产生一侧向力，使弹头沿着这个分力方向机动飞行
6	MK500	1970 年	海军研制的 MK500 第二代机动弹头采用弯头和移动配重方案，以低攻角再入，从敌方反导雷达探测不到的低空进入目标区，故又叫低攻角再入弹头。1975 年 MK500 机动弹头进行飞行试验，试验九次，成功八次
7	AMaRV	1975 年	空军的第三代机动弹头就是先进机动弹头(AMaRV)。弹头采用控制翼方案，配置完全自主的制导系统和数字自动驾驶仪，结构外形为双锥体，在迎风面采用两个控制翼，两个翼同向工作可控制俯仰、差动工作可控制滚动，由此可控制弹头机动飞行

续表

序号	项目名称	启动时间	概　况
8	HGV	1987 年	高超声速滑翔武器(HGV)是战略核导弹，射程为 15 000 km
9	CAV	1996 年	通用航空飞行器(CAV)90 min 内可对全球多目标进行精确实时打击，后合并为“猎鹰”计划(FACLON)。CAV 在到达目标附近时，可释放携带的制导弹药，对目标进行精确打击
10	Hypersoar	1998 年	在大气层边缘进行跳跃飞行，可以在 2 h 内将武器投放到地球表面的任何位置，跳跃周期在“波谷”时，其吸气式发动机可短暂点火
11	HTV-2	2003 年	HTV-2 是 FACLON 唯一的保留项目，它助推爬升至亚轨道空间后，与助推火箭分离，进入受控再入滑翔飞行阶段，其再入飞行马赫数可达 20 以上。HTV-2 已经进行了两次试验(HTV-2a 和 HTV-2b)，均以失败告终
12	CSM	2006 年	空军基于陆基弹道导弹发展助推滑翔武器(CSM)。空军称 CSM 的射程大概能达到 17 000 km，如果是直线飞行，在 52 min 内就可以到达目标处，从而实现全球快速打击
13	AHW	2006 年	陆军的先进高超声速武器(AHW)，2011 年 11 月首飞试验取得突破性成功，2014 年 8 月第二次试飞时由于火箭发动机故障而失败。AHW 弹头长约 100 英寸(约 2.5 米)，质量据推测为 1 t 左右
14	ArcLight	2010 年	“弧光”(ArcLight)远程高超声速导弹主要由导弹助推器和高超声速滑翔飞行器两部分组成。助推器采用现役 SM-3 型导弹的助推器，而高超声速滑翔飞行器则可携带 500～1000 kg 的有效载荷，能在 30 min 之内对 3800 km 以外的时间敏感目标实施打击
15	TBG	2014 年	战术助推滑翔(TBG)项目主要验证战术级射程高超声速助推滑翔系统的关键技术，目标是在 HTV-2 的基础上发展空射或舰上垂直发射的战术武器，实现在 10 min 内飞行 1800 km 的目标
16	CPS	2017 年	海军 CPS 导弹采用新型助推器和经过改进的 AHW 弹头，其飞行速度应该和 AHW 相似，滑翔速度应该略低于 8 马赫，最大速度为 12 马赫，飞行距离可能仍是 4000 km 左右
17	HCSW 和 ARRW	2018 年	高超声速常规打击武器(HCSW)计划是美空军旗下单独开发的高超武器项目；空中快速反应武器(ARRW)目前已经进行到关键设计审查阶段，可为后续的测试和生产提供支持。美空军计划 HCSW 和 ARRW 在 2021 年前研发成功，截至 2022 年 12 月尚未有它们研发成功的报道

1）关键技术分析

美国虽然在助推滑翔武器方面开展了大量的理论研究和工程研制，并且部分武器演示验证飞行试验获得成功，但是这些武器离工程实用化仍有一定的差距。对美国相关试验进行分析可以看出，助推滑翔武器要想成功应用，还需要在先进的气动布局设计、防热结构和材料等关键技术上进行系统、深入的研究。

（1）先进气动布局设计及空气动力学技术。

高升阻比是滑翔式武器实现远程、快速、精确打击和提高机动能力的重要因素。但是高超声速滑翔式武器的升阻比提高存在较多制约。理论上升阻比很高的外形一般无法满足装填性能要求，也会带来严重的气动加热问题，因此在实际工程设计中需要综合考虑气动与装填、气动热的要求，来抑制高升阻比气动外形的负面效应。所以，如何实现先进的气动布局设计是实现助推滑翔飞行首先需要解决的问题。

解决空气动力学问题的基本手段是风洞试验和计算仿真，但现有的风洞设备和计算手段还不能很好地模拟高超声速飞行环境，因为对高超声速飞行特性的认识还存在一定盲区，这也是导致美国 HTV－2 试验失败的根本原因。因此，必须积极发展与高超声速空气动力/热力学相关的基础理论、建模计算及试验验证手段，为后期飞行试验提供更有力的保障。

（2）防热结构和材料技术。

在极高的飞行速度下，HTV－2b 壳体损坏，快速形成的损伤区在飞行器周围形成巨大的冲击波导致飞行终止，说明助推滑翔飞行器还有一个巨大的难题需要解决，就是高速飞行时产生的“热问题”。飞行器以高超声速再入大气层飞行时，与飞行速度相联系的巨大动能使得激波层内气体温度急剧升高，这对结构和材料的热防护提出了更高的要求。助推滑翔武器滑翔飞行时间长，所以气动加热问题更加严重。要使武器系统在大气层内不被烧毁，并保证内部仪器的正常工作，必须对防热结构和材料技术进行深入研究。

（3）制导控制技术。

HTV－2a 首飞失控的主要原因是飞行控制系统存在不足，偏航超出预期，同时伴随耦合滚转，这些异常现象超出了姿态控制系统的调节能力范围。可见制导、导航与控制技术是助推滑翔武器完成作战任务的根本保证。在高超声速飞行条件下，助推滑翔武器对控制的响应速度要求更高，而当飞行高度很高时，控制面有可能不能提供足够的控制力矩来满足其操纵的要求，同时控制面较大的偏转又将引起不希望的气动热。此外，飞行过程中各种复杂的力学过程也不可能完全精细地考虑在控制模型中。

（4）飞行力学研究。

飞行力学主要包括运动学、静力学和动力学三大部分内容，其中只有动力学才能解决飞行器运动的本质问题。飞行动力学主要研究在力与力矩作用下飞行器的运动规律及其伴随现象，如航迹规划问题、动力学特性（稳定性、操纵性、机动性和敏捷性）、导弹发射和级间分离问题、伺服气动弹性问题等。对于助推滑翔式导弹，其飞行弹道不同于传统导弹，宽空域、高速度飞行为其弹道设计和动力学分析等带来很大的挑战。此外，飞行过程中各种复杂的力学过程也需要尽可能精细地考虑在控制模型中，可靠的动力学研究分析也是飞行控制系统正常工作的重要保障。因此有必要对助推滑翔武器的飞行力学特性进行深入研究。

（5）一体化设计技术。

为了实现远程精确投送，助推滑翔武器设计必须同时满足许多特殊的要求，如高升阻比气动外形、长时间高温非烧蚀/低烧蚀热防护、高精度制导、导航与控制等。因此，需要在满足高升阻比气动外形要求的基础上，开展总体、气动、结构、防热一体化设计技术研究。对于分段滑翔跳跃飞行，还应考虑发动机与飞行器一体化设计技术。

在设计过程中，不仅要借鉴以往航天飞行器各专业及分系统的设计方法和成果，而且应引入多学科优化技术，通过各个学科的综合考虑，提升高超声速飞行器的综合性能，实现方案的准确分析和设计，进一步提高设计水平。

2）发展历程分析及发展趋势

对美国助推滑翔武器的发展历程进行分析，可以得到以下结论：

（1）演示验证快速推动技术发展。美国助推滑翔武器飞行验证虽然仅 AHW 首飞成功，但每一次的试验都有相关技术得到验证，也能收集有效数据进行深入分析，因此可以不断推进各关键技术深入研究，进行技术积累。此外，TBG 项目开始研究从不同平台发射战术滑翔武器。可以看出，除气动、热防护、控制等关键技术继续得到关注以外，武器系统的生存力、经济性及作战概念等已列入研究日程。同时反映出大量的技术演示验证，推动了美国高超声速技术发展，其技术储备可能已满足发展战术助推滑翔武器的条件。

（2）各项关键技术需共同发展。控制和材料技术先后导致 HTV－2 试验失败，说明先进武器的发展不能脱离现有的技术基础。美国仅在试验阶段就出现这些不足，若转向实用领域，则可能出现更多的问题。高超声速飞行器是一个复杂的系统，其设计过程同时耦合多项关键技术，某一项技术存在短板，都将严重影响整个飞行器研制。因此，型号研制过程中应积极促进各分系统专业、各学科关键技术共同发展，为整个武器系统的研制提供有力保证。

（3）战术滑翔武器将率先使用。综合来看，虽然分段滑翔弹道能有效增大射程、提高机动能力，但是由于对 RBCC 等新型发动机的研究还有待深入，因此近期更接近武器实用化的可能还是无动力滑翔武器。此外，由于高马赫数、远射程的战略级武器 HTV－2 试验屡遭失败，部分关键技术还未能攻克，因此美国对高超声速打击武器体系部署进行了调整。近几年来美国在研助推滑翔武器的射程不断减小，2014 年开始研究风险较低的战术滑翔武器，射程为 1000～2000 km。战术级武器的装备平台也由海军潜艇拓展为空军作战飞机和海军水面舰艇。据此推测，美国可能会率先使用战术级助推滑翔武器，再通过持续的关键技术攻关，将其逐步拓展为战略级武器，甚至采用分段滑翔或巡航技术实现其远程精确打击。

3）反制高超声速武器的措施及趋势

（1）继续推进反导系统建设。由于当前的反导系统并不具备对高超声速武器的拦截能力，因此各国必须在未来 15 年以“碰撞式杀伤”拦截弹为主要依托，针对高超声速武器构建切实可行的反导体系。

（2）探索定向能武器防御的方法。美国战略与预算评估中心高级研究员约翰·斯蒂昂等人认为，定向能武器能够对军舰和军事基地等实施点防御，但前提是定向能武器必须能够在高超声速武器发射前将其锁定和摧毁。此外，如果高超声速武器装备了分导式多弹头，定向能武器也很难对其实施防御。

（3）依托电磁轨道炮进行防御。美国海军研究局认为，电磁轨道炮未来可以为 100 海里范围内的水面和陆上目标实施面防御，但前提是须进一步完善侦察预警体系，提升探测跟踪能力，尤其是对高超声速武器再入飞行实施精确跟踪。

(4) 拓展非对称战法。美国《国家利益》杂志执行主编哈利·卡齐亚尼斯认为，除了强化防御体系建设，还可以通过电子战、(激光或无线电)干扰机以及其他电子干扰手段，对高超声速武器的目标瞄准实施干扰。此外，还可以破坏敌方传感器、指挥控制系统和导弹发射单元之间的通信传输，降低高超声速武器的作战效能。

思 考 题

1. 说明地地弹道导弹标准弹道和实际飞行弹道的含义。
2. 弹道导弹标准弹道分为哪几段？说明弹道导弹标准弹道各段的特点。
3. 弹道导弹标准弹道是如何得到的？有何用途？
4. 弹道导弹的主要特点有哪些？
5. 分析说明弹道导弹发射准备时间长的原因。
6. 多弹头母舱主要由哪些部分组成？单弹头主要由哪些部分组成？
7. 弹头壳体按照部段主要分为哪些部件？按照功能主要分为哪些系统？
8. 战斗部按照作战性能主要分为哪些种类？
9. 常规战斗部主要由哪些部件组成？
10. 引爆控制系统的主要作用有哪些？
11. 常用的弹头控制技术有哪些？
12. 滑翔机动弹头的飞行弹道按照飞行特点主要分为哪些种类？
13. 简要说明美国助推滑翔武器的发展历程及趋势。
14. 美国助推滑翔武器采用的关键技术有哪些？
15. 反制高超声速武器的措施主要有哪些？

第3章 弹头姿态控制原理

任何物体的运动都可以分解为两种运动，一种是物体质心的运动，另一种是物体绕质心的运动。导弹质心运动的轨迹称为导弹的飞行弹道，用质心的位置、速度和加速度来描述；导弹绕质心的运动称为导弹的姿态运动，用姿态角、姿态角速度和角加速度来描述。导弹质心运动的改变是靠调整导弹的姿态，从而改变导弹所受动力的方向而实现的。也就是说要改变导弹的弹道，必须先调整导弹的姿态。因此导弹姿态控制是制导的基础，当然弹头亦是如此。从本质上讲，弹头的姿态控制是以绕质心运动控制为目的，依据弹头姿态信息和弹头姿态运动特性，按照弹头姿态运动指标实施的确保弹头飞行过程稳定、准确的方法。

姿态控制系统的根本任务是控制弹头绕质心的运动，确保弹头稳定飞行并准确命中目标。姿态控制系统要在各种干扰作用下保证弹头绕其三个轴(俯仰轴、偏航轴和滚动轴)的姿态角稳定在容许的范围内。对于机动弹头而言，姿态控制系统还要在其飞行过程中执行程序转弯控制和导引控制任务，按照制导系统送来的程序转弯指令和横、法向导引指令，操纵飞行器推力方向，改变弹头运动方向，从而保证飞行器准确命中目标。

姿态控制系统包括俯仰、偏航和滚动三个控制通道。从原理上说，弹头姿态控制系统是一种带反馈回路的控制系统，弹头是控制对象，也是姿态控制回路的一个环节。飞行器动力学特性直接影响姿态控制系统的设计与工作。从硬件构成来说，姿态控制系统一般包括三个基本部分：敏感装置、信号处理装置和执行机构。敏感装置的任务是测量弹头的姿态角、姿态角速度和角加速度，对于机动弹头而言还包括横向和法向的线加速度。最常用的且最为重要的敏感装置是惯性测量装置，包括各类陀螺仪、平台式惯性测量单元、捷联式惯性测量单元等(其具体原理将在第4章中详细介绍)。信号处理装置负责信号的变换放大，以及弹上计算机对送来的控制信号的加工处理。执行机构用于操纵产生控制力和力矩的装置，即用于操纵产生控制力矢量的装置。

需要特别指出的是，本章所介绍的姿态控制方法不仅针对传统弹道导弹弹头，还针对新型高机动弹头。

3.1 姿态控制系统基本概念

3.1.1 姿态控制系统基本组成

导弹姿态控制系统(也称为姿态稳定系统或稳定控制系统)主要是敏感导弹自身在控制

与干扰作用下的运动状态的变化，并做出相应反应，操纵导弹按照制导指令飞行。如图3-1所示为弹道导弹弹头姿态控制系统的基本结构原理图。

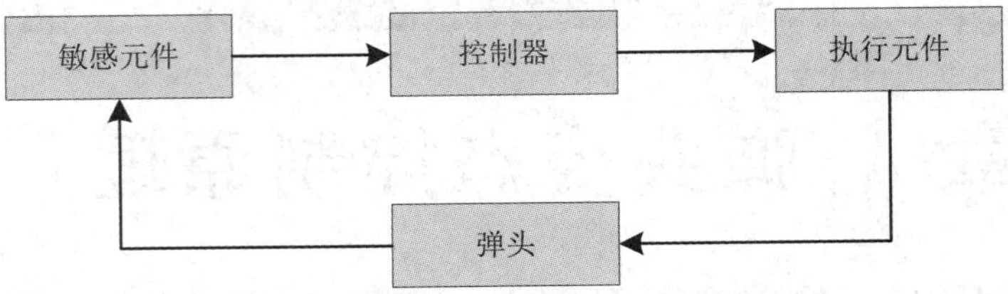

图 3-1　弹道导弹弹头姿态控制系统的基本结构原理图

弹头姿态控制系统通常是由敏感元件(通常为惯性传感器器件)、控制器、执行元件与弹头构成的闭合回路，称为弹头姿态稳定控制回路，其基本任务是确保弹头在飞行中具有良好的稳定性和可操纵性。

姿态控制系统的优劣，首先取决于方案设计是否合理和有效。其设计依据是导弹总体按战术技术指标要求所拟定的稳定控制系统设计要求。设计的主要方面包括系统结构图、调节规律、回路参数选择和系统仿真等。除此之外，设计中还须把握一些基本要素，即稳定性、反应快速性、精度、适应性及可靠性等。

3.1.2　姿态控制系统基本功用

弹头姿态控制系统是用于自动稳定和控制弹头绕质心运动的弹上整套装置，通常由俯仰、偏航和滚动三个通道组成，这三个通道分别完成弹头的俯仰控制、偏航控制以及倾斜稳定与控制的任务。从总体上讲，其主要功能是：修正弹头受到的各种干扰，稳定弹头姿态，保证弹头飞行姿态角偏差在允许范围内；根据控制指令，控制弹头的飞行姿态，调整弹头的飞行方向，修正弹头的飞行路线，使弹头正确命中目标。下面具体介绍姿态控制系统的基本功用。

1. 确保导弹在所有飞行条件下静态和动态的稳定

稳定性是实现操纵的前提。弹头绕质心的旋转运动(角运动)是短周期的，它的稳定性是操纵质心沿标准弹道飞行的前提。稳定回路的稳定作用的含义如下。

1) 稳定弹头轴在空间的角位置或角速度

有些弹道导弹不允许绕纵轴滚动，就必须借助稳定控制系统将倾斜角保持为零或接近于零。导弹弹头的滚动运动是没有固定稳定性的，即使在常值飞行条件下，也必须在导弹上安装一个滚动稳定设备，构成一个镇定系统，要求该系统能快速地衰减滚动扰动运动，并具有较高的稳态精度。

有些自动导引导弹允许绕纵轴滚动。因为探测导弹和目标相对位置的导引头的测量坐标系与弹头坐标系一起旋转，控制面也随弹头一起旋转，导引头输出的控制指令经过坐标系转换装置随时分配给两个控制面(俯仰和偏航)，使其始终能协调执行命令，不会引起混乱，但要求控制面在弹头滚动过程中能响应每个瞬时的控制信号而做出相应偏转。若滚动过快，由于舵系统通频带总是有限的，控制面可能来不及跟随指令信号而在相位上产生明显滞后，则同样会导致控制面执行指令的错乱，所以必须限制干扰作用下弹头的滚动角速度。

2）提高弹头绕质心角运动的阻尼性能，改善过渡过程质量

具有较大静稳定度和在较高高度上飞行的导弹，弹头模型是严重欠阻尼的，弹头阻尼系数一般在0.1左右或更小。在指令及干扰作用下，即使导弹运动是稳定的，也将产生剧烈的振荡超调，使弹头不得不承受大约为设计要求2倍的横向加速度，由此导致弹头攻角过大，诱导阻力增大，射程显著减小，导弹的跟踪精度极大降低。同时弹头在飞行终端的剧烈振荡还会直接引起脱靶量增大。此外攻角和横向加速度的大幅度超调，或许引起失速。为此，稳定回路必须考虑将严重欠阻尼的自然弹头改造成具有适当阻尼系数的人工弹头，使弹头等效阻尼系数为0.4～0.8。通常采用俯仰(偏航)速率陀螺反馈包围弹头构成阻尼回路的方法实现这一要求。

3）稳定弹头的静态传递系数及动态特性

导弹在不同高度、以不同速度飞行时，其速度头、质量、惯量矩、重心及气动导数都在变化，导弹的静态传递系数(如指令与导弹法向加速度之间、指令与导弹旋转角速度之间的传递系数)及导弹动态特性(如稳定性及裕度、通频带、过渡过程质量等，可用闭环或开环传递函数表征)也都在较宽范围内变化。控制对象的变参数特性使整个控制系统变为变参数系统，使设计复杂化了，但必须要求稳定回路能确保在各种飞行条件下，导弹的静态、动态特性保持在一定范围之内。

大多数导弹控制系统属于条件稳定系统，开环增益的增大或减小都会使稳定裕度下降，过渡过程品质变坏，甚至不稳定。因此通常要求稳定回路闭环增益的变化不超过额定值的±20%。通常采用线加速度计反馈包围弹头、自动调节传递系数、使用变结构校正网络等方法实现这一要求。

2. 执行控制指令操纵导弹质心准确地沿标准弹道飞行

稳定回路是控制指令信号的传递通路，稳定回路的分析设计必须与制导协调一致。稳定回路接收控制指令，经过适当变换放大提供足够功率才能偏转控制面，继而使弹头产生需要的法向过载，操纵导弹沿标准弹道接近目标。为此稳定回路必须快速地执行控制指令，动态延迟(或等效时间常数)足够小，通频带足够宽，以便保证导弹对标准弹道的动态误差不超过允许范围。但通频带过宽，指令中随机干扰信号可能使弹头横向过载及攻角的起伏的均方根值过大，使导弹对标准弹道的散布误差(即随机误差)增大。通过计算稳定回路对起伏信号的响应，可以综合处理设计过程中快速性与准确度之间的矛盾。

有些自动导引导弹的稳定回路还必须配合实现导引规律。许多导弹利用稳定回路中的线加速度计测得导弹法向加速度信号，与自动导引头所测得的瞄准线角速度信号进行比较，利用其误差信号进行控制，以便实现比例导引。

导弹在不同高度飞行时舵面效率不同，操纵飞行所提供的导弹可用过载不同，表现为不同高度时导弹具有不同的机动能力。低空飞行时舵面效率高，控制面不大的偏转便可能提供足够的法向过载，而高空飞行时又可能可用过载不足。为此要求稳定回路能适应高度变化，自动调整控制面的偏角，使导弹在全高度范围内都能提供所需的法向过载。

导弹质心运动的控制是通过导弹角运动的控制来实现的，而角运动的控制与稳定分为俯仰、偏航、倾斜三个独立通道，这三个通道之间存在交叉耦合，即各自的被调量不仅受本身通道控制量的影响，还受其他通道参量的影响。初步分析设计时考虑这些影响必然会使

设计严重复杂化，因此可暂时不考虑，但稳定回路设计应考虑尽可能降低交叉耦合的影响。

为提高导弹制导精度，稳定回路必须具备适当的抵抗内外干扰的能力。常值风、各种气动不对称、推力偏心、元件或仪器误差等，都会引起导弹对标准弹道的散布误差，因此稳定回路设计应考虑将这些干扰误差限制在要求范围之内。通常将这些误差简化为一个等效指令或一个等效舵偏角，作为控制系统的一个常值干扰来考虑，而它对制导精度的影响可通过控制系统的动态误差计算来最终评定。此外，起伏干扰将引起起伏误差，其影响单独通过控制系统起伏误差的计算来最终评定。控制系统误差为动态误差部分和起伏误差部分的向量和。倾斜稳定回路的精度可在稳定回路设计时最终评定。

3.1.3 姿态控制系统的指标要求

对姿态控制系统的评价，可以通过定性指标和定量指标两个方面进行。定性指标主要是判断在姿态控制系统作用下，导弹稳定与否，即关注姿态控制的稳定性任务是否完成。定量指标主要从稳定性、准确性、快速性和抗干扰性等方面进行分析。下面详细介绍定量指标。

1. 稳定性指标

导弹要实现从发射点到目标点的飞行，确保飞行过程的姿态稳定是首要指标，是一切控制工作的前提条件。

从系统设计的角度出发，姿态控制系统的稳定性指标有着不同的表示方法：

(1) 在频率域设计姿态控制系统时，以相位裕度、幅值裕度来表示相对稳定性，裕度值的正负表征了稳定与否；

(2) 在用根轨迹法、极点配置和多项式矩阵法设计系统时，以闭环极点的位置来表示稳定性。

由于姿态控制系统通常是在频率域进行设计，因此以频率域稳定性指标为主。

工程上多采用系统的开环对数频率特性进行系统综合。图 3-2 画出了导弹绕质心运动模型中 b_2 参数为负时姿态控制系统的典型开环对数频率特性。其中：L_m 为姿态控制系统的对数幅频值，单位为 dB；φ 为姿态控制系统的对数相频值，单位为(°)；ω_c 为截止频率；γ_c 为系统的相角裕度。

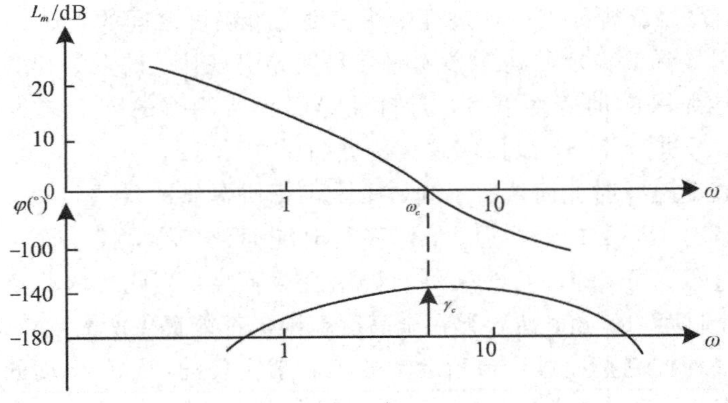

图 3-2 姿态控制系统的典型开环对数频率特性

为了保证系统的动态品质并适应所需的参数变化，还必须考虑相对稳定性。系统分析和设计时，首先判断系统是否稳定，而后求出其幅值、相位稳定裕度。由图3-2可以看出，对于b_2为负的俯仰(偏航)通道刚性弹体来说，当相频曲线正穿越时幅值裕度为正分贝数，负穿越时幅值裕度为负分贝数。取绝对值小的一个作为系统的幅值裕度，而相位裕度为正值。

姿态控制系统设计要考虑变参数、非线性和随机误差对稳定性的影响，这就要求系统在各个特征秒的上、下限参数变化范围内及各种干扰作用下都能够稳定工作。系统设计应以各种情况下系统的最小裕度允许值中的最大值为指标来优化系统参数。系统的最小裕度允许值，主要取决于对系统动态性能的要求，也要考虑最小裕度出现的可能性是否满足要求，如不满足应重新修改参数。事实上最小裕度出现在上、下限状态，而系统出现上、下限状态的可能性很小，因此工程上不必预留过大的稳定裕度。

2. 准确性指标

准确性是姿态控制系统的又一关键性的技术指标。姿态控制系统的准确性指标，可以分为系统控制效果的准确性和系统控制过程的准确性两部分。其中系统控制效果的准确性可以用系统稳态误差来表示，而系统控制过程的准确性可以用系统的动态过程来表示。

所谓动态过程，就是在控制过程中，为了使飞行中的导弹在各种干扰作用下不过多地偏离标准弹道，要求姿态控制系统工作的状态量不超出允许值。因此，系统状态量的控制精度也成为一个重要的设计指标。在不同飞行阶段，对系统状态量的精度要求也不同，应分别对待。

由于导弹控制设备的死区、回环、干摩擦及开关特性等非线性因素的影响，在小信号工作状态，系统将出现一个稳定的极限环，产生自振；由于伺服机构速度饱和的影响，在大姿态情况下，系统存在一个不稳定的极限环，当系统的状态超过这个极限环时，系统将发散。

稳定的系统自振会影响系统的控制精度，必须加以限制。特别是幅值大、频率高的自振，应尽量避免，因为这种振荡将消耗液压伺服机构的流量，当所消耗的流量接近或超过液压泵所能提供的流量时，伺服机构的动态性能要下降。但是完全消除自振是没有必要的，只要它对正常控制无明显的影响，就会对克服干摩擦等非线性因素的影响有一定作用。

系统设计的任务是将稳定的极限环限制在允许的范围内，如将由自振引起的喷管摆角限制在最大允许摆角的5%以内；将不稳定的极限环扩大到系统可能出现的工作状态以外，以保证大姿态控制的稳定性。

3. 快速性指标

快速性是针对姿态控制提出的另一个重要指标。在姿态控制过程中，要求控制过渡过程较快完成、振荡次数较少的主要原因包括：

(1) 初始姿态偏差必须尽快消除。初始姿态偏差需要通过推力偏转产生控制力矩来纠正，而如果初始的推力偏转持续时间较长，将造成较大发射段弹道偏差，严重时可能影响发射段的安全性并影响主动段稳定飞行。

(2) 姿态超调量必须尽可能减小。若姿态超调量过大，则需要平台框架的活动范围较大，会增加平台设计困难。

(3) 姿态振荡次数必须尽可能减少。姿态的每一次振荡都需要发动机推力偏转来纠偏，振荡次数多会使伺服机构的动态性能变坏，严重时造成系统发散。

为了实现系统规定的动态性能，对发动机喷管的最大摆角、最大摆动速度及初始姿态大小都必须提出严格要求，保证在最大动压区、级间分离、耗尽关机等飞行段姿态控制系统有良好的动态性能。

姿态控制系统的动态性能可以通过仿真试验进行检验，如果检验结果不能满足要求，则需要修改系统参数或方案之后再进行检验，直到检验结果满足要求为止。

姿态运动快速性指标的设计主要考虑两点，一是能满足制导控制的终端条件，二是不能超出导弹弹体横向载荷强度。

4. 抗干扰性指标

在姿态控制系统中，既存在由结构误差造成的结构干扰和由平稳风、切变风造成的风干扰，也存在由阵风、电源噪声、震动噪声等造成的快变化的随机干扰。

对于在外形设计上静不稳定度较大的导弹，其姿态运动受风干扰的影响较大，特别是切变风和阵风的影响将是破坏性的。对于发动机推力脉动比较大的导弹，弹上的震动环境比较恶劣，震动噪声也能通过敏感元件进入姿态控制系统。

对于慢变化的力和力矩类干扰，姿态控制系统要有足够的控制能力与之平衡，虽然仍不可避免地会有状态量的稳态误差，影响控制精度，但一般不会影响系统的稳定性。对于快变化的随机干扰，虽然其对控制精度影响不大，但由于其变化速度有可能引起伺服放大器的电流饱和和伺服机构抖动，进而影响控制指令的执行效果，严重时可使系统的稳定裕度下降，甚至造成系统发散，因此必须加以特别关注。在数字控制系统中，高频随机干扰的频率可能高于采样频率的一半，从而引起频率折叠效应，造成低频干扰。

基于以上原因，姿态控制系统的抗干扰性成为系统设计的一项主要指标。为了保证系统在各种干扰下都能正常工作，要求控制系统对高频干扰有足够的衰减，但这往往与系统的稳定性和快速性相矛盾。

在系统设计过程中，为了检验系统的抗干扰性，通常需要将飞行中可能出现的各种干扰依次引入，观察其对系统性能是否有明显的破坏性影响。如果影响达到不能允许的程度，就应改变系统参数，提高相应的抗干扰性。

稳定回路分析设计时应满足的定量指标建议可做如下提法：

(1) 为了保证制导回路具有足够的稳定裕度(一般取幅值裕度不小于 6～8 dB，相位裕度不小于 30° ～ 60°)，稳定回路闭环频率特性曲线在制导回路增益交界频率处的相位滞后应低于某确定值，这个要求在所有飞行条件下都应满足。

(2) 阻尼回路的主导复极点具有 0.4～0.8 的相对阻尼系数，以改善稳定回路和控制回路的过渡过程。

(3) 所有飞行条件下，稳定回路闭环传递系数及动态特性在±20%范围以内变化。

(4) 稳定回路的通频带约比导弹制导回路的通频带高一个数量级。

稳定回路的分析设计工作，主要是分析这些指标是否满足要求，并且确定回路结构和各元件的参数。

3.1.4 典型姿态控制方法

这里介绍的典型姿态控制方法包括传统弹道导弹弹头在自由空间(大气层外空间)的控制方法和新型高机动弹头在大气层内外空间的控制方法。

1. 气动力控制

气动力控制是指气动力控制装置接收稳定控制回路的控制指令，操纵导弹上的多个舵面偏转与控制指令相应的舵偏角，从而产生控制力和控制力矩。根据舵面的配置情况，气动力控制所操纵的导弹布局可分为正常式、鸭式和全动弹翼式布局。

1) 正常式布局导弹的操纵特点

正常式布局导弹的舵面在导弹的尾部，因此，也可以叫作尾部控制面。为了直观地说明这种布局的导弹的操纵特点，假定导弹在水平面内等速运动，且导弹不滚动。若控制面偏转一个角度 δ，则在控制面上产生一个侧向力 $F(\delta)$。令 $F(\delta)$ 到导弹质心的距离为 l_δ。在力矩 $M_\delta=F(\delta)l_\delta$ 的作用下，导弹在水平面内绕质心转动而产生侧滑角 β，此时控制面与导弹速度矢量的夹角为 $\delta-\beta$，控制面侧向力变成 $F(\delta-\beta)$。

2) 鸭式布局导弹的操纵特点

鸭式布局导弹的舵面在导弹的前部，也可以叫作前控制面。若控制面有一正偏角 δ，则其侧向力亦是正的。当出现侧滑角 β 时，控制面侧向力与等效偏角 $\delta+\beta$ 有关，即控制面侧向力变为 $F(\delta+\beta)$。

3) 全动弹翼式布局导弹的操纵特点

对于全动弹翼式布局的导弹，它的舵面就是主升力面。值得提及的是其舵面转轴位置在导弹的质心之前。全动弹翼式布局导弹的操纵特点类似于鸭式布局导弹。

这种气动布局的优点在于升力响应很快，且较小的导弹攻角能获得较大的侧向过载。因为在产生或调整升力的过程中，只需要转动弹翼，而不需要转动整个导弹，所以导弹的攻角是比较小的。显然，弹翼的攻角要远大于导弹的攻角，由于弹翼的面积比较大，因而要求伺服机构有较大的功率。

2. 推力矢量控制

不同于气动力控制，推力矢量控制是通过改变发动机的推力方向来控制导弹的。推力矢量控制导弹处于静稳定状态时的力和力矩关系如图 3-3 所示。

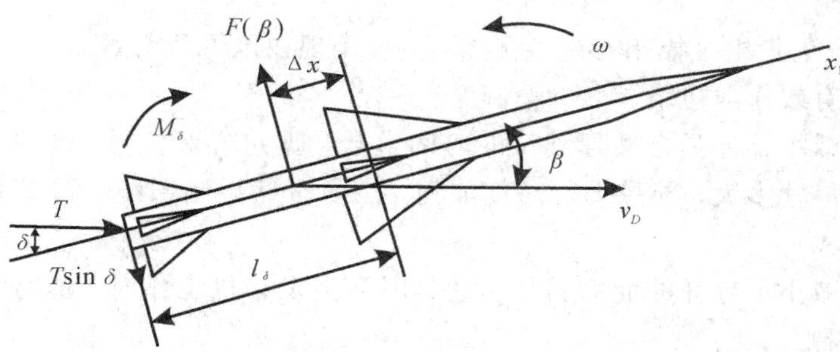

图 3-3 推力矢量控制导弹处于静稳定状态时的力和力矩关系

当推力 T 偏转一个角度 δ 时，可以将其分解成有效推力 $T\cos\delta$ 和操纵力 $T\sin\delta$。导弹在操纵力矩 $M_\delta = Tl_\delta\cos\delta$ 的作用下转动，产生侧向力 $F(\beta)$。当导弹处于静稳定状态时，必有一确定的 β 与 δ 相对应。推力矢量控制导弹与正常式布局导弹的操纵特点类似，不同点在于其操纵力矩与导弹的姿态角及气动力效应无关，而只与推力发动机的状况有关。

对于在大气层中飞行的导弹，推力矢量控制主要应用在导弹发射后又要求导弹立即实施机动的场合。因为发射后导弹速度很低，气动力很小，气动力控制面的操纵效率较低，而推力矢量控制不依赖于气动力的大小；推力的作用点距全弹质心的距离 l_δ 较大，又不受导弹姿态变化的影响，操纵效率较高。

显然，发动机停止工作后，它就不能操纵导弹了。为此，一种推力矢量控制与气动力控制组合的方案获得了较多的应用，即当气动效率小时，使用推力矢量控制或气动力/推力矢量组合控制；而当气动效率足够大时，就改用气动力控制。

3. 直接力控制

导弹对高速、大机动目标的有效拦截有赖于以下两个基本条件：

(1) 导弹具有足够大的可用过载。

(2) 导弹的动态响应时间足够短。

对采用比例导引律的导弹，其需用过载的估算公式为

$$n_m \geqslant 3n_T \tag{3.1}$$

式中：n_m——导弹的需用过载；

n_T——目标的机动过载。

导弹的可用过载必须大于对其需用过载的要求。

以弹道导弹为例，在高空、低动压条件下，其机动能力很弱，采用直接力控制方式可以大大提高其可用过载，增强其攻击运动目标的能力。空气舵控制导弹的时间常数一般为 150～350 ms，在目标大机动条件下保证很高的控制精度是十分困难的。在直接力控制导弹中，直接力控制部件的时间常数一般为 5～20 ms，因此可以有效地提高导弹的制导精度。

4. 气动力/推力矢量组合控制

推力矢量控制在导弹上有两种应用形式，即全程推力矢量控制和气动力/推力矢量组合控制。因为全程推力矢量控制和普通的气动力控制的设计过程是相近的，所以这里主要讨论气动力/推力矢量组合控制的设计方法。

1) 气动力/推力矢量组合控制的优点

气动力/推力矢量组合控制有许多优点，主要表现在以下几个方面：

(1) 增加了有效作战包络。

(2) 显著地减小了导弹自动驾驶仪的时间常数。研究结果表明，采用推力矢量控制系统，无论气动舵尺寸多大，导弹飞行高度如何，法向过载控制系统一阶等效时间常数均可以做到小于 0.2 s。

(3) 有效地减小了导弹的舵面翼展。这是因为当发动机工作时，推力矢量控制系统提供主要的机动控制。

2) 气动力/推力矢量组合控制的设计难点

当然，气动力/推力矢量组合控制在设计上也存在着一些难题，主要表现在以下几个

方面：

(1) 在导弹的低速飞行段和高空飞行段使用推力矢量控制，大攻角将不可避免，非线性气动力和力矩特性十分明显，常规设计的自动驾驶仪结构可能无法适应。

(2) 当以大攻角飞行时，导弹的俯仰、偏航、滚动通道之间存在明显的交叉耦合，这会破坏导弹的稳定性和性能。

(3) 以大攻角飞行的导弹，其弹头动力学特性受飞行条件的影响，会在很大范围内变化。

(4) 气动力/推力矢量组合控制系统是一种冗余控制系统，确定什么形式的控制器结构和选择怎样的舵混合原则使导弹具有最佳的性能是有待进一步研究的问题。

(5) 攻角和过载限制问题。使用推力矢量控制的导弹，其总体设计不能保证对导弹攻角的限制，必须引入专门的攻角限制机构。

3) 空气舵和推力矢量舵的舵混合问题

对同时具有空气舵和推力矢量舵的导弹，其控制信号的舵混合从理论上讲存在着无穷多解。在工程中，需要研究舵混合的基本原则，确保给出一种符合工程实际的、性能优异的舵混合方法。

舵混合通常应遵循以下三个基本原则：

(1) 满足舵的使用条件。对于推力矢量舵，它只在发动机工作时使用；对于鸭式布局导弹的空气舵，其大攻角操纵特性很差，气动交叉耦合效应明显，所以只能在中、小攻角的范围内使用；而对于正常式布局导弹的空气舵，特别是格栅舵，其大攻角操纵特性仍是很好的。推力矢量舵在导弹以大攻角飞行时仍有很好的操纵性，也不会引入操纵耦合效应。

(2) 使导弹具有最大的可用过载或转弯角速率。通过对两套舵系统的合理使用(选用其一或同时使用)，使其产生最强的操纵能力，由此使导弹具有最大的可用过载或转弯角速率。

(3) 使导弹舵面升阻比最大。舵面升阻比最大的意义是舵面诱导阻力的极小化和舵面操纵力矩的极大化。当然这也是通过合理地组合两套舵系统来实现的。

对于具有两套控制舵面的导弹，舵面使用的方式主要有两种：串联控制方式和并联控制方式。串联控制方式是指在导弹的任何飞行状态下同时都只有一套舵系统在工作。通常的做法是在导弹飞行的主动段使用推力矢量舵，被动段使用空气舵。并联控制方式是指在导弹的任何飞行状态下同时有两套或一套舵系统工作。根据舵混合的第一个基本原则，在以下情况导弹只能用一套舵系统：

(1) 导弹飞行的被动段，此时只能使用空气舵。

(2) 当攻角大于一定值时，空气舵基本不起作用，此时只能使用推力矢量舵。

除此之外的其他情况都可以同时使用两套舵系统。

5. 气动力/直接力组合控制

通过对直接力控制机理的研究，可以得出以下四条气动力/直接力组合控制的设计原则：

(1) 设计应符合制导律提出的要求。

(2) 飞行控制系统动态滞后极小化。

(3) 飞行控制系统可用法向过载极大化。

(4) 有直接力控制条件下和无直接力控制条件下的飞行控制系统结构具有相容性。

下面介绍的控制器主要基于后三条设计原则给出。

1）控制指令误差型控制器

控制指令误差型控制器的设计思路是在原来的反馈控制器的基础上，利用原来的控制器控制指令误差来形成直接力控制信号，该控制器的结构如图 3-4 所示。很显然，这是一个双反馈方案。可以说，该方案具有很好的控制性能。但该方案仍有缺点，其缺点是与原来的气动力反馈控制系统不相容。

2）第Ⅰ类控制指令型控制器

第Ⅰ类控制指令型控制器的设计思路是在原来的反馈控制器的基础上，利用控制指令来形成直接力控制信号，该控制器的结构如图 3-5 所示。很显然，这是一个前馈-反馈方案。

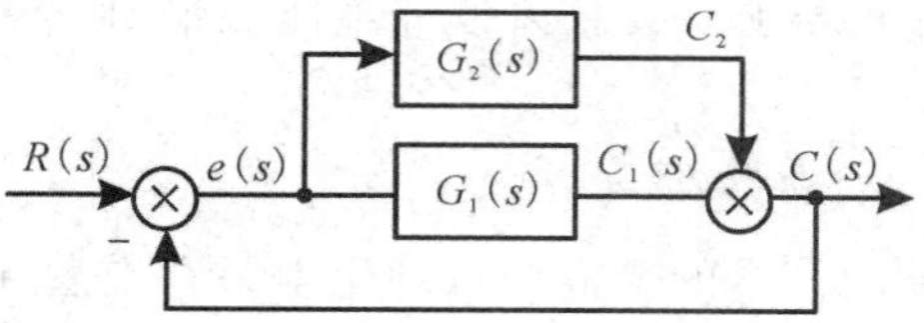

图 3-4　控制指令误差型控制器的结构

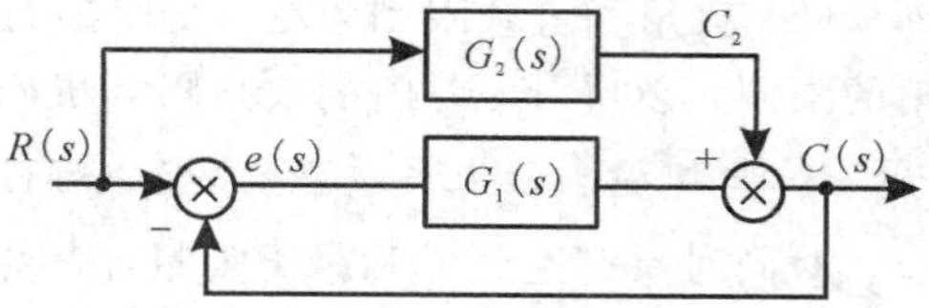

图 3-5　第Ⅰ类控制指令型控制器的结构

该方案有以下三个明显的优点：

（1）因为是前馈-反馈控制方案，前馈控制不影响系统稳定性，所以原来设计的反馈控制系统不需要重新整定参数，在控制方案上有很好的继承性。

（2）直接力控制装置控制信号用作前馈信号，当其操纵力矩系数有误差时，并不影响原来反馈控制方案的稳定性，只会改变系统的动态品质。因此该方案特别适合用于在大气层内飞行的导弹上。

（3）在直接力前馈作用下，该控制器具有更快速的响应能力。

3）第Ⅱ类控制指令型控制器

第Ⅱ类控制指令型控制器的设计思路是：利用气动力控制构筑攻角反馈飞行控制系统，利用控制指令来形成攻角指令，利用控制指令误差来形成直接力控制信号。该控制器的结构如图 3-6 所示。很显然，这也是一个前馈-反馈方案，该方案将以气动力控制为基础的攻角反馈飞行控制系统作为前馈，并以直接力控制为基础构造法向过载反馈控制系统。

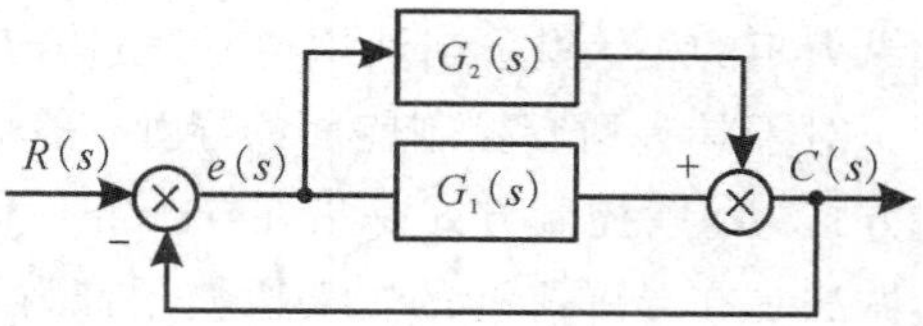

图 3-6　第Ⅱ类控制指令型控制器的结构

该方案具有以下两个特点：

（1）以攻角反馈信号构造气动力控制系统，可以有效地将气动力控制与直接力控制效应区分开来，因此可以单独完成攻角反馈控制系统的综合工作。事实上，该控制系统与法向过载控制系统的设计过程几乎是完全相同的。因为输入攻角反馈控制系统的指令是法向过载指令，所以需要进行指令形式的转换。这个转换工作在导弹引入捷联式惯性导航系统后是可以解决的，只是由于气动参数误差的影响，存在一定的转换误差。由于将攻角反馈控制系统作为组合控制系统的前馈通路，因而这种转换误差不会带来组合控制系统传递增益误差。

（2）直接力反馈控制系统必须具有较大的稳定裕度，主要是为了适应喷流装置放大因子随飞行条件的变化。

4）第Ⅲ类控制指令型控制器

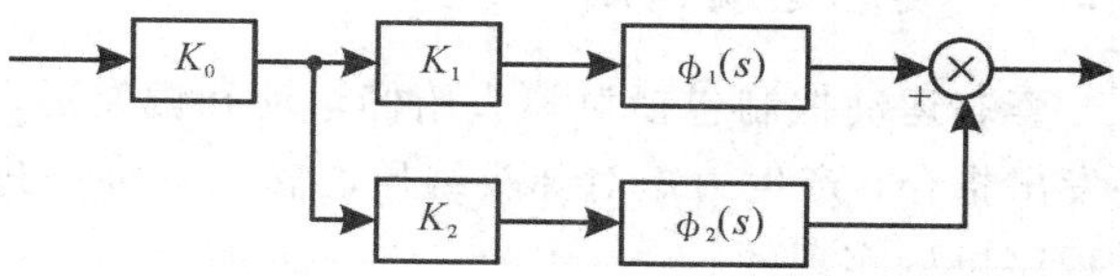

图 3-7 第Ⅲ类控制指令型控制器的结构

提高导弹的最大可用过载是改善导弹制导精度的另外一个技术途径。通过直接叠加导弹气动力和直接力的控制作用，可以有效地提高导弹的可用过载。具体的控制器结构如图 3-7 所示。图中，K_0为归一化增益，K_1为气动力控制信号混合比，K_2为直接力控制信号混合比。通过合理优化控制信号混合比，可以得到最佳的控制性能。该方案的问题是如何解决两个独立支路的解耦问题，因为传感器(如法向过载传感器)无法分清这两路输出对总的输出的贡献。

假定直接力控制特性已知，利用法向过载测量信号，通过解算可以间接计算出气动力控制产生的法向过载。当然，这种方法肯定会带来误差，因为在工程上直接力控制特性并不能精确知道。比较特殊的情况是，在高空或稀薄大气条件下，直接力控制特性相对简单，这种方法不会带来多大的技术问题；而在低空或稠密大气条件下，直接力控制特性十分复杂，需要研究直接力控制特性建模误差对控制系统性能的影响。

3.2 传统弹道导弹弹头姿态控制基本原理

传统弹道导弹弹头的姿态控制包括姿态角偏差修正和姿态运动控制，这些任务都是由姿态控制主回路完成的。

3.2.1 姿态角偏差修正

姿态角偏差修正是消除弹头飞行干扰，把姿态角偏差控制在系统预定范围内的过程。弹头姿态控制主回路负责完成此项工作，它的一种典型结构如图 3-8 所示。弹头通过敏感子系统(如垂直陀螺仪和水平陀螺仪)获取姿态角信息和姿态角速度信息，这些信息经过姿态控制系统计算子系统或变换放大器形成控制指令，再通过执行子系统(如姿态控制发动机)产生控制力矩，控制力矩作用于弹头本体，使得弹头达到所需的姿态位置，从而形成负反馈的自动稳定闭环控制，保证弹头姿态稳定。

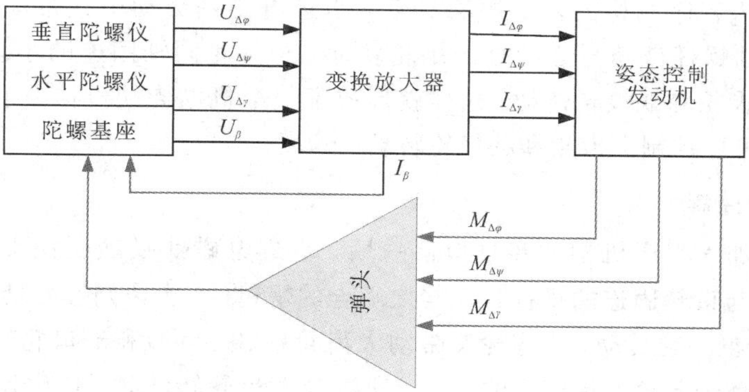

图 3-8 姿态控制主回路的一种典型结构

3.2.2 姿态运动控制

姿态运动控制包括对弹头俯仰运动和偏航运动的控制，是系统按照装订参数或预定程序发出指令，产生力矩对弹头绕质心转动的姿态进行精确调整的过程。姿态运动控制是通过程序机构实现的。

1. 程序机构

程序机构是把电脉冲信号的脉冲个数转换成角度位移的一种机电传动机构，其结构简图如图 3-9 所示。它主要由步进电磁铁、衔铁、拨片、束轮、蜗杆、蜗轮、小齿轮、大齿轮、缺口轮、“始”接点、压杆、压缩弹簧等组成。

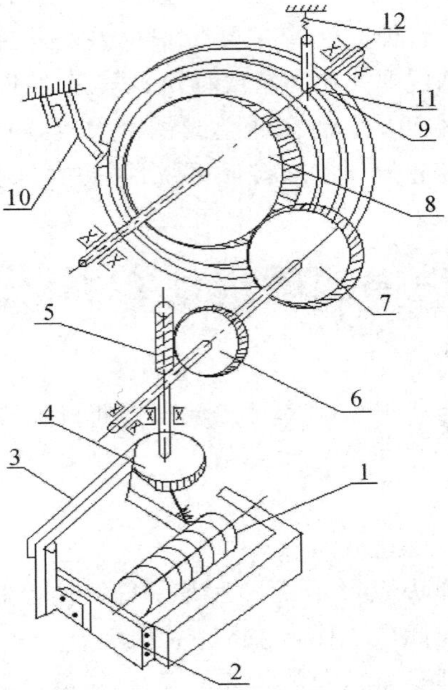

1—步进电磁铁；2—衔铁；3—拨片；4—束轮；5—蜗杆；6—蜗轮；7—小齿轮；8—大齿轮；9—缺口轮；10—“始”接点；11—压杆；12—压缩弹簧。

图 3-9 程序机构结构简图

脉冲信号加入程序机构的步进电磁铁后，步进电磁铁吸动衔铁带动拨片拨动束轮转动，与束轮固连的蜗杆带动与之啮合的蜗轮转动，与蜗轮同轴固连的小齿轮也一起转动，小齿轮又带动大齿轮和缺口轮转动。这样就形成了一个机电传动机构。通过给步进电磁铁加脉冲信号，就可以控制大齿轮和缺口轮转动的角度。

2. 俯仰运动控制

当脉冲信号加入程序机构的步进电磁铁后，步进电磁铁吸动衔铁带动拨片拨动束轮(60 个齿)转动，与束轮固连的蜗杆带动与之啮合的蜗轮(45 个齿)转动，与蜗轮同轴固连的小齿轮(60 个齿)也一起转动，小齿轮又带动大齿轮(160 个齿)和缺口轮转动。大齿轮上装有水平陀螺仪外环轴向角度传感器的定子，所以当大齿轮转动时，传感器的定子也跟着转动。如果此时固定在外环轴上的传感器转子没有转动(定轴性)，则传感器定、转子之间产生相对转角，输出绕组就会输出一相应的信号电压，此信号电压就是加入姿态控制主回路的程序俯仰信号 $U_{\Delta\varphi}$。

缺口轮和固定在水平陀螺仪底座支架上的“始”接点相配合，用以确定程序机构零位。压杆和压缩弹簧组成压杆装置，其作用是消除齿轮间隙，提高程序机构传动精度。

3. 偏航运动控制

当脉冲信号加入程序机构的步进电磁铁后，步进电磁铁吸动衔铁带动拨片拨动束轮(60 个齿)转动，与束轮固连的蜗杆带动与之啮合的蜗轮(45 个齿)转动，与蜗轮同轴固连的小齿轮(60 个齿)也一起转动，小齿轮又带动大齿轮(160 个齿)和缺口轮转动。大齿轮上装有垂直陀螺仪外环轴向角度传感器的定子，所以当大齿轮转动时，传感器的定子也跟着转动。如果此时固定在外环轴上的传感器转子没有转动(定轴性)，则传感器定、转子之间产生相对转角，输出绕组就会输出一相应的信号电压，此信号电压就是加入姿态控制主回路的程序偏航信号 $U_{\Delta\psi}$。

缺口轮和固定在垂直陀螺仪底座支架上的“始”接点相配合，用以确定程序机构零位。压杆和压缩弹簧组成压杆装置，其作用是消除齿轮间隙，提高程序机构传动精度。

4. 姿态控制发动机

姿态控制发动机是一种快速响应并可多次重复点火启动的单组元液体火箭发动机，是执行元件。因为它只在高空、稀薄大气层中工作，而且只是稳定和控制弹头的姿态，所以不需要很大的控制力矩。其结构原理图如图 3－10 所示。它主要由推力室、推进剂供给系统和氮气挤压系统组成。

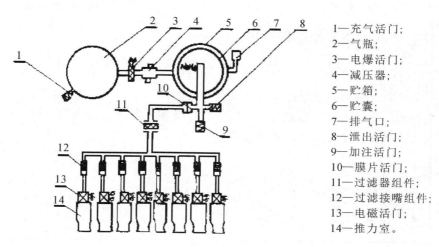

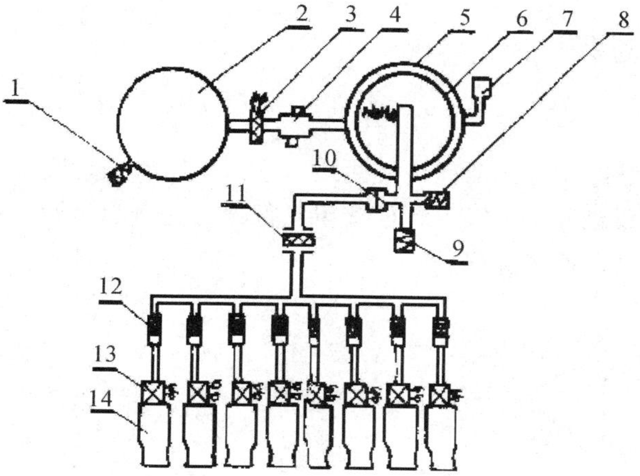

1—充气活门；
2—气瓶；
3—电爆活门；
4—减压器；
5—贮箱；
6—贮囊；
7—排气口；
8—泄出活门；
9—加注活门；
10—膜片活门；
11—过滤器组件；
12—过滤接嘴组件；
13—电磁活门；
14—推力室。

图 3－10　姿态控制发动机结构原理图

推力室是用不锈钢和棒材机械加工后焊接而成的单壁结构，是直接产生推力的组合件，它主要由头部、身部、滤网组件、挡板、喷管等组成。推力室工作时，推进剂由头部经滤网雾化，与装填的催化剂作用，催化分解放出热量，产生高温(约 900℃)的燃气，经喷管加速喷出，产生推力。

推进剂供给系统供给推力室所需的推进剂。它主要由带贮囊的贮箱、排气口、加注活门、泄出活门、膜片活门、过滤器组件、过滤接嘴组件、电磁活门等组成。

氮气挤压系统由充气活门、气瓶、电爆活门、减压器等组成，其作用是保证推进剂的流量及推力室入口压力，为推力室正常工作创造条件。

在正常情况下，姿态控制发动机推力室对弹头的控制功能如表 3-1 所列。

表 3-1 姿态控制发动机推力室对弹头的控制功能

通道	推力室作用	推力室安装位置	控制力矩	控制力矩作用结果
俯仰	1#	Ⅰ象限线上	$-\boldsymbol{M}_{Z_1K}$	$\lvert +\Delta\varphi \rvert \downarrow$
	3#	Ⅲ象限线上	$+\boldsymbol{M}_{Z_1K}$	$\lvert -\Delta\varphi \rvert \downarrow$
偏航	2#	Ⅱ象限线上	$+\boldsymbol{M}_{Y_1K}$	$\lvert -\psi \rvert \downarrow$
	4#	Ⅳ象限线上	$-\boldsymbol{M}_{Y_1K}$	$\lvert +\psi \rvert \downarrow$
滚动	5#、7#	Ⅱ、Ⅳ象限线顺时针侧	$+\boldsymbol{M}_{X_1K}$	$\lvert -\gamma \rvert \downarrow$
	6#、8#	Ⅱ、Ⅳ象限线逆时针侧	$-\boldsymbol{M}_{X_1K}$	$\lvert +\gamma \rvert \downarrow$

3.3 新型高机动弹头姿态控制基本原理

新型高机动弹头姿态控制系统为三通道独立稳定数字控制系统。其基本工作原理是：激光捷联惯组将获得的飞行器质心运动信息和绕质心运动信息传递到飞行控制计算机，经过制导导航计算得到飞行器姿态角、指令姿态角，姿态控制系统根据指令姿态角和飞行器实际姿态角解算出姿态角偏差，然后计算出控制指令，完成对飞行器的闭环控制。

3.3.1 姿态控制系统工作过程

1. 主动段与自由飞行段

图 3-11 为临近空间助推滑翔飞行器全程飞行曲线示意图。其中主动段和自由飞行段是指滑翔飞行器的运载器按照预定程序飞行，直至滑翔飞行器与运载器分离。这两段的姿态控制主要由运载器的姿态控制系统来实现。

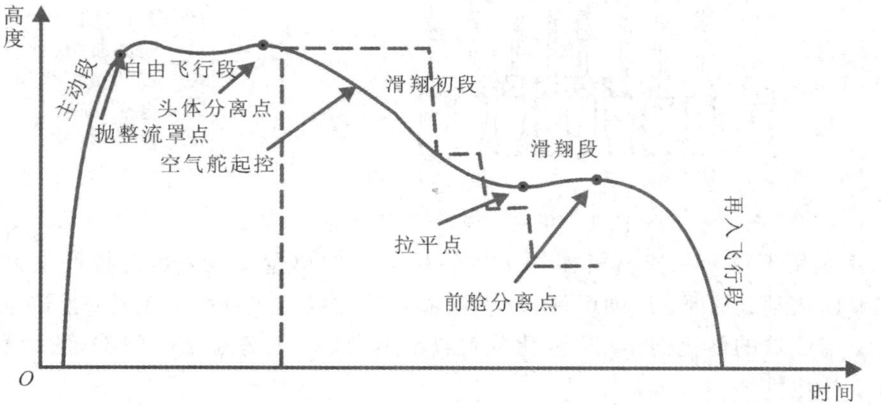

图 3-11 临近空间助推滑翔飞行器全程飞行曲线示意图

1）一级主动段

一级主动段运载器按照预定程序飞行。当一级发动机点火后即进行俯仰、偏航通道的控制。俯仰、偏航控制之初主要消除初始的俯仰、偏航姿态角，然后进入俯仰、偏航方向程序角跟踪标准程序角。滚动程序角保持为初始滚动程序角。

2）二级主动段

二级主动段前半段采用程序飞行和摄动制导，后半段转入闭环制导和能力管理，在满足射程的条件下消耗多余能量，确保二级发动机耗尽关机时满足需要速度。

3）自由飞行段

自由飞行段一般采用惯性＋星光复合导航以及末速修正制导方案，依次完成初始姿态稳定、星光修正以及末速修正，以满足再入的速度、高度和姿态要求。

2. 滑翔飞行段

此阶段始于飞行器与运载器分离，经过大气层外的自由飞行后再入大气层，依靠空气动力控制实现滑翔飞行，直至到达目标附近区域，满足再入末制导段的交接条件。此阶段的姿态控制主要由空气舵和 RCS 系统完成，采用跟踪程序攻角和倾侧角的方式实现，具体策略可参考战略滑翔飞行器的姿态控制方案。

3. 再入飞行段

再入飞行段始于滑翔段终端，此时飞行器的速度已降低，距离目标也很近，飞行器采用俯冲的方式实施再入攻击，直至命中目标。此时的姿态控制系统主要跟踪末制导系统所产生的导引指令实施控制，采用以空气舵为主、RCS 为辅的控制策略。

3.3.2 姿态控制系统工作原理

1. 控制系统设计难点

控制系统作为临近空间高超声速飞行器的重要分系统之一，是其安全飞行、完成既定任务的重要保证。与传统飞行器控制系统相比，临近空间高超声速飞行器控制系统的研究更具有挑战性，其设计难点如下。

首先，控制系统必须满足飞行器多任务、多工作模式、大范围机动的需求。当前应用于绝大多数飞行器的控制算法，虽然具有很高的可靠性，但数据量庞大，设计与测试工作十分繁重。同时多任务、多工作模式和大范围机动飞行也使得临近空间高超声速飞行器呈现出强烈的非线性动态特性，传统的控制方法已经无法满足其控制性能和控制精度的要求。因此，控制系统需要具有更加优异的性能以及更好的通用性，从而有效地降低设计复杂度，减少设计时间和维护费用。

其次，控制系统设计必须解决快时变参数系统的稳定性问题。高超声速飞行器的整个飞行过程可能经历高超声速、超声速、跨声速和亚声速四个阶段，这将带来飞行环境、气动特性的快速时变。因此，高超声速飞行器的控制问题是一个快时变参数系统的稳定性问题。

再次，控制系统应具有高控制精度和强鲁棒性。临近空间高超声速机动飞行条件下存在大量的外界干扰和内部参数的不确定，特别是高超声速飞行条件下，飞行器对飞行条件的变化异常敏感，任何控制上的误差都可能导致灾难性的后果。另一方面，当前对临近空间高超声速飞行器高超声速飞行中存在的物理机理的认识不够深入，因此对控制系统的控制精度和鲁棒性提出了很高的要求。

2. BTT 控制

临近空间高超声速飞行器需要具备一定的侧向弹道机动能力。如果其采用侧滑转弯(STT)控制，则在飞行的过程中需保持飞行器纵轴的相对稳定，控制飞行器在俯仰和偏航两个平面内产生的相应法向力的合成法向力指向导引律所要求的方向。飞行器加速度大小与方向的变化是通过攻角和侧滑角的协调变化来完成的。当飞行器采用 STT 控制实现侧向弹道机动时，需要一定的侧滑角做侧向运动，高超声速飞行时受热情况和气动性能变化较大，给总体设计带来极大困难。同时，以 STT 控制方式进行侧向弹道机动时，弹道刚性很大，需要配合较大尺寸的方向舵，这给飞行器的结构设计和防热设计带来困难。

另一种可采用的控制技术为倾斜转弯(BTT)控制。采用这种控制技术，在飞行器转弯过程中，滚动控制系统迅速将飞行器的最大升力面转到理想的机动方向，同时俯仰控制系统令导弹在最大升力面内产生所需的机动加速度。理想的 BTT 控制是没有侧滑的，可通过滚转达到其最大升力面。如果飞行器采用 BTT 控制，则其侧滑角可以控制在很小的角度，从而减少控制面和防热系统的设计压力，同时飞行器气动状态更简单，更容易实现优化设计。此外，采用 BTT 控制方式可利用重力和升力的分量实现弹道侧向机动，从而节省能量，提高侧向大范围的机动能力。

因此，当临近空间高超声速飞行器在再入阶段时，姿态控制系统的任务是使飞行器跟踪由制导回路提供的攻角和倾侧角指令，同时保持侧滑角为零来实现机动控制。

3. 姿态控制系统工作原理

传统的气动力姿态控制方式在 s 域中设计 PID 控制器，构建闭环系统实施控制。以纵向为例，飞行器姿态控制系统基本结构框图如图 3－12 所示。

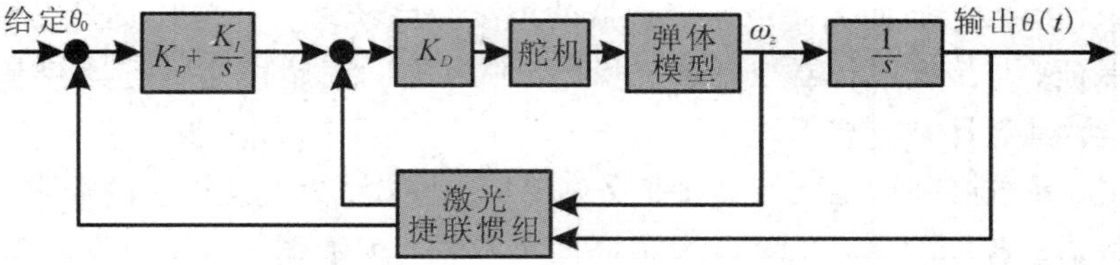

图 3－12　飞行器姿态控制系统基本结构框图

但是对于临近空间飞行器而言，其飞行初段(再入初阶段)主要在空气稀薄的临近空间，动压非常低，气动舵面无法正常工作，因此需要引入 RCS 系统进行控制。直接力是除气动力以外临近空间飞行器另一个重要的动力来源。因此，在进行姿态控制系统设计时，需要考虑直接力与气动力的组合实现。

1) 气动力/直接力组合控制策略

(1) 直接力矩的等效舵偏。为了便于进行控制策略设计，需要把舵偏输入与直接输入的量纲统一，将直接力矩的输入作用变换成虚拟的升降舵或者方向舵偏角的输入作用。

(2) 气动力/直接力组合控制策略。气动力控制系统和直接力控制系统的组合结构有很多种，这里介绍控制指令误差型控制器。它在原有的气动力控制器的基础上，利用原来的控制器控制指令误差来形成直接力控制信号，其结构如图 3-13 所示。

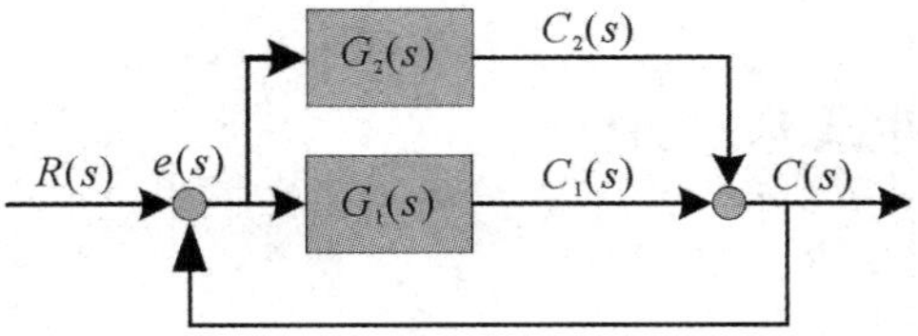

图 3-13　控制指令误差型控制器的结构

2）数学模型

（1）直接力模型。这里以燃机舵为例介绍直接力控制系统的数学模型。燃机舵接收到点火信号后，经过饱和环节、延迟环节、惯性环节以及多次信号放大后，最终产生操纵力。

喷流装置简化模型如图 3-14 所示。图中，δ_p 为一个阀门开度，推力最大时 $\delta_p=\pm1$，发动机关闭时 $\delta_p=0$；k_0 为发动机最大推力；k_1 为喷流放大因子；τ 为喷流建立延迟时间。

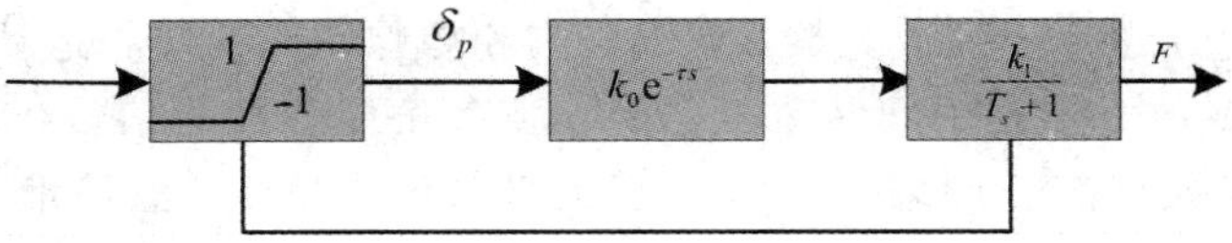

图 3-14　喷流装置简化模型

（2）气动力/直接力组合控制数学模型。这里以如图 3-15 所示的气动力/直接力组合控制结构图表示气动力/直接力组合控制数学模型。

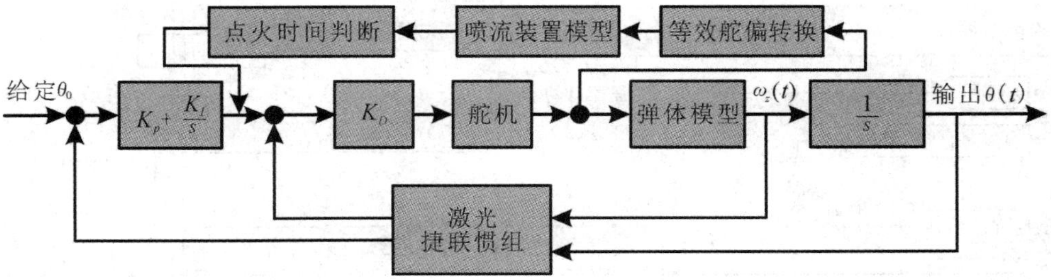

图 3-15　气动力/直接力组合控制结构图

（3）点火时间的确定。点火时间是由姿态角反馈回来的误差 $e(t)$ 决定的。直接力装置配置一台误差分析器，测量并量化得到的 $e(t)$ 的数值大小，并以此作为是否启动的点火信号。换言之，就是设定直接力点火的阈值，一旦 $e(t)$ 超过该阈值，直接力部分则开始工作；否则，仅有气动力部分产生作用。

（4）喷流量的确定。喷流量是衡量直接力工作效能的物理量，它是由直接力装置所提供的操纵力矩大小和持续时间决定的。操纵力矩越大，持续时间越长，则可以提供的喷流量越大。适当的喷流量既可以保证系统的稳定性，又可以显著提高系统的响应速度。一般情况下，需要结合性能要求来确定喷流量。

3.4 姿态控制指令生成及稳定性分析基本方法

3.4.1 姿态控制指令生成基本方法

1. 姿态运动模拟控制指令生成

模拟式姿态控制系统是指系统构成及对其设计分析均以模拟量为前提，即姿态控制系统的信息生成、传递变换、控制律编排及控制指令均以模拟量为载体进行传输，也称为连续式姿态控制系统。连续控制理论属于古典控制理论，它以传递函数为基础，对控制特性的设计和分析主要在频率域内进行。该理论评价系统品质的指标着重于稳定性、稳定裕度、过渡过程品质及稳态误差，同时要求系统有一定的抗干扰能力。

模拟式姿态控制系统的结构编排及其采用的硬件装置与对其要求的功能和控制品质有关。图 3-16 是某典型模拟式姿态控制系统框图。该系统具有两条控制回路：一条是由姿态角传感器、变换放大器、伺服机构和导弹构成的绕质心运动控制闭合回路，称为内控制回路；另一条是由导引装置、变换放大器、伺服机构和导弹构成的质心运动控制闭合回路，称为外控制回路。变换放大器是中间装置，它接收姿态角传感器的信号，将多种姿态敏感信号加以调制、综合，再经校正网络产生符合控制律的校正特性，然后形成控制指令输出到伺服机构。伺服机构控制发动机推力方向偏转，操纵导弹改变飞行姿态，从而形成闭环控制。变换放大器是模拟式姿态控制系统的标志，校正网络是姿态控制系统的核心，校正特性可以保障飞行器的稳定性和姿态角相对程序值给定的精度。

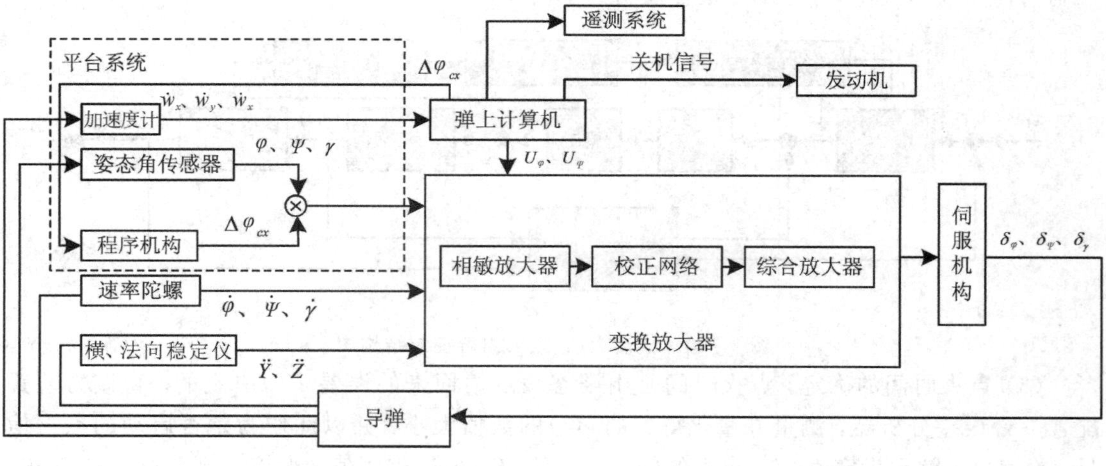

图 3-16 某典型模拟式姿态控制系统框图

模拟式姿态控制系统的控制特性取决于控制系统各仪器的静、动态特性，而各仪器的静、动态特性由其硬件保证。想要改变系统特性，往往需要重新调整或更换单机部件，加工、调试工作量大。所以，模拟式姿态控制系统的灵活性、适应性不如数字式姿态控制系统。因此，随着计算机技术的发展，姿态控制系统将主要采用数字式。

2. 姿态运动数字控制指令生成

数字式姿态控制系统建立在以弹载计算机作为计算子系统的基础上，它把时间上连续的信号离散化，采样后用于控制，所以又称为采样控制系统。数字式姿态控制系统的功能与模拟式姿态控制系统相同，通常情况下，姿态敏感器、伺服机构仍为模拟(连续)信号，即姿态敏感器的输出信息和控制伺服机构的信号均为模拟量。为了在闭环控制回路中保证信息传输的实现，需要在数字计算机的输入、输出端设置模数(A/D)和数模(D/A)接口。

与模拟式姿态控制系统相比，数字式姿态控制系统的主要优点如下：

(1) 系统功能的实现更加灵活。控制规律和校正网络特性由软件实现，当被控对象参数变化或需要改变控制要求时，可通过改变弹载计算机程序编排解决，不需要对硬件做大的改动甚至可以保持硬件不变；易于编排实现性能更好的复杂控制规律，如非线性控制或自适应控制等。

(2) 计算精度更高。计算机字长可变，加长控制字位进行解算可以提高精度，避免了模拟式控制中由变换放大器参数偏差、零漂等造成的控制误差。

(3) 系统测试可靠性更高。用计算机对姿态敏感器输出信息进行合理性检验或对控制回路进行故障检测，有利于提高系统的可靠性。

(4) 系统硬件实现更加简捷。飞行控制系统共用一台计算机，导航、制导、姿态控制、时序控制等由弹载计算机综合实现，使导弹控制装置减少。

综上所述，数字式姿态控制系统具有较强的灵活性和适应系统变化的能力，对缩短研制周期，节省设计、生产费用作用明显。

然而，姿态控制系统回路引入计算机也有一些缺点。这些缺点主要是由对弹载计算机输入、输出的幅值和时间信息必须进行量化所造成的。姿态控制计算要求计算机有足够的精度和计算速度，特别是在输入信息采样速度快、量化频率高的时候，要求接收、输出信息的转换时间和计算时间短，输出控制指令的时间延迟小。同时，还必须注意选择适当的采样频率和采取抗干扰措施，避免由高阶弹性振动和控制系统仪器电气噪声带来的频率折叠效应造成控制性能下降的问题。为使输入信号不失真，采样(量化)频率至少要比输入信号频谱的最高频率高一倍。

3.4.2 姿态控制稳定性分析基本方法

1. 姿态控制稳定性分析方法

在姿态控制系统的作用下，弹体绕质心运动能否保持稳定？从本质上来说，对此问题的分析是对一个闭环控制系统工作过程的分析。针对导弹姿态控制系统工作的特点，以传递函数为数学模型进行定量分析时，分析步骤如下：

(1) 画出导弹姿态控制的闭环系统框图；

(2) 写出被控对象(弹体绕质心运动)的传递函数；

(3) 写出控制器(姿态控制系统)的传递函数；

(4) 写出系统开环传递函数，进行闭环系统稳定性分析(时间域或频率域方法)；

(5) 根据分析结果，调整控制器参数，校正系统性能。

在姿态控制系统仅以所敏感到的姿态角作为运动信息源进行姿态运动控制时，俯仰通道的闭环控制系统简化框图如图 3－17 所示。图中，$W_{gI}^{\varphi}(S)$为校正网络的传递函数，校正网络有模拟式和数字式之分，是由输入信号（姿态角）计算得到姿态控制信号的主要环节；a_0^{φ} 为系统姿态角控制通道的静态增益，其值等于通道内各串联控制仪器的静态放大系数之积。

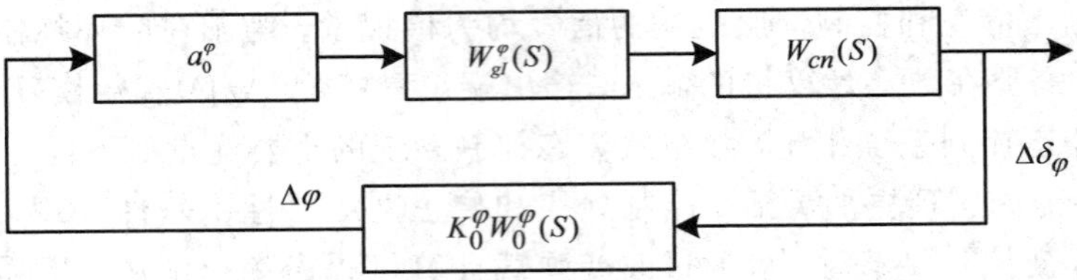

图 3－17　以姿态角为输入的俯仰通道的闭环控制系统简化框图

姿态运动稳定性的分析过程较为烦琐。以姿态运动传递函数为模型，并结合具体校正网络的作用，可以得出以下基本结论：

（1）为保证系统稳定，要求 $a_0^{\varphi}>-\dfrac{b_2}{b_3}$。当考虑其他被忽略因素的影响时，$a_0^{\varphi}$ 还应有一个上界 k，k 的大小与系统参数和弹体参数有关。注意$-\dfrac{b_2}{b_3}$随飞行时间变化，a_0^{φ} 最好能随之变化。

（2）在 $b_2<0$ 的条件下，通过选择适当的静态放大倍数 a_0^{φ} 可以确保系统稳定，但是过渡过程时间较长。为了提高姿态运动的动态品质，姿态控制系统至少需要加入一阶微分校正以缩短过渡过程，微分时间常数的大小主要取决于伺服机构的时间常数。

（3）以上稳定条件是从简化系统的绝对稳定性推出的，如果考虑一个实际系统的相对稳定性和抗干扰指标，还要留有稳定裕度并增加滤波网络。

为了缩短系统稳定的过渡过程，提高动态品质，姿态控制系统引入姿态角速度作为敏感信息，与姿态角信息共同控制姿态运动。此时，俯仰通道的闭环控制系统简化框图如图 3－18所示，图中 $a_1^{\dot{\varphi}}$ 为系统姿态角速度控制通道的静态增益。

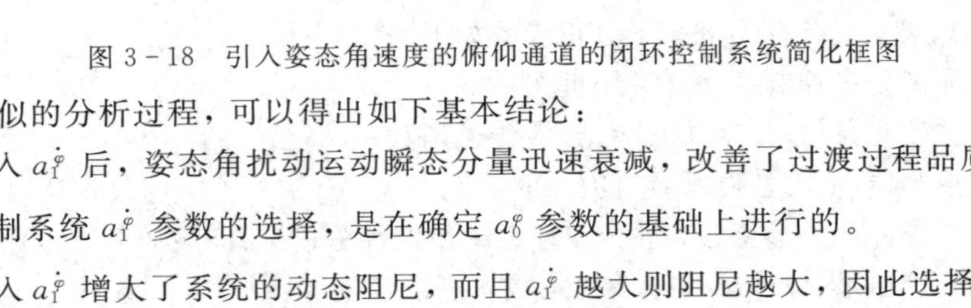

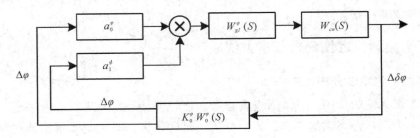

图 3－18　引入姿态角速度的俯仰通道的闭环控制系统简化框图

经过类似的分析过程，可以得出如下基本结论：

（1）引入 $a_1^{\dot{\varphi}}$ 后，姿态角扰动运动瞬态分量迅速衰减，改善了过渡过程品质。

（2）控制系统 $a_1^{\dot{\varphi}}$ 参数的选择，是在确定 a_0^{φ} 参数的基础上进行的。

（3）引入 $a_1^{\dot{\varphi}}$ 增大了系统的动态阻尼，而且 $a_1^{\dot{\varphi}}$ 越大则阻尼越大，因此选择 $a_1^{\dot{\varphi}}$ 的依据是要保证系统动态过程的相对阻尼系数不小于 0.5。

需要强调的是，姿态控制系统引入速率陀螺的主要目的是对弹体弹性振动进行抑制，避免对姿态稳定造成破坏。

2. 姿态控制的稳态误差

对于稳定的姿态控制，过渡过程结束后，系统达到稳态，这时的状态量反映了系统跟踪控制指令的精度和抑制干扰的能力。当误差为时间 t 的函数时，在时间域中可用 $\Delta\varphi(t)$，$\psi(t)$，$\gamma(t)$等表示误差，它们的稳态分量在 t 趋于无穷大时的极限值即定义为系统的稳态误差。以俯仰角为例：

$$\Delta\varphi_{稳}=\lim_{t\to\infty}\Delta\varphi(t) \tag{3.2}$$

根据终值定理，可得

$$\Delta\varphi_{稳}=\lim_{t\to\infty}\Delta\varphi(t)=\lim_{S\to 0}\Delta\varphi(S) \tag{3.3}$$

式中，S 表示拉氏变换因子。

系统的稳态误差不仅与系统的结构、参数、零位输出以及不灵敏区等因素有关，还与外作用的类型、作用形式和数值有关。在导弹控制系统设计过程中，需要考虑各种干扰相对不同姿态角稳态误差的最坏组合，以此作为控制系统参数的约束指标。

思 考 题

1. 简述姿态控制系统的基本组成及功能。
2. 简述姿态控制指令生成的基本方法。
3. 描述速率陀螺在姿态稳定中的作用。
4. 简述弹道导弹弹头姿态控制的基本过程。
5. 简述高超声速飞行器的姿态控制系统工作过程。
6. 简述姿态控制系统稳定性分析的一般方法。

第4章 弹头制导原理

弹头制导是指导弹制导系统在弹头飞行阶段进行制导控制，因此本质上弹头制导和导弹制导在原理方面是相通的。制导一般利用导航状态量，按照给定的制导律，参照预定基准，生成制导指令，操纵导弹或弹头推力矢量变化来控制其质心运动，达到期望的终端条件时准确关闭发动机，保证弹头落点偏差在允许范围内。本章重点依据弹道分段介绍相关制导原理及典型制导方式。

4.1 导弹制导系统概述

4.1.1 制导的基本概念及分类

导弹的制导是以质心控制为目的，以高性能光、电探测等为主要手段获取载体位置信息、被攻击目标/背景相关信息并识别跟踪目标，按照一定的导引规律规划出导弹飞行轨迹，控制导弹按规划的轨迹飞向目标并命中目标的过程。概括而言，制导就是导引和控制导弹按一定的规律飞向预定轨道或目标的技术和方法，而制导系统是获取载体位置信息、目标及背景相关信息并识别跟踪目标，导引和控制导弹飞向目标的仪器和设备的总称。

导弹制导系统一般实现如下三个主要功能：

(1) 导航，即根据导航设备的测量输出实时阶段导弹在制导计算坐标中的位置和速度；

(2) 导引，即根据导弹的当前状态(位置和速度)和其控制的终端状态，实时给出能达到终端状态的某种姿态控制指令；

(3) 推力矢量控制，即利用导引环节生成的控制指令驱动伺服机构产生控制力，控制导弹达到终端状态。

为实现上述制导功能，制导系统应包括测量装置、计算机(或控制组合)、姿态控制系统，各组成部分之间的关系如图 4-1 所示。

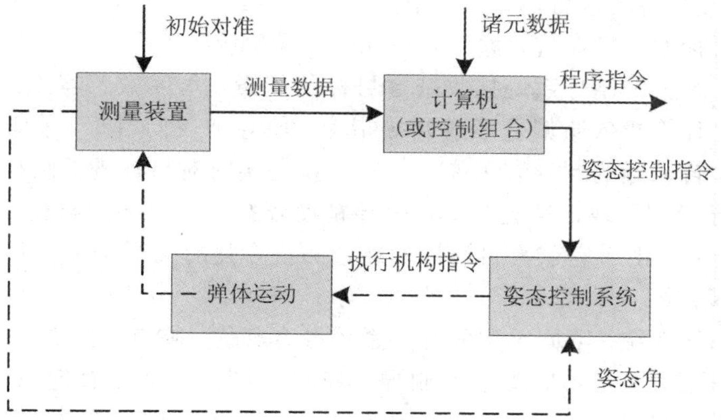

图 4-1 制导系统组成框图

按制导模式的不同，导弹制导系统可以分为两种类型，即程序制导系统和带有接收目标状态信息的制导系统。在程序制导系统中，由程序机构产生的信号起控制作用，这种信号确定所需的飞行弹道，制导系统的任务是消除弹道偏差。飞行程序在导弹发射前根据目标坐标给定，制导系统利用预装在弹内的飞行程序(或制导方案)，按一定规律发出控制指令，使导弹沿预定弹道飞行。程序制导又称方案制导，其显著特点是其控制指令的形成与弹外设备无关，既不必探测目标信息，也不受外界控制；其显著的局限性是只能导引导弹攻击固定目标。这种制导系统常为弹道导弹所采用，此外巡航导弹的初段和中段也采用程序制导。第二种带有接收目标状态信息的制导又称为导引弹道制导，这种制导系统根据目标运动特性，以某种导引方法将导弹导向目标，并可以在飞行过程中根据目标的运动改变导弹的弹道其显著特点是既可以攻击固定目标，也可以攻击活动目标，比较机动灵活，且接近目标时精度较高，但导弹本身装置较复杂，作用距离也较短。

如果将制导系统作用原理作为分类基础，以在什么样的信息基础上产生制导信号，利用什么样的物理现象确定目标和导弹的坐标为分类依据，那么制导系统可分为自主式制导系统、自动寻的制导系统和复合式制导系统。这是一种广泛采用的分类方法。

(1) 自主式制导系统。制导指令信号仅由弹上制导设备探测地球或宇宙空间物质的物理特性而产生，制导系统和目标、指挥站不发生联系的制导系统称为自主式制导系统。

导弹发射前，预先确定导弹的弹道。导弹发射后，弹上制导系统的敏感元件不断测量预定的参数，如导弹的加速度、导弹的姿态、天体位置、地貌特征等。将这些参数在弹上经适当处理后与在预定的弹道运动时的参数进行比较，一旦出现偏差，便产生制导指令使导弹飞向预定的目标。

为了确定导弹的位置，在导弹上必须安装位置测量系统。常用的位置测量系统有磁测量系统、卫星导航惯性系统、天文导航系统等。自主式制导系统是一种由各种不同作用原理的仪表所组成的十分复杂的动力学系统。

采用自主式制导系统的导弹，由于和目标及指挥站不发生任何联系，因此隐蔽性好，不易被干扰，射程远，制导精度也较高。但导弹一经发射出去，其飞行弹道就不能再变，所以只能攻击固定目标或飞向预定区域。

(2) 自动寻的制导系统。利用目标辐射或反射的能量(如电磁波、红外线、激光、可见光等)，靠弹上制导设备测量目标、导弹相对运动的参数，按照确定的关系直接形成制导指令，使导弹飞向目标的制导系统，称为自动寻的制导系统。

导弹发射后，弹上的制导系统接收来自目标的能量，角度敏感器测量导弹接近目标时的方向偏差，弹上计算机依照偏差形成制导指令，使导弹飞向目标。自动寻的制导与自主式制导的区别是：自动寻的制导利用弹上的制导设备实时对目标进行跟踪与测量。

自动寻的制导可用于攻击高速目标，制导精度较高，而且导弹与指挥站间没有直接联系，能发射后不管。但由于它靠来自目标的能量测量导弹的飞行偏差，因此作用距离有限，且易受外界的干扰。

(3) 复合式制导系统。不同类型的制导系统各有其优、缺点，当要求较高时，根据目标特性和要完成的任务，可把不同类型的制导系统以不同的方式组合起来，以取长补短，进一步提高制导系统的性能。导弹为了实现精确制导，一般采用复合式制导系统，即飞行初段采用自主式制导，将其导引到要求的区域，末段采用自动寻的制导。这不仅增大了制导系统的作用距离，更重要的是提高了制导精度。

4.1.2 弹道导弹主动段制导基本概念

从传统意义上讲，弹道导弹制导指的是弹道导弹主动段的制导，即导弹起飞至发动机关机前这一段飞行过程中的制导，该过程利用导航参数按照给定的制导规律操纵导弹推力矢量控制其质心运动，在达到期望的终端条件时准确关机，以保证弹头落点偏差满足给定的精度指标要求。

弹道导弹制导的任务是保证弹头以一定的精度命中地面目标，这就要求把弹头送到一定的自由飞行弹道，这条弹道应以要求的精度通过目标。自由飞行弹道的特性取决于进入弹道轨道时弹头的飞行速度和位置，所以弹道导弹主动段制导的任务可以归结为保证主动段结束时的速度和位置坐标取一定的值。这个任务只有在主动段期间对导弹的运动进行控制并适时控制发动机关机才能完成。

弹道导弹主动段飞行的特点是有事先计算好的飞行程序。如果飞行条件诸如大气状态、发动机特性、弹体结构等都符合计算情况，则导弹在程序俯仰姿态控制信号作用下，将完全按计算的主动段标准弹道飞行，在预先计算出的标准关机时刻，得到要求的关机速度和位置。这样，只要由时钟机构按时间发出发动机关机指令，就可以使弹头命中目标。但实际上，有许多干扰因素，如发动机的秒耗量偏差、地面比推力偏差、起飞质量偏差、推力偏斜和横移、阵风和切变风等使飞行条件显著偏离计算情况，这些干扰因素相当于作用于导弹的干扰力和力矩，使主动段实际弹道偏离标准程序弹道，从而产生落点对目标的偏差。

传统的弹道导弹主动段制导通常采用两种方法，即摄动制导和显式制导，这两种方法的基本原理将在下一节中给出。

弹道导弹主动段的制导精度对导弹的命中精度起着决定性作用。但随着射程的增加、命中精度和突防能力的提高，必须考虑敌方在导弹自由段和再入段飞行施加的干扰对命中精度的影响，为此必须采用中制导、末制导甚至全程制导以实现导弹制导精度的提高，这也是弹道导弹精度提高的发展方向。

4.1.3 中制导系统基本概念及组成

导弹中制导段又称为程序机动飞行段。由于初制导段飞行一般采取耗尽关机策略，能量偏差较大，中段飞行时姿态控制动力系统不能完全修正变轨发动机总冲偏差带来的各项偏差，因此主要的偏差项留到了机动段进行修正。中制导系统的主要任务如下：

(1) 速度控制：解决末制导导引头防热问题并满足导引头工作要求的速度，并且满足战斗部对落点速度的要求，提高战斗部的杀伤效能。

(2) 进行弹道转弯，满足末制导导引头对目标的角度截获。

(3) 弹头突防：使敌方无法预测弹道。

(4) 精确控制落速及落角。

(5) 射程射向修正：对弹头射程射向进行修正，把弹头送到预定目标上空，利于末制导导引头截获目标。

为了完成弹道导弹中制导段的任务，中制导系统需具备的功能为控制弹头按照规划的飞行轨迹飞行，将导弹导向目标区域，完成中、末制导交接。弹道导弹典型中制导系统包括天文导航系统、惯性制导系统、地图匹配制导系统、卫星制导系统等，部分典型系统的原理将在4.3节中给出。导弹中制导系统的组成如图4-2所示。

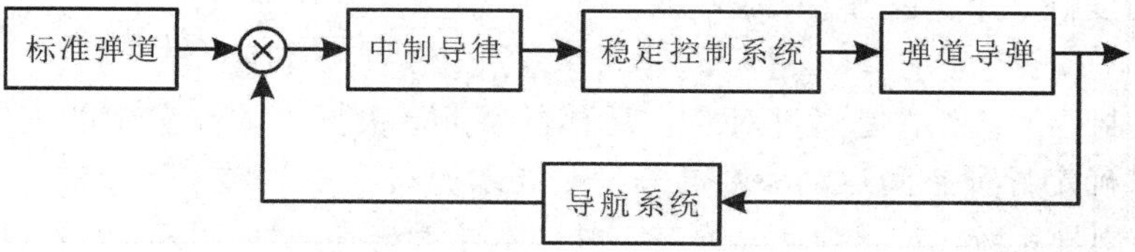

图4-2 导弹中制导系统的组成

导航系统实时输出导弹位置姿态及速度信息，并与标准弹道相比较，由中制导律生成制导指令，经稳定控制系统操纵导弹飞行并保持导弹姿态稳定。

4.1.4 末制导系统基本概念及组成

为了实现导弹精确制导，末制导段一般采用寻的制导方式，利用导引头信息按照末制导段导引律生成控制指令，导引导弹高精度命中目标。

导弹末制导系统按照位标器与弹体的连接方式，可分为捷联制导系统和随动制导系统两类；按照战术使用的特点，可分为主动寻的、半主动寻的和被动寻的制导系统；按照导引头信息频谱，可分为红外制导系统、可见光制导系统、微波制导系统、毫米波制导系统以及多模制导系统等。

末制导系统的任务是根据末制导导引头对目标的测量信息，采用合适的制导规律，控制导弹飞向目标，最终以一定的精度击中目标。弹道导弹末制导系统由导引头、控制指令形成装置、导弹稳定控制装置、弹体和导弹与目标相对运动学环节等组成，如图4-3所示。

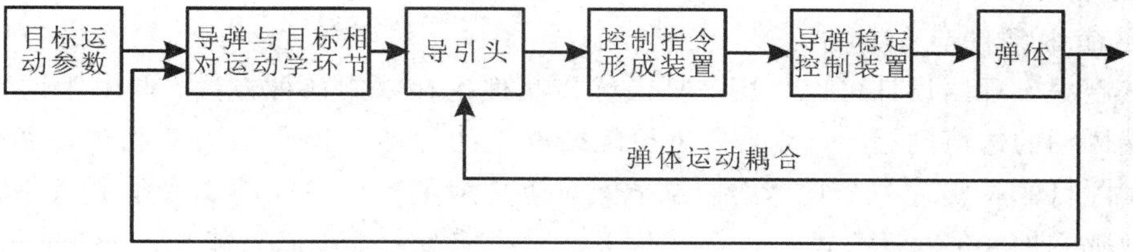

图4-3 弹道导弹末制导系统的组成

导引头实际上是制导系统的探测装置，在对目标进行稳定跟踪后，即可输出导弹与目标的相对运动参数，弹上控制指令形成装置综合导引头及其他敏感元件的测量信号，形成控制指令，把导弹导向目标。

制导系统主要包括制导信息的获取和制导方程的编排(设计)两部分。通常采用导航信息的获取方法来命名制导系统。常见的制导系统有如下几种：

(1) 惯性制导系统。它是利用弹上惯性元件，测量导弹相对于惯性空间的运动参数，并在给定初始条件下，由制导计算机计算出导弹的速度、位置及姿态等参数，按照一定的制导方法，形成制导指令并形成控制信号，控制导弹完成预定飞行任务的一种自主式制导系统。依据惯性器件的安装方式，惯性制导系统可分为捷联式惯性制导系统和平台式惯性制导系统。

(2) 无线电制导系统。它是由地面或空间无线电测速定位系统测量导弹速度和位置，由地面计算机根据测得的原始数据算出控制量和关机时刻，然后通过地面无线电指令发射系统发出指令，弹上接收机接收和执行关机的一种制导系统。无线电制导系统较惯性制导系统有制导精度高、弹上设备少、成本低的优点，但该系统作战机动性能差，易受敌方的干扰和破坏。

(3) 天文制导系统。它是通过对宇宙星体的观测，根据星体在空中的固定运动规律所提供的信息来确定导弹空间运动参数的一种制导系统。

(4) 复合制导系统。对导弹武器而言，惯性制导系统是一种比较理想的制导系统，然而单纯的惯性制导系统不能满足日益提高的制导精度要求，因此惯性制导与其他辅助制导相结合的复合制导系统应运而生。典型的复合制导系统有：惯性/星光制导系统、惯性/卫星制导系统、惯性/图像匹配制导系统等。

(5) 全程制导系统。导弹主动段的制导精度对导弹的命中精度起着决定性作用。但随着射程的增加、命中精度和突防能力的提高，必须考虑敌方在导弹自由段和再入段飞行施加的干扰对命中精度的影响，为此必须采用中制导、末制导甚至全程制导。

制导方程属于制导系统的“软件”部分，它包括确定发动机关机指令的关机方程和给出横向、法向导引信号的导引方程。按现代控制理论的一般提法，制导方程设计的任务就在于根据已知的控制对象数学模型、初始和终端条件以及外干扰模值范围，确定控制算法，保证导弹在实际飞行条件下达到所要求的终端条件并得到某种指标意义下的最优控制性能，其主要性能指标为制导精度，此外也常附加其他品质要求如燃料消耗、控制作用模值等。对于弹道导弹，控制对象是包括主动段和被动段在内的受控质心运动。被动段的终端必须满足命中条件，被动段的始端(即主动段的终端)则需满足所谓的关机条件，它实际是确定关机时运动参数和命中条件之间联系的关系式。如果这个关系式很精确，那么保证主动段终端严格满足关机条件也就基本保证了被动段终端满足命中条件。

虽然制导方程的设计可以采用包括最优控制理论在内的各种方法，但由于这是一个相轨迹右端可动的边值问题，一般需要进行复杂的迭代计算获得严格的最优解；而制导方程设计的实际目的是实现一个具体的制导方案，使其满足各种各样的实际限制条件，如可用的惯性敏感元件性能、计算机容量和速度等。所以实际上，我们只能把制导方程的确定作为一个工程设计问题来对待，所设计的制导方程除保证要求的制导精度外，还应满足一系列要求，如符合实际硬件限制、简单可靠、易于实现和便于使用等。

具体的导弹制导方程是根据不同的射程、弹道和发射点、目标点的纬度与方位角将控制泛函或关机特征量预先计算出来，并装订在弹载计算机中。飞行中将导航方程计算出的导弹实时速度和位置或其他的测量参数(如加速度计和陀螺仪的输出量)送入关机方程中计算关机控制泛函，当满足关机条件时，实时发出关机指令。

制导方程的类型很多，通常按关机方程的编排形式将制导方法分为摄动制导和显式制导两大类。为了说明制导的一般原理，下一节我们首先了解导弹的落点偏差。

4.2 主动段制导原理

4.2.1 弹道导弹落点偏差

1. 落点偏差含义

对于弹道导弹，其制导精度常用满足其他条件下的命中点位置误差来描述。由于导弹在运动中受各种内外干扰作用，因此其实际飞行弹道会偏离标准弹道，偏离结果即是落点偏差。

如图 4-4 所示，M_t 为实际弹道落点，M_b 为标准弹道落点，由这两点的经纬度便可确定导弹落点射程偏差 ΔL(实际落点与目标间圆弧在射面方向的分量)和横向偏差 ΔH(实际落点与目标间圆弧在垂直射面方向的分量)。

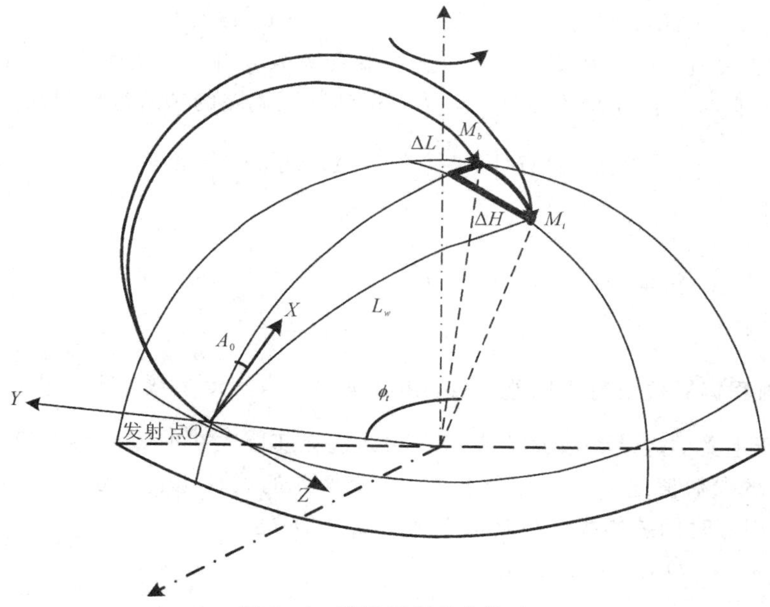

图 4-4 弹道导弹落点偏差

2. 落点偏差表达式

导弹的射程 L 可以仅表达为关机时导弹运动参数的函数：

$$L=L[\boldsymbol{v}(t_k),\boldsymbol{r}(t_k),t_k] \tag{4.1}$$

式中：t_k——关机时刻；

$\boldsymbol{v}(t_k)$——导弹质心相对于惯性坐标系的速度矢量；

$\boldsymbol{r}(t_k)$——导弹质心相对于地心的矢径。

如果用相对地面坐标系的运动参数表示导弹的射程，则有

$$L=L[\boldsymbol{v}_g(t_k),\boldsymbol{r}_g(t_k)] \tag{4.2}$$

式中：$\boldsymbol{r}_g(t_k)$——导弹质心相对于地心的矢径；

$\boldsymbol{v}_g(t_k)$——导弹质心相对于地面坐标系的速度矢量。

式(4.1)中，射程与 t_k 有显函数关系，而式(4.2)中则没有，这是因为在惯性坐标系内计算射程需要考虑主动段期间发射点随地球自转而做的运动。由于相对惯性坐标系的运动参数与加速度可测分量的关系比较简单，因此下面以式(4.1)作为讨论对象。

当运动参数用发射点惯性坐标系的分量 $x(t)$、$y(t)$、$z(t)$、$v_x(t)$、$v_y(t)$、$v_z(t)$表示时，式(4.1)可写成：

$$L=L[v_x(t_k),v_y(t_k),v_z(t_k),x(t_k),y(t_k),z(t_k),t_k] \tag{4.3}$$

为简化记号，用 $x_i(t)$，$i=1,2,\cdots,7$ 依次表示 $v_x(t)$，$v_y(t)$，…，t。式(4.3)中，如果假设主动段终点参数等于标准计算值，即

$$x_i(t_k)=x_i^*(t_k^*) \tag{4.4}$$

则射程将等于标准计算值

$$L^*=L[x_i^*(t_k^*),t_k^*] \tag{4.5}$$

实际飞行中，由于干扰因素的影响，关机时刻和关机运动参数都会与标准值有所不同，因而射程也可能偏离标准值，出现射程偏差

$$\Delta L(t_k)=L-L^*=L[x_i(t_k),t_k]-L[x_i^*(t_k^*),t_k^*] \tag{4.6}$$

将 ΔL 相对标准关机点运动参数 $x_i^*(t_k^*)$进行泰勒级数展开，若实际值对标准值的偏差不大，则二阶及二阶以上高阶项可以略去，从而得到射程偏差的一阶近似线性展开式：

$$\Delta L\approx\Delta L^{(1)}=\sum_{i=1}^{6}\frac{\partial L}{\partial x_i}\Delta x_i(t_k)+\frac{\partial L}{\partial t_k}\Delta t_k \tag{4.7}$$

式中：

$$\Delta x_i(t_k)\overset{\text{def}}{=}x_i(t_k)-x_i^*(t_k^*),\quad i=1,2,\cdots,6 \tag{4.8}$$

$$\Delta t_k\overset{\text{def}}{=}t_k-t_k^*$$

系数$\dfrac{\partial L}{\partial x_i}$称为射程偏导数或射程偏差系数，由标准关机点运动参数算出，记 $\lambda_i=\dfrac{\partial L}{\partial x_i}$。

式(4.8)所定义的运动参数偏差表示实际弹道在实际关机时刻的参数值与标准弹道在标准关机时刻的参数值之差，称为全偏差。以全偏差的线性组合表示 $\Delta L^{(1)}$ 往往不便于分析，下面推导用等时偏差的线性组合来表示的 $\Delta L^{(1)}$ 表达式。

任意时刻 t，$x_i(t)$的等时偏差定义为

$$\delta x_i(t)\overset{\text{def}}{=}x_i(t)-x_i^*(t) \tag{4.9}$$

特别地，在关机时刻 t_k 有

$$\delta x_i(t_k)\overset{\text{def}}{=}x_i(t_k)-x_i^*(t_k) \tag{4.10}$$

当 $t_k > t_k^*$ 时，$x_i^*(t_k)$假定为在 t_k^* 时发动机没有关机，需由 $x_i^*(t_k^*)$加外推得到。把式(4.10)代入式(4.8)，得

$$\Delta x_i(t_k)=\delta x_i(t_k)+x_i^*(t_k)-x_i^*(t_k^*) \tag{4.11}$$

把 $x_i^*(t_k)$沿标准弹道相对 t_k^* 进行泰勒级数展开，并略去二阶及二阶以上小量，得到

$$x_i^*(t_k)\approx x_i^*(t_k^*)+\left.\frac{\mathrm{d}x_i^*}{\mathrm{d}t}\right|_{t_k^*}(t_k-t_k^*) \tag{4.12}$$

将式(4.12)代入式(4.11)，得到

$$\Delta x_i(t_k)=\delta x_i(t_k)+\left.\frac{\mathrm{d}x_i^*}{\mathrm{d}t}\right|_{t_k^*}\Delta t_k \tag{4.13}$$

根据式(4.13)所给出的关系，得

$$\Delta L^{(1)}(t_k)=\sum_{i=1}^{6}\lambda_i\left[\delta x_i(t_k)+\frac{\mathrm{d}x_i^*}{\mathrm{d}t}(t_k^*)\Delta t_k\right]+\frac{\partial L}{\partial t_k}\Delta t_k \tag{4.14}$$

若用 λ_7 表示$\dfrac{\partial L}{\partial t_k}$，则式(4.14)可表示为

$$\Delta L^{(1)}(t_k)=\sum_{i=1}^{6}\lambda_i\delta x_i(t_k)+\sum_{i=1}^{6}\lambda_i\frac{\mathrm{d}x_i^*}{\mathrm{d}t}(t_k^*)\Delta t_k+\lambda_7\Delta t_k \tag{4.15}$$

式中：第一项是在实际关机时刻，导弹运动参数偏离该瞬时参数标准值而产生的射程等时偏差，用 $\delta L^{(1)}$ 表示；第二项和第三项则反映关机时刻偏差引起的射程偏差。注意到

$$\begin{aligned}\sum_{i=1}^{6}\lambda_i\frac{\mathrm{d}x_i^*}{\mathrm{d}t}(t_k^*)+\lambda_7&=\left.\left(\frac{\partial L}{\partial v_x}\frac{\mathrm{d}v_x}{\mathrm{d}t}+\frac{\partial L}{\partial v_y}\frac{\mathrm{d}v_y}{\mathrm{d}t}+\frac{\partial L}{\partial v_z}\frac{\mathrm{d}v_z}{\mathrm{d}t}+\frac{\partial L}{\partial x}\frac{\mathrm{d}x}{\mathrm{d}t}+\frac{\partial L}{\partial y}\frac{\mathrm{d}y}{\mathrm{d}t}+\frac{\partial L}{\partial z}\frac{\mathrm{d}z}{\mathrm{d}t}+\frac{\partial L}{\partial t}\right)\right|_{t_k^*}\\&=\frac{\mathrm{d}L}{\mathrm{d}t}(t_k^*)\end{aligned}$$

所以

$$\Delta L^{(1)}(t_k)=\delta L^{(1)}(t_k)+\frac{\mathrm{d}L}{\mathrm{d}t}(t_k^*)\Delta t_k \tag{4.16}$$

式(4.16)就是射程偏差的又一个一阶近似表达式。

与射程偏差类似，落点横向偏差的一阶近似线性展开式为

$$\Delta H\approx\Delta H^{(1)}(t_k)=\sum_{i=1}^{7}\frac{\partial H}{\partial x_i}\Delta x_i(t_k)=\delta H^{(1)}(t_k)+\frac{\mathrm{d}H}{\mathrm{d}t}(t_k^*)\Delta t_k \tag{4.17}$$

式中，$\dfrac{\partial H}{\partial x_i}$称为横向偏导数或横向偏差系数，为书写方便，今后令 $b_i=\dfrac{\partial H}{\partial x_i}$。

射程偏导数和横向偏导数统称为弹道偏导数，它们都是标准关机点运动参数的函数，对给定发射点纬度、发射方向和射程的飞行来说，其数值是一定的。

4.2.2 摄动制导原理

1. 弹道摄动理论

在第1章中曾经介绍过，通过弹道计算可以得到标准弹道和干扰弹道，但是由于干扰因素具有随机性，因此实际飞行弹道与干扰弹道之间也是有差别的。在地面进行弹道计算时，只能给出运动的某些平均规律，设法使实际运动规律对这些平均运动规律的偏差是微小量，这样就可以在平均运动规律的基础上，利用小偏差理论来研究这些偏差对导弹的运动特性的影响，这种方法就是弹道摄动理论，也称之为弹道修正理论。

为了能反映出导弹质心的“平均”运动情况，需要做出标准条件的假设。规定了标准条件之后，还需根据所研究问题的内容和性质，选择某些方程组作为标准弹道方程。标准弹道方程反映导弹飞行的“平均运动规律”。标准条件和标准弹道方程是随着研究问题的内容和性质的不同而有所不同的。不同的研究内容，可以有不同的标准条件和标准弹道方程，只要能保证实际运动弹道对标准弹道保持小偏差。例如对近程导弹来说，标准弹道方程中可以不包括地球旋转项，而远程导弹则必须考虑地球旋转的影响。对有些问题，例如导弹初步设计时，弹体结构参数和控制系统结构参数选择需要提供的运动参量，只要计算出标准弹道就行了。但对另一些问题，不仅要知道标准弹道，而且要比较准确地掌握导弹的实际运动规律。例如，对目标进行射击，对每发导弹而言，实际飞行条件与标准飞行条件之间总存在着偏差。在这些偏差中，有些在发射之前是已知的，如果标准条件和标准弹道方程选择得比较恰当，往往可以使这些偏差是比较小的量。但即使偏差较小，在这些偏差的影响下，实际弹道也将偏离标准弹道而引起落点偏差。如果落点偏差大于战斗部杀伤半径，则达不到摧毁目标的目的。为此需要研究由这些偏差所引起的射程偏差，并设法在发射之前加以修正或消除，这就是弹道摄动理论所需要研究的问题。

我们把实际弹道飞行条件和标准弹道飞行条件的偏差叫作“扰动”或“摄动”。这里所谓的扰动，与导弹在实际飞行中作用在弹上的干扰不同，它既包含一些事先无法预知的量，也包含发射条件对所规定的标准条件的偏差。对某一发导弹来说，后者是已知的系统偏差。

以后我们说的“实际弹道”是指在实际的飞行条件下，利用所选择的标准弹道方程进行积分所确定的弹道。由于建立的运动方程不可避免地有所简化，因此所确定的弹道对导弹的实际飞行弹道还是有偏差的。可以用两种方法来研究“扰动”对弹道偏差的影响。方法之一是“求差法”：建立两组微分方程，一组是在实际条件下，另一组则是在标准条件下，分别对两组方程求解，就可获得实际弹道参数和标准弹道参数，用前者减去后者就得到弹道偏差。此法的优点是不论干扰大小，都可以这样做，没有运动稳定性问题。此法的缺点是：计算工作量大；当扰动比较小时，往往是两个相近的大数相减，因而会带来较大的计算误差，要求计算机有较长的字长；不便于分析干扰与弹道偏差之间的关系，在制导问题中，不便于应用。方法之二是“摄动法”，亦即微分法。因为在一般情况下，如果标准条件选择适当，则扰动都比较小，所以可以将实际弹道在标准弹道附近展开，取到一阶项来进行研究。摄动法实际上就是线性化法。

2. 摄动制导原理

摄动制导又称为 δ 制导。采用摄动制导主要是为了实现射程控制和横、法向导引控制。

1）射程控制

摄动制导的基本特点是将控制函数射程偏差 ΔL 或需要速度 v_R 展开成自变量增量的泰勒级数。从原则上讲，展开点应当选择沿标准弹道的所有点，这样展开式的系数必须是时变的。但是，过多的展开点会提高对弹上计算机的存储容量要求。仔细分析后可以断定只有在关机点附近才需要非常精确的展开。因此，对于任意制导段，只需一个或几个展开点。由于标准关机点最可能出现，所以通常就选它为展开点。拿射程控制来说，我们可以把关机时刻 t_k 的预计射程偏差 ΔL 围绕标准关机点参数展开成泰勒级数，保留一阶项，即得预计射程偏差的线性展开式：

$$\begin{aligned}\Delta L^{(1)}=&\frac{\partial L}{\partial v_x}[v_x(t_k)-v_x^*(t_k^*)]+\frac{\partial L}{\partial v_y}[v_y(t_k)-v_y^*(t_k^*)]+\frac{\partial L}{\partial v_z}[v_z(t_k)-v_z^*(t_k^*)]+\\&\frac{\partial L}{\partial x}[x(t_k)-x(t_k^*)]+\frac{\partial L}{\partial y}[y(t_k)-y(t_k^*)]+\frac{\partial L}{\partial z}[z(t_k)-z(t_k^*)]+\frac{\partial L}{\partial t}(t_k-t_k^*)\\=&\lambda_1 v_x(t_k)+\lambda_2 v_y(t_k)+\lambda_3 v_z(t_k)+\lambda_4 x(t_k)+\lambda_5 y(t_k)+\lambda_6 z(t_k)+\lambda_7 t_k-\\&[\lambda_1 v_x^*(t_k^*)+\lambda_2 v_y^*(t_k^*)+\lambda_3 v_z^*(t_k^*)+\lambda_4 x(t_k^*)+\lambda_5 y(t_k^*)+\lambda_6 z(t_k^*)+\lambda_7 t_k^*]\\=&J(t_k)-J^*(t_k^*)\end{aligned} \tag{4.18}$$

式(4.18)说明，即使关机点七个运动参数不同，也能满足和标准值相等的条件，只要

$$J(t_k)=J^*(t_k^*) \tag{4.19}$$

$\Delta L^{(1)}$就可以为零。因此，我们可以定义一个新的关机控制函数(又称为关机特征量)：

$$J(t)=\sum_{i=1}^{7}\lambda_i x_i(t) \tag{4.20}$$

$J(t)$是实际弹道参数的函数。对确定的弹道来说，$J(t)$是时间函数，而且是单调递增的(见图4-5)。这样，射程控制问题就归结为关机时刻的控制问题。在飞行中，不断根据测得的运动参数计算关机控制函数并将其与$J^*(t_k^*)$比较，当$J(t)$递增到和$J^*(t_k^*)$相等时，对应的时刻就是所要求的关机时刻。

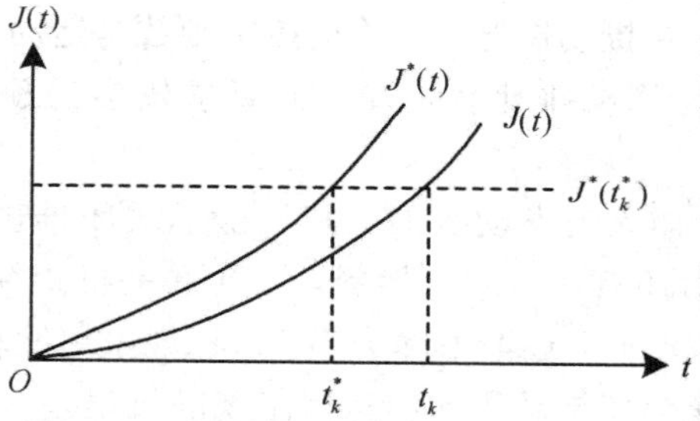

图4-5　关机控制函数

事实上，射程对主动段持续时间的导数为

$$\frac{dL}{dt}=\frac{\partial L}{\partial v_x}\dot{v}_x+\frac{\partial L}{\partial v_y}\dot{v}_y+\frac{\partial L}{\partial v_z}\dot{v}_z+\frac{\partial L}{\partial x}v_x+\frac{\partial L}{\partial y}v_y+\frac{\partial L}{\partial z}v_z+\frac{\partial L}{\partial t}$$

由于自由飞行段(包括关机时)的速度分量和引力加速度分量间存在如下关系：

$$\frac{\partial L}{\partial v_x}g_x+\frac{\partial L}{\partial v_y}g_y+\frac{\partial L}{\partial v_z}g_z+\frac{\partial L}{\partial x}v_x+\frac{\partial L}{\partial y}v_y+\frac{\partial L}{\partial z}v_z+\frac{\partial L}{\partial t}=0 \tag{4.21}$$

且

$$\dot{W}_i=a_i-g_i=\dot{v}_i-g_i,\quad i=x,y,z$$

因而

$$\frac{dL}{dt}=\frac{\partial L}{\partial v_x}\dot{W}_x+\frac{\partial L}{\partial v_y}\dot{W}_y+\frac{\partial L}{\partial v_z}\dot{W}_z \tag{4.22}$$

这个结果说明，只要找到关机时刻t_k，使

$$\int_{t_k^*}^{t_k}\left(\frac{\partial L}{\partial v_x}\dot{W}_x+\frac{\partial L}{\partial v_y}\dot{W}_y+\frac{\partial L}{\partial v_z}\dot{W}_z\right)dt=\int_{t_k^*}^{t_k}dL=0$$

就可以保证射程偏差为零。

对于需要速度的三个分量 v_{Rx}、v_{Ry}、v_{Rz}，同样可以相对标准关机点坐标展开成泰勒级数，例如

$$v_{Rx}[x(t_k), y(t_k), z(t_k)] = v_{Rx}^*(t_k^*) + k_{xx}\Delta x(t_k) + k_{xy}\Delta y(t_k) + k_{xz}\Delta z(t_k) + k_{xt}\Delta t_k + k_{xxx}\Delta x^2(t_k) + k_{xxy}\Delta x(t_k)\Delta y(t_k) + k_{xyy}\Delta y^2(t_k) + \cdots \tag{4.23}$$

式中：$\Delta x(t_k)$、$\Delta y(t_k)$、$\Delta z(t_k)$是位置坐标的全偏差；系数 k_{xx}、k_{xy}、k_{xz} 是相应的偏导数。通常展开式包括线性项及某些二次项，具体包括哪些项视关机参数偏差的可能大小及要求的精度而定。

弹道导弹的射程控制，就是控制系统通过控制主发动机的关机，以控制主动段终点质心运动和绕质心运动参数，进而将导弹落点的射程偏差 ΔL 控制在允许范围内。射程控制是导弹制导控制的重要内容之一，也是导弹质心运动最终控制效果的重要体现。完成射程控制的系统应具备以下功能：

(1) 测速定位与导航。连续测量并确定导弹在所选坐标系中的位置和速度分量，并进行必要的变换，以提供制导计算所需的导航信息。

(2) 计算控制量。按存储于弹上计算机的目标或标准弹道数据和实时输入的导弹运动参数计算关机控制函数，适时发出关机指令。在显式制导下，关机控制函数依照运动参数全量的显函数表达式计算；在摄动制导下，关机控制函数是运动参数增量的泰勒级数展开。摄动制导方程的弹上数字计算编排比较简单，但要求较多的预先计算，在大干扰下精度较低。

(3) 执行关机指令。液体火箭发动机的关机一般靠关闭推进剂供应活门来实现。由于管道和燃烧室在活门关闭后还有一些剩余燃料，因此在关机指令发出后，推力并不马上下降为零，而是继续存在一段时间，逐渐下降为零。这种现象用发动机的后效冲量来描述。后效冲量是个不确定量，可能会使被动段初始速度出现随机误差，引起射程散布。例如，若关机时加速度为 10 g，关机指令发出后，推力在 0.2 s 内按直线下降为零，则将产生 10 m/s 的速度增量，对射程为 8000 km 的导弹将产生 51 km 的射程偏差。自然，已知的后效冲量可以通过计算加以补偿，但实际上总存在不确定性，无法完全补偿。即使剩余后效冲量降为总后效冲量的 15%，也将造成 1.5 m/s 的速度误差。

为了减小由后效冲量的不确定性所造成的落点散布，发动机可采用两级关机。首先控制系统发出“预令”，使推力减小。例如减小推进剂供应量或关闭主发动机，只剩下小推力的游动发动机工作。游动发动机只能提供 0.1 g～0.5 g 的小加速度，此加速度除了用作姿态控制，还用来精确控制导弹在主动段末端的质心运动。当达到关机条件时，控制系统发出关机“主令”，完全切断主发动机燃料供应或关闭游动发动机。两级关机使后效冲量显著减小，因而也减小了不确定的剩余后效冲量。例如通过 0.1 g 的游动发动机可把由后效冲量的不确定性造成的关机速度误差减少到 1%，即只产生 0.015 m/s 的速度误差。同时，控制系统发出预令后，导弹加速度大大减小，控制系统时间延迟所产生的误差也显著减小。

固体火箭发动机的关机方法与液体火箭发动机的不同，主要是通过点燃反向喷管建立反向推力，或在发动机前后基底开洞，迅速减小燃烧室压力，所以固体发动机推力可在很短时间内下降为零。即使是大推力发动机，剩余后效冲量也可以减小到不需要使用游动发动机的程度。然而由于关机前，导弹的加速度很大，对关机时刻准确性提出的要求很苛刻，

所以往往也采用两级关机。同时还采用外推补偿方法来减小关机时间延迟造成的误差。

2）横向导引控制

采用摄动制导时，由于忽略了高阶导数，因此将造成系统性误差。横向运动控制的目的是将导弹控制在射面内，即使落点的横向偏差 ΔH 小于容许值。由式(4.17)可知

$$\begin{aligned}\Delta H &\approx \Delta H^{(1)}(t_k) = \sum_{j=1}^{7} b_j \Delta x_j(t_k) \\ &= \frac{\partial H}{\partial v_x}\Delta v_x(t_k) + \frac{\partial H}{\partial v_y}\Delta v_y(t_k) + \frac{\partial H}{\partial v_z}\Delta v_z(t_k) + \\ &\quad \frac{\partial H}{\partial x}\Delta x(t_k) + \frac{\partial H}{\partial y}\Delta y(t_k) + \frac{\partial H}{\partial z}\Delta z(t_k) + \frac{\partial H}{\partial t}\Delta t_k \end{aligned} \tag{4.24}$$

式中：$\Delta v_x(t_k)$、$\Delta v_y(t_k)$、$\Delta x(t_k)$、$\Delta y(t_k)$是关机时刻瞄准平面内的运动参数全偏差(即所谓纵向运动参数偏差)；$\Delta v_z(t_k)$、$\Delta z(t_k)$是垂直于瞄准平面的运动参数全偏差。这里瞄准平面指包括起飞点和标准关机点而垂直于地面的平面，亦即发射点惯性坐标系的 x^aOy^a 坐标平面。

对远程弹道导弹，横向偏导数可有如下的典型数据：

$$b_1 = 400\ \text{m/(m/s)},\ b_2 = 200\ \text{m/(m/s)},\ b_3 = 1000\ \text{m/(m/s)}$$

$$b_4 = 0.3\ \text{m/m},\ b_5 = 0.5\ \text{m/m},\ b_6 = 0.2\ \text{m/m},\ b_7 = 90\ \text{m/s}$$

式(4.24)说明，落点横向偏差不仅与横向运动参数偏差 $\Delta v_z(t_k)$、$\Delta z(t_k)$有关，还受纵向运动参数偏差的影响。这主要是由于纵向运动参数偏差改变了被动段飞行时间。这样，目标将不再像在标准情况下那样，恰好位于弹头落地点和主动段关机点所决定的被动段弹道平面内，而是相对于此平面偏左或偏右，这就导致出现横向偏差。另外地球扁率的影响随纵向运动参数偏差的改变也导致附加的横向偏差。

由式(4.24)可知，横向运动控制的根本要求应当是使关机时刻 t_k 的运动参数偏差满足以下条件：

$$\Delta H(t_k) \approx \Delta H^{(1)}(t_k) = 0 \tag{4.25}$$

但关机时刻 t_k 是根据射程控制要求确定的。由于 t_k 不能事先确定，实时计算 t_k 也很不容易，因此实际的要求往往是从标准关机时刻 t_k^* 前的某一时刻 $t_k^* - T$ 开始，直到关机时刻 t_k，一直保持

$$\Delta H(t) = 0, \quad t_k^* - T \leqslant t < t_k \tag{4.26}$$

这就是说，先满足横向运动控制要求，再按射程要求控制关机时刻。这样处理在燃料消耗上不是最优的，但实现起来比较简单。

对横向运动控制来说，只有垂直于瞄准平面的运动参数全偏差(即 $\Delta v_z(t_k)$、$\Delta z(t_k)$)是可控制的，所以要达到式(4.26)的要求，必须在 $t_k^* - T$ 以前足够长的主动段飞行时间对导弹的横向质心运动进行控制。出于这个原因，横向运动控制又叫横向导引控制。

因

$$\Delta H(t_k) = \delta H(t_k) + \dot{H}(t_k^*)\Delta t_k \tag{4.27}$$

且 t_k 是按射程关机的时刻，故

$$\Delta L(t_k) = \delta L(t_k) + \dot{L}(t_k^*)\Delta t_k = 0$$

$$\Delta t_k = -\frac{\delta L(t_k)}{\dot{L}(t_k^*)} \tag{4.28}$$

将式(4.28)代入式(4.27)，则得

$$\Delta H(t_k) = \delta H(t_k) - \frac{\dot{H}(t_k^*)}{\dot{L}(t_k^*)}\delta L(t_k) \tag{4.29}$$

即

$$\Delta H(t_k) = \left(\frac{\partial H}{\partial \dot{\boldsymbol{r}}_k} - \frac{\dot{H}}{\dot{L}}\frac{\partial L}{\partial \boldsymbol{r}_k}\right)_{t_k^*}\delta\dot{\boldsymbol{r}}_k + \left(\frac{\partial H}{\partial \boldsymbol{r}_k} - \frac{\dot{H}}{\dot{L}}\frac{\partial L}{\partial \boldsymbol{r}_k}\right)_{t_k^*}\delta\boldsymbol{r}_k = k_1(t_k^*)\delta\dot{\boldsymbol{r}}_k + k_2(t_k^*)\delta\boldsymbol{r}_k \tag{4.30}$$

如果令

$$W_H(t) = k_1(t_k^*)\delta\dot{\boldsymbol{r}}(t) + k_2(t_k^*)\delta\boldsymbol{r}(t) \tag{4.31}$$

(称为横向控制函数)，则当 $t\to t_k$ 时，$W_H(t)\to\Delta H(t_k)$。因此，按 $W_H(t)=0$ 控制横向质心运动，与按 $\Delta H(t)\to 0$ 控制是等价的。

横向导引控制利用和射程控制相同的导弹位置、速度信息，经过横向导引计算，得到横向控制函数 $W_H(t)$，并产生信号送入偏航姿态控制系统，实现对横向质心运动的控制。其结构方框图如图 4-6 所示。

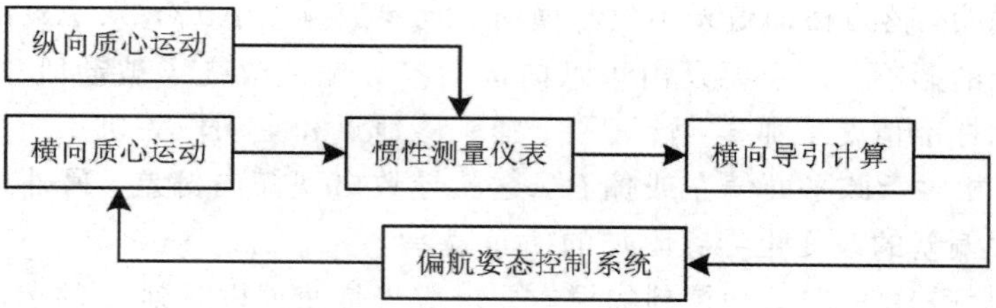

图 4-6　横向导引控制结构方框图

3) 法向导引控制

采用摄动制导时，必须进行法向导引。法向导引的目的在于使关机时弹道倾角的偏差 $\Delta\theta_H(t_k)$ 小于容许值。弹道倾角是导弹惯性速度矢量对当地水平面的夹角。计算和分析表明，在二阶及二阶以上的射程偏导数中，$\frac{\partial^2 L}{\partial\theta^2}$、$\frac{\partial^2 L}{\partial\theta\partial v}$ 最大。因此，控制 $\Delta\theta_H(t_k)$ 小于容许值是保证一阶摄动制导准确性的前提。另外，减小 $\Delta\theta_H(t_k)$ 还可以降低纵向运动参数偏差对落点横向散布的影响，因为这一影响主要是由地球旋转导致的被动段飞行时间变化所产生的，而 $\Delta\theta_H(t_k)$ 是引起被动段飞行时间变化的主要原因。

实现法向导引与实现横向导引是类似的，区别仅在于法向导引信号要送到俯仰姿态控制系统，通过对质心纵向运动参数的控制，达到导引的要求。法向导引信号与法向控制函数成比例。在显式制导中，可以取增益速度 v_g 的法向分量(在瞄准平面内与速度矢量垂直的方向)作为法向控制函数，即有

$$\Delta\theta(t_k) = \left(\frac{\partial\theta}{\partial\dot{\boldsymbol{r}}_k} - \frac{\dot{\theta}}{\dot{L}}\frac{\partial L}{\partial\boldsymbol{r}_k}\right)_{t_k^*}\delta\dot{\boldsymbol{r}}_k + \left(\frac{\partial\theta}{\partial\boldsymbol{r}_k} - \frac{\dot{\theta}}{\dot{L}}\frac{\partial L}{\partial\boldsymbol{r}_k}\right)_{t_k^*}\delta\boldsymbol{r}_k \tag{4.32}$$

如果选择

$$W_{\theta}(t)=\left(\frac{\partial\theta}{\partial\dot{\boldsymbol{r}}_k}-\frac{\dot{\theta}}{\dot{L}}\frac{\partial L}{\partial\dot{\boldsymbol{r}}_k}\right)_{t_k^*}\delta\dot{\boldsymbol{r}}+\left(\frac{\partial\theta}{\partial\boldsymbol{r}_k}-\frac{\dot{\theta}}{\dot{L}}\frac{\partial L}{\partial\boldsymbol{r}_k}\right)_{t_k^*}\delta\boldsymbol{r} \tag{4.33}$$

并在远离 t_k^* 的时刻 t_θ 开始控制，使 $W_\theta(t)\to0$，则当 $t\to t_k$ 时，$W_\theta(t)\to\Delta\theta(t_k)\to0$，即满足导引的要求。法向导引信号加在俯仰姿态控制系统上，通过对导弹质心的纵向运动参数的控制，达到法向导引的要求。

综上所述，摄动制导是一种基于弹道摄动理论的制导方法，其基本原理是根据射击任务(预定的打击目标)事先计算标准弹道和关机时刻，而在实际飞行中，将实际弹道相对于标准弹道进行泰勒展开，取其一次项，得到近似射程偏差和横向偏差，以此作为改变导弹运动状态的基本公式，从而改变导弹的运动状态，以保证导弹命中目标。

根据弹上传感器能够提供的速度信息不同，摄动制导有不同的实现方案，一般可分为捷联式惯性制导和平台式惯性制导实现方案，其中捷联式又分为位置捷联式和速率捷联式两种。

3. 位置捷联惯性制导方案

位置捷联惯性制导方案是指导弹的姿态角测量系统主要由二自由度陀螺仪组成的一种制导实现方案。

1) 按速度关机的射程控制方案

设弹上有某种测量装置，能测出实际飞行速度 $\boldsymbol{v}_k$ 的大小 v_k，然后将其与标准弹道关机速度 v_k^* 进行比较，当两者数值相等时，令发动机关机，则此方案的关机方程为

$$v_k=v_k^* \tag{4.34}$$

此时主动段终点的速度偏差为

$$\Delta v_k=v_k-v_k^*=0 \tag{4.35}$$

关机时刻 t_k 和标准关机时刻 t_k^* 不等，有一时间偏差

$$\Delta t_k=t_k-t_k^* \tag{4.36}$$

如果主动段干扰的作用不大，Δt_k 是小偏差，则 v_k 可在 t_k^* 附近展开成泰勒级数，只取一阶项，有

$$v_k=v(t_k)=v(t_k^*+\Delta t_k)=v(t_k^*)+\dot{v}(t_k^*)\Delta t_k \tag{4.37}$$

又 t_k^* 时刻实际弹道速度 $v(t_k^*)$与标准弹道速度 $v_k^*=v^*(t_k^*)$之差，即是速度的等时偏差

$$\delta v_k=v(t_k^*)-v^*(t_k^*) \tag{4.38}$$

则

$$\Delta v_k=v_k-v_k^*=v(t_k^*)+\dot{v}(t_k^*)\Delta t_k-v^*(t_k^*)=\delta v_k+\dot{v}(t_k^*)\Delta t_k \tag{4.39}$$

因为按速度关机时 $\Delta v_k=0$，所以

$$\Delta t_k=-\frac{\delta v_k}{\dot{v}(t_k^*)} \tag{4.40}$$

在按速度关机的条件下，主动段终点的运动参数对标准弹道主动段终点运动参数的偏差为

$$\Delta L=L(v_k,\theta_k,x_k,y_k)-L^*(v_k^*,\theta_k^*,x_k^*,y_k^*) \tag{4.41}$$

而将按速度关机的实际射程在标准弹道附近展开，并取一阶项，有

$$L(v_k, \theta_k, x_k, y_k)=L^*(v_k^*, \theta_k^*, x_k^*, y_k^*)+\frac{\partial L}{\partial \theta_k}\Delta\theta_k+\frac{\partial L}{\partial x_k}\Delta x_k+\frac{\partial L}{\partial y_k}\Delta y_k$$

故

$$\Delta L=\frac{\partial L}{\partial \theta_k}\Delta\theta_k+\frac{\partial L}{\partial x_k}\Delta x_k+\frac{\partial L}{\partial y_k}\Delta y_k \tag{4.42}$$

式中：$\partial L/\partial\theta_k$、$\partial L/\partial x_k$、$\partial L/\partial y_k$ 为标准弹道在 t_k^* 时刻的射程偏导数；$\Delta\theta_k$、Δx_k、Δy_k 为按速度关机的实际弹道关机时刻运动参数对标准弹道关机时刻运动参数的偏差。

2）按轴向视速度关机的射程控制方案

按速度关机方案须在弹上直接测量飞行速度，这是比较困难的，尤其在弹道导弹发展的初期。在弹上安装加速度计，只能测出导弹的视加速度 $\dot{W}$，如果对视加速度积分，只能得到视速度 W，而不能获得导弹的飞行速度 v。为了得到 v，必须计算出沿弹道的引力加速度 g，这就需要进行复杂的导航计算。但是对于中、近程导弹来说，由于在主动段沿实际弹道的引力加速度 g 与沿标准弹道的引力加速度 $\tilde{g}$ 相差不大，由此引起的射程偏差也比较小，因而可以不采用按速度关机的方案，而采用按视速度关机的方案。按视速度组成关机方程的最简单方案是在导弹纵轴方向上固连一加速度计，测得视加速度

$$\dot{W}_{x_1}=a_{x_1}-g_{x_1} \tag{4.43}$$

考虑地球自转，则

$$a_{x_1}=a_{rx_1}+a_{ex_1}+a_{kx_1} \tag{4.44}$$

式中：a_{rx_1} 为相对加速度在 Ox_1 方向的投影，a_{ex_1} 为牵连加速度在 Ox_1 方向的投影，a_{kx_1} 为哥氏加速度在 Ox_1 方向的投影。于是

$$a_{rx_1}=\dot{v}_{x_1}=\dot{v}\cos\alpha+v\dot{\theta}\sin\alpha\approx\dot{v}+(v\dot{\theta}-0.5\dot{v}\alpha)\alpha \tag{4.45}$$

$$a_{ex_1}-g\sin\varphi=g_{x_1} \tag{4.46}$$

$$\dot{W}_{x_1}=\dot{v}+(v\dot{\theta}-0.5\dot{v}\alpha)\alpha+g\sin\varphi+a_{kx_1} \tag{4.47}$$

如果令

$$\dot{I}_1=(v\dot{\theta}-0.5\dot{v}\alpha)\alpha+g\sin\varphi+a_{kx_1} \tag{4.48}$$

则

$$\dot{W}_{x_1}=\dot{v}+\dot{I}_1 \tag{4.49}$$

$$W_{x_1}=v+I_1 \tag{4.50}$$

式中：

$$I_1=\int_0^t[(v\dot{\theta}-0.5\dot{v}\alpha)\alpha+g\sin\varphi+a_{kx_1}]\mathrm{d}t \tag{4.51}$$

如图 4-7 所示，如果按视速度 $W_{xk}=W_{xk}^*$ 关机，则存在关机时刻的偏差 Δt_k，且

$$\Delta t_k=-\frac{\delta v_k}{\dot{W}_{x_1k}^*}-\frac{\delta I_{1k}}{\dot{W}_{x_1k}^*} \tag{4.52}$$

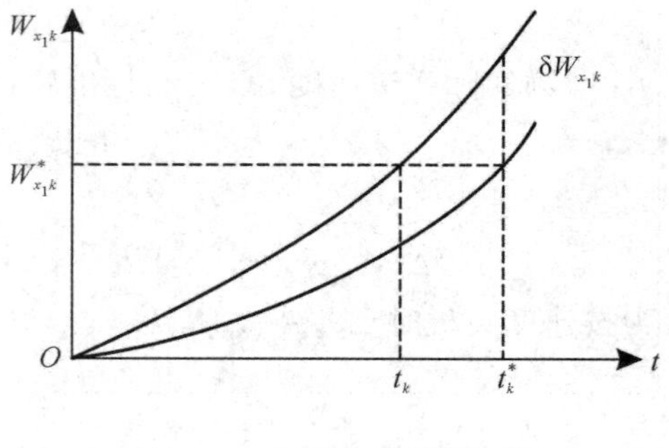

图 4-7　按视速度关机情况

从而按视速度关机的射程偏差表达式为

$$\Delta L=\left\{\left[\frac{\partial L}{\partial v_k}-\left(\frac{\partial L}{\partial v_k}\right)^*\right]\frac{\dot{I}_{1k}^*}{\dot{W}_{x_1k}^*}+\left(\frac{\partial L}{\partial v_k}\right)^*\right\}\delta v_k+\frac{\partial L}{\partial\theta_k}\delta\theta_k+\frac{\partial L}{\partial x_k}\delta x_k+\frac{\partial L}{\partial y_k}\delta y_k-\left[\frac{\partial L}{\partial v_k}-\left(\frac{\partial L}{\partial v_k}\right)^*\right]\frac{\dot{v}_k^*}{\dot{W}_{x_1k}^*}\delta I_{1k}$$

$$=\left[\left(\frac{\partial L}{\partial v_k}\right)^*\delta v_k+\frac{\partial L}{\partial\theta_k}\delta\theta_k+\frac{\partial L}{\partial x_k}\delta x_k+\frac{\partial L}{\partial y_k}\delta y_k\right]+\left[\frac{\partial L}{\partial v_k}-\left(\frac{\partial L}{\partial v_k}\right)^*\right]\frac{\dot{v}_k^*}{\dot{W}_{x_1k}^*}\left(\frac{\dot{I}_{1k}^*}{\dot{v}_k^*}\delta v_k-\delta I_{1k}\right)$$

$$=\Delta L_{速}+\left[\frac{\partial L}{\partial v_k}-\left(\frac{\partial L}{\partial v_k}\right)^*\right]\frac{\dot{v}_k^*}{\dot{W}_{x_1k}^*}\left(\frac{\dot{I}_{1k}^*}{\dot{v}_k^*}\delta v_k-\delta I_{1k}\right) \tag{4.53}$$

故

$$\Delta L_{视}-\Delta L_{速}=\left[\frac{\partial L}{\partial v_k}-\left(\frac{\partial L}{\partial v_k}\right)^*\right]\frac{\dot{v}_k^*}{\dot{W}_{x_1k}^*}\left(\frac{\dot{I}_{1k}^*}{\dot{v}_k^*}\delta v_k-\delta I_{1k}\right)$$

$$=\left[\frac{\partial L}{\partial v_k}-\left(\frac{\partial L}{\partial v_k}\right)^*\right]\left(\delta v_k-\frac{\dot{v}_k^*}{\dot{W}_{x_1k}^*}\delta W_{x_1k}\right) \tag{4.54}$$

式(4.54)表明，用轴向视速度关机来代替速度关机，相当于略去了 $\delta I_{1k}+\dot{I}_{1k}(t_k^*)\Delta t_k$，使射程偏差增大。如果将加速度计所测得的轴向视加速度 $\dot{W}_x$ 人为减去一固定值，并令

$$\dot{W}_x^*=\dot{W}_x-Kg_0 \tag{4.55}$$

其中 K 为待定系数(称为补偿系数)，g_0 为地面标准重力加速度(为常数)，则对上式积分得

$$W_{x_1k}^*=W_{x_1k}-Kg_0t_k \tag{4.56}$$

如果取

$$W_{x_1k}^*=W_{x_1k}-Kg_0t_k^* \tag{4.57}$$

作为关机条件，适当选择补偿系数 K，则可使射程偏差减小。

3) 带补偿的捷联惯性射程控制方案

由前面叙述可知，只沿轴向安装一个加速度计，即使采取一定的补偿措施，仍会存在射程偏差 ΔL。而且随着导弹射程的增大，射程偏导数递增，射程偏差也递增，导弹不再能完成射击任务。如果在弹上可以实时测出轴向视加速度 $\dot{W}_x$、法向视加速度 $\dot{W}_y$、俯仰角偏差 $\delta\varphi$，则可以完全估计出射程偏差 ΔL。为此在关机方程中引入补偿信号 W^* 使射程偏差 $\Delta L_{补}=0$，此时关机方程为

$$W_x(t_k)=W_x^*(t_k^*)-W^* \tag{4.58}$$

而

$$\Delta t_k=-\frac{\delta W_x+W^*}{\dot{W}_{xk}^*} \tag{4.59}$$

$$\Delta L_{补}=\frac{\partial L}{\partial v_{xk}}\delta v_{xk}+\frac{\partial L}{\partial v_{yk}}\delta v_{yk}+\frac{\partial L}{\partial x_k}\delta x_k+\frac{\partial L}{\partial y_k}\delta y_k-\frac{\dot{L}^*}{\dot{W}_{xk}^*}(\delta W_{xk}+W^*)=0 \tag{4.60}$$

令

$$a_1(t)=\frac{\dot{W}_{xk}^*}{\dot{L}^*}C_1-1,\ a_2(t)=\frac{\dot{W}_{xk}^*}{\dot{L}^*}C_2,\ a_3(t)=a_2(t)\dot{W}_{xk}^*-[a_1(t)+1]\dot{W}_{yk}^* \tag{4.61}$$

则

$$W^{*}=\int_{0}^{t_k^{*}}[a_1(t)\delta\dot{W}_x+a_2(t)\delta\dot{W}_y+a_3(t)\delta\varphi]\mathrm{d}t \tag{4.62}$$

将式(4.62)代入式(4.58)，可得此时的关机方程为

$$W_x^{*}(t_k^{*})=W_x(t_k)+\int_{0}^{t_k^{*}}[a_1(t)\delta\dot{W}_x+a_2(t)\delta\dot{W}_y+a_3(t)\delta\varphi]\mathrm{d}t \tag{4.63}$$

式中：$W_x^{*}(t_k^{*})$称为标准关机特征量；$a_1(t)$、$a_2(t)$、$a_3(t)$称为补偿系数，它们取决于标准弹道关机点参数，并在发射前先装订在弹上。导弹飞行过程中，弹上测量装置实时对$\dot{W}_x$、$\dot{W}_y$及$\delta\varphi$进行测量，并按式(4.63)不断计算和比较，当等式右边等于左边时发出关机指令，控制发动机关机，实现$\Delta L=0$的要求。

如果不考虑δg_x、δg_y和工具误差的影响，利用式(4.63)关机，应能使射程偏差为零。但由δg_x、δg_y引起的射程偏差为

$$\Delta L_g=\int_{0}^{t_k^{*}}\left\{\left[\frac{\partial L}{\partial v_{xk}}+(t_k^{*}-t)\frac{\partial L}{\partial x_k}\right]\delta g_x+\left[\frac{\partial L}{\partial v_{yk}}+(t_k^{*}-t)\frac{\partial L}{\partial y_k}\right]\delta g_y\right\}\mathrm{d}t \tag{4.64}$$

这表明由引力加速度等时偏差引起的射程偏差随射程增大而增大。

例如，对某导弹而言，$r_k^{*}=6472.84$ km，$x_{ak}^{*}=118.93$ km，$y_{ak}^{*}=100.63$ km，$t_k^{*}=250$ s，$\frac{\partial L}{\partial v_{xk}}=6000$ s，$\frac{\partial L}{\partial v_{yk}}=2500$ s，$\frac{\partial L}{\partial x_k}=2$，$\frac{\partial L}{\partial y_k}=10$，如果$\Delta x_k=-2\times10^{-3}t$ km，$\Delta y_k=-3\times10^{-3}t$ km，则1.581 km$>|\Delta L_g|=1.505$ km。偏差已比较大，必须设法加以补偿。但要计算飞行过程中的δg_x、δg_y，必须解导弹的运动方程。

由于没有补偿δg_x、δg_y，仍然存在射程偏差。有没有可能完全补偿由干扰引起的偏差，关键在于在导弹的飞行过程中，能不能利用弹上测量设备，对干扰或由干扰产生的影响进行测量，并组成对干扰的完全补偿的信号。事实上，我们可以利用共轭方程建立$\Delta L=0$的全补偿关机方程，这里不再赘述。

4. 速率捷联惯性制导方案

速率捷联惯性制导方案是指导弹的姿态角测量系统主要由双轴或单自由度的速率积分陀螺仪组成的一种制导方案。

1) 制导系统基本组成

速率捷联惯性制导系统主要由惯性测量组合、弹载计算机、导弹与执行机构以及相应的控制软件组成，如图4-8所示。惯性测量组合是制导系统中的敏感元件，固连于弹体，由3个单自由度速率陀螺仪或2个二自由度速率陀螺仪、3个加速度计及台体组件组成。速率陀螺仪的动量矩$\boldsymbol{H}$跟随弹体运动，输出沿弹体轴的转动角速度。其中一个陀螺仪的$\boldsymbol{H}$方向沿弹体y_1轴负方向，其敏感轴分别测量输出弹体绕z_1轴、x_1轴的转动角速度增量$\delta\dot{\theta}_{z_1}$、$\delta\dot{\theta}_{x_1}$；而另一个陀螺仪的$\boldsymbol{H}$方向沿弹体z_1轴正方向，它的敏感轴分别测量输出弹体绕x_1轴、y_1轴的转动角速度增量$\delta\dot{\theta}_{x_1}$、$\delta\dot{\theta}_{y_1}$，并以与其成比例的脉冲数输入弹载计算机。3个加速度计的敏感轴分别沿弹体坐标系x_1轴、y_1轴、z_1轴安装，用来测量3个坐标轴上的视加速度增量$\delta\dot{W}_{x_1}$、$\delta\dot{W}_{y_1}$、$\delta\dot{W}_{z_1}$，并输出与其成比例的电脉冲数至弹载计算机。

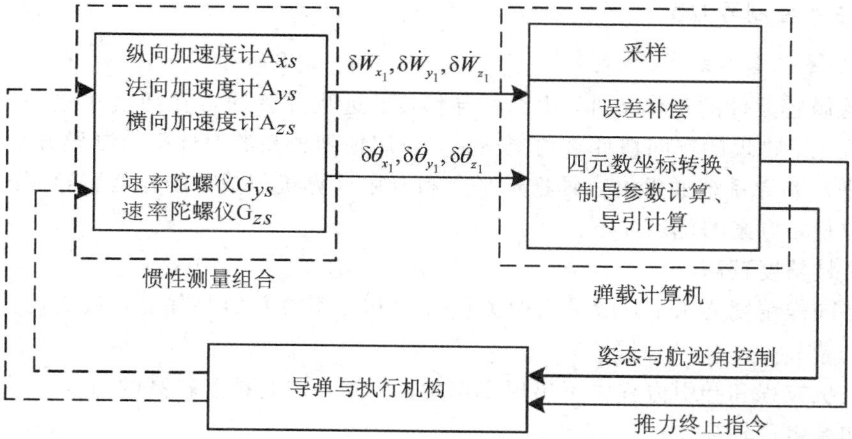

图 4-8 速率捷联惯性制导系统组成

弹载计算机是整个制导系统的核心，其主要功能包括：

(1) 实时采集惯性组合输出信息，按制导、姿态控制方案进行实时计算，完成关机、导引和姿态控制；

(2) 完成整弹的实时运算和控制；

(3) 进行坐标变换，建立数学平台，求解导弹相对惯性数学平台的飞行参数，实时对导弹进行控制；

(4) 完成弹体通信和诸元参数装订；

(5) 参与导弹起飞前控制系统的各种测试和检查。

制导系统用于进行射程控制和横、法向导引。它利用惯性测量组合敏感元件，测量出导弹相对弹体坐标系各轴的视加速度信号和姿态角速度信号，经弹上计算机接口进入弹载计算机，用四元数解算出弹体相对惯性空间的实时速度、位置和姿态角，并将其记入计算机中，从而建立与惯性平台不同的"数学平台"，再以此为基础，按关机方程解算关机特征量，按横、法向导引方程解出导引信号，并将导引信号送往姿态稳定系统修正导弹质心运动方向和位置偏差，同时与标准参数进行比较，必要时进行校正。

2) 关机方程和导引方程

(1) 关机方程。关机方程为式(4.19)。当 $J(t_k)=J^*(t_k^*)$ 时，导弹控制系统发出关机指令，控制发动机关机，以达到控制射程的目的。$J^*(t_k^*)$ 称为标准关机装订值，由诸元计算人员通过解算弹道求得；$J(t_k)$ 称为实际关机装订值，由弹上计算机通过解算导航方程求得。

(2) 法向导引方程。可直接写出法向导引方程为

$$\dot{y}_1=\int_0^t[\dot{W}_{x_1}\Delta\varphi+\dot{W}_{y_1}-\dot{\varphi}_{cx}(W_{x_1}-\widetilde{W}_{x_1})]\mathrm{d}t \tag{4.65}$$

(3) 横向导引方程。由横向偏差线性展开式

$$\Delta H=\frac{\partial H}{\partial v_x}\Delta v_x(t_k)+\frac{\partial H}{\partial v_y}\Delta v_y(t_k)+\frac{\partial H}{\partial v_z}\Delta v_z(t_k)+\frac{\partial H}{\partial x}\Delta x(t_k)+\frac{\partial H}{\partial y}\Delta y(t_k)+\frac{\partial H}{\partial z}\Delta z(t_k)+\frac{\partial H}{\partial t}\Delta t_k$$

可知，当速度倾角偏差很小时，影响横向偏差的主要因素是横向速度偏差 Δv_z 和横向坐标偏差 Δz。因此控制 Δv_z 及 Δz 的值在允许范围内，是横向导引的主要任务。

5. 惯性平台制导方案

1）制导系统基本组成

为改善敏感元件的工作条件，提高制导精度，远程导弹通常在弹上建立一个作为测量和计算基准的、物理的空间惯性直角坐标系，采用精度较高的惯性平台制导方案。

惯性平台制导系统通常由三轴稳定平台和专用计算机组成，按补偿制导原理进行制导计算。这种制导方案的优点如下：

(1) 测量精度较高；

(2) 在同样精度要求下，所采用的关机方程和导引方程容易简化，从而使计算机在实现上简单可靠；

(3) 关机方程和导引方程中不出现姿态角，从而不需要精度较高的角度传感器；

(4) 初始定位较易实现。

组成制导系统的所有元件均安装在平台上。计算机装置除进行实时运算并发出程序转弯、导引信号和关机指令以外，还不断地将运算的中间结果送给遥测装置，以便地面指挥控制中心随时掌握导弹的飞行状态。惯性平台制导方案的工作原理示意图如图4-9所示。

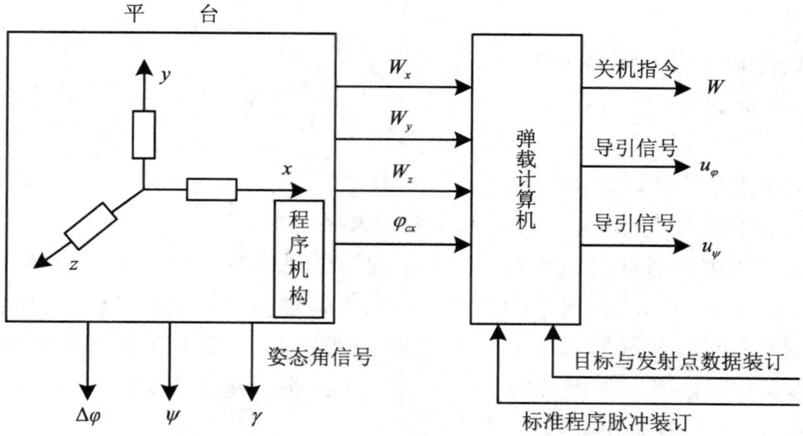

图 4-9 惯性平台制导方案的工作原理示意图

2）射程控制

由式(4.18)可知

$$\begin{aligned}\Delta L &\approx \Delta L^{(1)}\\ &=\frac{\partial L}{\partial v_x}[v_x(t_k)-v_x^*(t_k^*)]+\frac{\partial L}{\partial v_y}[v_y(t_k)-v_y^*(t_k^*)]+\frac{\partial L}{\partial v_z}[v_z(t_k)-v_z^*(t_k^*)]+\\ &\quad\frac{\partial L}{\partial x}[x(t_k)-x(t_k^*)]+\frac{\partial L}{\partial y}[y(t_k)-y(t_k^*)]+\frac{\partial L}{\partial z}[z(t_k)-z(t_k^*)]+\frac{\partial L}{\partial t}(t_k-t_k^*)\\ &=J_0+\frac{\partial L}{\partial t}\Delta t_k-J_0^*\end{aligned} \tag{4.66}$$

式中：J_0 为由实际弹道关机点参数值确定的函数；J_0^* 为由标准弹道关机点参数值确定的函数，在给定发射条件下，它是已知常数。

根据摄动制导理论，在一阶射程偏差 $\Delta L=0$ 条件下的原始关机方程为

$$J_0^* = J_0 + \frac{\partial L}{\partial t}\Delta t_k \tag{4.67}$$

该方程实际上是用 t_k 时刻的运动参数预测导弹射程偏差的。由此可得，当 t 在 $0 \to t_k$ 范围内变化时的射程偏差

$$\Delta L = J_0 + \frac{\partial L}{\partial t}\Delta t - J_0^* \tag{4.68}$$

是 t 的单调递增函数。因此，对射程的控制可以归结为对时间的控制。

事实上，惯性平台制导方案的关机控制是通过对关机特征量 J 的控制来完成的。$\tilde{J}$ 为标准关机特征量，取决于标准弹道参数，发射前预先计算并装订于弹载计算机；J 为实际关机特征量，取决于测量仪表输出值和计算值（由关机方程计算得到）。导弹实际飞行时，对 J 进行实时计算并将结果与 $\tilde{J}$ 比较，当 $J=\tilde{J}$ 时发出关机指令，控制发动机关机。导弹实际飞行时的引力加速度与其在标准弹道飞行时的引力加速度的偏差所造成的关机时刻偏差 Δt_k 对关机特征值的修正量用 $f'(\Delta t)$ 表示，称为时间补偿量。

3）横、法向导引方程

（1）横向导引方程。由式(4.29)可知，横向偏差线性展开式为

$$\Delta H(t_k) = \delta H(t_k) - \frac{\dot{H}(t_k^*)}{\dot{L}(t_k^*)}\delta L(t_k^*) = \sum_{i=1}^{6}\left(\frac{\partial H}{\partial x_i} - \frac{\dot{H}}{\dot{L}}\frac{\partial L}{\partial x_i}\right)\delta x_i = \sum_{i=1}^{6}\left(b_i - \frac{\dot{H}}{\dot{L}}\lambda_i\right)\delta x_i \tag{4.69}$$

式中：$\dot{H}$、$\dot{L}$ 为横向偏差和射程偏差对标准关机时间的全导数；δx_i 为主动段终点运动参数等时偏差。

当令

$$K_i^\psi = \left(b_i - \frac{\dot{H}}{\dot{L}}\lambda_i\right), \quad i=1, 2, \cdots, 6 \tag{4.70}$$

时，式(4.69)变成

$$\Delta H(t_k) = \sum_{i=1}^{6} K_i^\psi \delta x_i \tag{4.71}$$

由于

$$\dot{v}_i = W_i + g_i, \quad i = x, y, z \tag{4.72}$$

$$\delta\dot{v}_i = \delta\dot{W}_i + \delta g_i \tag{4.73}$$

在实际飞行弹道偏离标准弹道不大的情况下，可近似认为实际飞行中的引力加速度等于标准弹道飞行时的引力加速度，即 $\delta g = 0$，因此 $\delta\dot{v}_i = \delta\dot{W}_i$。一次积分得

$$\delta\dot{v}_i = \delta\underset{\cdot}{W}_i \tag{4.74}$$

将式(4.73)及式(4.74)代入式(4.72)，得

$$\begin{cases} \delta W_i = W_i - \tilde{W}_i \\ \delta\underset{\cdot}{W}_i = \underset{\cdot}{W}_i - \underset{\cdot}{\tilde{W}}_i \end{cases} \tag{4.75}$$

故横向导引方程为

$$\begin{aligned} \Delta H = {} & K_1^\psi W_x + K_2^\psi W_y + K_3^\psi W_z + K_4^\psi \underset{\cdot}{W}_x + K_5^\psi \underset{\cdot}{W}_y + K_6^\psi \underset{\cdot}{W}_z - \\ & [K_1^\psi \tilde{W}_x + K_2^\psi \tilde{W}_y + K_3^\psi \tilde{W}_z + K_4^\psi \underset{\cdot}{\tilde{W}}_x + K_5^\psi \underset{\cdot}{\tilde{W}}_y + K_6^\psi \underset{\cdot}{\tilde{W}}_z] \end{aligned} \tag{4.76}$$

将上式中各项系数除以其中最大的一个系数值(如 K_3^ψ)，使其成为小于1的数，则得

$$\Delta H=k_1^\psi W_x+k_2^\psi W_y+k_3^\psi W_z+k_4^\psi \dot{W}_x+k_5^\psi \dot{W}_y+k_6^\psi \dot{W}_z-\widetilde{K}_{u\psi} \tag{4.77}$$

其中

$$\begin{cases} k_i^\psi=\dfrac{K_i^\psi}{K_3^\psi} \\ \widetilde{K}_{u\psi}=k_1^\psi\widetilde{W}_x+k_2^\psi\widetilde{W}_y+k_3^\psi\widetilde{W}_z+k_4^\psi \dot{\widetilde{W}}_x+k_5^\psi \dot{\widetilde{W}}_y+k_6^\psi \dot{\widetilde{W}}_z \end{cases} \tag{4.78}$$

于是

$$u_\psi=a_0^H(k_1^\psi W_x+k_2^\psi W_y+k_3^\psi W_z+k_4^\psi \dot{W}_x+k_5^\psi \dot{W}_y+k_6^\psi \dot{W}_z-\widetilde{K}_{u\psi}) \tag{4.79}$$

式中：k_i^ψ 为横向导引方程常系数；$\widetilde{K}_{u\psi}$ 为横向导引方程变系数，取决于标准弹道参数和时间，它与时间的已知关系常以曲线或数表形式给出；a_0^H 为横向导引放大系数；u_ψ 为横向导引信号，此信号送入偏航回路，形成控制发动机摆动的导引指令，以便实现对导弹横向运动的控制。横向导引的原理如图 4－10 所示。

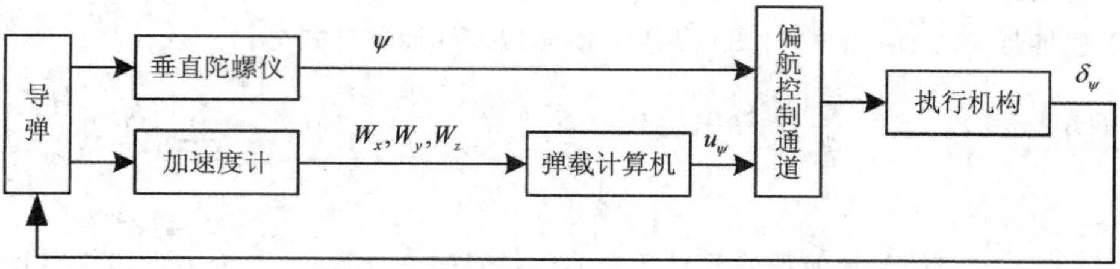

图 4－10 横向导引原理图

(2) 法向导引方程。仿照横向导引方程的推导方法，可直接得法向导引方程为

$$u_\varphi=a_0^{\theta H}[k_1^\varphi W_x+k_2^\varphi W_y+k_3^\varphi W_z+k_4^\varphi \dot{W}_x+k_5^\varphi \dot{W}_y+k_6^\varphi \dot{W}_z-\widetilde{K}_{u\varphi}] \tag{4.80}$$

其中

$$\begin{cases} k_i^\varphi=\left(\dfrac{\partial\theta}{\partial x_i}-\dfrac{\dot{\theta}}{\dot{L}}\dfrac{\partial L}{\partial x_i}\right)\Big/\left(\dfrac{\partial\theta}{\partial v_y}-\dfrac{\dot{\theta}}{\dot{L}}\dfrac{\partial L}{\partial v_y}\right) \\ \dot{\theta}=\dfrac{\mathrm{d}\theta}{\mathrm{d}t}=\sum\limits_{i=1}^{6}\dfrac{\partial\theta}{\partial x_i}\dot{x}_i+\dfrac{\partial\theta}{\partial t} \\ \widetilde{K}_{u\varphi}=k_1^\varphi\widetilde{W}_x+k_2^\varphi\widetilde{W}_y+k_3^\varphi\widetilde{W}_z+k_4^\varphi \dot{\widetilde{W}}_x+k_5^\varphi \dot{\widetilde{W}}_y+k_6^\varphi \dot{\widetilde{W}}_z \end{cases} \tag{4.81}$$

式中：k_i^φ 为法向导引方程常系数，取决于标准弹道关机点运动参数；$\widetilde{K}_{u\varphi}$为法向导引方程变系数，取决于标准弹道参数和时间，它与时间的已知关系常以曲线或数表形式给出；$a_0^{\theta H}$ 为法向导引放大系数；u_φ 为法向导引信号。

法向导引原理图与横向导引原理图相似，所不同的仅是法向导引信号 u_φ 送入俯仰回路，形成控制发动机摆动的导引指令，以便对主动段关机点速度倾角 θ_k 进行控制。

美国的远程导弹制导系统一直沿用陀螺平台系统。而苏联最初采用捷联系统，但是从第三代导弹开始，就淘汰捷联系统，转而采用陀螺平台系统。导弹制导系统采用陀螺平台系统的原因如下：

(1) 捷联系统的瞄准过程复杂，它通常是将瞄准方位角装入瞄准仪，通过瞄准回路转动垂直陀螺仪使之对准射面来进行瞄准的，发射前如果要改变射向，必须使全套瞄准仪器

和垂直陀螺仪重新定向一次，而陀螺平台系统则比较方便。

(2) 捷联制导方程中牵涉弹体姿态角的坐标变换，无法在发射之前进行计算，必须在飞行过程中实时测量实时计算，这是很复杂的。

(3) 捷联系统的加速度计是沿弹体坐标系安装的，在计算速度和位置时，会牵涉弹体姿态角 φ、ψ、γ，而这些角度是通过弹上测角装置实时测量出来的，必然会影响到制导精度。而陀螺平台系统则不牵涉弹体姿态角，故制导精度容易得到保证。

(4) 现代远程导弹为了提高突防性能，往往需要完成各种飞行动作。例如多弹头分导，在分导时，有时要求弹体做大姿态角(有时可达 180°)变化，若采用捷联制导系统，则沿弹轴安装的加速度计显然是不能适应的。

4.2.3 显式制导原理

摄动制导依赖于标准弹道，实际上是把实际弹道对标准弹道落点的射程偏差逼近为关机点运动参量的偏差的线性函数，即略去射程偏差的高阶项，并将大量的计算工作放在设计阶段和发射之前进行。在小偏差情况下，此种近似是可以的。但是在射程增大，并考虑地球扁率和地球自转等因素的情况下，会产生较大的制导误差。例如对某一远程导弹来说，对六条干扰弹道进行计算，其射程偏差高阶项分别为－499.67 m、490.94 m、668.84 m、714.11 m、1079.08 m、－407.64 m。可以看出方法误差在 500 m 至 1000 m 之间。这样大的方法误差，对于精度要求高的制导是不允许的。总体来说，摄动制导存在如下问题：

(1) 由于关机方程没有考虑射程展开式中二阶及二阶以上各项，因此只有当实际弹道比较接近标准弹道时，才能有比较小的方法误差；

(2) 摄动制导依赖于所选择的标准弹道，对于完成多项任务的运载火箭来讲是不方便的；

(3) 发射之前要进行大量的参数装订计算，限制了武器系统的机动性能和战斗性能。

为了克服摄动制导的缺点，提高制导精度，人们提出了显式制导的设想，即利用弹上实时测量的运动信息，解算出位置矢量 $\boldsymbol{r}(t)$ 和速度矢量 $\boldsymbol{v}(t)$，以之作为起始条件，实时算出终端条件对所要求的终端条件的偏差，并据此组成制导指令，对导弹进行控制。当终端条件满足制导任务要求时，制导系统发出指令关闭发动机。

从最一般的意义上讲，显式制导是多维的、非线性的两点边值问题。如果不做某些简化和近似，解起来是非常复杂的，并且对弹上计算机的速度和存储容量的要求都非常高，实现起来很困难，为此必须根据任务的性质和精度要求做某些简化。

1. 显式制导基本原理

式(4.6)给出了实际弹道偏离标准弹道后预计的射程偏差。由式(4.6)可知，如果使标准关机时刻导弹的速度和位置坐标都与事先计算的标准值相等，即把偏离了标准弹道的导弹再拉回到标准弹道上来，则导弹将沿计算的飞行弹道命中目标，实现 $\Delta L=0$ 的要求。但是，要在关机瞬时，保证七个运动参数都等于标准值是十分困难的，也是不必要的。事实上，在实际弹道上，有可能找出一个合适的关机点，这个关机点的七个运动参数并不同时满足和标准值相等的条件，但它可以使 $\Delta L=0$，即使导弹沿着与标准飞行弹道相邻的某一弹道飞向目标。如导弹沿着图 4-11 中三条飞行弹道都可以命中目标，但这三条弹道的特性和初始运动参数却不相同。这样，我们就可以用预计射程偏差作为控制关机的控制函数，在主动段飞行中连续测量导弹的速度和位置坐标，按式(4.6)不断预测以此为飞行初始条件所产生的射程偏差 ΔL，当 $\Delta L=0$ 时，即发出关机指令，使导弹开始自由飞行。

以预计射程偏差 ΔL 为控制函数的缺点在于 ΔL 是七个变量的函数，计算复杂，且仅适用于弹道导弹。另一种可用于控制关机的控制函数是“需要速度”，它不仅可用于弹道导弹，还可满足飞船、运载火箭的制导要求。由弹道学知道，沿自由飞行弹道，在给定时间 T_n 内，从 K 点到达 A 点所需要的 K 点速度是确定的，这个速度叫作需要速度，用 v_R 表示。例如在地球不转、引力场为平行引力场、运动为平面运动和无空气动力的假定条件下，沿自由飞行弹道从 $K(x_K, y_K)$点出发，在 $T_n=t_A-t_K$ 时间内到达 $A(x_A, y_A)$点所需要的 K 点速度 v_R 是确定的，其分量(见图 4-12)为

$$\begin{cases} v_{Rx}=\dfrac{x_A-x_K}{t_A-t_K} \\ v_{Ry}=\dfrac{y_A-y_K}{t_A-t_K}+\dfrac{g}{2}(t_A-t_K) \end{cases} \tag{4.82}$$

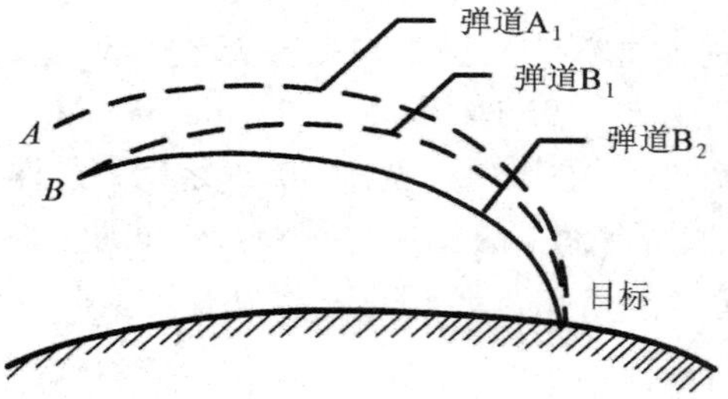

图 4-11 命中同一目标的相邻弹道

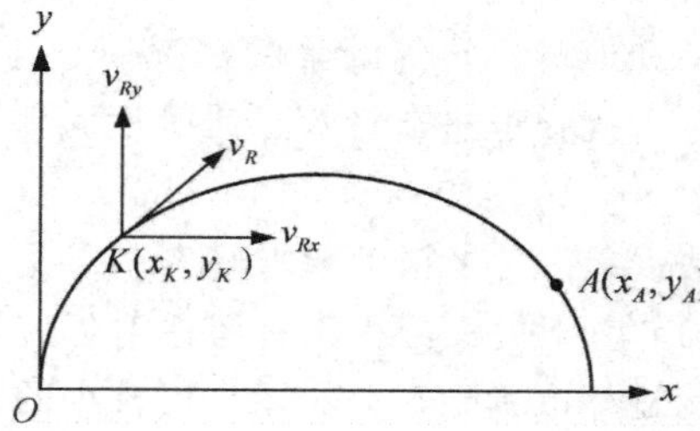

图 4-12 需要速度的概念

如果控制导弹的俯仰角使 $v_y=v_{Ry}$，且当 $v_x=v_{Rx}$ 时关机，则导弹将在 t_A 时刻到达目标。

在考虑地球自转和球形引力场的一般情况下，可有

$$v_R=v_R(r_k, v_k, T_n), \quad T_n=t_A-t_K \tag{4.83}$$

这样，对预定的地面目标，沿主动段实际弹道每一点可定义一需要速度 $v_R(r, t)$，当导弹实际速度等于该瞬时需要速度时，发出关机指令，就可保证导弹沿自由飞行弹道通过目标。若只就射程控制而言，则只用需要速度的一个分量作为关机控制函数就可以了。

无论是以预计射程偏差 ΔL 还是以需要速度作为关机控制函数，都要求根据目标数据和导弹的实时运动参数，按控制函数的显函数表达式进行实时计算，因而这种制导方法叫作显式制导。

总结起来，显式制导就是根据目标参数(地面目标的参数即目标的经纬度)和导弹现时的参数(如位置和速度等)，按控制函数的显函数表达式进行实时计算并改变导弹的运动状态，以保证导弹命中目标的一种制导方法。

显式制导具有较大灵活性，容许对主动段程序弹道有较大偏离，在大的干扰下有较高的精度，但是飞行中计算量很大，对弹载计算机的要求较高。

2. 显式制导方法

弹道导弹的任务在于准确地命中地面固定目标，因此要求弹道通过落点 $\boldsymbol{r}_c$。为了导出显式制导公式，必须解决以下三个问题：

(1) 如何利用弹上测量和计算装置确定导弹的瞬时坐标 $\boldsymbol{r}$ 和瞬时飞行速度 $\dot{\boldsymbol{r}}$；

(2) 如何根据 $\boldsymbol{r}$ 和 $\dot{\boldsymbol{r}}$ 产生控制信号，将导弹控制在通过目标的射击平面内；

(3) 在射击平面内，如何才能准确地计算瞬时关机时被动段的射程角 β_c 和目标到此点的射程角 β_c^*，并确保当 $\beta_c=\beta_c^*$ 时关机。

1) 计算瞬时位置和速度

当采用平台计算机系统时，利用三个加速度计分别测出惯性坐标系 $Ox^a y^a z^a$ 三个轴向视加速度 $\dot{W}_{xa}$、$\dot{W}_{ya}$、$\dot{W}_{za}$，并通过引力计算得到惯性坐标系三个轴上的引力加速度分量 g_{xa}、g_{ya}、g_{za}。将引力加速度分量线性化后，即可求解出导弹实际飞行时的位置和速度：

$$\begin{cases}\dot{x}_a=v_{xa}\\ \dot{y}_a=v_{ya}\\ \dot{z}_a=v_{za}\\ \dot{v}_{xa}=-g_0x_a/R+\Delta g_x+\dot{W}_{xa}\\ \dot{v}_{ya}=2g_0y_a/R+\Delta g_y+\dot{W}_{ya}-g_0\\ \dot{v}_{za}=-g_0z_a/R+\Delta g_z+\dot{W}_{za}\end{cases} \tag{4.84}$$

2) 形成控制信号

设在命中瞬间，目标在惯性坐标系中的位置矢量为 $\boldsymbol{r}_{ca}$。为了保持 $\dot{\boldsymbol{r}}_a$ 在由 $\boldsymbol{r}_a$、$\boldsymbol{r}_{ca}$ 所确定的射击平面内，$\dot{\boldsymbol{r}}_a$ 应满足下列关系式：

$$(\boldsymbol{r}_{ca}\times\boldsymbol{r}_a)\cdot\dot{\boldsymbol{r}}_a=0 \tag{4.85}$$

则$(\boldsymbol{r}_{ca}\times\boldsymbol{r}_a)\cdot\dot{\boldsymbol{r}}_a$ 的大小和符号标志着 $\dot{\boldsymbol{r}}_a$ 偏离射击平面的大小和方向，故在偏航通道中会附加信号

$$U_\psi=\frac{K_\psi}{r_{ca}r_a\,|\dot{\boldsymbol{r}}_a|}[(\boldsymbol{r}_{ca}\times\boldsymbol{r}_a)\cdot\dot{\boldsymbol{r}}_a] \tag{4.86}$$

即可将速度矢量 $\dot{\boldsymbol{r}}_a$ 控制在由 $\boldsymbol{r}_a$、$\boldsymbol{r}_{ca}$ 所确定的射击平面内，式中 K_ψ 为放大系数。

这个计算需要持续的时间为 t_n。通常 t_n 由以下三部分组成：

(1) 由计算瞬间至关机时刻的时间 t_{n_1}。此段是主动段的一部分，由于关机时刻未知，因此 t_{n_1} 无法预测。

(2) 由关机时刻至再入时刻的时间 t_{n_2}。此段为自由飞行段，如果给出关机点运动参数，则可以求出 t_{n_2}。最简单的方法是利用椭圆理论近似求 t_{n_2}。自由飞行段持续时间最长，t_{n_2} 约占 t_n 的 95%以上。

(3) 由再入时刻至命中瞬间的时间 t_{n_3}。此段为再入段，受空气动力影响，t_{n_3} 通常只有几十秒，故 $t_{n_1}+t_{n_3}\ll t_{n_2}$。为此通常尽量减小 t_{n_1}，而将 $t_n=t_{n_1}+t_{n_3}+t_{n_2}$ 看成被动段飞行时间。有时用椭圆理论来近似计算 t_n，即把计算点至命中目标点的弹道都看成是椭圆弹道。

3) 计算射程角 β_c 和 β_c^*

要准确计算 β_c 和 β_c^* 是很困难的。如果将计算瞬间至命中瞬间的弹道近似看成是椭圆弹道，如图 4-13 所示，则

$$\beta_c=\varphi_2-\varphi_1 \tag{4.87}$$

$$\varphi_1 = \arccos\left(\frac{\frac{p}{r_a}-1}{e}\right) \tag{4.88}$$

式中：

$$\begin{cases} p = r_a \gamma_{ka} \cos^2\theta_{ak} \\ e = \sqrt{1+\gamma_{ka}(\gamma_{ka}-2)\cos^2\theta_{ak}} \\ \gamma_{ka} = \dfrac{v_a^2 r_a}{fM} \end{cases} \tag{4.89}$$

$$\cos\left(\frac{\pi}{2}-\theta_{ak}\right) = \frac{\dot{\boldsymbol{r}}_a \cdot \boldsymbol{r}_a}{r_a \dot{r}_a} \tag{4.90}$$

由图 4-13 可以看出 φ_2 在第三象限，故

$$\varphi_2 = 2\pi - \arccos\left(\frac{\frac{p}{r_{ca}}-1}{e}\right) \tag{4.91}$$

由于 β_c^* 是目标矢径 $\boldsymbol{r}_{ca}$ 和计算瞬间矢径 $\boldsymbol{r}_a$ 之间的夹角，因此

$$\beta_c^* = \arccos\left(\frac{\dot{\boldsymbol{r}}_a \cdot \boldsymbol{r}_a}{r_a \dot{r}_a}\right) \tag{4.92}$$

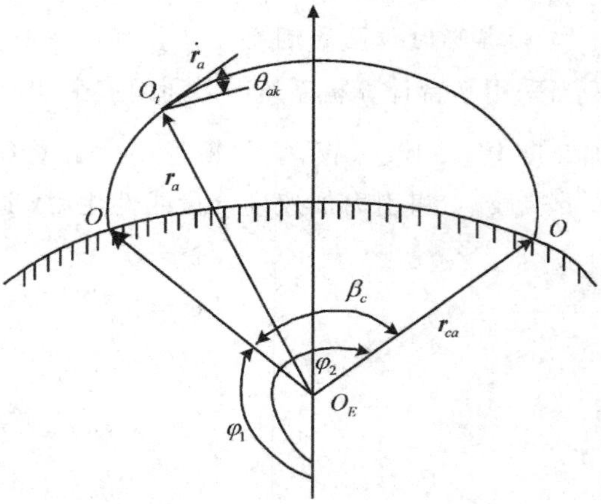

图 4-13 椭圆弹道示意图

当 $\beta_c = \beta_c^*$ 时，即可关机。

用椭圆弹道近似代替计算瞬间至命中瞬间的实际弹道，由于地球扁率和再入段空气动力的影响，将引起偏差，特别是由地球扁率引起的偏差较大，必须加以考虑。这里只是进行原理性介绍，使大家了解显式制导的基本思想。

按以上叙述的方法，原则上能进行显式制导，但在关机之前，并未规定导弹沿什么路线运动。为此应控制导弹按所选择的程序飞行，或按任务要求对导弹在关机之前的飞行路线进行某种限制。

3. 需要速度确定及其制导方法

根据显式制导的基本思想，可以看出显式制导的特点是：根据现时值和要求达到的终端值，直接组成制导指令公式。与摄动制导不同，它没有什么预先的要求，伸缩性大，精确性高、灵活性强和通用性强是它的突出优点。显式制导唯一的要求是必须准确地给出所要求的终端条件。

在显式制导方法中，经常引入“需要速度”的概念。确定需要速度，即是确定飞行器在当前位置矢量 $\boldsymbol{r}$ 应该以什么样的速度 $\dot{\boldsymbol{r}}$ 关机，才能完成制导任务。

以远程弹道导弹为例，被动段弹道可看成是椭圆弹道，如图 4-14 所示。图中：OKM 为在惯性空间的弹道；M 为命中瞬间目标在不动球壳上的投影；K 为计算瞬间绝对弹道上一点，其位置矢量为 $\boldsymbol{r}_a$，速度矢量为 $\dot{\boldsymbol{r}}_a$。制导的目的在于使弹道通过目标投影点 M。

通过 K、M 两点原则上可以作无穷多个椭圆，但是如果给定了由 K 点飞行到 M 点的时间，则椭圆弹道是唯一的。此时的需要速度为

$$\dot{\boldsymbol{r}}_{at} = \sqrt{fM}\left[P_t^{\frac{1}{2}} \frac{\boldsymbol{r}_{ca}-\boldsymbol{r}_a(t)}{|\boldsymbol{r}_{ca}\times\boldsymbol{r}_a(t)|} + P_t^{-\frac{1}{2}} \tan\frac{\beta_c \boldsymbol{r}_a(t)}{2r_a(t)}\right] \tag{4.93}$$

式中：

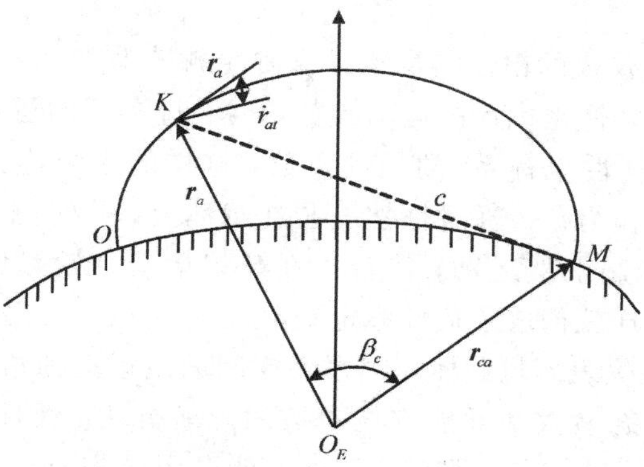

图 4-14 被动段弹道

$$P_t = \frac{\sqrt{r_a(t) r_{ca}}}{B(t) - \cos g_n} \frac{\sin^2(\beta_c/2)}{\cos(\beta_c/2)} \tag{4.94}$$

令 $\Delta \dot{\boldsymbol{r}}_a = \dot{\boldsymbol{r}}_{at} - \dot{\boldsymbol{r}}_a$，利用 $\Delta \dot{\boldsymbol{r}}_a$ 作为控制信号，直至 $|\Delta \dot{\boldsymbol{r}}_a| \leqslant \varepsilon_v$ 时关机，则可使关机速度等于需要速度。

用以上方法求出的需要速度，由于没有考虑地球扁率和再入段空气动力的影响，因此需要加入修正量才能够准确命中地面目标。如果考虑地球扁率的影响，则通过求取需要速度进行的制导称为闭路制导。通常采用克拉索夫斯基椭球体：长半轴 $a_E = 6\ 378\ 245.0$ 米，短半轴 $b_E = 6\ 356\ 863.019$ 米；扁率 $e_E = (a_E - b_E)/a_E = 0.003\ 352\ 986\ 9$；第一偏心率 $e_E^2 = (a_E^2 - b_E^2)/a_E^2 = 0.006\ 692\ 421\ 623$；第二偏心率 $e_E'^2 = (a_E^2 - b_E^2)/b_E^2 = 0.006\ 738\ 525\ 415$。具体修正方法可参看相关文献。

4.3 中制导基本原理——惯性制导原理

随着对弹道导弹打击精度要求的提高，仅仅依靠主动段制导将难以达到高的射击精度要求。采用其他制导手段对主动段制导误差进行修正，是提高导弹命中精度的一种最有效、最直接的方法，即中段飞行过程中持续采用中制导技术确保导弹中、末交接精度要求，最终实现高精度打击任务。目前，中制导技术普遍采用以惯性制导为主的各类组合制导技术。因此，本节重点介绍惯性制导及其相关技术。

4.3.1 基本概念及特点

1. 惯性技术的基本概念

惯性技术是以牛顿惯性定律为基础的、用以实现运动物体姿态和航迹控制的一项工程技术。目前我们所说的惯性技术是惯性仪表技术、惯性导航技术、惯性制导技术、惯性测量技术相应的测试技术的总称。

惯性仪表是指陀螺仪和加速度计，陀螺仪用于敏感模拟坐标系相对理想坐标系的偏角、角速度，加速度计用于敏感载体沿某一方向的视加速度(也称为比力)，它们是各类惯性系统中的核心部件。

惯性系统是应用惯性仪表的惯性测量装置或惯性测量系统。惯性测量装置可以直接安装在载体上，测量相对于载体坐标系的运动参数，再经过必要的运算和坐标变换求得载体相对于某给定坐标系(如惯性坐标系)的运动参数，这样的系统称为速率捷联惯性测量系统。惯性测量装置也可以作为台体通过框架安装在载体上，此时测量装置中由陀螺仪所建立的基准轴系通过回路控制框架运动，使台体在载体运动中始终保持与某一给定坐标系(如惯性坐标系)重合，这样就构成了惯性稳定平台系统。

惯性导航是利用惯性仪表测量载体相对惯性空间的线运动和角运动参数，在给定的初始条件下，输出载体的姿态参数和导航定位参数的导航方法。惯性导航系统(简称惯导系统)的工作不依赖于任何外界信息，即完全自主，能全天候进行。目前惯导系统主要有两种：平台式惯导系统和捷联式惯导系统。平台式惯导系统的核心部分是一个实际的陀螺稳定平台，平台上三个实体轴重现了所要求的东、北、天地理坐标系三个轴向。它为加速度计提供了精确的测量基准，保证了三个加速度计的测量值正好是导航计算需要的三个加速度分量，并且完全隔离了导弹的角运动，保证了加速度计的良好工作环境。捷联式惯导系统与平台式惯导系统的主要区别是：它没有实体的陀螺稳定平台，加速度计和陀螺仪直接安装在导弹上，通过导航计算机的运算建立一个“数学平台”。它通过计算机实时计算陀螺仪绕弹体坐标系的三个角速度，形成由弹体坐标系向类似实际平台坐标系的“平台”坐标系转换，即解算出姿态矩阵，并利用这个姿态矩阵，进一步求出导弹的姿态和航向信息，使实体平台功能无一缺少。平台式惯导系统依靠框架隔离了导弹角运动对惯性测量装置的影响，为惯性仪表提供了良好的工作条件，使其对输出信号的补偿和修正都比较简单，计算量小，但其机械结构复杂，体积较大。而捷联式惯导系统取消了结构复杂的机电式平台，减少了大量机械零件、电子元件、电气电路，不仅减小了体积，降低了质量、功耗和成本，而且大大提高了系统可靠性和可维修性。但是由于陀螺仪和加速度计直接与弹体相连，弹体运动将直接传递到惯性元件，恶劣的工作环境将引起惯性元件的一系列动态误差，所以误差补偿复杂，导航精度一般低于平台式惯导系统。当前，随着器件精度及技术的不断提升，捷联式惯导系统的应用逐步由最初的近程和常规战术导弹武器，拓展至中远程及洲际导弹武器，从而使中远程和洲际导弹不再严格依赖于平台式惯导系统。

惯性制导系统是惯性导航与自动控制的结合。它利用导航参数，根据制导指令，产生控制载体运动所需的信号，直接控制载体的航迹。惯性制导系统用于无人操纵的运载器上，如弹道导弹、运载火箭、人造地球卫星和宇宙探测器等。惯性制导系统比惯性导航系统的工作时间短得多，一般只有几分钟。惯性制导系统实际上是为无人驾驶的载体发射进入轨道建立一组精确的轨道初始条件，其中发动机熄火时的速度及方位是最为关键的制导参数。

惯性仪表和惯性系统的测试技术主要包括各种测试原理和测试设备，其作用是测试和检验惯性仪表与惯性系统的各种性能。

2. 惯导系统的特点

惯导系统是目前唯一能够为弹道导弹提供多种精确导航参数信息的自主导航系统，它利用惯性敏感元件(陀螺仪和加速度计)测量载体相对惯性空间的线运动和角运动参数，经过不同的机械编排得到载体的姿态参数和导航定位参数。惯导系统利用载体本身信息以及牛顿运动定律进行工作，它具有自己独特的优势，具体如下：

(1) 工作自主性强。它不依靠外界信息，在不与外界发生联系的条件下独立完成导航或制导任务，可以使载体扩大活动范围；它与外界无任何信息交换，可以避免被敌方发现而受攻击或干扰，这在当前信息化战争条件下尤为重要。

(2) 提供导航参数多。惯导系统可以实时提供加速度、速度、位置、姿态和航向等全面的导航信息。

(3) 抗干扰能力强，使用条件宽。惯导系统对由磁、电、光、热及核辐射等形成的波、场、线的影响不敏感，具有极强的抗干扰性能，既不易被敌方发现，也不易被敌方干扰。同时惯导系统不受气象条件限制，能满足全天候导航的要求；也不受地面地形、沙漠或海面影响，能满足全球范围导航的要求。

惯导系统的最大优点是其完全自主性，它不依赖于任何外部信息，隐蔽性好，不会被干扰，可在空中、地面甚至水下环境使用。尽管目前可以采用的导航系统有很多，如无线电导航、天文导航、卫星导航、组合导航等，但是惯导系统仍是高精度制导武器必不可少的基本的和主要的导航系统。尤其是在战时各种信息安全无法保证的情况下，基于惯性导航的导弹武器系统是进行作战的最有效、最可靠的系统。

惯导系统的缺点是惯性仪表测量误差随着时间的增长而不断累加，不适合长时间连续导航，需要其他导航系统辅助使用。

4.3.2 惯性仪表陀螺仪基本原理

1. 陀螺仪的定义及分类

陀螺仪(Gyroscope)的意思是“旋转指示器”。1852 年，法国科学家傅科把陀螺仪定义为具有大角动量的装置。因此从工程技术的狭义观点来看，陀螺仪指具有高速旋转转子的装置。由刚体转子构成的陀螺仪称为常规的框架式转子陀螺仪，它具有角动量，可利用角动量敏感仪表基座相对于惯性空间绕正交于转子轴的一个或两个方向的角运动。

随着近代物理学的发展，基于近代物理学原理和现象来测量运动物体的转动、确定其方向的装置陆续出现，这种不具有角动量的由非刚体转子构成的装置也称为陀螺仪，如光学陀螺仪、振动陀螺仪、原子陀螺仪等。

因此，从陀螺仪的测量功能角度可以给出陀螺仪的广义定义，即陀螺仪是指测量运动物体相对惯性空间旋转(角运动)的装置。

陀螺仪的分类方式很多，一般按以下四种方式分类：

(1) 按陀螺仪的原理与用途分：位置陀螺仪、速率陀螺仪、积分陀螺仪等。

(2) 按陀螺仪的物理机理分：转子陀螺仪、激光陀螺仪、光纤陀螺仪、振动陀螺仪、原子陀螺仪等。

(3) 按转子陀螺仪的自转轴相对其基座的转动自由度数目分：单自由度陀螺仪、二自由度陀螺仪。

(4) 按对陀螺转子的支承方式分：滚珠轴承式陀螺仪、气浮陀螺仪、液浮陀螺仪、挠性陀螺仪、磁悬浮陀螺仪、静电陀螺仪等。

下面详细介绍按对陀螺转子的支承方式分类的陀螺仪。

(1) 滚珠轴承式陀螺仪：由滚珠轴承作为陀螺组合件的支承框架构成的机械式陀螺仪。滚珠轴承式陀螺仪采用直接接触的支承方式，摩擦力矩大，精度不高，但工作可靠，迄今仍在精度要求不高的场合应用。

(2) 气浮陀螺仪：采用气体浮力支承的陀螺仪，可以消除支承轴上的摩擦力矩。气浮陀螺仪分为静压气浮陀螺仪与动压气浮陀螺仪。

① 静压气浮陀螺仪：外部的压缩气体经轴承壁面上的节流器进入轴承间隙(陀螺仪浮子和轴承间隙)，流向轴承两端，由开端排出，形成气膜，气膜压力的变化产生支承载荷(浮子)的支承力，从而形成弹性的润滑气膜。

② 动压气浮陀螺仪：靠陀螺转子的高速旋转，带动球面或圆柱面间隙内的气体运动所形成的动压效应悬浮起来的一种陀螺仪。

(3) 液浮陀螺仪：利用液体浮力来减小或抵消陀螺仪浮子组件的重力，从而消除支承轴上的摩擦力矩。液浮陀螺仪分为静浮力支承的陀螺仪和静压力支承的陀螺仪。

① 静浮力支承的陀螺仪也称为全液浮陀螺仪。它把陀螺马达连同框架一起装入一个圆柱形浮筒中构成浮子，再将浮子装入圆筒形外壳中，在浮子与外壳之间注入一种高比重的液体，使浮子的质量等于同体积的浮液质量。在一定温度条件下，液体对浮子的浮力与浮子本身的重力相等，浮子处于中性悬浮状态，此时浮子对输出轴支承的压力为零，即输出轴支承的摩擦力矩也为零。

② 静压力支承的陀螺仪简称为静压液浮陀螺仪。静压液浮与静压气浮的原理相同，只是由静压液体代替了静压气体。陀螺仪内部增加一个液压泵，将浮液压入静压轴承，流经轴承的液体又返回到泵里，形成循环，产生液体静压力，依靠此压力来支承浮子的质量，形成液体润滑。

(4) 挠性陀螺仪：由挠性接头对高速旋转的转子构成万向接头式支承的陀螺仪。挠性接头是一种无摩擦的弹性支承。

(5) 磁悬浮陀螺仪：利用电磁力实现支承、定位作用的陀螺仪。液浮陀螺仪可以采用磁悬浮来使浮子定中心并补偿其因偏离中性悬浮状态而产生的残余力。在陀螺仪自转轴采用动压气浮轴承，在输出轴上除采用液浮外，还采用磁悬浮，就形成了“三浮”陀螺仪。

(6) 静电陀螺仪：采用静电支承转子的自由陀螺仪。静电陀螺仪和磁悬浮陀螺仪的原理基本相同，只是用静电吸力代替了磁场拉力。

2. 刚体转子陀螺仪的基本理论

刚体转子陀螺仪仍是目前工程上广泛应用的典型陀螺仪。其基本理论是进行陀螺仪设计和提高陀螺仪使用性能的基础。

1) 刚体转子陀螺仪的原理结构

1852 年傅科陀螺仪问世，它的框架组成代表了刚体转子陀螺仪的原理结构。该种陀螺仪的核心是一个绕自转轴做高速旋转的转子，转子通常采用电机驱动，以提供产生陀螺仪特性所需要的角动量。转子安装在框架上，这样陀螺转子和框架能一起绕框架轴旋转，从而使陀螺转子具有垂直转子轴的一个或两个自由度。

如图 4-15 所示，转子由内环和外环支撑在基座上，使转子轴相对基座有两个转动自由度，这种结构的陀螺仪称为二自由度陀螺仪。

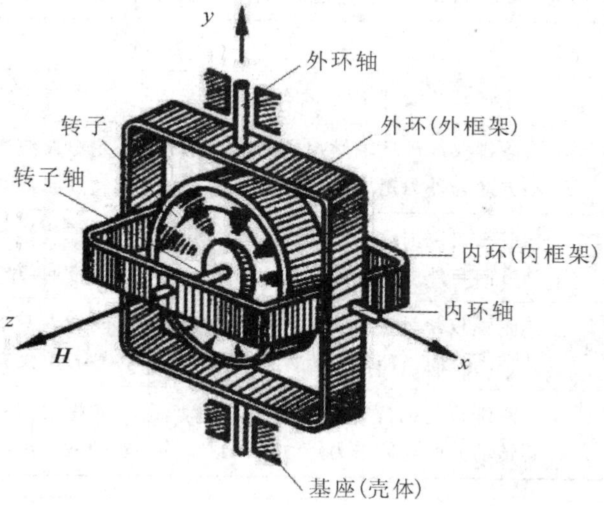

图 4-15　二自由度陀螺仪的结构

如图 4-16 所示，转子由框架支撑在基座上，转子轴与框架轴垂直相交，使转子轴相对基座有一个转动自由度，这种结构的陀螺仪称为单自由度陀螺仪。

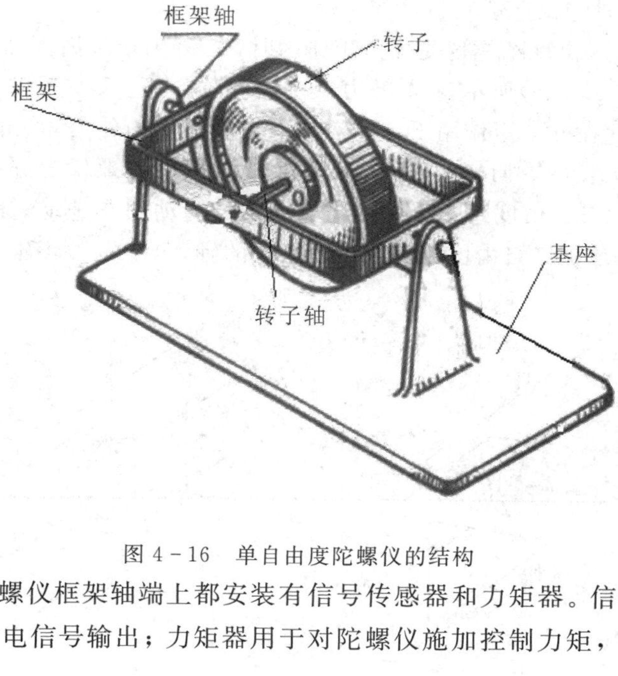

图 4-16　单自由度陀螺仪的结构

工程应用中，陀螺仪框架轴端上都安装有信号传感器和力矩器。信号传感器用于将陀螺仪的角位移转换为电信号输出；力矩器用于对陀螺仪施加控制力矩，使其处于某种特定状态。

2）二自由度陀螺仪的基本特性

取同一个二自由度陀螺仪的两种状态进行观察和比较。一种状态是陀螺转子没有旋转，等同于一般刚体；另一种状态是陀螺转子高速旋转。对这两种状态下的二自由度陀螺仪受外力矩作用时的运动现象进行比较，结果如表 4-1 所示。

表 4-1 两种状态下的二自由度陀螺仪受外力矩作用时的运动现象比较

受外力矩情况	运动现象	
	陀螺转子没有旋转(即转速等于0)	陀螺转子高速旋转(即转速大于0)
绕外环轴作用常值力矩	陀螺仪绕外环轴做加速转动，其转动方向与外力矩方向一致	陀螺仪绕内环轴做缓慢转动，其转动方向与外力矩方向垂直
绕内环轴作用常值力矩	陀螺仪绕内环轴做加速转动，其转动方向与外力矩方向一致	陀螺仪绕外环轴做缓慢转动，其转动方向与外力矩方向垂直
绕外环轴作用冲击力矩	陀螺仪绕外环轴产生很大的转动，其转动方向与冲击力矩方向一致	陀螺仪只有微小的震荡运动，自转轴方位没有明显改变
绕内环轴作用冲击力矩	陀螺仪绕内环轴产生很大的转动，其转动方向与冲击力矩方向一致	陀螺仪只有微小的震荡运动，自转轴方位没有明显改变

通过以上的对比可以看到：当二自由度陀螺仪的转子没有旋转时，其运动表现与刚体没有区别，它仍然遵循一般刚体(非陀螺体)的运动规律；当二自由度陀螺仪的转子高速旋转而具有较大角动量时，其运动表现与一般刚体运动区别很大，是陀螺特性的表现。

由二自由度陀螺仪的运动现象可知，二自由度陀螺仪在稳态时有三大特性：进动性、陀螺力矩特性、定轴性(稳定性)。

(1) 进动性。二自由度陀螺仪受外力矩作用时，若外力矩绕内环轴作用，则陀螺转子绕外环轴转动(如图 4-17 (a)所示)；若外力矩绕外环轴作用，则陀螺转子绕内环轴转动(如图 4-17 (b)所示)。在外力矩作用下，转子轴不是绕施加的外力矩方向转动，而是绕垂直于转子轴和外力矩矢量的方向转动，该特性称为二自由度陀螺仪的进动性。为了与一般刚体的转动相区分，把二自由度陀螺仪这种绕交叉轴的转动叫作进动，其转动角速度叫作进动角速度($\boldsymbol{\omega}$)。有时还把二自由度陀螺仪进动所绕的轴，即内、外环轴叫作进动轴。

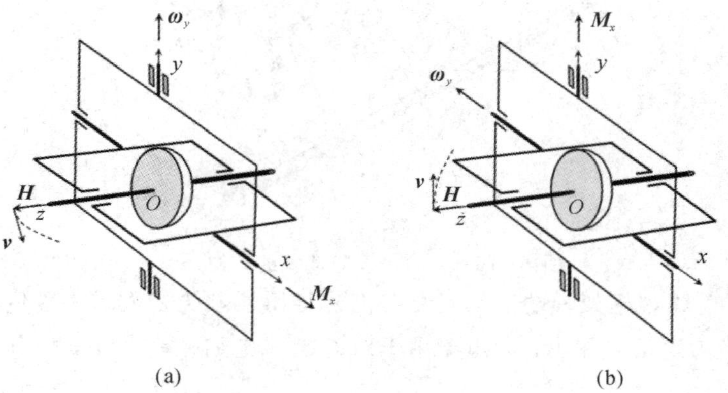

图 4-17 外力矩作用下二自由度陀螺仪的进动

① 进动角速度的方向和大小。进动角速度的方向取决于角动量的方向和外力矩的方向，其规律符合右手法则。如图 4-18 所示，从角动量 $\boldsymbol{H}$ 沿最短路径握向外力矩 $\boldsymbol{M}$ 的右手大拇指方向，就是进动角速度 $\boldsymbol{\omega}$ 的方向。

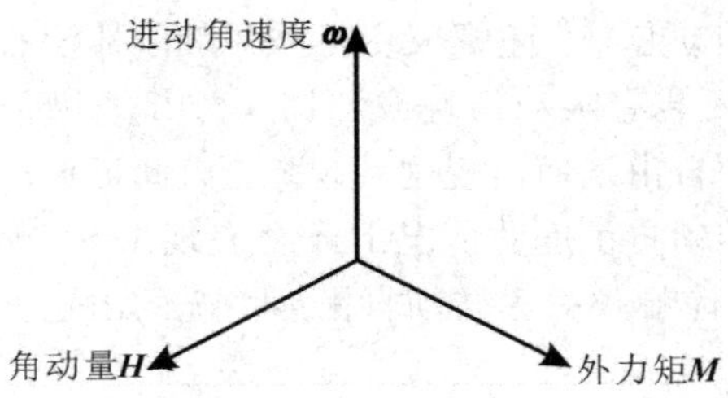

图 4-18 进动角速度的方向

进动角速度的大小取决于角动量的大小和外力矩的大小，其计算式为

$$\omega=\frac{M}{H} \tag{4.95}$$

由于角动量 H 等于转子轴转动惯量 I_x 与转子自转角速度 Ω 的乘积，因此上式又可以写成

$$\omega=\frac{M}{I_x\Omega} \tag{4.96}$$

也就是说，当角动量为一定值时，进动角速度与外力矩成正比；当外力矩为一定值时，进动角速度与角动量成反比；当角动量和外力矩均为一定值时，进动角速度也保持为一定值。

由二自由度陀螺仪的基本结构可知，内环的结构保证了转子轴与内环轴之间的垂直关系，外环的结构保证了内环轴与外环轴之间的垂直关系。然而，转子轴与外环轴之间的几何关系，则应根据两者之间的相对转动情况而定。当作用在外环轴上的力矩使转子轴绕内环轴进动，或基座带动外环轴绕内环轴转动时，转子轴与外环轴之间就不能保持垂直关系。如图4-19所示，若转子轴偏离外环轴垂直位置一个 θ 角，则进动角速度的大小应按下式计算：

$$\omega=\frac{M}{H\cos\theta} \tag{4.97}$$

对比式(4.95)和式(4.97)可以看出，当转子轴与外环轴垂直，即 $\theta=0(\cos\theta=1)$时，采用两个式子计算的结果是一致的；当转子轴偏离外环轴垂直位置的角度 θ 较小时，采用式(4.95)计算的结果仍然比较精确；但当角度 θ 较大时，则应采用式(4.97)来计算。

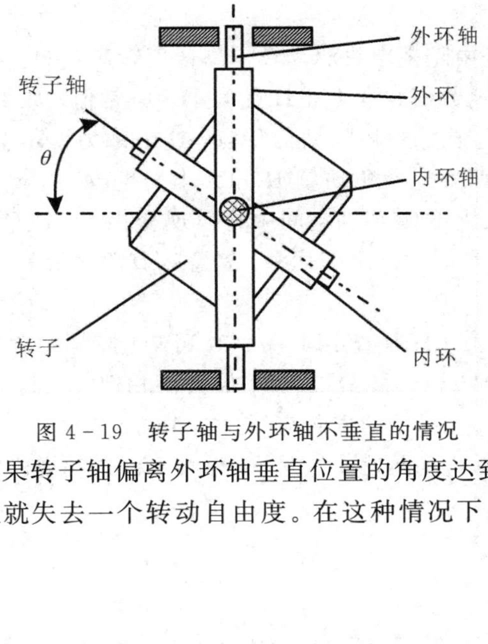

图 4-19 转子轴与外环轴不垂直的情况

如图 4-20 所示，如果转子轴偏离外环轴垂直位置的角度达到 90°，即转子轴与外环轴重合在一起，那么陀螺仪就失去一个转动自由度。在这种情况下，绕外环轴作用的力矩将

使外环连同内环绕外环轴转动起来，陀螺仪变得与一般刚体没有区别了。这种现象叫作“框架自锁”。有些陀螺仪表中安装有限动挡块或挡销，当内、外环相对转动碰到限动挡块时，陀螺仪同样会失去一个转动自由度而出现这种现象。由此可见，二自由度陀螺仪的进动性，只有在陀螺仪不失去一个转动自由度的情况下才会表现出来。所以，在由二自由度陀螺仪构成的陀螺仪表中，要避免陀螺仪失去转动自由度情况的出现。

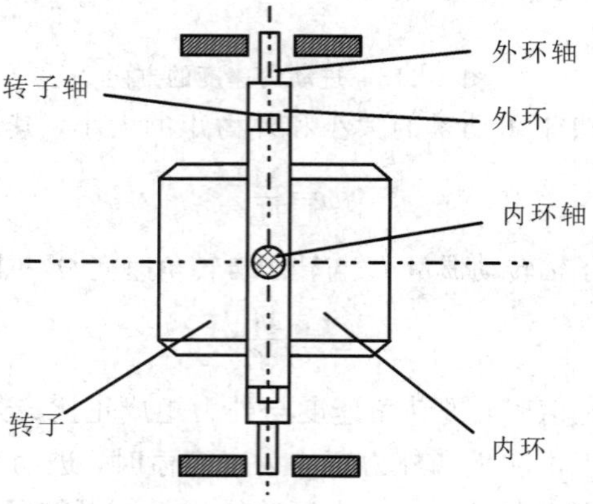

图 4-20　陀螺仪失去一个转动自由度的情况

② 进动性的力学解释。陀螺仪中转子的运动属于刚体的定点转动，故其运动规律可由动量矩定理加以解释。

陀螺仪角动量定理$\frac{\mathrm{d}\boldsymbol{H}}{\mathrm{d}t}=\boldsymbol{M}$中各项符号所对应的具体含义如下：

$\boldsymbol{H}$——陀螺转子角动量，$\boldsymbol{H}=I_x\boldsymbol{\Omega}$；

$\frac{\mathrm{d}\boldsymbol{H}}{\mathrm{d}t}$——陀螺角动量在惯性空间对时间的导数，即变化率；

$\boldsymbol{M}$——绕内环轴或外环轴作用在陀螺仪上的外力矩。

于是，角动量定理在此的具体含义是：陀螺角动量$\boldsymbol{H}$在惯性空间的变化率$\frac{\mathrm{d}\boldsymbol{H}}{\mathrm{d}t}$等于作用在陀螺仪上的外力矩$\boldsymbol{M}$。

陀螺角动量$\boldsymbol{H}$通常是由陀螺电机驱动转子高速旋转产生的。当陀螺仪进入正常工作状态时，转子的转速达到额定数值，角动量$\boldsymbol{H}$的大小为一常值。如果外力矩$\boldsymbol{M}$绕内环轴或外环轴作用在陀螺仪上，由于内、外环的结构特点，这个外力矩不会绕自转轴传递到转子上使它的转速发生改变，因而不会使角动量$\boldsymbol{H}$的大小发生改变。但从角动量定理可以看出，在外力矩$\boldsymbol{M}$作用下，角动量$\boldsymbol{H}$在惯性空间中将出现变化率。既然角动量$\boldsymbol{H}$的大小保持不变，那么角动量$\boldsymbol{H}$在惯性空间中出现变化率，就意味着角动量$\boldsymbol{H}$在惯性空间中发生了方向改变。

由角动量定理的另一表达式莱查定理$\boldsymbol{v}_H=\boldsymbol{M}$可知，陀螺角动量$\boldsymbol{H}$的矢端速度$\boldsymbol{v}_H$等于作用在陀螺仪上的外力矩$\boldsymbol{M}$。$\boldsymbol{v}_H$和$\boldsymbol{M}$二者不仅大小相等，而且方向相同，如图 4-21 所示。根据角动量$\boldsymbol{H}$的矢端速度$\boldsymbol{v}_H$的方向与外力矩$\boldsymbol{M}$的方向相一致的关系，便可确定角动量$\boldsymbol{H}$的方向，从而确定陀螺进动角速度的方向，这与上面进动规律中所提到的判断规则完全一致。

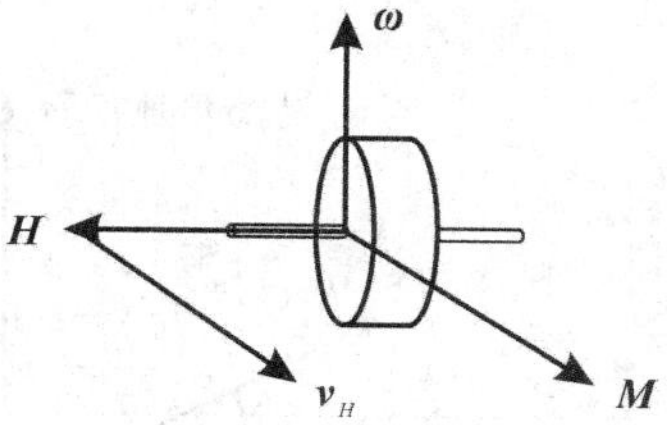

图 4－21 陀螺角动量 $\boldsymbol{H}$ 的矢端速度

如果用陀螺角动量 $\boldsymbol{H}$ 在惯性空间中的转动角速度 $\boldsymbol{\omega}$ 来表示 $\boldsymbol{H}$ 的矢端速度 $\boldsymbol{v}_H$，则有

$$\boldsymbol{v}_H=\boldsymbol{\omega}\times\boldsymbol{H}$$

再根据莱查定理可以得以下关系：

$$\boldsymbol{\omega}\times\boldsymbol{H}=\boldsymbol{M} \tag{4.98}$$

显然，陀螺角动量相对惯性空间的转动角速度 $\boldsymbol{\omega}$ 即进动角速度，所以这个关系表明了进动角速度 $\boldsymbol{\omega}$ 与角动量 $\boldsymbol{H}$ 以及外力矩 $\boldsymbol{M}$ 三者之间的关系。若已知角动量 $\boldsymbol{H}$ 和外力矩 $\boldsymbol{M}$，则根据矢量积的运算规则，便可确定出进动角速度 $\boldsymbol{\omega}$ 的大小和方向。式(4.98)就是以矢量形式表示的陀螺仪进动公式。

进动性的特点可总结如下：

a. 进动的方向性：发生在与外力矩垂直的方向(要避免框架自锁)；

b. 进动的恒定性：角动量、外力矩一定时，进动角速度是一恒定值；

c. 进动的无惯性：在加力矩的瞬间就会产生进动，去掉外力矩，进动立刻停止；

d. 高速转动是陀螺仪进动产生的内因，外力矩是进动产生的外因。

(2) 陀螺力矩特性。由牛顿第三定律知，有作用力或力矩，必有反作用力或力矩，二者大小相等，方向相反，且分别作用在两个不同的物体上。当外界对陀螺仪施加力矩使它进动时，陀螺仪也必然存在反作用力矩，其大小与外力矩的大小相等，方向与外力矩的方向相反，并且作用在给陀螺仪施加力矩的物体上。这就是陀螺仪进动的反作用力矩，通常简称为“陀螺力矩”。

对于高速旋转的物体，当强迫它的自转轴以角速度 $\boldsymbol{\omega}$ 转动时，就好像强迫它“进动”一样，这时高速旋转的物体就会像陀螺那样给强迫它“进动”的物体一个反作用力矩 $\boldsymbol{M}_k$，这个反作用力矩不是发生在轴的旋转平面内，而是发生在和轴转动平面相垂直的平面内，即反作用力矩 $\boldsymbol{M}_k$ 垂直于自转轴和角速度 $\boldsymbol{\omega}$ 所组成的平面。这个反作用力矩就是陀螺力矩。对于高速旋转的物体，当自转轴改变方向时，就会产生陀螺力矩现象，称为“陀螺力矩效应”，如图 4－22 所示。

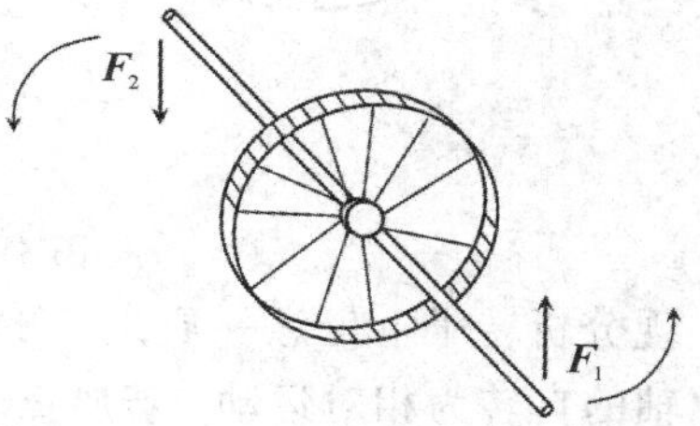

图 4－22 陀螺力矩效应

陀螺力矩的大小和方向取决于角动量和进动角速度的大小与方向，其规律为

$$\boldsymbol{M}_k=\boldsymbol{H}\times\boldsymbol{\omega}$$

即角动量 $\boldsymbol{H}$ 沿最短路径趋向陀螺仪进动角速度 $\boldsymbol{\omega}$ 的右手大拇指方向，就是陀螺力矩的方向，符合右手法则，如图 4－23 所示；陀螺力矩的大小正比于角动量的大小和陀螺仪进动角

速度的大小。

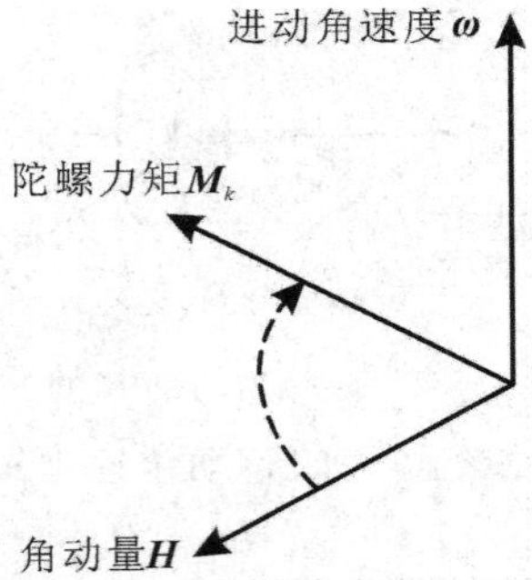

图 4-23　陀螺力矩的方向

设一陀螺转子(近似地看作均质圆盘)以等角速度 $\boldsymbol{\Omega}$ 绕其自转轴旋转，同时转子轴又以等角速度 $\boldsymbol{\omega}$ 进动，且 $\boldsymbol{\omega}$ 垂直于 $\boldsymbol{\Omega}$。取定坐标系 $Ox_ny_nz_n$，坐标原点在转子中心 O；取动坐标系 $Ox_my_mz_m$，坐标原点也在 O 点，Oz_m 轴与转子轴重合，Ox_m、Oy_m 轴在转子赤道平面内，动坐标系随转子一起进动，但不参与转子自转。并设初始时刻两个坐标系完全重合，如图 4-24(a)所示。

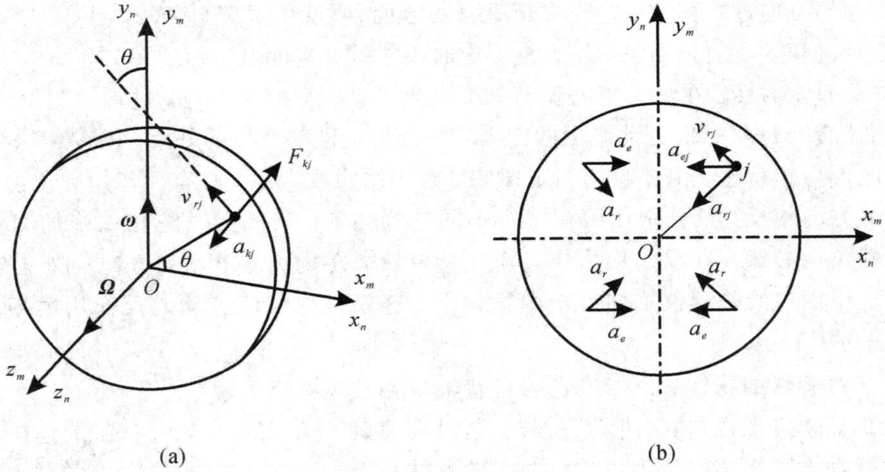

图 4-24　转子上任一质点的运动

现分析转子上任意一质点 j 的运动：动坐标系绕 Oy_n 轴的转动为牵连运动，圆盘绕 Oz_m 轴的自转为相对运动。若质点 j 距中心 O 的向径为 $\boldsymbol{R}_j$，则质点 j 具有的牵连加速度大小为 $a_{ej}=R_j\omega^2\cos\theta$，其方向如图 4-24(b)所示；相对加速度大小为 $a_{rj}=R_j\Omega^2$，其方向指向中心 O。质点 j 在第一象限时，其哥氏加速度大小为 $a_{kj}=2R_j\omega\Omega\cos\theta$，方向沿 Oz_m 轴正向，见图 4-24(a)。

设质点 j 的质量为 m_j，则相应的惯性力大小为 $F_{ej}=m_ja_{ej}$，$F_{rj}=m_ja_{rj}$，$F_{kj}=m_ja_{kj}$，其方向与相应的加速度方向相反。由于转子为均质、对称圆盘，因此转子上全部质点的牵连惯性力和相对惯性力均成对地出现，即 $\sum \boldsymbol{F}_{ej}=\boldsymbol{0}$，$\sum \boldsymbol{F}_{rj}=\boldsymbol{0}$。转子上各点的哥氏加速度的分布如图 4-25 所示。

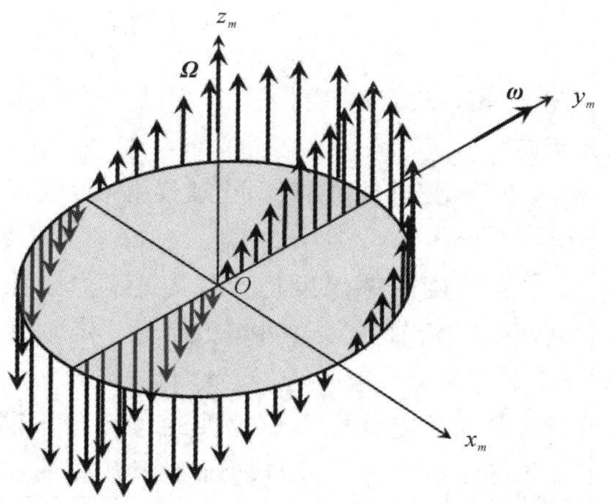

图 4-25 转子上各点的哥氏加速度的分布

由图 4-25 可知，转子上各点的哥氏惯性力的分布情况为：在 Ox_m 轴以上的半圆内，各质点的 $\boldsymbol{F}_{ej}$ 均指向 Oz_m 轴的负方向；而在 Ox_m 轴以下的半圆内，各质点的 $\boldsymbol{F}_{ej}$ 均指向 Oz_m 轴的正方向。由于转子为均质、对称圆盘，因此 $\boldsymbol{F}_{ej}$ 相对于 Oy_m 轴完全对称，所以所有哥氏惯性力对 Oy_m 轴之矩的总和 $\boldsymbol{M}_{ky}=\boldsymbol{0}$。又全部哥氏惯性力都平行于 Oz_m 轴，故全部哥氏惯性力对 Oz_m 轴之矩的总和 $\boldsymbol{M}_{kz}=\boldsymbol{0}$。最后计算哥氏惯性力对 Ox_m 轴之矩，由

$$M_{kjx}=F_{kj}\cdot R_j\sin\theta_j=-2m_jR_j^2\omega\Omega\sin^2\theta_j$$

可得所有哥氏惯性力对 Ox_m 轴之矩的总和为

$$M_{kx}=\sum_{j=1}^{n}M_{kjx}=-2\omega\Omega\sum_{j=1}^{n}m_jR_j^2\sin^2\theta_j \tag{4.99}$$

由于 $y_{mj}=R_j\sin\theta_j$，因此

$$\sum_{j=1}^{n}m_jR_j^2\sin^2\theta_j=\sum_{j=1}^{n}m_jy_{mj}^2$$

而转子为对称圆盘，所以

$$\sum_{j=1}^{n}m_jy_{mj}^2=\sum_{j=1}^{n}m_jx_{mj}^2$$

从而

$$2\sum_{j=1}^{n}m_jy_{mj}^2=\sum_{j=1}^{n}m_j(x_{mj}^2+y_{mj}^2)=I_z$$

于是哥氏惯性力矩可写为

$$M_k=-I_z\Omega\omega=-H\omega$$

其方向沿 Ox_m 轴的负方向。这个哥氏惯性力矩就是转子给予迫使它进动的物体的反作用力矩，即陀螺力矩，负号表示沿 Ox_m 轴负方向。

在一般情况下，当进动角速度 $\boldsymbol{\omega}$ 与自转角速度 $\boldsymbol{\Omega}$ 不垂直时，可以将 $\boldsymbol{\omega}$ 分解为垂直于 $\boldsymbol{\Omega}$ 的 $\boldsymbol{\omega}_1$ 和平行于 $\boldsymbol{\Omega}$ 的 $\boldsymbol{\omega}_2$ 进行计算。

在一般情况下，可以证明哥氏惯性力对 O 点之矩为

$$M_k=-I_z\Omega\omega=-H\omega \tag{4.100}$$

由此可见，陀螺力矩就是转子内所有质点的哥氏惯性力对 O 点之矩的总和，即哥氏惯

性力矩。

陀螺力矩特性可总结如下：

① 陀螺力矩是哥氏惯性力矩，只有陀螺才存在。不是陀螺也会有惯性力矩，但只是一般刚体转动产生的反作用力矩。

② 陀螺转子无自转或出现“框架自锁”现象，陀螺仪就成为普通刚体，就不会有陀螺力矩出现。

(3) 定轴性(稳定性)。二自由度陀螺仪抵抗干扰力矩，力图保持其自转轴相对惯性空间方位稳定的特性，称为陀螺仪的定轴性，也叫作稳定性。定轴性或稳定性是二自由度陀螺仪的又一基本特性。

实际上，更确切地讲，陀螺仪的定轴性和稳定性的含义是不同的。定轴性是指对理想的二自由度陀螺仪，在无外力矩的作用下，其自转轴不因基座的转动而相对惯性空间偏离原来给定的方位。稳定性是指陀螺仪有较强的抗干扰能力。

在实际的陀螺仪中，由于结构和工艺不尽完善，总是不可避免地存在干扰力矩。例如框架轴上支撑的摩擦力矩、陀螺组件的质量不平衡力矩等，这些都是作用在陀螺仪上的干扰力矩。在干扰力矩作用下，陀螺仪所表现出的稳定性同一般的定点转动刚体相比有很大区别。

① 稳定性的表现形式。

a. 漂移：在干扰力矩作用下，陀螺仪将产生进动，使自转轴相对惯性空间偏离原来给定的方位，该方位偏离运动称为陀螺漂移，简称漂移。陀螺漂移的主要形式是进动漂移。在干扰力矩作用下的陀螺进动角速度即漂移角速度，进动方向即漂移方向。设陀螺角动量为 H，作用在陀螺仪上的干扰力矩为 M_d，则漂移角速度为

$$\omega_d=\frac{M_d}{H} \tag{4.101}$$

由于陀螺转子具有较大的角动量，因此漂移角速度较小。在一定时间内，自转轴相对惯性空间的方位变化也很微小，这是陀螺仪稳定性的一种表现。对一定的干扰力矩，陀螺角动量越大，则漂移越缓慢，陀螺仪的稳定性就越高。

b. 表观运动：又称为视运动或视在运动。因陀螺仪具有定轴性，故其转子相对惯性空间不动。在地球上，由于地球本身相对惯性空间以角速度 ω_e 做自转运动，因此站在地球上的观察者将看到陀螺仪的自转轴以 ω_e 的角速度相对地球运动，这种运动称为表观运动。

通过上面的分析可以看出，提高陀螺仪的稳定性的途径有两种，其一是减小干扰力矩；其二是增大转子的角动量。更确切地讲，是减小干扰力矩与角动量的比值。

② 工程应用。基于二自由度陀螺仪的定轴性，可以实现导弹姿态角的测量。一个典型的角度传感器由定子和转子两部分组成，其结构示意图如图 4－26 所示。将角度传感器的定子、转子分别安装在陀螺仪的框架和框架轴上，比如传感器转子安装在内环轴上、定子安装在外环框架上，将二自由度陀螺仪直接安装在导弹弹体上，当导弹弹体沿着陀螺仪内环轴向出现姿态角时，由于陀螺仪的定轴性，陀螺仪的转子和内环框架、内环轴将不动，而陀螺仪基座、外环轴、外环框架将随着弹体绕内环轴转动，也即角度传感器的定子相对转子转动，转动角度大小正对应弹体的姿态角。显而易见，一个二自由度陀螺仪可实现导弹的两个方向的姿态角测量。

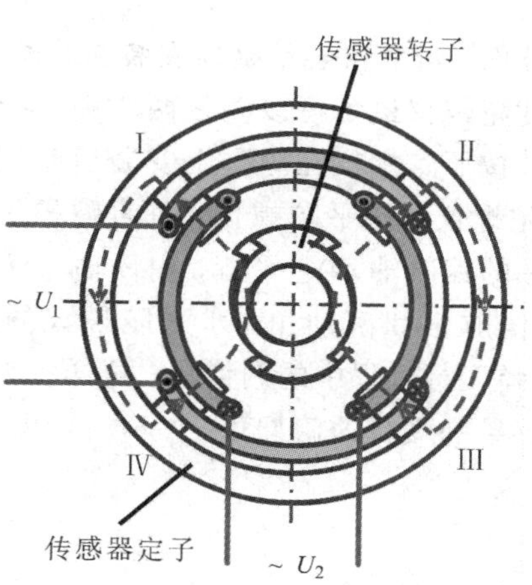

图 4-26　角度传感器结构示意图

通常工程上应用的二自由度陀螺仪主要由陀螺马达(转子和内环)、外环、底座、角度传感器、力矩受感器、输电装置等组成，其基本结构如图 4-27 所示。陀螺马达的转子可绕转子轴相对马达壳体(即内环)旋转，转子和内环一起可绕内环轴相对外环旋转，转子、内环和外环一起又可绕外环轴相对底座旋转。转子、内环、外环、底座之间通过滚珠轴承的连接，构成了二自由度陀螺仪。仪表的内环、外环轴上各装有力矩受感器，用以产生修正力矩，保证陀螺仪的起始零位。内环、外环轴上分别装有悬挂装置(用于小角度)和止推装置(用于大角度)，以实现内、外环的轴向固定。电流从仪表的固定部分到活动部分采用软导线输电装置。为了不使因工作角度超限制而毁坏软导线和超出角度传感器的工作范围，在外环和底座上都有限制其转角具有弹性的限制挡钉。

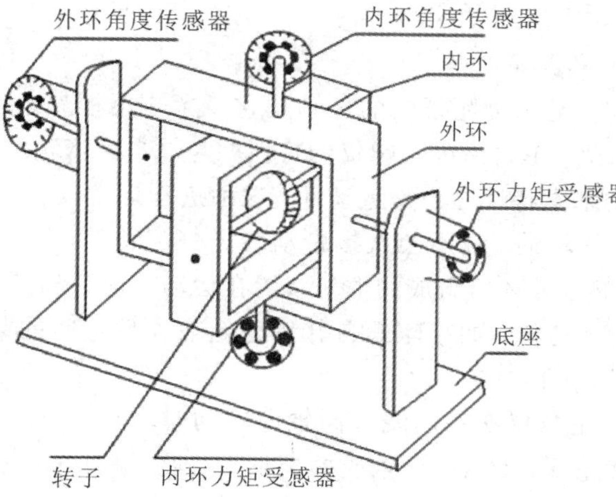

图 4-27　工程上应用的二自由度陀螺仪基本结构示意图

仪表装配后，还要求进行内环和外环活动的精确平衡调准，保证仪表活动部分的质心与转子、内环、外环三轴线的交点重合，为此在垂直于其内环、外环轴的方向上各装有可移动的平衡配重。为了防止机械损伤以及灰尘和飞溅物的侵入，仪表上盖有外罩。仪表底座的定位基准是底部的三个支承点和侧面的两个基准面(即基准凸块)。根据仪表外罩上的箭头方向，借助于支承点和基准面，可将仪表精确地安装在基座上，保证正确的定向。

如前所述，一台二自由度陀螺仪最多可以测量两个姿态角，要测量导弹的三个姿态角就需要两台二自由度陀螺仪。按照陀螺仪在导弹上安装后陀螺主轴与射面的关系，两台二自由度陀螺仪分别称为垂直陀螺仪和水平陀螺仪。垂直陀螺仪的陀螺主轴与射面垂直，如图 4－28 所示，外环轴与导弹的偏航轴 OY_1 平行，内环轴与导弹的滚动轴 OX_1 平行，其作用是测量弹头飞行过程中的偏航角和滚动角。水平陀螺仪的陀螺主轴与射面平行，如图 4－29所示，其作用是测量导弹飞行过程中的俯仰角。这样垂直陀螺仪敏感导弹飞行的偏航角和滚动角，水平陀螺仪敏感导弹飞行的俯仰角。

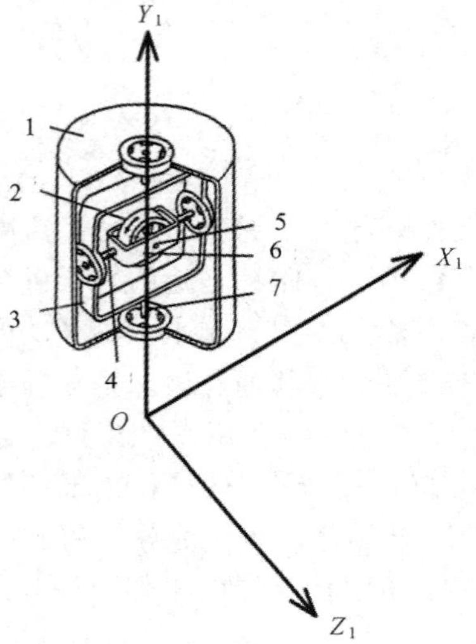

图 4－28 垂直陀螺仪在弹上的安装示意图

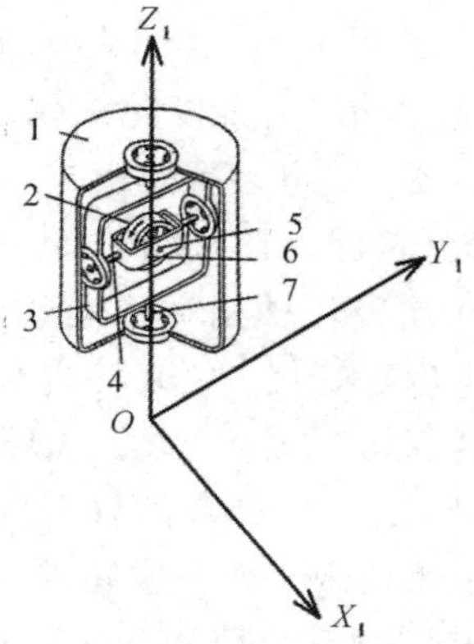

图 4－29 水平陀螺仪在弹上的安装示意图

3）单自由度陀螺仪的基本特性

单自由度陀螺仪与二自由度陀螺仪的区别是它少了一个框架，故相对基座而言，它少了一个转动自由度。因此，单自由度陀螺仪的特性就与二自由度陀螺仪有所不同。

二自由度陀螺仪的基本特性之一是进动性，这种进动运动仅仅与作用在陀螺仪上的外力矩有关。无论基座如何转动，都不会直接带动转子一起转动，即不会直接影响到转子的进动运动。可以说，由内、外环所组成的框架装置在运动方面起到隔离作用，将基座的转动与转子的转动隔离开来。这样，如果陀螺自转轴稳定在惯性空间的某个方位上，那么基座转动时它仍然稳定在原来的方位上。

首先分析单自由度陀螺仪在基座绕不同轴向转动时的运动情况。当基座绕陀螺自转轴 Oz 轴或框架轴 Ox 轴转动时，仍然不会带动转子一起转动，即对于基座绕这两个方向的转动，框架仍然起到隔离运动的作用。但是，当基座绕 Oy 轴以角速度 ω_y 转动时，由于陀螺仪绕该轴没有转动自由度，所以将通过框架轴上的一对支撑带动框架连同转子一起转动，即强迫陀螺仪绕 Oy 轴进动，如图 4－30 所示。而这时陀螺自转轴仍力图保持原来的空

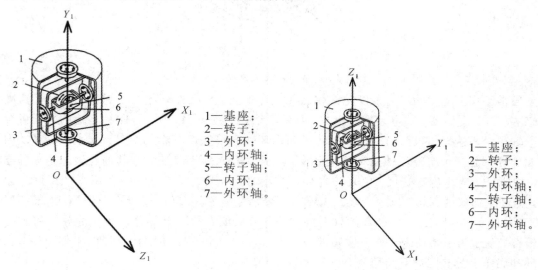

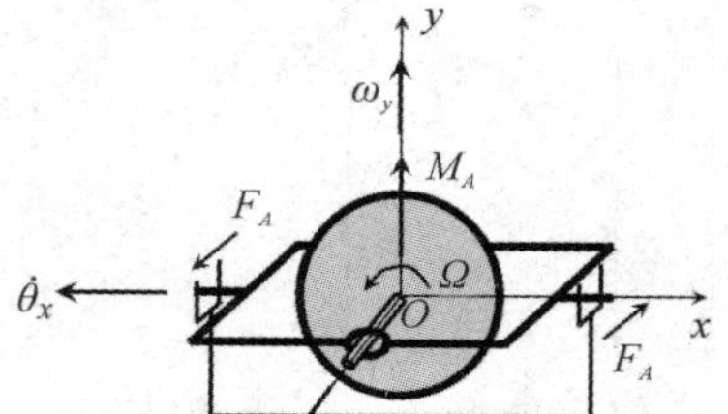

图 4－30 基座绕 Oy 轴转动时陀螺仪的运动情况

间方位稳定，于是框架轴上的一对支撑就产生推力 F_A 作用在框架轴的两端，并形成推力矩 M_A 作用在陀螺仪上，推力矩的方向沿 Oy 轴的正向。由于陀螺仪绕框架轴仍然存在转动自由度，所以这个推力矩就强迫陀螺仪产生绕框架轴的进动，并出现进动转角，强迫进动角速度 $\dot{\theta}_x$ 沿框架轴 Ox 轴的负向，使自转轴 Oz 轴趋向于与 Oy 轴重合。

上述分析说明，当基座绕陀螺仪缺少自由度的 Oy 轴转动时，强迫陀螺仪绕 Oy 轴转动的同时，还强迫陀螺仪绕框架轴进动，并出现进动转角，自转轴 Oz 轴将趋向于与 Oy 轴重合。若基座转动的方向相反，则陀螺仪绕框架轴进动的方向也相反。这里定义 Oy 轴为单自由度陀螺仪的输入轴，而框架轴（Ox 轴）为输出轴，绕其进动的转角称为输出转角。通过以上分析可知，单自由度陀螺仪具有敏感绕其输入轴转动的特性。换言之，单自由度陀螺仪具有敏感绕缺少自由度方向转动的特性。

再分析单自由度陀螺仪受到绕框架轴外力矩作用时的运动情况。如图 4-31 所示，假设外力矩 M_x 绕框架轴 Ox 轴的正向作用，那么陀螺仪将力图以角速度 M_x/H 绕 Oy 轴的正向进动。这种进动能否实现，应根据当前基座绕 Oy 轴的转动情况而定。

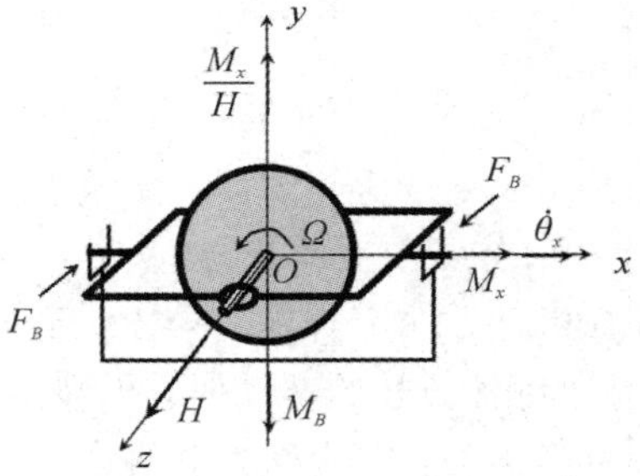

图 4-31　外力矩绕框架轴作用时陀螺仪的运动情况

当基座绕 Oy 轴没有转动时，由于框架轴上一对支撑的约束，这种进动是不可能实现的。但陀螺仪的进动趋势仍然存在，并对框架轴两端的支撑施加压力。于是，支撑就产生约束反力 F_B 作用在框架轴的两端，并形成约束反力矩 M_B 作用在陀螺仪上，约束反力矩的方向沿 Oy 轴的负向。由于陀螺仪绕框架轴仍然存在转动自由度，所以这个约束反力矩就使陀螺仪产生绕框架轴的进动，进动角速度 $\dot{\theta}_x$ 沿框架轴 Ox 轴的正向。也就是说，如果基座绕 Oy 轴没有转动，则在框架轴的外力矩的作用下，陀螺仪的转动方向是与外力矩的作用方向相一致的。这时，陀螺仪如同一般刚体那样绕框架轴转动起来。

当基座绕 Oy 轴转动且角速度 $\omega_y = M_x/H$ 时，框架轴上一对支撑不再对陀螺仪绕 Oy 轴的进动起约束作用，陀螺仪绕 Oy 轴的进动角速度 M_x/H 恰好与基座转动角速度 ω_y 相等，框架轴上一对支撑不再对陀螺仪施加推力矩作用，所以基座的转动也不会引起陀螺仪绕框架轴转动。这时，陀螺仪绕 Oy 轴处于进动状态，而绕框架轴则处于相对静止状态。

3. 光纤陀螺仪的基本原理

光纤陀螺仪和后面将介绍的激光陀螺仪均属于新型光学陀螺仪，其工作原理均基于萨格奈克（Sagnac）效应。

1）*萨格奈克效应*

萨格奈克效应是法国实验物理学家萨格奈克（M. M. Sagnac）在 1913 年发现的。当时他为了观察转动系统中光的干涉现象，做了两个类似于旋转陀螺力学实验的光学实验，实验装置如图 4-32 所示。

从光源 O 发出的光到达半镀银反射镜 M 后分成两束：一束是反射光，经反射镜 M_1、M_2、M_3 及 M 到达光屏 P；另一束是透射光，经 M_3、M_2、M_1 及 M 到达光屏 P。这两束光

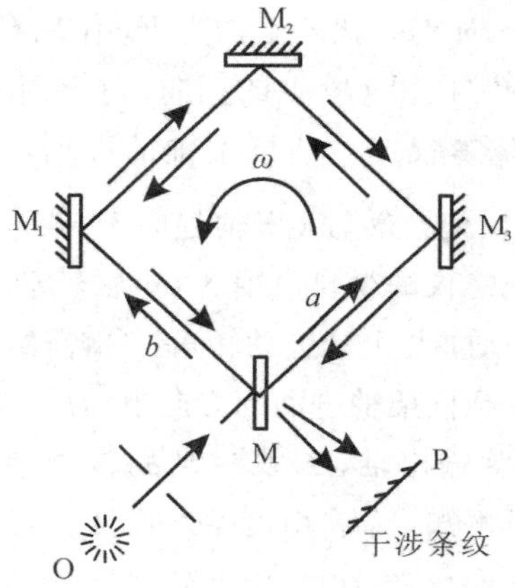

图 4-32　萨格奈克实验装置

沿着相反方向汇合在光屏上，形成干涉条纹。干涉条纹用照相机记录。当整个装置(包括光源和照相机)开始转动时，干涉条纹开始发生位移，观察到条纹位移与古典非相对论计算结果相符。这个实验称为萨格奈克实验，它证明了处于一个系统中的观察者确定该系统的转动速度的可能性。但是，当时只有普通光源，观察到的效益非常小，很难达到应用上要求的精确度，因此没有实用价值。一直到20世纪60年代，一种新型光源——激光器问世后，该效应才被广泛应用于激光陀螺、光纤陀螺以及各种用途的光纤传感器上。激光光源与普通光源的主要区别就在于它是强相干光源。

光的相干性是一个比较复杂的问题，可以用光的量子论(光子统计理论)描述，也可以用经典波动理论描述。下面从经典波动理论出发讨论光的相干性。

首先介绍两个实验。第一个实验如图4-33(a)所示，有两个相同的光源 O_1 和 O_2，在光源前放置一个具有两个小孔的光阑，从 O_1 和 O_2 发出的光波分别通过小孔到达光屏P。一般情况下，这两束光共同照明的地方要亮，其光强约为每个光源照明时的光强之和，因为这两束光互不干扰，所以各自独立传播。另一个实验如图4-33(b)所示，有一个光源O，从O发出的两束光重叠的地方并不像第一个实验那样中间很亮，向两边逐渐衰减，而是出现一列明暗相间的条纹。在亮处的光强差不多是单独一束光照射时的4倍，而在暗处的光强为零。这两束光不是独立地传播，而是相互干扰的，这就是光的干涉现象，明暗相间的条纹称为干涉条纹。

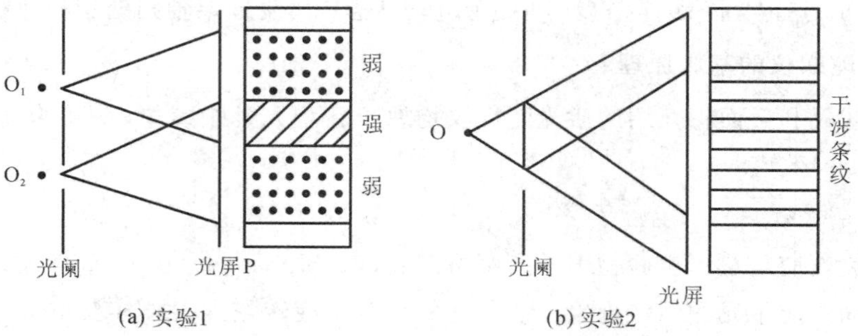

图 4-33　与光的相干性有关的两个实验

光在一定条件下会产生干涉条纹是因为光波也遵循波的叠加原理。根据波的叠加原理，当两列单色光波(频率单一的正弦波)同时作用于光屏的某点上时，该点光波(叠加波)

的情况与这两列单色光波间的相位差有密切关系。如果两列单色光波是同相位，则叠加波的频率和相位与原来的光波一样，但振幅是原来两列单色光波的振幅之和，即这两列单色光波相互加强，形成亮条纹；如果两列单色光波是相反相位，则叠加波的振幅为原来两列单色光波的振幅之差，即这两列单色光波相互抵消，形成暗条纹。可见只有相位相关的光波才能发生干涉现象。图 4-33(a)所示的实验 1 就是因为两列光波的相位是杂乱无章地变化，没有一定的相位关系和恒定的相位差，所以不会出现干涉条纹。在图 4-33(b)所示的实验 2 中，两束光是由同一光波经过光阑而形成的，所以它们具有相同的相位和振幅，这两列光波在光屏上相遇时就会出现干涉条纹。激光器的各发光中心是相互关联的，可以在较长时间内存在恒定的相位差，因此有很好的相干性。

2）干涉式光纤陀螺仪的工作原理

光纤陀螺仪的萨格奈克效应可以用如图 4-34 所示的圆形环路干涉仪来说明。

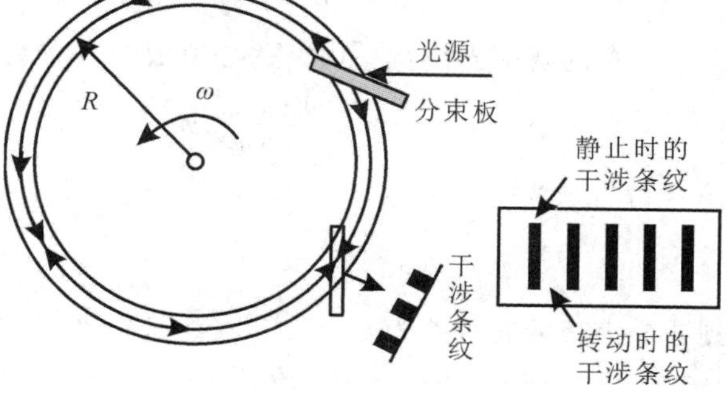

图 4-34 圆形环路干涉仪

该干涉仪由光源、分束板、反射镜和光纤环组成。光源入射后，被分束板分成等强的两束光，即反射光和透射光。反射光进入光纤环沿着圆形环路逆时针方向传播。透射光被反射镜反射回来后又被分束板反射，进入光纤环沿着圆形环路顺时针方向传播。这两束光绕行一周后，又在分束板汇合。

先不考虑光纤芯层的折射率的影响，即认为光是在折射率为 1 的媒质中传播。当干涉仪相对惯性空间无旋转时，相反方向传播的两束光(光束 a 和光束 b)绕行一周的光程相等，都等于圆形环路的周长，即

$$L_a = L_b = L = 2\pi R$$

两束光绕行一周的时间也相等，都等于光程 L 除以真空中的光速 c，即

$$t_a = t_b = \frac{L}{c} = \frac{2\pi R}{c} \tag{4.102}$$

当干涉仪绕着与光路平面相垂直的轴以角速度 ω(设为逆时针方向)相对惯性空间旋转时，由于光纤环和分束板均随之转动，相反方向传播的两束光绕行一周的光程就不相等，时间也不相等。

当沿逆时针方向传播的光束 a 绕行一周再次到达分束板时，多走了 $R\omega t_a$ 的距离，其实际光程为

$$L_a = 2\pi R + R\omega t_a$$

故这束光绕行一周的时间为

$$t_a=\frac{L_a}{c}=\frac{2\pi R+R\omega t_a}{c}$$

由此可得

$$t_a=\frac{2\pi R}{c-R\omega} \tag{4.103}$$

当沿顺时针方向传播的光束 b 绕行一周再次到达分束板时，少走了 $R\omega t_b$ 的距离，其实际光程为

$$L_b=2\pi R-R\omega t_b$$

故这束光绕行一周的时间为

$$t_b=\frac{L_b}{c}=\frac{2\pi R-R\omega t_b}{c}$$

由此可得

$$t_b=\frac{2\pi R}{c+R\omega} \tag{4.104}$$

综上可知沿相反方向传播的两束光绕行一周到达分束板的时间差为

$$\Delta t=t_a-t_b=\frac{4\pi R^2}{c^2-(R\omega)^2}\omega$$

因为 $c\gg(R\omega)^2$，所以上式可近似为

$$\Delta t=\frac{4\pi R^2}{c^2}\omega \tag{4.105}$$

从而两束光绕行一周到达分束板的光程差为

$$\Delta L=c\Delta t=\frac{4\pi R^2}{c}\omega \tag{4.106}$$

这表明两束光的光程差 ΔL 与输入角速度 ω 成正比。实际上，式(4.106)中 πR^2 代表了圆形环路的面积，可以用符号 A 表示。

光纤芯层材料的主要成分是石英，其折射率为 1.5～1.6。当在折射率为 n 的光纤层中传播时，若干涉仪无转动，则两束光的传播速度均为 c/n。若有角速度 ω(设为逆时针方向)输入时，则两束光的传播速度不再相等。但是同样可以推出，此情况下沿相反方向传播的两束光绕行一周的光程差 ΔL 与真空中的情况完全相同，亦即光的传播与媒质的折射率无关。

光纤陀螺仪可以说是萨格奈克干涉仪，通过测量两束光之间的相位差(相移)来获得被测角速度。两束光之间的相移 $\Delta\phi$ 与光程差 ΔL 有如下关系：

$$\Delta\phi=\frac{2\pi}{\lambda}\Delta L \tag{4.107}$$

式中 λ 为光源的波长。将式(4.106)代入式(4.107)，并考虑光纤环的周长 $L=2\pi R$，可得两束光绕行一周再次汇合时的相移为

$$\Delta\phi=\frac{4\pi RL}{c\lambda}\omega \tag{4.108}$$

式(4.108)是单匝光纤环的情况，而光纤陀螺仪采用的是多匝(设为 N 匝)光纤环的光纤线圈，故两束光绕行 N 周再次汇合时的相移应是

$$\Delta\phi=\frac{4\pi RLN}{c\lambda}\omega \tag{4.109}$$

由于真空中光速 c 和圆周率 π 均为常数，光源的波长 λ 以及光纤线圈的半径 R、匝数 N 等结构参数均为定值，因此光纤陀螺仪的输出相移 $\Delta\phi$ 与输入角速度 ω 成正比，即

$$\Delta\phi = K\omega \tag{4.110}$$

式中，K 称为光纤陀螺仪标度因数，且

$$K = \frac{4\pi RLN}{c\lambda} \tag{4.111}$$

式(4.111)表明，在光纤线圈半径一定的条件下，可以通过增加线圈匝数，即增加光纤总长度来提高测量的灵敏度。光纤的直径很小，长度为 500～2500 m 的陀螺装置，其光纤直径仅为 10 cm 左右。但光纤长度也不能无限增加，因为光纤有一定损耗(典型值为 1 dB/km)，而且光纤越长，系统保持其互易性越困难，所以光纤长度一般不超过 2500 m。

4. 激光陀螺仪的基本原理

激光陀螺仪的环形谐振腔一般做成三角形或四边形。以如图 4-35 所示的有源激光陀螺仪的三角形谐振腔为例，它由激光管、反射镜和半透镜组成。激光管内装有工作介质，一般为氦氖混合气体，它由高频电压或直流电压予以激励。在激光管的两端各装有 1 个满足布氏角的端面镜片，以使光束具有一定的偏振方向。

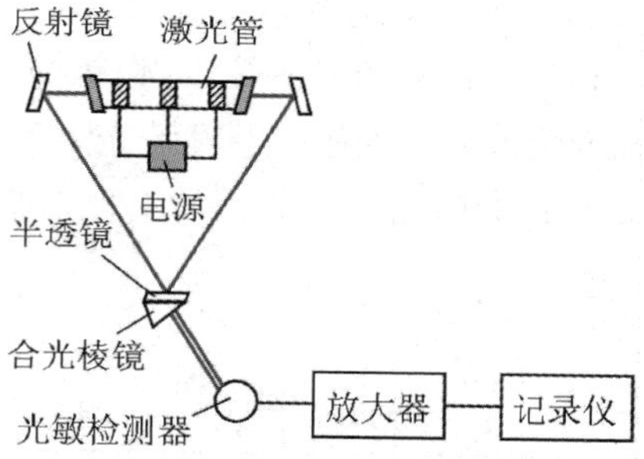

图 4-35　有源激光陀螺仪结构示意图

由激光理论可知，激光管中的工作介质在外来激励作用下，其原子将从基态被激发到高能级，使得某两个能级之间实现粒子数的反转分布，此时的工作介质称为激活物质或增益介质。光通过激活物质时将被放大，获得增益。但激活物质的长度不可能做得很长，而且光通过它时还存在损耗，所以光在一次通过激活物质时获得的增益是有限的。为了使受激辐射的光不断放大，获得足够高的增益，并使它的频率、方向偏振、相位都相同，需要有光学谐振腔才行。激光陀螺仪采用的是环形谐振腔。

在环形谐振腔内，沿光轴方向传播的光子受到反射镜的不断反射，在腔内不断绕行，这样它就不断地重复通过激活物质而不断得到放大。反射镜镀有多层薄膜，选择每层反射膜的厚度使之等于所需激光波长的 1/4，可使所需波长的光得到最大限度的反射，并限制其他波长光的反射。而且选择谐振腔环路周长正好等于所需激光波长的整数倍，可使得自镜面反射回来的光形成以镜面为波节的驻波。于是，只有所需频率或波长的光才能在腔内形成稳定振荡而不断得到加强，并且相位也达到同步。另外，按布氏角设置的镜片使通过它的光成为线偏振光。也就是说，谐振腔可使同方向、同频率、同相位、同偏振的光子得到不断的放大，从而形成激光。由于激光陀螺仪采用环形谐振腔，因此在腔内产生了沿相反

方向传播的两束激光，其中一束沿逆时针方向，另一束沿顺时针方向。

设光在环形谐振腔内绕行一周的光程为 L，则对频率为 ν_q 的激光，在腔内绕行一周的相位差应是 $2\pi\nu_q t=2\pi\nu_q L/c$。根据光在腔内绕行一周相位的改变为 $2n$ 的整数倍，即 $2\pi\nu_q$ 为整数才能产生激光谐振这一条件，可以写出

$$\frac{2\pi\nu_q L}{c}=2\pi q \tag{4.112}$$

由此得到谐振频率为

$$\nu_q=\frac{qc}{L} \tag{4.113}$$

当谐振腔相对惯性空间无旋转时，两束激光在腔内绕行一周的光程相等，都等于谐振腔环路周长，即 $L_a=L_b=L$。根据式(4.113)可知，这时两束激光的振荡频率相等，即

$$\nu_a=\nu_b=\nu_q=\frac{qc}{L} \tag{4.114}$$

则两束激光的振荡波长亦相等，即

$$\lambda_a=\lambda_b=\lambda=\frac{c}{\nu_q}=\frac{L}{q} \tag{4.115}$$

这时谐振腔环路周长 L 恰好为谐振波长 λ 的整数倍。

当谐振腔绕着与环路平面相垂直的轴以角速度 ω(设为逆时针方向)相对惯性空间旋转时，两束激光在腔内绕行一周的光程不再相等。逆时针光束所走的光程为 $L_a=L+\Delta L$，顺时针光束所走的光程为 $L_b=L-\Delta L$，因而两束激光的谐振频率不同，分别为

$$\begin{cases}\nu_a=\dfrac{qc}{L_a}\\[2ex]\nu_b=\dfrac{qc}{L_b}\end{cases} \tag{4.116}$$

两束激光振荡频率之差或拍频为

$$\Delta\nu=\nu_b-\nu_a=\frac{(L_a-L_b)qc}{L_bL_a} \tag{4.117}$$

可以证明

$$\begin{cases}L_aL_b=\dfrac{L^2}{1-(L\omega)^2/(8c)^2}\approx L^2\\[2ex]L_a-L_b=\dfrac{4A}{c}\omega\end{cases} \tag{4.118}$$

式中，A 为环形谐振腔光路包围的面积。将上述关系代入式(4.117)得

$$\Delta\nu=\frac{4Aq}{L^2}\omega \tag{4.119}$$

再考虑到式(4.115)的关系，可把式(4.119)写成

$$\Delta\nu=\frac{4A}{L\lambda}\omega \tag{4.120}$$

可见，激光陀螺仪的输出频差或拍频 $\Delta\nu$ 与输入角速度 ω 成正比，即

$$\Delta\nu=K\omega \tag{4.121}$$

式中，K 称为激光陀螺仪标度因数，且

$$K=\frac{4A}{L\lambda} \tag{4.122}$$

激光陀螺仪采用有源环形谐振腔和测频差技术，与无源环形干涉仪及测光程差的方案相比，其测量角速度的灵敏度大约提高了 8 个数量级。这是因为，具有一定光程差的两束光的干涉条纹只是相比零图像横移了一段距离，而感测这一段距离的分辨率是很有限的；但具有一定频率差的两束光的干涉条纹却以一定的速度向某一侧不断移动着，感测出单位时间内通过的条纹数目即可确定出频差的大小。后者的分辨率显然要比前者高得多。

为了测量沿逆时针方向传播与沿顺时针方向传播的两束激光的频差，需要将这两束激光引出谐振腔外，使它们混合并入射在光敏检测器上。两束光的一小部分能量通过半透镜射入直角合光棱镜，再经合光棱镜相应地透射和反射后汇合。由于合光棱镜的直角不可能严格地等于 90°，总有一个小偏差角 a，两束光从合光棱镜出射后也有很小的夹角$\varepsilon=2na$（n 为合光棱镜的折射率），其值约为几角秒，因此就在光敏检测器上产生了平行等距的干涉条纹。

当激光陀螺仪无角速度输入（频差 $\Delta\nu=0$）时，干涉条纹的位置不随时间变化。当激光陀螺仪有角速度 ω 输入（频差 $\Delta\nu\neq0$）时，干涉条纹的移动速度与 $\Delta\nu$ 成正比，亦即与 ω 成正比。干涉条纹的移动速度可由光敏检测器来感测。如果光敏检测器敏感元件的尺寸比干涉条纹的间距小，那么光敏检测器只能检测到 1 个干涉条纹。这样，当干涉条纹在光敏检测器上移动时，就会输出电脉冲信号。输入角速度越大，干涉条纹移动的速度越快，输出电脉冲的频率也越高。因此，只要采用频率计测出电脉冲的频率，就可测得输入角速度。如果采用可逆计数器测出电脉冲的个数，就可测得输入转角。

4.3.3 惯性仪表加速度计基本原理

惯性系统依靠安装在载体上的加速度计来测量载体的加速度，然后对加速度积分一次获得运动速度，再积分一次即可获得位置数据。加速度计是惯性导航系统的核心惯性元件之一，它的功能是测量载体相对于某参考系的加速度。从控制系统的角度来看，加速度计所测得的加速度是惯性导航系统最重要的输入信号。加速度计的测量精度对惯性导航系统的水平精度和定位精度有着直接的影响，因此对加速度计的精度指标提出了相当高的要求。

在惯性导航中已经得到实际应用的加速度计的类型很多。例如，从所测加速度的性质来分，有角加速度计、线加速度计；从测量的自由度来分，有单轴加速度计、双轴加速度计和三轴加速度计；从测量加速度的原理上分，有压电加速度计、振弦加速度计、莱塞加速度计和摆式加速度计等；从支承方式上分，有液浮加速度计、挠性加速度计和静电加速度计等；从输出信号来分，有积分加速度计和双重积分加速度计等。这些不同结构形式的加速度计各有特点，可根据任务的要求选用不同的类型。

总体而言，加速度计的类型很多。这里只介绍加速度计的一般测量原理和基本结构，而在本书第 6 章将结合实际弹头控制技术给出石英挠性加速度计的结构组成与工作原理。至于其他类型的加速度计的具体原理，可参阅惯性技术相关书籍。

1. 加速度计的测量原理

加速度是速度的变化率，难以直接测量，必须对其进行相应的转换。以加速度计的弹簧-质量模型为例，它的基本组成为：一个用于敏感加速度的质量块，一个支承质量块的弹簧，一个减少超调的阻尼器，一个用于安装质量块与弹簧的仪表壳体，以及一个用于读出的刻度，如图 4-36 所示。

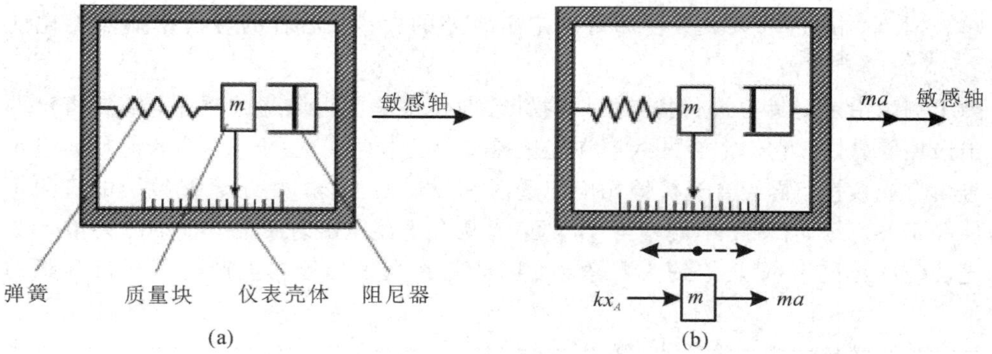

图 4-36　加速度计的弹簧-质量模型

加速度计的工作原理基于经典的牛顿力学定律。质量块（质量设为 m）借助弹簧（弹簧刚度设为 k）被约束在仪表壳体内，并且通过阻尼器与仪表壳体相连。阻尼器则用来阻尼质量块到达稳定位置的振荡。显然，质量块只能沿弹簧轴线方向做往复运动，该方向称为加速度计的敏感轴方向。

当沿加速度计的敏感轴方向无加速度输入时，质量块相对仪表壳体处于零位（如图 4-36(a)所示）。当加速度计沿敏感轴方向以加速度 a 相对惯性空间运动时，仪表壳体也随之做加速运动，但质量块保持原来的惯性，故它朝着与加速度相反的方向相对仪表壳体位移而压缩（或拉伸）弹簧（如图 4-36(b)所示）。当相对位移量达到一定值时，弹簧受压（或受拉）变形所产生的弹簧力 kx_A（x_A 为位移量）使质量块以同一加速度 a 相对惯性空间运动。在此稳态情况下，有如下关系式成立：

$$kx_A = ma \text{ 或 } x_A = \frac{m}{k}a \tag{4.123}$$

即稳态时质量块的相对位移量 x_A 与运载体的加速度 a 成正比。此时，从刻度上读取相对位移量，即可计算出加速度 a 的值。

从加速度计的工作原理可以看出，加速度计通过测量质量块所受的惯性力来间接测量物体的加速度，所测量到的加速度是相对于惯性空间的。但是如果考虑运载体在地球表面飞行，则还必须计入地球引力场的影响。

爱因斯坦在广义相对论中提出：如果仅从物体内部进行测量，那么将无法分辨是引力还是外力致使物体产生加速度。他举出这样的例子：观察者处于车厢中，由于刹车而体验到一种朝向前方的运动，并由此察觉车厢的非匀速运动。但是对于处于车厢内部的观察者而言，并不知道有刹车的动作，观察者也可以这样解释他的体验："我的参考物体（车厢）一直保持静止。但是，这个参考物体存在着（在刹车期间）一个方向向前而且对于时间而言可变的引力场。在这个场的影响下，路基连同地球以这样的方式做非匀速运动，即它们的向后的原有速度在不断地减小。"

假设你处在一个外太空的飞船中，不受引力的影响，若飞船正以"1g"加速，则你将可能站在"地板"上，并感受到你的真实体重。也就是说，如果抛出一个球，它将"落"向地板。因为飞船正"向上"加速，但球并不受到力的作用，所以球不会被加速，它将落在后面，在飞船内部看来，球似乎具有了"1g"的向下加速度。

由于加速度计是依据物体内安装的质量块敏感加速度，引起弹簧支承变形，从物体内部测量加速度的，而地球、月球、太阳和其他天体又存在着引力场，所以加速度计的测量必将受到引力的影响。为了便于说明，暂且不考虑运载体的加速度。如图 4-37 所示，设加速度计的质量块受到沿敏感轴方向的引力 mG(G 为引力加速度)的作用，则质量块将沿着引力作用方向相对仪表壳体位移而拉伸(或压缩)弹簧。当相对位移量达到一定值时，弹簧受拉(或受压)所产生的弹簧力 kx_G(x_G 为位移量)恰与引力 mG 相平衡。在此稳态情况下，有如下关系式成立：

$$kx_G = mG \text{ 或 } x_G = \frac{m}{k}G \tag{4.124}$$

即稳态时质量块的相对位移量 x_G 与引力加速度 G 成正比。

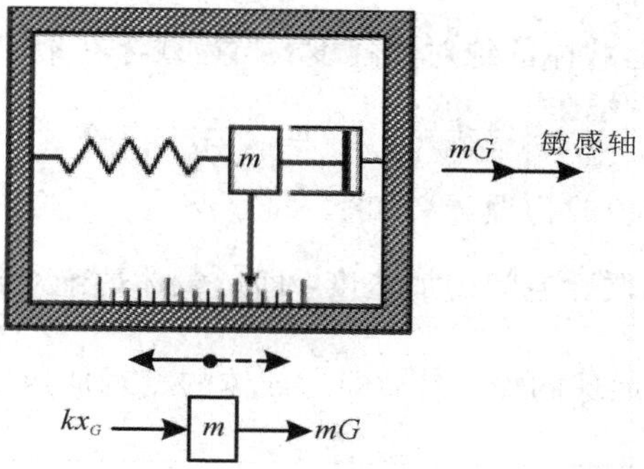

图 4-37 引力对加速度计测量的影响

对照图 4-36 和图 4-37 可以看出，沿同一轴向的矢量 $\boldsymbol{a}$ 和矢量 $\boldsymbol{G}$ 所引起的质量块位移方向正好相反。综合考虑运载体加速度和引力加速度，在稳态时质量块的相对位移量为

$$x = \frac{m}{k}(a - G) \tag{4.125}$$

即稳态时质量块的相对位移量 x 与($a-G$)成正比。借助位移传感器可将该位移量变换成电信号，所以加速度计的输出与($a-G$)成正比。

例如，在地球表面附近，把加速度计的敏感轴安装得与运载体(如火箭)的纵轴平行。当运载体以 $5g$(g 为重力加速度)的加速度垂直向上运动，即以 $a=5g$ 沿敏感轴正向运动时，因沿敏感轴负向有引力加速度 $G \approx g$，故质量块的相对位移量为

$$x \approx \frac{m}{k}(5g + g) = 6\frac{m}{k}g$$

当运载体垂直自由降落，即以 $a=g$ 沿敏感轴正向运动时，因沿敏感轴正向有引力加速度 $G \approx g$，故质量块的相对位移量为

$$x = \frac{m}{k}(g - g) = 0$$

在惯性技术中，通常把加速度计的输入量($\boldsymbol{a}-\boldsymbol{G}$)称为"比力"。现在说明它的物理意义。这里作用在质量块上的外力包括弹簧力 $\boldsymbol{F}_{弹}$ 和引力 $m\boldsymbol{G}$，根据牛顿第二定律，可以写出

$$\boldsymbol{F}_{弹}+m\boldsymbol{G}=m\boldsymbol{a}$$

移项后得

$$\boldsymbol{F}_{弹}=m\boldsymbol{a}-m\boldsymbol{G}$$

再将上式两边同除以质量 m，得到

$$\frac{\boldsymbol{F}_{弹}}{m}=\boldsymbol{a}-\boldsymbol{G}$$

令 $\boldsymbol{f}=\dfrac{\boldsymbol{F}_{弹}}{m}$，则得

$$\boldsymbol{f}=\boldsymbol{a}-\boldsymbol{G} \tag{4.126}$$

由此可知，比力代表了作用在单位质量上的弹簧力。因为比力的大小与弹簧变形量成正比，而加速度计输出电压的大小正是与弹簧变形量成正比，所以加速度计实际感测的量并非运载体的加速度，而是比力。因此，加速度计又称为比力敏感器。

作用在质量块上的弹簧力与惯性力和引力的合力恰好大小相等、方向相反。于是又可把比力定义为“作用在单位质量上的惯性力和引力的合力(或说矢量和)”。应该注意的是，比力具有与加速度相同的量纲。

在式(4.126)中，$\boldsymbol{a}$ 是运载体的绝对加速度，当运载体在地球表面运动时，其表达式为

$$\left.\frac{\mathrm{d}^2\boldsymbol{R}}{\mathrm{d}t^2}\right|_i=\left.\frac{\mathrm{d}^2\boldsymbol{R}_0}{\mathrm{d}t^2}\right|_i+\left.\frac{\mathrm{d}^2\boldsymbol{r}}{\mathrm{d}t^2}\right|_e+2\boldsymbol{\omega}_{ie}\times\left.\frac{\mathrm{d}\boldsymbol{r}}{\mathrm{d}t}\right|_e+\boldsymbol{\omega}_{ie}\times(\boldsymbol{\omega}_{ie}\times\boldsymbol{r}) \tag{4.127}$$

式(4.127)中各项所代表的物理意义如下：

$\left.\dfrac{\mathrm{d}^2\boldsymbol{R}}{\mathrm{d}t^2}\right|_i$——运载体相对惯性空间的加速度，即运载体的绝对加速度；

$\left.\dfrac{\mathrm{d}^2\boldsymbol{r}}{\mathrm{d}t^2}\right|_e$——运载体相对地球的加速度，即运载体的相对加速度；

$\left.\dfrac{\mathrm{d}^2\boldsymbol{R}_0}{\mathrm{d}t^2}\right|_i$——地球公转引起的地心相对惯性空间的加速度，它是运载体牵连加速度的一部分；

$\boldsymbol{\omega}_{ie}\times(\boldsymbol{\omega}_{ie}\times\boldsymbol{r})$——地球自转引起的牵连点的向心加速度，它是运载体牵连加速度的另一部分；

$2\boldsymbol{\omega}_{ie}\times\left.\dfrac{\mathrm{d}\boldsymbol{r}}{\mathrm{d}t}\right|_e$——运载体相对地球速度与地球自转角速度的相互影响而形成的附加加速度，即运载体的哥氏加速度。

式(4.126)中，$\boldsymbol{G}$ 是引力加速度，它是地球引力加速度 $\boldsymbol{G}_e$、月球引力加速度 $\boldsymbol{G}_m$、太阳引力加速度 $\boldsymbol{G}_s$ 和其他引力加速度 $\sum\limits_{i=1}^{n-3}\boldsymbol{G}_i$ 的矢量和，即

$$\boldsymbol{G}=\boldsymbol{G}_e+\boldsymbol{G}_m+\boldsymbol{G}_s+\sum_{i=1}^{n-3}\boldsymbol{G}_i \tag{4.128}$$

将式(4.127)和式(4.128))代入式(4.126)，可得加速度计所敏感的比力为

$$\boldsymbol{f}=\left.\frac{\mathrm{d}^2\boldsymbol{R}_0}{\mathrm{d}t^2}\right|_i+\left.\frac{\mathrm{d}^2\boldsymbol{r}}{\mathrm{d}t^2}\right|_e+2\boldsymbol{\omega}_{ie}\times\left.\frac{\mathrm{d}\boldsymbol{r}}{\mathrm{d}t}\right|_e+\boldsymbol{\omega}_{ie}\times(\boldsymbol{\omega}_{ie}\times\boldsymbol{r})-\left(\boldsymbol{G}_e+\boldsymbol{G}_m+\boldsymbol{G}_s+\sum_{i=1}^{n-3}\boldsymbol{G}_i\right) \tag{4.129}$$

一般而言，地球公转引起的地心相对惯性空间的加速度 $\mathrm{d}^2\boldsymbol{R}_0/\mathrm{d}t^2|_i$ 与太阳引力加速度 $\boldsymbol{G}_s$ 大致相等，故有

$$\left.\frac{\mathrm{d}^2\boldsymbol{R}_0}{\mathrm{d}t^2}\right|_i-\boldsymbol{G}_s\approx 0$$

在地球表面附近，月球引力加速度 $\boldsymbol{G}_m\approx 3.9\times 10^{-6}\boldsymbol{G}_e$；太阳系的行星中距地球最近的是金星，其引力加速度为 $1.9\times 10^{-8}\boldsymbol{G}_e$；太阳系的行星中质量最大的是木星，其引力加速度约为 $3.7\times 10^{-8}\boldsymbol{G}_e$。至于太阳系外的其他星系，因距地球更远，其引力加速度更加微小。对于一般精度的惯性系统，月球及其他天体引力加速度的影响可以忽略不计。考虑到上述这些关系，加速度计所敏感的比力可写成

$$\boldsymbol{f}=\left.\frac{\mathrm{d}^2\boldsymbol{r}}{\mathrm{d}t^2}\right|_e+2\boldsymbol{\omega}_{ie}\times\left.\frac{\mathrm{d}\boldsymbol{r}}{\mathrm{d}t}\right|_e+\boldsymbol{\omega}_{ie}\times(\boldsymbol{\omega}_{ie}\times\boldsymbol{r})-\boldsymbol{G}_e \tag{4.130}$$

在式(4.130)中，$\mathrm{d}\boldsymbol{r}/\mathrm{d}t|_e$ 即运载体相对地球的运动速度，用 $\boldsymbol{v}$ 代表。同时注意到，地球引力加速度 $\boldsymbol{G}_e$ 与地球自转引起的牵连点的向心加速度 $\boldsymbol{\omega}_{ie}\times(\boldsymbol{\omega}_{ie}\times\boldsymbol{r})$ 共同形成了地球重力加速度，即

$$\boldsymbol{g}=\boldsymbol{G}_e-\boldsymbol{\omega}_{ie}\times(\boldsymbol{\omega}_{ie}\times\boldsymbol{r}) \tag{4.131}$$

这样，加速度计所敏感的比力可改写成

$$\boldsymbol{f}=\left.\frac{\mathrm{d}\boldsymbol{v}}{\mathrm{d}t}\right|_e+2\boldsymbol{\omega}_{ie}\times\boldsymbol{v}-\boldsymbol{g} \tag{4.132}$$

在惯性系统中，加速度计是安装在运载体内的某一测量坐标系中工作的，例如直接安装在与运载体固连的运载体坐标系中(对捷联式惯性系统)，或安装在与平台固连的平台坐标系中(对平台式惯性系统)。假设安装加速度计的测量坐标系为 p 系，它相对地球坐标系的转动角速度为 $\boldsymbol{\omega}_{ep}$，则有

$$\left.\frac{\mathrm{d}\boldsymbol{v}}{\mathrm{d}t}\right|_e=\left.\frac{\mathrm{d}\boldsymbol{v}}{\mathrm{d}t}\right|_p+\boldsymbol{\omega}_{ep}\times\boldsymbol{v} \tag{4.133}$$

于是，加速度计所敏感的比力可进一步写为

$$\boldsymbol{f}=\left.\frac{\mathrm{d}\boldsymbol{v}}{\mathrm{d}t}\right|_p+\boldsymbol{\omega}_{ep}\times\boldsymbol{v}+2\boldsymbol{\omega}_{ie}\times\boldsymbol{v}-\boldsymbol{g} \tag{4.134}$$

或

$$\boldsymbol{f}=\dot{\boldsymbol{v}}+\boldsymbol{\omega}_{ep}\times\boldsymbol{v}+2\boldsymbol{\omega}_{ie}\times\boldsymbol{v}-\boldsymbol{g} \tag{4.135}$$

式(4.135)就是运载体相对地球运动时加速度计所敏感的比力表达式，通常称为比力方程。式中各项所代表的物理意义如下：

$\left.\frac{\mathrm{d}\boldsymbol{v}}{\mathrm{d}t}\right|_p$ 或 $\dot{\boldsymbol{v}}$——运载体相对地球的速度在测量坐标系中的变化率，即在测量坐标系中表示的运载体相对地球的加速度；

$\boldsymbol{\omega}_{ep}\times\boldsymbol{v}$——测量坐标系相对地球转动所引起的向心加速度；

$2\boldsymbol{\omega}_{ie}\times\boldsymbol{v}$——运载体相对地球速度与地球自转角速度的相互影响而形成的附加加速度，即运载体的哥氏加速度；

$\boldsymbol{g}$——地球重力加速度。

由于比力方程表明了加速度计所敏感的比力与运载体相对地球的加速度之间的关系，所以它是惯性系统的一个基本方程。不论惯性系统的具体方案和结构如何，该方程都是适用的。

如果令

$$(2\boldsymbol{\omega}_{ie}+\boldsymbol{\omega}_{ep})\times\boldsymbol{v}-\boldsymbol{g}=\boldsymbol{a}_B \tag{4.136}$$

则可把式(4.135)改写成

$$f - a_B = \dot{v} \tag{4.137}$$

这里的 a_B 通常称为有害加速度。

导航计算中需要的是运载体相对地球的加速度 $\dot{v}$。但从式(4.135)可以看出，加速度计不能分辨有害加速度和运载体相对加速度。因此，必须从加速度计所测得的比力 f 中消除有害加速度 a_B 的影响，才能得到运载体相对地球的加速度 $\dot{v}$，进而经过数学运算获得运载体相对地球的速度 v 及位置等导航参数。

2. 加速度计的基本结构

自 1942 年德国在 V-2 火箭上首次使用加速度计以来，近百种不同类型的加速度计被先后生产。目前主要研制和使用的加速度计有金属挠性加速度计、石英挠性伺服加速度计、压电加速度计、激光加速度计、光纤加速度计、微机械加速度计等。虽然加速度计的种类繁多，工作过程各异，但一个加速度计都至少由三部分组成：检测质量、固定检测质量的支承及输出与加速度有关信号的传感器。这三部分的存在并不总是很明显。例如在两块相对放置的极板间放置的压电块，当它被加速时，测量两块极板之间的电压。检测质量是显然的，即压电块；固定检测质量的支承即压电的体积(容积)弹性(变形)；而传感器是压电效应本身。有些仪表有伺服控制，还需要为平衡惯性设计力矩器和电子伺服回路。

根据原理结构不同，加速度计可系统分为开环和闭环两大类。

1) 开环加速度计

开环加速度计又称为简单加速度计，也称为过载传感器。这类加速度计的测量系统是开环的。加速度值经过敏感元件，也不需要把输出量反馈到输入端与输入量进行比较。因此，对于每一个被测量的加速度值，开环加速度计便有一个输出值与之对应。为了满足实际应用的需要，开环加速度计必须进行精确的校准，并且在工作过程中，保持这种校准值不发生变化。开环加速度计的抗干扰能力较差，外界干扰会对测量精度有较大的影响，一般来说精度也比较低。

开环加速度计的优点是构造简单，容易维护，容易小型化，成本较低。在一般精度要求不太高的情况下，多采用开环加速度计，其原理方框图如图 4-38 所示。

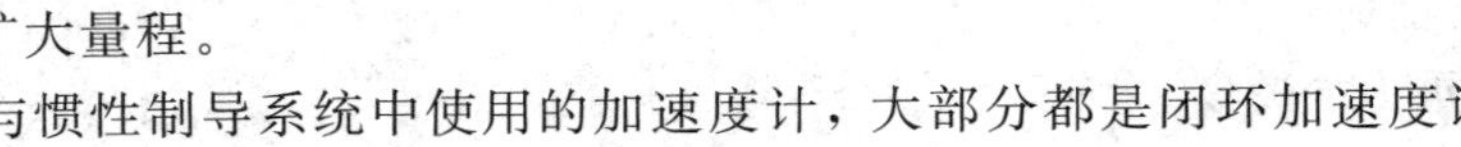

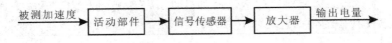

图 4-38　开环加速度计原理方框图

2) 闭环加速度计

闭环加速度计的抗干扰能力较强，在零件、组件精度相同的情况下，采用闭环加速度计可以提高测量精度。由于有反馈作用，因此闭环加速度计的活动系统始终工作在零位附近，这样可以扩大量程。

惯性导航与惯性制导系统中使用的加速度计，大部分都是闭环加速度计，其原理方框图如图 4-39 所示。

从当前情况看，加速度计存在以下几个明显的发展方向：

(1) 力平衡摆式加速度计几乎占领了高精度加速度计的全部市场。因此，应该继续改进液浮摆、挠性摆和石英摆式加速度计的性能，以满足不同场景对高精度加速度计的需求。

(2) 由于对输出数字化以及大动态范围、高分辨率的迫切需求，石英振梁式加速度计

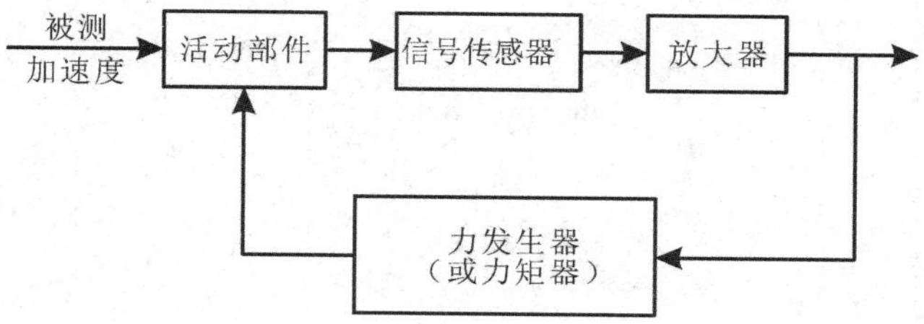

图 4-39 闭环加速度计原理方框图

发展非常迅速，预计未来在几微克到 1 mg 的应用领域将有广泛的应用。

(3) 微机械加速度计采用固态电子工业开发的加工技术，能像制造集成电路那样来生产，并且可以把器件和信号处理电路集成在同一块硅片上，实现真正意义上的机电一体化，因而其具有成本低、可靠性高、尺寸小、质量轻和可大批量生产的优点，在军用和民用中有巨大的潜力，是加速度计发展的一个重要方向。

4.3.4 惯性导航系统基本原理

惯性导航是一种自主式导航方法。惯性导航系统的基本原理是以牛顿力学定律为基础，在飞行器内用导航加速度计测量飞行器运动的加速度，通过积分运算得到飞行器的速度信息。下面以简单的平面运动导航为例说明惯性导航系统的基本原理(见图 4-40)。

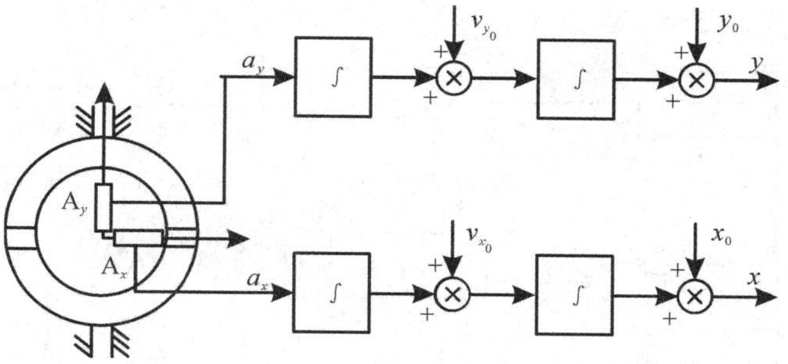

图 4-40 惯性导航系统的基本原理

取 Oxy 坐标系为定位坐标系，飞行器的瞬时位置用 x、y 两个坐标值来表示。如果在飞行器内用一个导航平台把两个导航加速度计的测量轴分别稳定在 x 轴和 y 轴上，则加速度计分别测量飞行器沿 x 轴和 y 轴的运动加速度 a_x 和 a_y，从而飞行器的飞行速度 v_x 和 v_y 的计算式为

$$\begin{cases} v_x = v_{x_0} + \int_0^t a_x \mathrm{d}t \\ v_y = v_{y_0} + \int_0^t a_y \mathrm{d}t \end{cases} \tag{4.138}$$

这里不加推导地给出飞行器姿态角的计算公式。设机体坐标系 $Ox_by_bz_b$ 与地理坐标系之间的变换矩阵为

$$\boldsymbol{C}_n^b = \begin{bmatrix} T_{11} & T_{12} & T_{13} \\ T_{21} & T_{22} & T_{23} \\ T_{31} & T_{32} & T_{33} \end{bmatrix} \tag{4.139}$$

则偏航角为

$$\psi=\arctan\left(\frac{T_{12}}{T_{11}}\right) \tag{4.140}$$

俯仰角为

$$\varphi=\arctan(T_{13}) \tag{4.141}$$

滚动角为

$$\gamma=\arctan\left(\frac{T_{23}}{T_{33}}\right) \tag{4.142}$$

在这里定义的偏航角数值以地理北向为起点沿顺时针方向计算，范围为 0°～360°；俯仰角从纵向水平轴算起，向上为正，向下为负，范围为 0°～90°或－90°～0°；滚动角从铅垂平面算起，右倾为正，左倾为负，范围为 0°～180°。

从结构上分，惯导系统可分为平台式惯导系统和捷联式惯导系统(SINS)两种基本类型。在平台式惯导系统中，导航平台的主要功用是模拟导航坐标系，把导航加速度计的测量轴稳定在导航坐标系轴向，使其能直接测量飞行器在导航坐标系轴向的加速度，并且可以用几何方法从平台的框架轴上直接拾取飞行器的姿态和航向信息。捷联式惯导系统则不用实体导航平台，而把加速度计和陀螺仪直接与飞行器的壳体固连，在计算机中实时解算姿态矩阵，通过姿态矩阵把导航加速度计测量的弹体坐标系轴向加速度信息变换到导航坐标系，然后进行导航计算，同时从姿态矩阵的元素中提取姿态和航向信息。由此可见，SINS 是用计算机，即建立一种数学平台来完成导航平台的功能的。图 4－41 和图 4－42 分别为平台式惯导系统和 SINS 的原理框图。

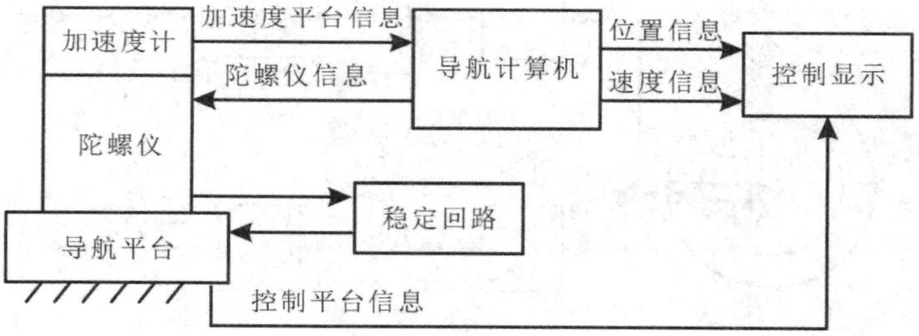

图 4－41　平台式惯导系统原理框图

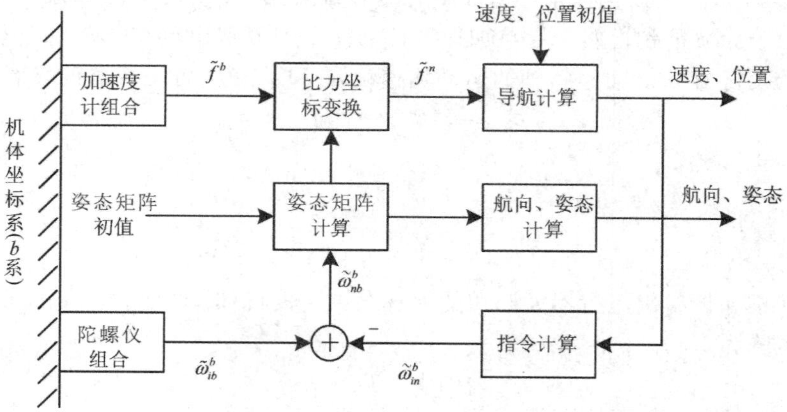

图 4－42　SINS 原理框图

SINS由于省掉了机电式的导航平台，所以体积、质量和成本都大大降低。另外，由于SINS提供的信息全部是数字信息，所以特别适用于采用数字式飞行控制系统的导弹上，因而在新一代导弹上得到了极其广泛的应用。在SINS中，用陀螺仪测量的机体坐标系(b系)相对于惯性坐标系(i系)的角速度$\tilde{\omega}_{ib}^{b}$，减去导航计算机计算出的导航坐标系(n系)相对于惯性坐标系的角速度$\tilde{\omega}_{in}^{b}$，就得到机体坐标系相对于导航坐标系的角速度$\tilde{\omega}_{nb}^{b}$，利用这个角速度进行姿态矩阵的计算。有了姿态矩阵，就可以把加速度计测量的沿机体坐标系轴向的比力信息$\tilde{f}^{b}$变换到导航坐标系，然后进行导航计算。同时利用姿态矩阵的元素提取航向和姿态信息。

SINS的惯性仪表直接固连在载体上，使系统省去了机电式的导航平台，从而给系统带来了许多优点：

(1) 整个系统的体积、质量和成本大大降低。通常陀螺仪和加速度计只占导航平台的1/7。

(2) 惯性仪表便于安装维护，也便于更换。

(3) 惯性仪表可以给出载体轴向的线加速度和角速度，和平台式系统相比，可以提供更多的导航和制导信息。

(4) 惯性仪表便于采用余度配置，提高系统的性能和可靠性。

与此同时，惯性仪表直接固连在载体上，也带来了以下问题：

(1) 惯性仪表固连在载体上，直接承受了载体的震动和冲击，工作环境恶劣。对机械转子陀螺而言，必须进行仪表动态误差和静态误差的测试和实时补偿。

(2) 惯性仪表特别是陀螺仪直接测量载体的角运动，高性能歼击机角速度可达400°/s，这就要求捷联陀螺有较大的施矩速度和高性能的再平衡回路。

(3) 平台式系统的陀螺仪安装在平台上，可以相对重力加速度和地球自转角速度任意定向来进行测试，便于误差标定。而捷联陀螺的装机标定比较困难，从而要求捷联陀螺有较高的参数稳定性。

4.3.5 平台式惯导系统基本原理

要实现惯性导航原理，必须满足以下四项基本要求：

(1) 系统里必须以物理方式或计算存储方式建立一个导航坐标系，以便载体的加速度和重力加速度的测量值在其上进行分解；

(2) 系统必须能测得非引力加速度(比力)；

(3) 必须预先知道重力场的分布，以便从惯性元件测出的比力中计算出载体的加速度；

(4) 系统必须能完成二重积分运算和有害加速度的补偿运算。

第一个要求可通过陀螺仪来实现；第二个要求可通过加速度计来实现；第三个要求或者由重力分解器以解析方式实现，或者通过休拉调谐以几何方式实现；第四个要求可通过计算机来实现。实现上述四项基本要求的硬件组成了惯性导航系统(简称惯导系统)，也可以说，惯导系统是实现惯性导航原理的硬件设备的总体。

在惯导系统中，用陀螺仪来实现一个坐标系，就是在载体上建立一个平台。这个平台可以是用物理方式实现的，也可以是用计算存储方式实现的。用物理方式实现的平台就是陀螺稳定平台(陀螺稳定装置)，用计算存储方式实现的平台就是数学平台。

具有陀螺稳定平台的惯导系统称为平台式惯导系统，具有数学平台的惯导系统称为捷联式惯导系统。

1. 陀螺稳定平台的组成及分类

稳定平台本身是一个用框架系统悬挂起来的台体组件(也称为稳定元件)。如果框架绕支承轴没有任何外力矩作用，则台体组件将相对惯性空间始终保持在原来的方位上。但是，这种理想情况实际上是不存在的，台体组件总会在外界干扰力矩的作用下偏离原来的方位。要保证台体组件相对惯性空间真正保持在原方位上，除了使台体组件有足够的自由度，补偿干扰力矩的影响也是一项必须采取的措施。

补偿干扰力矩的影响有两种不同的方法：一种是开环补偿法，它是根据某一项具体的干扰因素(例如载体的线加速度)的变化规律做相应的补偿；另一种是闭环补偿法，它是当平台在各种干扰力矩综合作用下偏离理想方位某一角度后，用这个角度控制相应反馈系统的力矩电机加上所需的补偿力矩，对干扰力矩进行统一补偿。后者不需要区分产生干扰的不同原因，而是根据综合误差对干扰进行统一的补偿。

综上所述，一个陀螺稳定平台主要由台体、陀螺仪、框架系统和稳定回路构成。陀螺稳定平台的主要作用是在运载体内按给定的战术技术指标，建立一个与运载体的角运动无关的导航坐标系，为加速度计提供可靠的测量基准，也为运载体姿态角的测量提供所需的坐标基准。

用框架系统支承的台体，由于框架系统为台体提供了空间的转动自由度，因此台体能够与运载体角运动相隔离，是陀螺稳定平台的稳定对象；安装在台体上的陀螺仪敏感台体相对于惯性空间的角运动，并通过机电元件构成的稳定回路控制平台系统，使平台系统相对惯性空间(或地球)保持稳定或按给定规律进动。也就是说，陀螺稳定平台是利用陀螺仪特性直接或间接地使某一物体相对惯性空间(或地球)保持给定位置或按给定规律改变起始位置的一种装置。它以陀螺仪为敏感元件，以台体为稳定对象，具有包含变换放大器和力矩电机的伺服回路。

陀螺稳定平台按结构形式的不同可分为浮球平台和框架陀螺稳定平台，其中后一种又可细分为单轴、双轴及三轴陀螺稳定平台；按选用的导航坐标系不同可分为地理坐标系平台和惯性坐标系平台；按陀螺仪类型不同可分为由单自由度陀螺仪构成的陀螺稳定平台和由二自由度陀螺仪构成的陀螺稳定平台。

在惯性导航系统中，建立一个空间导航坐标系，需要用一个三轴陀螺稳定平台，而三轴陀螺稳定平台可以看成是由三套单轴陀螺稳定平台构成的。因此，单轴陀螺稳定平台是分析、设计三轴陀螺稳定平台的基础。下面仅介绍单轴陀螺稳定平台的基本原理，就原理而言，三轴陀螺稳定平台与单轴陀螺稳定平台是相通的。

2. 单轴陀螺稳定平台的基本原理

图 4-43 给出了由单自由度陀螺仪组成的单轴陀螺稳定平台的结构示意图。平台台体的转动轴(即具有自由度的那个轴)即稳定轴，设为 Y 轴；台体通过 Y 轴与基座相连，台体绕稳定轴相对基座的转角用 α_Y 表示。台体上安装一个单自由度陀螺仪，其敏感轴 y 轴与平

台的稳定轴 Y 轴平行，保证平台的稳定轴和陀螺仪的进动轴(输出轴)、转子轴相互垂直。陀螺仪的输出通过稳定回路送到稳定轴上的力矩电机。

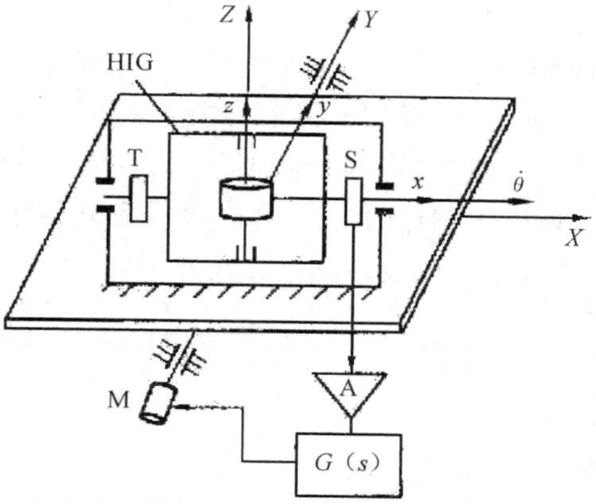

HIG—积分陀螺仪；S—陀螺仪信号传感器；T—陀螺仪力矩器；A—放大器；
M—平台稳定轴上的力矩电机；XYZ—平台坐标系；Y 轴—平台稳定轴；xyz—陀螺仪坐标系；
x 轴—陀螺仪进动轴(输出轴)；$\dot{\theta}$—陀螺仪进动角速度。

图 4-43　单轴陀螺稳定平台的结构示意图

1）几何稳定工作状态

平台台体是稳定对象，平台稳定回路的任务就是控制该稳定对象不受基座干扰，而能够在惯性空间保持方向稳定。

平台几何稳定工作状态的工作过程可以用如图 4-44 所示的方框图来说明。

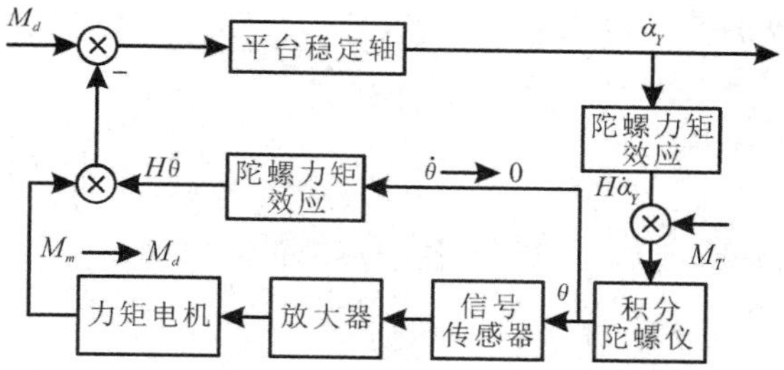

图 4-44　平台几何稳定工作状态的工作过程方框图

平台稳定轴上如有干扰力矩 M_d 作用，则会产生相应的角速度 $\dot{\alpha}_Y$。在 $\dot{\alpha}_Y$ 的作用下，陀螺仪进动轴 x 轴上将出现陀螺力矩 $H\dot{\alpha}_Y$，在此力矩作用下，x 轴上出现角速度 $\dot{\theta}$，继而出现 θ 转角。当出现 $\dot{\theta}$ 时，陀螺仪会在输入轴 y 轴上产生一个陀螺力矩 $H\dot{\theta}$，此力矩将会直接作用在平台稳定轴上以平衡干扰力矩。H 绕陀螺仪进动轴进动 θ 角后，信号传感器出现电压 U，放大后加给平台稳定轴上的力矩电机，电机产生一个力矩 M_m，与陀螺力矩 $H\dot{\theta}$ 一起平衡干扰力矩，力图使平台处于稳定工作状态。

当电机力矩 M_m 逐渐增大时，x 轴上的角速度 $\dot{\theta}$ 将逐渐减小，相应的陀螺力矩 $\dot{H}\theta$ 也逐渐减小。达到稳定状态后，电机力矩 M_m 等于干扰力矩 M_d，而 x 轴停止转动，x 轴上的角速度 $\dot{\theta}$ 将为零，陀螺力矩 $H\dot{\theta}$ 也随之消失。可见，陀螺力矩 $H\dot{\theta}$ 只在动态过程中存在。

由平台稳定轴、陀螺仪、放大器及平台稳定轴上的力矩电机组成的回路称为平台的稳定回路。

2）空间积分状态

如果要求平台绕 Y 轴以角速度 $\dot{\alpha}$ 相对惯性空间转动，就必须给陀螺仪力矩器输入一个与 $\dot{\alpha}$ 的大小成正比的指令电流 I，该指令电流使力矩器产生一个沿陀螺仪输出轴作用的指令力矩 $M_{指}$。在 $M_{指}$ 作用下，陀螺仪将绕输出轴进动。这样，陀螺仪信号传感器就输出与 $M_{指}$ 成比例的电压信号 U，该电压信号经放大器放大后驱动力矩电机，力矩电机带动平台绕 Y 轴相对惯性空间以角速度 $\dot{\alpha}$ 转动。若此时有陀螺力矩 $H\dot{\alpha}$ 作用在陀螺仪输出轴上，即有 $H\dot{\alpha}=M_{指}=K_mI$，则 $\alpha=\frac{K_m}{H}\int I\mathrm{d}t$ 。可见，在指令电流 I 控制下，平台相对惯性坐标系的转角 α 将和这个电流的积分成正比。

3）静态稳定特性分析

（1）方框图与传递函数。利用动静法来建立如图 4－44 所示稳定回路中各环节方程。若不考虑初始条件 $\dot{\alpha}_{Y_0}$、α_{Y_0} 与 $\dot{\theta}_0$、θ_0 及各环节的零位输出，则有：

① 平台稳定轴上的力矩平衡方程为

$$J\ddot{\alpha}_Y=M_d-M_m-H\dot{\theta}$$

② 积分陀螺仪输出轴上的力矩平衡方程为

$$I_x\ddot{\theta}+C\dot{\theta}=H\dot{\alpha}_Y$$

③ 积分陀螺仪角度传感器的输出电压为

$$U_1=K_t\theta$$

④ 稳定回路放大器的输出电流为

$$I=K_0\omega(t)U_1$$

⑤ 力矩电机产生的平衡力矩为

$$M_m=K_mI$$

对上述方程进行拉氏变换后，可得出各个环节的传递函数，从而可画出如图 4－45 所示的平台稳定回路方框图。

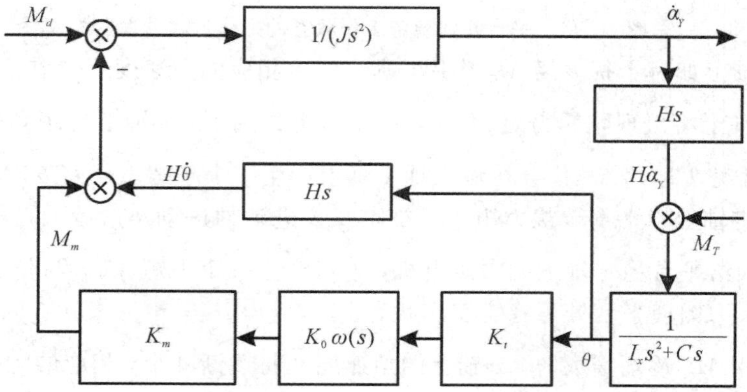

图 4－45　平台稳定回路方框图

经方框图变换，可得系统传递函数为

$$\frac{\alpha_Y(s)}{M_d(s)}=\frac{I_x s+C}{JCs^2(I_x s/C+1)+H[Hs+K_t K_0 K_m\omega(s)]} \tag{4.143}$$

$$\frac{\alpha_Y(s)}{M_T(s)}=\frac{-[Hs+K_t K_0 K_m\omega(s)]}{JCs^3(I_x s/C+1)+Hs[Hs+K_t K_0 K_m\omega(s)]} \tag{4.144}$$

$$\frac{\theta(s)}{M_d(s)}=\frac{H}{JCs^2(I_x s/C+1)+H[Hs+K_t K_0 K_m\omega(s)]} \tag{4.145}$$

$$\frac{\theta(s)}{M_T(s)}=\frac{Js}{JCs^2(I_x s/C+1)+H[Hs+K_t K_0 K_m\omega(s)]} \tag{4.146}$$

(2) 静态特性分析。平台稳定系统主要有两个干扰输入，一个是沿平台稳定轴作用的干扰力矩 M_d，另一个是沿陀螺仪输出轴作用的干扰力矩 M_T，应分别研究它们对平台系统静态性能(即平台稳定轴转角 α_Y)的影响。

① M_d 对平台系统静态性能的影响。设输入干扰力矩 M_d 为阶跃干扰(因为阶跃干扰通常反映较苛刻的工作条件，同时也容易产生)，且认为 $\omega(s)=1$，则由式(4.143)可得

$$\alpha_Y=\lim_{s\to 0}s\cdot\frac{I_x s+C}{JCs^2(I_x s/C+1)+H[Hs+K_t K_0 K_m\omega(s)]}\cdot\frac{M_d}{s}=\frac{C}{HK}M_d \tag{4.147}$$

其中 $K=K_t K_0 K_m$。

由此可见，沿平台稳定轴上的常值干扰力矩将导致平台沿稳定轴处于稳态时已转过一个很小的角度 $\alpha_Y=\dfrac{C}{HK}M_d$，该角度称为稳态误差角。

令 $S_\alpha=\dfrac{HK}{C}$，则平台稳态误差角为 $\alpha_Y=\dfrac{M_d}{S_\alpha}$。

S_α 称为平台静态抗扰刚度，它表示平台在常值干扰力矩作用下保持方位的稳定能力。为了减小外干扰力矩作用下的平台静差，保证动态稳定质量，液浮陀螺平台具有较高的静态抗扰刚度。

② M_T 对平台系统静态性能的影响。同样设输入干扰力矩 M_T 为阶跃干扰，且认为 $\omega(s)=1$，则由式(4.144)可得

$$s\cdot\alpha_Y(s)=\dot{\alpha}_Y=\lim_{s\to 0}s\cdot\frac{-[Hs+K_t K_0 K_m\omega(s)]}{JCs^3(I_x s/C+1)+Hs[Hs+K_t K_0 K_m\omega(s)]}\cdot M_T=-\frac{M_T}{H}$$

这表明，平台绕稳定轴以恒定角速度 $\dot{\alpha}_Y$ 在转动，其积累的稳态误差角为 $\alpha_Y=-\dfrac{M_T}{H}t$。因此陀螺仪输出轴上的干扰力矩将引起平台稳定轴产生漂移误差。这说明平台的漂移实质是由陀螺仪的漂移造成的。

3. 平台式惯导系统的工作原理

当前应用的平台式惯导系统主要有两种类型：解析式惯导系统和半解析式惯导系统。

解析式惯导系统的平台稳定在惯性空间，导航参数主要靠数学解析的方法获取。这种系统主要应用于导弹惯性制导系统。

半解析式惯导系统是指测量运动载体相对于导弹发射点地面水平的地理坐标系的加速度，经计算机解算出导航参数的惯性导航系统，又称为当地水平的惯性导航系统。它由用陀螺仪和加速度计构成的惯性平台组成，平台相对于惯性空间连续转动(进动)始终跟踪当地的水平面和水平方向(指北或指东)，因此能测得运动载体相对于地理坐标系的加速度，经计算机解算出导航参数。平台测得相对于当地水平方向的加速度，经计算机一次积分得

到速度，再经过变换将此信号加到相应的陀螺仪力矩器，使平台进动而跟踪地理坐标系。由于陀螺仪进动起积分作用，所以根据输出即可得到运动载体的经纬度值。因为平台跟随地理坐标系，所以要消除哥氏加速度和离心加速度对运动加速度计输出的影响。这种系统在巡航导弹、飞机和舰艇等接近地面运动的载体上应用。

平台式惯导系统主要由陀螺稳定平台、导航计算机和控制显示器等部分组成。其中陀螺稳定平台用来在运载体上实时地建立所选定的导航坐标系，为加速度计提供精确的安装基准，使 3 个加速度计的测量轴始终沿着导航坐标系的 3 个坐标轴，以测量导航计算机所需的运载体沿导航坐标系 3 个坐标轴的加速度。

以选取地理坐标系为导航坐标系的平台式惯导系统为例，其工作原理如图 4-46 所示。此系统的陀螺稳定平台为由 3 个单自由度陀螺仪或 2 个二自由度陀螺仪所构成的三轴稳定装置。借助于稳定回路，平台绕导航坐标系 3 个坐标轴保持空间方位稳定；借助于修正回路，平台始终跟踪当地的地理坐标系。由此，安装在平台上的 3 个加速度计能够精确地测得运载体相对地球运动的北向加速度 a_N、东向加速度 a_E 和天向加速度 a_U。

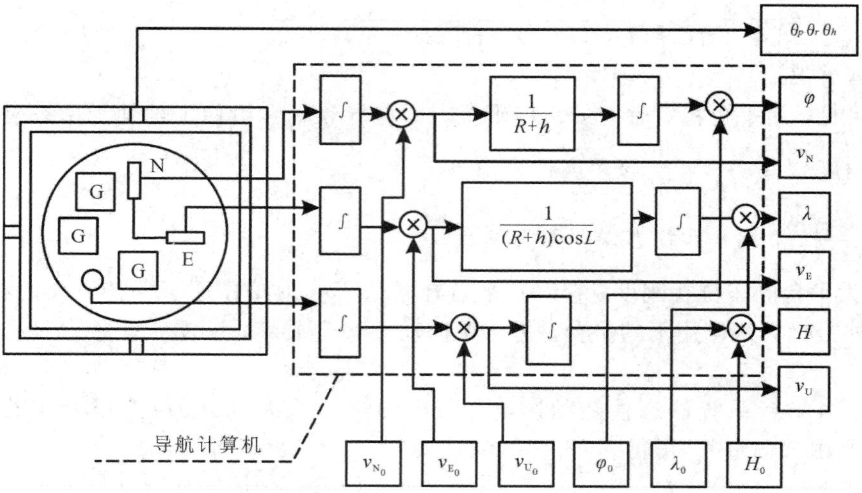

图 4-46 平台式惯导系统工作原理图

图 4-46 中，v_N、v_E、v_U分别为沿北向、东向、天向的速度。对这 3 个速度分量积分，可求得运载体相对起始点的北向位移 S_N、东向位移 S_E 和高度变化 H：

$$\begin{cases} S_N = \int v_N \mathrm{d}t \\ S_E = \int v_E \mathrm{d}t \\ H = \int v_U \mathrm{d}t \end{cases} \tag{4.148}$$

对 S_N、S_E 进行球面运算，可求得运载体相对起始点的纬度变化 $\Delta\varphi$ 和经度变化 $\Delta\lambda$：

$$\begin{cases} \Delta\varphi = \dfrac{S_N}{R+h} = \dfrac{1}{R+h}\int v_N \mathrm{d}t \\ \Delta\lambda = \dfrac{S_E}{(R+h)\cos L} = \dfrac{1}{(R+h)\cos L}\int v_E \mathrm{d}t \end{cases} \tag{4.149}$$

式中，R 为地球半径，h 为导弹离地面高度，L 为导弹所在位置点的纬度。

设运载体起始点的初始纬度为 φ_0、初始经度为 λ_0、初始高度为 H_0，则运载体所处的经纬度和高度可按下式确定：

$$\begin{cases}\varphi = \varphi_0 + \dfrac{1}{R+h}\displaystyle\int v_{\mathrm{N}}\,\mathrm{d}t \\ \lambda = \lambda_0 + \dfrac{1}{(R+h)\cos L}\displaystyle\int v_{\mathrm{E}}\,\mathrm{d}t \\ H = H_0 + \displaystyle\int v_{\mathrm{U}}\,\mathrm{d}t\end{cases} \tag{4.150}$$

上述导航参数的计算由惯导系统内部的导航计算机来实现。输出的导航参数应该包括经度、纬度、高度以及北向速度、东向速度、天向速度。稳定平台测出的姿态参数包括偏航角、俯仰角和滚动角。

从上面介绍的简化系统原理可以看出，惯导系统主要包括如下几个部件：

(1) 加速度计，用于测量运载体运动加速度。

(2) 陀螺稳定平台，为加速度计提供测量坐标基准，同时可以从相应稳定轴上拾取运载体姿态角信号。稳定平台把加速度计与陀螺和运载体角运动隔离，可放宽对这些仪表动特性的设计要求。

(3) 导航计算机，完成导航参数计算。如果平台要稳定在地理坐标系内，它还要对相应的陀螺施矩，给出控制平台运动的指令信号。

(4) 初始条件及其他控制信号的控制器。

(5) 系统供电电源。

4.3.6 捷联式惯导系统基本原理

1. 基本概念

捷联式惯导系统是将惯性仪表直接固连在运载体上，利用惯性仪表的输出和初始信息来确定载体的姿态、方位、位置和速度的导航系统。它一般由加速度计、陀螺仪和导航计算机等器件组成，如图 4-47 所示。加速度计敏感轴与弹体坐标系轴平行，用以测量视加速度在弹体坐标系各轴上的分量；导弹的姿态可由二自由度陀螺仪测量，也可用双轴或单轴的速率陀螺仪测量姿态角速度增量，经过复杂的计算求得，前者对应的惯导系统称为位置捷联惯导系统，后者对应的惯导系统则称为速率捷联惯导系统；导航计算机则根据所测数据进行计算，得到相对惯性导航坐标系的导航参数。

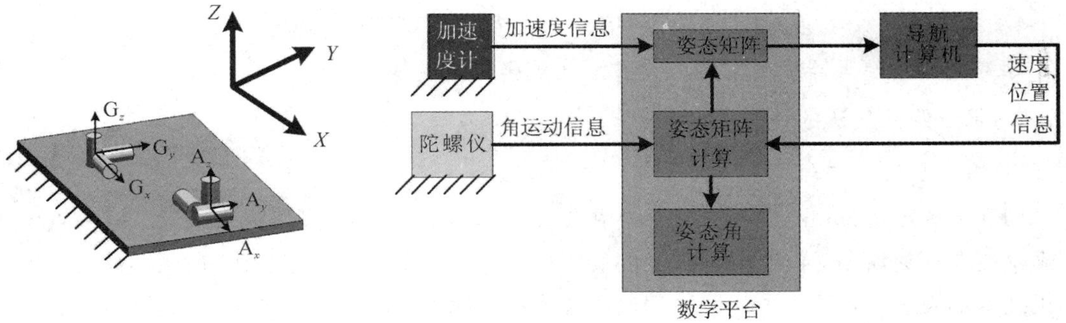

图 4-47 捷联式惯导系统组成框图

与平台式惯导系统不同，捷联式惯导系统没有实体物理平台，因此没有实际的惯性导航坐标系，而是依靠陀螺仪测量值经过坐标转换算法建立一个数学平台。因而捷联式惯导系统具有体积小、成本低、反应时间短、可靠性高、惯性仪表便于安装维护与更换、可以直接给出控制系统所需要信息以及便于实现冗余技术的特点。随着激光陀螺仪、光纤陀螺仪、微机电陀螺仪等新型固态陀螺仪的逐渐成熟以及高速大容量数字计算机技术的不断进步，捷联式惯导系统在低成本、中精度惯性导航领域呈现出取代平台式惯导系统的趋势。

基于应用情况，这里主要讨论速率捷联惯导系统。速率捷联惯导系统中的数学平台主要有以下两个功能：

(1) 根据速率陀螺仪测量值决定弹体坐标系到导航坐标系的转换矩阵，提供导航计算所要求的坐标基准；

(2) 给出姿态控制所要求的导弹相对导航坐标系的姿态。

两个坐标系之间的姿态转换矩阵可以采用方向余弦法或欧拉角法求得。求解方向余弦转换矩阵九个参数的微分方程组如公式(4.151)所示，线性方程组存在计算量大的问题。

$$\begin{cases}\dot{C}_{11}=C_{12}\omega_Z-C_{13}\omega_Y\\ \dot{C}_{12}=C_{13}\omega_X-C_{11}\omega_Z\\ \dot{C}_{13}=C_{11}\omega_Y-C_{12}\omega_X\\ \dot{C}_{21}=C_{22}\omega_Z-C_{23}\omega_Y\\ \dot{C}_{22}=C_{23}\omega_X-C_{21}\omega_Z\\ \dot{C}_{23}=C_{21}\omega_Y-C_{22}\omega_X\\ \dot{C}_{31}=C_{32}\omega_Z-C_{33}\omega_Y\\ \dot{C}_{32}=C_{33}\omega_X-C_{31}\omega_Z\\ \dot{C}_{33}=C_{31}\omega_Y-C_{32}\omega_X\end{cases} \tag{4.151}$$

而利用欧拉角法求得三个角运动参数的微分方程如公式(4.152)所示，此方程包含三角函数运算且当姿态角为90°时，方程会出现奇点，即方程会退化，故不能全姿态工作。

$$\begin{bmatrix}\dot{\gamma}\\ \dot{\psi}\\ \dot{\varphi}\end{bmatrix}=\frac{1}{\cos\varphi}\begin{bmatrix}\cos\varphi\cos\psi & 0 & \sin\psi\cos\varphi\\ \cos\varphi\sin\psi & \cos\varphi & \cos\varphi\cos\psi\\ \sin\psi & 0 & -\cos\psi\end{bmatrix}\begin{bmatrix}\omega_{xb}\\ \omega_{yb}\\ \omega_{zb}\end{bmatrix} \tag{4.152}$$

导弹武器及航天器上多采用四元数法实现坐标的转换。

2. 基于四元数法的姿态更新

1) 四元数的基本理论

四元数(Quaternion)的基本概念早在1843年就由B. P. 哈密顿提出来了，但一直停留在理论概念探讨阶段，没有得到广泛的实际应用。20世纪70年代开始，航天技术、数字计算机技术的发展，才促进了四元数理论和技术的应用。

(1) 四元数的定义、性质和运算法则。四元数 $\boldsymbol{Q}$ 是由一个实数单位1和三个虚数单位

$\mathbf{i}$、$\mathbf{j}$、$\mathbf{k}$ 组成的，其定义为

$$\boldsymbol{Q}=q_{0}1+q_{1}\mathbf{i}+q_{2}\mathbf{j}+q_{3}\mathbf{k} \tag{4.153}$$

其中，1 是实数部分的基，以后略去不写；$\mathbf{i}$、$\mathbf{j}$、$\mathbf{k}$ 为四元数的另三个基。四元数 $\boldsymbol{Q}$ 包括 q_0、q_1、q_2、q_3，它们都是实数。

从向量空间看，实数单位 1 和三个虚数单位 $\mathbf{i}$、$\mathbf{j}$、$\mathbf{k}$ 可以看成是一个四维空间的单位向量。在运算过程中，$\mathbf{i}$、$\mathbf{j}$、$\mathbf{k}$ 既具有代数中单位向量的性质，又具有复数运算中虚数单位的性质。四元数的基 1、$\mathbf{i}$、$\mathbf{j}$、$\mathbf{k}$ 的自乘和交乘有如下性质：

$$1\circ\mathbf{i}=\mathbf{i}\circ1=\mathbf{i},\qquad 1\circ\mathbf{j}=\mathbf{j}\circ1=\mathbf{j},\qquad 1\circ\mathbf{k}=\mathbf{k}\circ1=\mathbf{k}$$

$$\mathbf{i}\circ\mathbf{i}=\mathbf{i}^2=-1,\qquad \mathbf{j}\circ\mathbf{j}=\mathbf{j}^2=-1,\qquad \mathbf{k}\circ\mathbf{k}=\mathbf{k}^2=-1$$

$$\mathbf{i}\circ\mathbf{j}=\mathbf{k},\quad \mathbf{j}\circ\mathbf{i}=-\mathbf{k},\quad \mathbf{j}\circ\mathbf{k}=\mathbf{i},\quad \mathbf{k}\circ\mathbf{j}=-\mathbf{i},\quad \mathbf{k}\circ\mathbf{i}=\mathbf{j}\quad \mathbf{i}\circ\mathbf{k}=-\mathbf{j}$$

四元数 $\boldsymbol{Q}$ 本身既不是标量，也不是向量。若 $q_1=q_2=q_3=0$，则四元数退化为实数。若 $q_2=q_3=0$，则四元数退化为平面复数。

$\mathbf{i}$、$\mathbf{j}$、$\mathbf{k}$ 是正交单位向量，引入按 $\boldsymbol{Q}$ 定义的单位向量 $\mathbf{n}$，即对于四元数的向量部分 $\mathbf{q}$，其单位向量为 $\mathbf{n}$，显然

$$\mathbf{n}=\frac{q_1\mathbf{i}+q_2\mathbf{j}+q_3\mathbf{k}}{\sqrt{q_1^2+q_2^2+q_3^2}} \tag{4.154}$$

于是 $\boldsymbol{Q}$ 可表示为

$$\boldsymbol{Q}=q_0+\mathbf{q}=|\boldsymbol{Q}|\left(\frac{q_0}{|\boldsymbol{Q}|}+\frac{\sqrt{q_1^2+q_2^2+q_3^2}}{|\boldsymbol{Q}|}\cdot\frac{q_1\mathbf{i}+q_2\mathbf{j}+q_3\mathbf{k}}{\sqrt{q_1^2+q_2^2+q_3^2}}\right) \tag{4.155}$$

令

$$\begin{cases}\cos\dfrac{\delta}{2}=\dfrac{q_0}{|\boldsymbol{Q}|}\\[2ex]\sin\dfrac{\delta}{2}=\dfrac{|\mathbf{q}|}{|\boldsymbol{Q}|}\end{cases} \tag{4.156}$$

则有

$$\boldsymbol{Q}=|\boldsymbol{Q}|\left(\cos\frac{\delta}{2}+\mathbf{n}\sin\frac{\delta}{2}\right) \tag{4.157}$$

式(4.157)是任意四元数 $\boldsymbol{Q}$ 的三角表达式。其中 $|\boldsymbol{Q}|$ 为四元数 $\boldsymbol{Q}$ 的模，记为 $\sqrt{\|\boldsymbol{Q}\|}$。非负实数 $\|\boldsymbol{Q}\|$ 称为四元数 $\boldsymbol{Q}$ 的范数，其定义为

$$\|\boldsymbol{Q}\|=q_0^2+q_1^2+q_2^2+q_3^2 \tag{4.158}$$

可见，范数是一个标量。当 $|\boldsymbol{Q}|=1$ 时，$\boldsymbol{Q}$ 称为规范化四元数。以后若没有特别指出，讨论的都是规范化四元数。

四元数 $\boldsymbol{Q}$ 还可写为 $\boldsymbol{Q}=[q_0\,q_1\,q_2\,q_3]$。四元数加法运算适合交换律和结合律，乘法运算适合结合律、分配律，但不适合交换律。两个四元数 $\boldsymbol{q}$ 和 $\boldsymbol{p}$ 相乘，有

$$\begin{aligned}\boldsymbol{q}\cdot\boldsymbol{p}&=(q_0+q_1\mathbf{i}+q_2\mathbf{j}+q_3\mathbf{k})\cdot(p_0+p_1\mathbf{i}+p_2\mathbf{j}+p_3\mathbf{k})\\&=(q_0p_0-q_1p_1-q_2p_2-q_3p_3)+\mathbf{i}(q_0p_1+p_0q_1+q_2p_3-q_3p_2)+\\&\quad\mathbf{j}(q_0p_2+p_0q_2+q_3p_1-q_1p_3)+\mathbf{k}(q_0p_3+p_0q_3+q_1p_2-q_2p_1)\end{aligned} \tag{4.159}$$

写成矩阵式为

$$q\cdot p=\begin{bmatrix}q_0 & -q_1 & -q_2 & -q_3\\ q_1 & q_0 & -q_3 & q_2\\ q_2 & q_3 & q_0 & -q_1\\ q_3 & -q_2 & q_1 & q_0\end{bmatrix}\begin{bmatrix}p_0\\ p_1\\ p_2\\ p_3\end{bmatrix}\quad \text{或}\quad q\cdot p=\begin{bmatrix}p_0 & -p_1 & -p_2 & -p_3\\ p_1 & p_0 & p_3 & -p_2\\ p_2 & -p_3 & p_0 & p_1\\ p_3 & p_2 & -p_1 & p_0\end{bmatrix}\begin{bmatrix}q_0\\ q_1\\ q_2\\ q_3\end{bmatrix} \tag{4.160}$$

(2) 利用四元数实现坐标转换。

① 用四元数旋转变换表示空间定点旋转。由欧拉定理知，空间矢量绕定点旋转，在瞬间必须是绕一欧拉轴旋转一角度，空间矢量旋转关系图如图4-48所示。图中，矢量 $\boldsymbol{r}$ 绕定点 O 旋转到 $\boldsymbol{r}'$，其转角为 α，OE 为矢量 $\boldsymbol{r}$ 绕定点 O 旋转的瞬时欧拉轴，α 在垂直于 OE 轴的平面上，P 为 OE 轴与该平面的交点。设 $\overrightarrow{OM}=\boldsymbol{r}$，作 $KN\perp MP$，则有

$$\boldsymbol{r}'=\overrightarrow{ON}=\overrightarrow{OM}+\overrightarrow{MK}+\overrightarrow{KN} \tag{4.161}$$

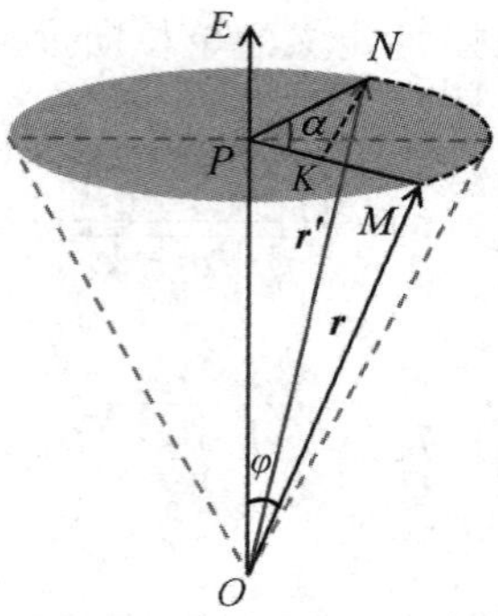

图4-48　空间矢量旋转关系图

因

$$|\overrightarrow{MK}|=|\overrightarrow{MP}|-|\overrightarrow{KP}|=|\overrightarrow{MP}|-|\overrightarrow{NP}|\cos\alpha=|\overrightarrow{MP}|(1-\cos\alpha) \tag{4.162}$$

故

$$\overrightarrow{MK}=(1-\cos\alpha)(\overrightarrow{OP}-\overrightarrow{OM}) \tag{4.163}$$

由于

$$\overrightarrow{OP}=\left(\boldsymbol{r}\cdot\frac{\overrightarrow{OE}}{|\overrightarrow{OE}|}\right)\frac{\overrightarrow{OE}}{|\overrightarrow{OE}|}=(\boldsymbol{r}\cdot\overrightarrow{OE})\frac{\overrightarrow{OE}}{|\overrightarrow{OE}|^2} \tag{4.164}$$

而矢量 $\overrightarrow{KN}$ 的方向与 $\overrightarrow{OP}\times\overrightarrow{OM}$ 的方向相同，其长度为

$$|\overrightarrow{KN}|=|\overrightarrow{NP}|\sin\alpha=|\overrightarrow{MP}|\sin\alpha=\boldsymbol{r}\sin\varphi\cos\alpha$$

因此

$$\overrightarrow{KN}=\left(\frac{\overrightarrow{OE}}{|\overrightarrow{OE}|}\times\boldsymbol{r}\right)\sin\alpha$$

综上可知

$$\boldsymbol{r}'=\boldsymbol{r}\cos\alpha+(1-\cos\alpha)(\boldsymbol{r}\cdot\overrightarrow{OE})\frac{\overrightarrow{OE}}{|\overrightarrow{OE}|^2}+\left(\frac{\overrightarrow{OE}}{|\overrightarrow{OE}|}\times\boldsymbol{r}\right)\sin\alpha \tag{4.165}$$

根据矢量 $\overrightarrow{OE}$ 和角 α 定义一个四元数

$$Q=|\overrightarrow{OE}|\left(\cos\frac{\alpha}{2}+\frac{\overrightarrow{OE}}{|\overrightarrow{OE}|}\sin\frac{\alpha}{2}\right)\tag{4.166}$$

研究四元数变换

$$Q\circ r\circ Q^{-1}=\left[|\overrightarrow{OE}|\left(\cos\frac{\alpha}{2}+\frac{\overrightarrow{OE}}{|\overrightarrow{OE}|}\sin\frac{\alpha}{2}\right)\right]\circ r\circ\left[|\overrightarrow{OE}|\left(\cos\frac{\alpha}{2}+\frac{\overrightarrow{OE}}{|\overrightarrow{OE}|}\sin\frac{\alpha}{2}\right)\frac{1}{|\overrightarrow{OE}|^2}\right]$$

经过推导得

$$Q\circ r\circ Q^{-1}=r\cos\alpha+(1-\cos\alpha)(r\cdot\overrightarrow{OE})\frac{\overrightarrow{OE}}{|\overrightarrow{OE}|^2}+\left(\frac{\overrightarrow{OE}}{|\overrightarrow{OE}|}\times r\right)\sin\alpha\tag{4.167}$$

比较式(4.167)和式(4.165)，两者完全相同，因此有

$$r'=Q\circ r\circ Q^{-1}\tag{4.168}$$

即 r 与其绕 OE 轴旋转 α 角后的 r' 之间的关系可用式(4.168)表示，Q 叫作 r' 对 r 的四元数。反之，r' 绕 $-OE$ 轴旋转 α 角必然得 r，则同理得

$$r=Q^{-1}\circ r'\circ Q$$

Q^{-1} 叫作 r 对 r' 的四元数。

若旋转四元数 Q 为规范化四元数，即 $Q^{-1}=Q^*$，则有

$$r'=Q\circ r\circ Q^*\tag{4.169}$$

若 r 绕一欧拉轴旋转 α 角后得 r'，r' 对 r 的规范化四元数为 Q，r' 再绕一欧拉轴旋转 β 角后得 r''，r'' 对 r' 的规范化四元数为 P，r'' 对 r 的规范化四元数为 R，则有

$$r''=P\circ r'\circ P^*=P\circ Q\circ r\circ Q^*\circ P^*=P\circ Q\circ r\circ(P\circ Q)^*=R\circ r\circ R^*\tag{4.170}$$

式中，$R=P\circ Q$。

② 测量参数坐标转换。四元数与欧拉角一样可表示导弹的姿态，也同样可表示不同坐标系间的转换关系。因此可以解决弹体坐标系测量参数如何转换到惯性导航坐标系上的问题。

设矢量 r_1 与弹体坐标系 $O_zx_1y_1z_1$ 固连，其坐标为(x_1, y_1, z_1)；矢量 r 与惯性坐标系 $Ox^ay^az^a$ 固连，其坐标为(x, y, z)。如果当 $O_zx_1y_1z_1$ 转到与 $Ox^ay^az^a$ 重合时，r_1 与 r 相重合，那么由式(4.169)得

$$r=Q\circ r_1\circ Q^*=(q_0+\mathbf{i}q_1+\mathbf{j}q_2+\mathbf{k}q_3)\circ(0+\mathbf{i}x_1+\mathbf{j}y_1+\mathbf{k}z_1)\circ(q_0-\mathbf{i}q_1-\mathbf{j}q_2-\mathbf{k}q_3)$$

写成矩阵式为

$$\begin{bmatrix}0\\x\\y\\z\end{bmatrix}=\begin{bmatrix}q_0&-q_1&-q_2&-q_3\\q_1&q_0&-q_3&q_2\\q_2&q_3&q_0&-q_1\\q_3&-q_2&q_1&q_0\end{bmatrix}\begin{bmatrix}0&-x_1&-y_1&-z_1\\x_1&0&-z_1&y_1\\y_1&z_1&0&-x_1\\z_1&-y_1&x_1&0\end{bmatrix}\begin{bmatrix}q_0\\-q_1\\-q_2\\-q_3\end{bmatrix}$$

经展开整理，该矩阵式可写成

$$\begin{bmatrix}x\\y\\z\end{bmatrix}=\mathbf{A}_0\begin{bmatrix}x_1\\y_1\\z_1\end{bmatrix}\tag{4.171}$$

式中，$\mathbf{A}_0$ 为用四元数表示的弹体坐标系与惯性坐标系间的转换关系矩阵，且

$$\mathbf{A}_0=\begin{bmatrix}q_0^2+q_1^2-q_2^2-q_3^2&2(q_1q_2-q_0q_3)&2(q_1q_3+q_0q_2)\\2(q_1q_2+q_0q_3)&q_0^2-q_1^2+q_2^2-q_3^2&2(q_2q_3-q_0q_1)\\2(q_1q_3-q_0q_2)&2(q_2q_3+q_0q_1)&q_0^2-q_1^2-q_2^2+q_3^2\end{bmatrix}$$

如果 ΔW_x、ΔW_y、ΔW_z 为导弹相对惯性坐标系各轴的视速度增量，ΔW_{x_1}、ΔW_{y_1}、ΔW_{z_1} 为导弹相对弹体坐标系各轴的视速度增量，则由式(4.171)可得

$$\begin{bmatrix}\Delta W_x\\ \Delta W_y\\ \Delta W_z\end{bmatrix}=\boldsymbol{A}_0\begin{bmatrix}\Delta W_{x_1}\\ \Delta W_{y_1}\\ \Delta W_{z_1}\end{bmatrix} \tag{4.172}$$

反过来可得

$$\begin{bmatrix}\Delta W_{x_1}\\ \Delta W_{y_1}\\ \Delta W_{z_1}\end{bmatrix}=\boldsymbol{A}_0^{\mathrm{T}}\begin{bmatrix}\Delta W_x\\ \Delta W_y\\ \Delta W_z\end{bmatrix} \tag{4.173}$$

式中，$\boldsymbol{A}_0^{\mathrm{T}}$ 为矩阵 $\boldsymbol{A}_0$ 的转置矩阵。

同理利用式(4.171)也可解算出导弹飞行的姿态，从而方便地实现数学平台的功能。

2) 基于四元数法的姿态矩阵求解

(1) 四元数微分方程。四元数是通过解算四元数微分方程得到的。

弹体坐标系中位置矢量 $\boldsymbol{r}_1$ 与对应的惯性坐标系中位置矢量 $\boldsymbol{r}$ 的转换关系可表示为矩阵形式：

$$\boldsymbol{r}=\boldsymbol{A}_0\boldsymbol{r}_1 \tag{4.174}$$

对上式两边求导，可得

$$\dot{\boldsymbol{r}}=\boldsymbol{A}_0\dot{\boldsymbol{r}}_1+\dot{\boldsymbol{A}}_0\boldsymbol{r}_1 \tag{4.175}$$

根据刚体的运动学理论，可得

$$\dot{\boldsymbol{r}}=\dot{\boldsymbol{r}}_1+\boldsymbol{\omega}\times\boldsymbol{r}_1 \tag{4.176}$$

式中，$\boldsymbol{\omega}$ 表示弹体坐标系相对发射惯性坐标系的旋转角速度，且

$$\boldsymbol{\omega}\times\boldsymbol{r}_1=\begin{bmatrix}0 & -\omega_{z_1} & \omega_{y_1}\\ \omega_{z_1} & 0 & -\omega_{x_1}\\ -\omega_{y_1} & \omega_{x_1} & 0\end{bmatrix}\begin{bmatrix}x_1\\ y_1\\ z_1\end{bmatrix} \tag{4.177}$$

令

$$\boldsymbol{\Omega}=\begin{bmatrix}0 & -\omega_{z_1} & \omega_{y_1}\\ \omega_{z_1} & 0 & -\omega_{x_1}\\ -\omega_{y_1} & \omega_{x_1} & 0\end{bmatrix}$$

并将式(4.176)投影到弹体坐标系中，可得

$$\boldsymbol{A}_0^{-1}\dot{\boldsymbol{r}}=\dot{\boldsymbol{r}}_1+\boldsymbol{\Omega}\boldsymbol{r}_1 \tag{4.178}$$

上式两边同乘 $\boldsymbol{A}_0$，并将得到的式子与式(4.175)比较，可得

$$\dot{\boldsymbol{A}}_0=\boldsymbol{A}_0\boldsymbol{\Omega} \tag{4.179}$$

将 $\boldsymbol{A}_0$ 代入式(4.179)，并考虑规范化四元数的性质

$$q_0^2+q_1^2+q_2^2+q_3^2=1$$

和 $q_0\dot{q}_0+q_1\dot{q}_1+q_2\dot{q}_2+q_3\dot{q}_3=0$，便可推得四元数微分方程的形式为

$$\begin{bmatrix}\dot{q}_0\\ \dot{q}_1\\ \dot{q}_2\\ \dot{q}_3\end{bmatrix}=\frac{1}{2}\begin{bmatrix}0 & -\omega_{x_1} & -\omega_{y_1} & -\omega_{z_1}\\ \omega_{x_1} & 0 & \omega_{z_1} & -\omega_{y_1}\\ \omega_{y_1} & -\omega_{z_1} & 0 & \omega_{x_1}\\ \omega_{z_1} & \omega_{y_1} & -\omega_{x_1} & 0\end{bmatrix}\begin{bmatrix}q_0\\ q_1\\ q_2\\ q_3\end{bmatrix} \tag{4.180}$$

从四元数微分方程的形式可以看出，它是由 4 个线性方程组成的线性方程组。因此，四元数微分方程具有以下特点：

① 与欧拉角速度方程不同，它是一个非退化的线性微分方程组，没有奇点，原则上总是可解的。

② 与方向余弦方程相比，四元数微分方程有最低数目的非退化参数和最低数目的联系方程，通过四元数的形式运算，可单值地给定正交变换的运算。

此外，四元数本身可明确地表示出刚体运动的两个重要物理参数，即旋转欧拉轴和旋转角；四元数法可用超复数空间矢量来表示欧拉旋转矢量，超复数空间与三维空间相对应。因此，用四元数法来研究刚体的运动特性是最方便的。

(2) 四元数递推公式。四元数微分方程是一个线性微分方程组，常用的解算方法有：四元数的级数表示法、四元数方程解的积分表示法、四元数方程的递推解法和四元数方程的数值积分法。这里介绍四元数方程的递推解法。

四元数方程的递推解法是指已知前一时刻的四元数 $\boldsymbol{Q}(t)$ 和经过 Δt 时间的刚体运动信息，求 $t+\Delta t$ 时的四元数 $\boldsymbol{Q}(t+\Delta t)$。方程

$$[\dot{\boldsymbol{Q}}]=\frac{1}{2}[\boldsymbol{\omega}][\boldsymbol{Q}]$$

的解为

$$\boldsymbol{Q}(t+\Delta t)=\boldsymbol{Q}(t)\exp\int_t^{t+\Delta t}\frac{1}{2}\boldsymbol{\omega}\mathrm{d}t \tag{4.181}$$

因为

$$\int_t^{t+\Delta t}\boldsymbol{\omega}\,\mathrm{d}t=\Delta\boldsymbol{\theta}=\Delta\theta_{x_1}\mathbf{i}+\Delta\theta_{y_1}\mathbf{j}+\Delta\theta_{z_1}\mathbf{k}$$

所以将 $\Delta\boldsymbol{\theta}$ 在 $t\sim t+\Delta t$ 期间内的角度增量值代入式(4.181)，得

$$\begin{aligned}\boldsymbol{Q}(t+\Delta t)&=\boldsymbol{Q}(t)\mathrm{e}^{\frac{1}{2}[\Delta\boldsymbol{\theta}]}\\&=\boldsymbol{Q}(t)\left[\boldsymbol{I}+\frac{[\Delta\boldsymbol{\theta}]}{2}+\frac{1}{2!}\left(\frac{[\Delta\boldsymbol{\theta}]}{2}\right)^2+\frac{1}{3!}\left(\frac{[\Delta\boldsymbol{\theta}]}{2}\right)^3+\cdots+\frac{1}{n!}\left(\frac{[\Delta\boldsymbol{\theta}]}{2}\right)^n+\cdots\right]\end{aligned} \tag{4.182}$$

由于

$$\begin{aligned}(\Delta\boldsymbol{\theta})^2&=(\Delta\theta_{x_1}\mathbf{i}+\Delta\theta_{y_1}\mathbf{j}+\Delta\theta_{z_1}\mathbf{k})(\Delta\theta_{x_1}\mathbf{i}+\Delta\theta_{y_1}\mathbf{j}+\Delta\theta_{z_1}\mathbf{k})\\&=-[(\Delta\theta_{x_1})^2+(\Delta\theta_{y_1})^2+(\Delta\theta_{z_1})^2]=-(\Delta\theta_j)^2\\(\Delta\boldsymbol{\theta})^3&=(\Delta\boldsymbol{\theta})^2\cdot\Delta\boldsymbol{\theta}=-(\Delta\theta_j)^2(\Delta\theta_{x_1}\mathbf{i}+\Delta\theta_{y_1}\mathbf{j}+\Delta\theta_{z_1}\mathbf{k})\end{aligned}$$

因此

$$\begin{aligned}\boldsymbol{Q}(t+\Delta t)=\boldsymbol{Q}(t)\Big\{&\left[1-\frac{1}{8}(\Delta\theta_j)^2\right]+\Delta\theta_{x_1}\left[\frac{1}{2}-\frac{1}{48}(\Delta\theta_j)^2\right]\mathbf{i}+\Delta\theta_{y_1}\left[\frac{1}{2}-\frac{1}{48}(\Delta\theta_j)^2\right]\mathbf{j}+\\&\Delta\theta_{z_1}\left[\frac{1}{2}-\frac{1}{48}(\Delta\theta_j)^2\right]\mathbf{k}+\cdots\Big\}\end{aligned} \tag{4.183}$$

整理成矩阵形式，且令 $\Delta t=T_0$ 为采样周期，$\boldsymbol{Q}(t)$ 为前一周期之 $\boldsymbol{Q}$ 值，j 表示本周期，$j-1$ 表示前一个采样周期，则得四元数方程的递推解：

$$\begin{bmatrix} q_0 \\ q_1 \\ q_2 \\ q_3 \end{bmatrix}_j = \begin{bmatrix} q_0 & -q_1 & -q_2 & -q_3 \\ q_1 & q_0 & q_3 & q_2 \\ q_2 & q_3 & q_0 & -q_1 \\ q_3 & q_2 & q_1 & q_0 \end{bmatrix}_{j-1} \begin{bmatrix} 1-\dfrac{(\Delta\theta_0)^2}{8} \\ \Delta\theta_{x_1}\left[\dfrac{1}{2}-\dfrac{(\Delta\theta_0)^2}{48}\right] \\ \Delta\theta_{y_1}\left[\dfrac{1}{2}-\dfrac{(\Delta\theta_0)^2}{48}\right] \\ \Delta\theta_{z_1}\left[\dfrac{1}{2}-\dfrac{(\Delta\theta_0)^2}{48}\right] \end{bmatrix}_j \tag{4.184}$$

或写成

$$[\boldsymbol{Q}]_j=[\boldsymbol{Q}]_{j-1} \begin{bmatrix} 1-\dfrac{(\Delta\theta_0)^2}{8} \\ \Delta\theta_{x_1}\left[\dfrac{1}{2}-\dfrac{(\Delta\theta_0)^2}{48}\right] \\ \Delta\theta_{y_1}\left[\dfrac{1}{2}-\dfrac{(\Delta\theta_0)^2}{48}\right] \\ \Delta\theta_{z_1}\left[\dfrac{1}{2}-\dfrac{(\Delta\theta_0)^2}{48}\right] \end{bmatrix}_j \tag{4.185}$$

由式(4.185)可以看出，只要测得弹体坐标系中 3 个轴的角度增量，就能连续计算四元数 $\boldsymbol{Q}$ 之值。

(3) 四元数初始值的确定。当用式(4.184)或式(4.185)求 j 时刻的四元数 $\boldsymbol{Q}$ 之值时，除要知道该时刻的欧拉角增量外，还需知道 $j-1$ 时刻的四元数 $\boldsymbol{Q}$ 之值。当然用该方法计算导弹运动姿态时，必须知道导弹起飞瞬时的初始四元数之值。

在理想情况下，导弹起飞前处于垂直发射状态，弹体坐标系 $O_z x_1$ 轴与惯性坐标系 Oy^a 轴重合，$O_z y_1$ 轴与 Ox^a 轴反向重合，$O_z z_1$ 轴与 Oz^a 轴重合，此时 $\Delta\varphi_0=\psi_0=\gamma_0=0$，$\psi=90°$。当由于某种干扰引起对准误差，即存在初始姿态角误差 $\Delta\varphi_0$、ψ_0、γ_0 时，可将弹体坐标系视为绕惯性坐标系 3 个轴独立连续旋转 3 次的结果，对应的四元数分别为

$$\boldsymbol{Q}_1=\cos\left(\frac{90°+\Delta\varphi_0}{2}\right)+\mathbf{k}\sin\left(\frac{90°+\Delta\varphi_0}{2}\right)\approx\frac{\sqrt{2}}{2}\left[\left(1-\frac{\Delta\varphi_0}{2}\right)+\mathbf{k}\left(1+\frac{\Delta\varphi_0}{2}\right)\right]$$

$$\boldsymbol{Q}_2=\cos\frac{\psi_0}{2}+\mathbf{i}\sin\frac{\psi_0}{2}\approx1+\mathbf{i}\,\frac{\psi_0}{2}$$

$$\boldsymbol{Q}_3=\cos\frac{\gamma_0}{2}+\mathbf{j}\sin\frac{\gamma_0}{2}\approx1+\mathbf{j}\,\frac{\gamma_0}{2}$$

根据刚体连续多次转动的结果，用一次转动等效的计算方法，将 $\boldsymbol{r}_1=\boldsymbol{Q}_1\circ\boldsymbol{r}\circ\boldsymbol{Q}_1^*$、$\boldsymbol{r}_2=\boldsymbol{Q}_2\circ\boldsymbol{r}_1\circ\boldsymbol{Q}_2^*$ 依次代入式 $\boldsymbol{r}_3=\boldsymbol{Q}_3\circ\boldsymbol{r}_2\circ\boldsymbol{Q}_3^*$，则得

$$\boldsymbol{r}_3=\boldsymbol{Q}_3\circ\boldsymbol{Q}_2\circ\boldsymbol{Q}_1\circ\boldsymbol{r}\circ\boldsymbol{Q}_1^*\circ\boldsymbol{Q}_2^*\circ\boldsymbol{Q}_3^*=\boldsymbol{Q}\circ\boldsymbol{r}\circ\boldsymbol{Q}^*$$

式中：

$$\begin{cases} \boldsymbol{Q}=\boldsymbol{Q}_3\circ\boldsymbol{Q}_2\circ\boldsymbol{Q}_1 \\ \boldsymbol{Q}^*=\boldsymbol{Q}_1^*\circ\boldsymbol{Q}_2^*\circ\boldsymbol{Q}_3^*=(\boldsymbol{Q}_3\circ\boldsymbol{Q}_2\circ\boldsymbol{Q}_1)^* \end{cases} \tag{4.186}$$

于是，当 $t=t_0$ 时，有

$$\begin{cases} q_0 = q_{00} - \dfrac{\gamma_0}{2} q_{20} \\ q_1 = q_{10} + \dfrac{\gamma_0}{2} q_{30} \\ q_2 = q_{20} + \dfrac{\gamma_0}{2} q_{00} \\ q_3 = q_{30} - \dfrac{\gamma_0}{2} q_{10} \end{cases} \tag{4.187}$$

式中：

$$\begin{cases} q_{00} = \dfrac{\sqrt{2}}{2}\left(1 - \dfrac{\Delta\varphi_0}{2}\right) \\ q_{10} = -\dfrac{\psi_0}{2} q_{00} \\ q_{20} = \dfrac{\psi_0}{2} q_{30} \\ q_{30} = \dfrac{\sqrt{2}}{2}\left(1 + \dfrac{\Delta\varphi_0}{2}\right) \end{cases} \tag{4.188}$$

当 $\gamma_0=0$，而只有对准误差 $\Delta\varphi_0$、ψ_0 时，由式(4.187)和式(4.188)可得

$$\begin{cases} q_0 = \dfrac{\sqrt{2}}{2}\left(1 - \dfrac{\Delta\varphi_0}{2}\right) \\ q_1 = -\dfrac{\psi_0}{2} q_0 \\ q_2 = \dfrac{\psi_0}{2} q_3 \\ q_3 = \dfrac{\sqrt{2}}{2}\left(1 + \dfrac{\Delta\varphi_0}{2}\right) \end{cases} \tag{4.189}$$

在理想发射情况下，即 $\Delta\varphi_0=\psi_0=\gamma_0=0$ 时，四元数初始值为

$$\begin{cases} q_0 = \dfrac{\sqrt{2}}{2} \\ q_1 = 0 \\ q_2 = 0 \\ q_3 = \dfrac{\sqrt{2}}{2} \end{cases} \tag{4.190}$$

因此，确定四元数初始值时，首先要测得导弹初始对准误差测量值 $\Delta\varphi_0$、ψ_0、γ_0。

3. 捷联式惯导系统的导航计算

1）捷联惯组相对输出模型

（1）速率陀螺输出信息模型。飞行中的导弹绕弹体坐标系 3 个轴的转动角速度 $\dot{\theta}_{x_1}$、$\dot{\theta}_{y_1}$、$\dot{\theta}_{z_1}$ 是用安装在它上面的 2 个双轴速率陀螺仪测量的。由于仪器的制造和安装误差，其输出值并不是真正的导弹运动角速度。陀螺仪输出值与导弹运动角速度和视加速度之间的关系式为

$$\begin{cases}NB_{x_1}=D_{0x}+D_{1x}\dot{W}_{x_1}+D_{2x}\dot{W}_{y_1}+D_{3x}\dot{W}_{z_1}+K_{1x}\dot{\theta}_{x_1}+E_{1x}\dot{\theta}_{y_1}+E_{2x}\dot{\theta}_{z_1}\\NB_{y_1}=D_{0y}+D_{1y}\dot{W}_{x_1}+D_{2y}\dot{W}_{y_1}+D_{3y}\dot{W}_{z_1}+K_{1y}\dot{\theta}_{x_1}+E_{1y}\dot{\theta}_{y_1}+E_{2y}\dot{\theta}_{z_1}\\NB_{z_1}=D_{0z}+D_{1z}\dot{W}_{x_1}+D_{2z}\dot{W}_{y_1}+D_{3z}\dot{W}_{z_1}+K_{1z}\dot{\theta}_{x_1}+E_{2z}\dot{\theta}_{y_1}+E_{1z}\dot{\theta}_{z_1}\end{cases}\tag{4.191}$$

式中：NB_{x_1}，NB_{y_1}，NB_{z_1}——各陀螺仪输出的脉冲速率；

D_{0x}，D_{0y}，D_{0z}——各陀螺仪的零次项漂移值；

K_{1x}，K_{1y}，K_{1z}——各陀螺仪的比例系数；

E_{1x}，E_{1y}，E_{1z}——各陀螺仪的安装误差系数；

D_{1x}，D_{2x}，D_{3x}，D_{1y}，D_{2y}，D_{3y}，D_{1z}，D_{2z}，D_{3z}——导弹飞行过载引起的陀螺漂移系数。

以上零次项漂移值和各安装误差系数均由测试、试验确定，因过载引起的漂移系数在标定点作用下测得，当 $\dot{W}_{x_1}$、$\dot{W}_{y_1}$、$\dot{W}_{z_1}$ 用单位“m/s^2”表示时，应分别除以 g。

由式(4.191)解出的 $\dot{\theta}_{x_1}$、$\dot{\theta}_{y_1}$、$\dot{\theta}_{z_1}$ 可表示为

$$\begin{cases}\dot{\theta}_{x_1}=\dfrac{1}{K_{1x}}NB_{x_1}-\dfrac{E_{1x}}{K_{1x}}\dot{\theta}_{y_1}-\dfrac{E_{2x}}{K_{1x}}\dot{\theta}_{z_1}-\dfrac{D_{1x}}{K_{1x}g_0}\dot{W}_{x_1}-\dfrac{D_{2x}}{K_{1x}g_0}\dot{W}_{y_1}-\dfrac{D_{3x}}{K_{1x}g_0}\dot{W}_{z_1}-\dfrac{D_{0x}}{K_{1x}}\\\dot{\theta}_{y_1}=\dfrac{1}{K_{1y}}NB_{y_1}-\dfrac{E_{1y}}{K_{1y}}\dot{\theta}_{x_1}-\dfrac{E_{2y}}{K_{1y}}\dot{\theta}_{z_1}-\dfrac{D_{1y}}{K_{1y}g_0}\dot{W}_{x_1}-\dfrac{D_{2y}}{K_{1y}g_0}\dot{W}_{y_1}-\dfrac{D_{3y}}{K_{1y}g_0}\dot{W}_{z_1}-\dfrac{D_{0y}}{K_{1y}}\\\dot{\theta}_{z_1}=\dfrac{1}{K_{1z}}NB_{z_1}-\dfrac{E_{1z}}{K_{1z}}\dot{\theta}_{x_1}-\dfrac{E_{2z}}{K_{1z}}\dot{\theta}_{y_1}-\dfrac{D_{1z}}{K_{1z}g_0}\dot{W}_{x_1}-\dfrac{D_{2z}}{K_{1z}g_0}\dot{W}_{y_1}-\dfrac{D_{3z}}{K_{1z}g_0}\dot{W}_{z_1}-\dfrac{D_{0z}}{K_{1z}}\end{cases}\tag{4.192}$$

因式(4.192)等式右端含 E、D 的各项都是小量，故近似可得

$$\begin{cases}\dot{\theta}_{x_1}\approx\dfrac{1}{K_{1x}}NB_{x_1}\\\dot{\theta}_{y_1}\approx\dfrac{1}{K_{1y}}NB_{y_1}\\\dot{\theta}_{z_1}\approx\dfrac{1}{K_{1z}}NB_{z_1}\end{cases}$$

令 T_{11}，T_{12}，…，T_{33}，R_{11}，R_{12}，…，R_{33}，b_{10}，b_{20}，b_{30} 为相应的量，得式(4.192)的矩阵形式为

$$\begin{bmatrix}\dot{\theta}_{x_1}\\\dot{\theta}_{y_1}\\\dot{\theta}_{z_1}\end{bmatrix}=\begin{bmatrix}T_{11}&T_{12}&T_{13}\\T_{21}&T_{22}&T_{23}\\T_{31}&T_{32}&T_{33}\end{bmatrix}\begin{bmatrix}NB_{x_1}\\NB_{y_1}\\NB_{z_1}\end{bmatrix}-\begin{bmatrix}R_{11}&R_{12}&R_{13}\\R_{21}&R_{22}&R_{23}\\R_{31}&R_{32}&R_{33}\end{bmatrix}\begin{bmatrix}\dot{W}_{x_1}\\\dot{W}_{y_1}\\\dot{W}_{z_1}\end{bmatrix}-\begin{bmatrix}b_{10}\\b_{20}\\b_{30}\end{bmatrix}\tag{4.193}$$

对上式两端进行积分，便得 $t\sim t+\Delta t$ 区间内姿态角增量 $\delta\theta_{x_1}$、$\delta\theta_{y_1}$、$\delta\theta_{z_1}$，即

$$\begin{bmatrix}\delta\theta_{x_1}\\\delta\theta_{y_1}\\\delta\theta_{z_1}\end{bmatrix}=\begin{bmatrix}T_{11}&T_{12}&T_{13}\\T_{21}&T_{22}&T_{23}\\T_{31}&T_{32}&T_{33}\end{bmatrix}\begin{bmatrix}N_{\omega x_1}\\N_{\omega y_1}\\N_{\omega z_1}\end{bmatrix}-\begin{bmatrix}R_{11}&R_{12}&R_{13}\\R_{21}&R_{22}&R_{23}\\R_{31}&R_{32}&R_{33}\end{bmatrix}\begin{bmatrix}\delta W_{x_1}\\\delta W_{y_1}\\\delta W_{z_1}\end{bmatrix}-\begin{bmatrix}b_{10x}\\b_{20y}\\b_{30z}\end{bmatrix}\tag{4.194}$$

式中：$b_{10x}=b_{10}\Delta t$；$b_{10y}=b_{20}\Delta t$；$b_{10z}=b_{30}\Delta t$。

从式(4.194)可以看出，只要计算出 $t\sim t+\Delta t$ 时间内各姿态通道获得的脉冲数，并测得弹体坐标系 3 个轴向视速度增量 δW_{x_1}、δW_{y_1}、δW_{z_1}，弹载计算机便可轻而易举地计算出角增量 $\delta\theta_{x_1}$、$\delta\theta_{y_1}$、$\delta\theta_{z_1}$。

(2) 加速度计输出信息模型。速率捷联方案中的 3 个加速度计沿弹体坐标系 3 个坐标轴安装，测量沿 3 个坐标轴方向的视加速度分量。因加速度计有制造和安装误差，其输出值并不完全是导弹飞行时的真实视加速度值。加速度计输出值与测量值之间的关系式为

$$\begin{cases} N_{x_1}=K_{0x}+K_{1x}\dot{W}_{x_1}+E_{1x}^{a}\dot{W}_{y_1}+E_{2x}^{a}\dot{W}_{z_1}+K_{2x}\dot{W}_{x_1} \\ N_{y_1}=K_{0y}+E_{1y}^{a}\dot{W}_{x_1}+K_{1y}\dot{W}_{y_1}+E_{2y}^{a}\dot{W}_{z_1}+K_{2y}\dot{W}_{y_1} \\ N_{z_1}=K_{0z}+E_{1z}^{a}\dot{W}_{x_1}+E_{2z}^{a}\dot{W}_{y_1}+K_{1z}\dot{W}_{z_1}+K_{2z}\dot{W}_{z_1} \end{cases} \tag{4.195}$$

式中：N_{x_1}，N_{y_1}，N_{z_1}——各加速度计输出的脉冲速率；

K_{0x}，K_{0y}，K_{0z}——各加速度计的零次项漂移值；

K_{1x}，K_{1y}，K_{1z}——各加速度计的比例系数；

E_{1x}^{a}，E_{2x}^{a}，E_{1y}^{a}，E_{2y}^{a}，E_{1z}^{a}，E_{2z}^{a}——各加速度计的安装误差系数；

K_{2x}，K_{2y}，K_{2z}——各加速度计的二次项漂移系数；

$\dot{W}_{x_1}$，$\dot{W}_{y_1}$，$\dot{W}_{z_1}$——各加速度计的输出实测视加速度。

采用类似式(4.193)的推导方法，且令 G_{11}，G_{12}，…，G_{33}，K''_{2x}，K''_{2y}，K''_{2z}，$\dot{W}_{x_0}$，$\dot{W}_{y_0}$，$\dot{W}_{z_0}$ 为相应量，则得

$$\begin{bmatrix}\dot{W}_{x_1}\\ \dot{W}_{y_1}\\ \dot{W}_{z_1}\end{bmatrix}=\begin{bmatrix}G_{11} & G_{12} & G_{13}\\ G_{21} & G_{22} & G_{23}\\ G_{31} & G_{32} & G_{33}\end{bmatrix}\begin{bmatrix}N_{x_1}\\ N_{y_1}\\ N_{z_1}\end{bmatrix}+\begin{bmatrix}\dot{W}_{x_0}\\ \dot{W}_{y_0}\\ \dot{W}_{z_0}\end{bmatrix}-\begin{bmatrix}K''_{2x}\\ K''_{2y}\\ K''_{2z}\end{bmatrix}\begin{bmatrix}\dot{W}_{x_1}^{2}\\ \dot{W}_{y_1}^{2}\\ \dot{W}_{z_1}^{2}\end{bmatrix} \tag{4.196}$$

对上式两端在 $t\sim t+\Delta t$ 上积分得视速度增量矩阵表达式为

$$\begin{bmatrix}\delta W_{x_1}\\ \delta W_{y_1}\\ \delta W_{z_1}\end{bmatrix}=\begin{bmatrix}G_{11} & G_{12} & G_{13}\\ G_{21} & G_{22} & G_{23}\\ G_{31} & G_{32} & G_{33}\end{bmatrix}\begin{bmatrix}\delta N_{x_1}\\ \delta N_{y_1}\\ \delta N_{z_1}\end{bmatrix}+\begin{bmatrix}\delta W_{x_0}\\ \delta W_{y_0}\\ \delta W_{z_0}\end{bmatrix}-\begin{bmatrix}K'_{2x}\\ K'_{2y}\\ K'_{2z}\end{bmatrix}\begin{bmatrix}\delta W_{x_1}^{2}\\ \delta W_{y_1}^{2}\\ \delta W_{z_1}^{2}\end{bmatrix} \tag{4.197}$$

式中：$K'_{2x}=\dfrac{K''_{2x}}{\Delta t}$；$K'_{2y}=\dfrac{K''_{2y}}{\Delta t}$；$K'_{2z}=\dfrac{K''_{2z}}{\Delta t}$。

根据需要还可对上式做进一步化简(如略去二次项的影响)，得

$$\begin{bmatrix}\delta W_{x_1}\\ \delta W_{y_1}\\ \delta W_{z_1}\end{bmatrix}=\begin{bmatrix}G_{11} & G_{12} & G_{13}\\ G_{21} & G_{22} & G_{23}\\ G_{31} & G_{32} & G_{33}\end{bmatrix}\begin{bmatrix}\delta N_{x_1}\\ \delta N_{y_1}\\ \delta N_{z_1}\end{bmatrix}+\begin{bmatrix}\delta W_{x_0}\\ \delta W_{y_0}\\ \delta W_{z_0}\end{bmatrix} \tag{4.198}$$

(3) 数学平台模型及视速度增量。数学平台模型是指惯性坐标系与弹体坐标系间的坐标变换矩阵式，即

$$\begin{bmatrix}x_a\\ y_a\\ z_a\end{bmatrix}=\boldsymbol{A}_0\begin{bmatrix}x_1\\ y_1\\ z_1\end{bmatrix} \tag{4.199}$$

式中：

$$\boldsymbol{A}_0=\begin{bmatrix} q_0^2+q_1^2-q_2^2-q_3^2 & 2(q_1q_2-q_0q_3) & 2(q_1q_3+q_0q_2) \\ 2(q_1q_2+q_0q_3) & q_0^2-q_1^2+q_2^2-q_3^2 & 2(q_2q_3-q_0q_1) \\ 2(q_1q_3-q_0q_2) & 2(q_2q_3+q_0q_1) & q_0^2-q_1^2-q_2^2+q_3^2 \end{bmatrix}$$

q_0，q_1，q_2，q_3——四元数，其计算式同式(4.184)。

从而可得到相对惯性坐标系的视速度增量为

$$\begin{bmatrix} \delta W_{x_a} \\ \delta W_{y_a} \\ \delta W_{z_a} \end{bmatrix}=\boldsymbol{A}_0\begin{bmatrix} \delta W_{x_1} \\ \delta W_{y_1} \\ \delta W_{z_1} \end{bmatrix} \tag{4.200}$$

且有

$$\begin{bmatrix} \Delta W_{x_a} \\ \Delta W_{y_a} \\ \Delta W_{z_a} \end{bmatrix}_i=\begin{bmatrix} \Delta W_{x_a} \\ \Delta W_{y_a} \\ \Delta W_{z_a} \end{bmatrix}_{i-1}\begin{bmatrix} \delta W_{x_a} \\ \delta W_{y_a} \\ \delta W_{z_a} \end{bmatrix}_i \tag{4.201}$$

$$\begin{bmatrix} \Delta W_{x_1} \\ \Delta W_{y_1} \\ \Delta W_{z_1} \end{bmatrix}_i=\begin{bmatrix} \Delta W_{x_1} \\ \Delta W_{y_1} \\ \Delta W_{z_1} \end{bmatrix}_{i-1}\begin{bmatrix} \delta W_{x_1} \\ \delta W_{y_1} \\ \delta W_{z_1} \end{bmatrix}_i \tag{4.202}$$

2）质心运动方程

惯性坐标系内的导弹质心运动学和动力学方程为

$$\begin{cases} \dot{v}_{x_a}=\dot{W}_{x_a}+g_{x_a} \\ \dot{v}_{y_a}=\dot{W}_{y_a}+g_{y_a} \\ \dot{v}_{z_a}=\dot{W}_{z_a}+g_{z_a} \\ \dot{x}_a=v_{x_a} \\ \dot{y}_a=v_{y_a} \\ \dot{z}_a=v_{z_a} \end{cases} \tag{4.203}$$

其递推解为

$$\begin{bmatrix} v_{x_a} \\ v_{y_a} \\ v_{z_a} \end{bmatrix}_j=\begin{bmatrix} v_{x_a} \\ v_{y_a} \\ v_{z_a} \end{bmatrix}_{j-1}+\begin{bmatrix} \Delta W_{x_a} \\ \Delta W_{y_a} \\ \Delta W_{z_a} \end{bmatrix}_j+\frac{T}{2}\left[\begin{bmatrix} g_{x_a} \\ g_{y_a} \\ g_{z_a} \end{bmatrix}_{j-1}+\begin{bmatrix} g_{x_a} \\ g_{y_a} \\ g_{z_a} \end{bmatrix}_j\right] \tag{4.204}$$

$$\begin{bmatrix} x_a \\ y_a \\ z_a \end{bmatrix}_j=\begin{bmatrix} x_a \\ y_a \\ z_a \end{bmatrix}_{j-1}+T\left[\begin{bmatrix} v_{x_a} \\ v_{y_a} \\ v_{z_a} \end{bmatrix}_{j-1}+\frac{1}{2}\begin{bmatrix} \Delta W_{x_a} \\ \Delta W_{y_a} \\ \Delta W_{z_a} \end{bmatrix}_j+\frac{T}{2}\begin{bmatrix} g_{x_a} \\ g_{y_a} \\ g_{z_a} \end{bmatrix}_{j-1}\right] \tag{4.205}$$

地球引力矢量在发射坐标系和惯性坐标系各轴上的分量为

$$\begin{bmatrix} g_x \\ g_y \\ g_z \end{bmatrix}=\frac{g_r}{r}\begin{bmatrix} r_x \\ r_y \\ r_z \end{bmatrix}+\frac{g_\omega}{\omega}\begin{bmatrix} \omega_x \\ \omega_y \\ \omega_z \end{bmatrix} \tag{4.206}$$

和

$$\begin{bmatrix} g_{x_a} \\ g_{y_a} \\ g_{z_a} \end{bmatrix} = \boldsymbol{A}_0 \begin{bmatrix} g_x \\ g_y \\ g_z \end{bmatrix} \tag{4.207}$$

地球引力矢量在地心矢径 $\boldsymbol{r}$ 及地球自转角速度矢量 $\boldsymbol{\omega}$ 方向上的分量和地心纬度 φ_d 为

$$\begin{cases} g_r = -\dfrac{fM}{r^2} + \dfrac{\mu}{r^4}(5\sin^2\varphi_d - 1) \\ g_\omega = -\dfrac{2\mu}{r^4}\sin\varphi_d \\ \varphi_d = \arcsin\dfrac{r_x\omega_x + r_y\omega_y + r_z\omega_z}{\omega r} \end{cases} \tag{4.208}$$

$$\begin{bmatrix} r_x \\ r_y \\ r_z \end{bmatrix} = \begin{bmatrix} R_{0x} + x \\ R_{0y} + y \\ R_{0z} + z \end{bmatrix} \tag{4.209}$$

式中：r——导弹质心至地心的距离；

ω_x，ω_y，ω_z——$\boldsymbol{\omega}$ 在发射坐标系各轴上的分量；

r_x，r_y，r_z——$\boldsymbol{r}$ 在发射坐标系各轴上的分量；

R_{0x}，R_{0y}，R_{0z}——发射点地心矢径 $\boldsymbol{R}_0$ 在发射坐标系各轴上的分量。

4.4 中制导基本原理——其他典型制导方式原理

4.4.1 卫星制导基本原理

卫星导航系统的建设与发展是20世纪90年代和21世纪初的重大科学命题，受到许多国家的关注和重视。全球导航卫星系统(global navigation satellite system，GNSS)是一种基于人造地球卫星的无线电导航系统，它通过用户与卫星之间的几何关系确定用户的位置，为用户提供全天候、连续、实时、高精度的三维位置、速度和精确的时间信息，已成为军事和民用领域的一种重要导航手段。

当前世界上的导航卫星系统主要有四种，分别是美国的GPS、俄罗斯的GLONASS、中国的北斗导航系统及欧盟正在设计的Galileo系统。此外还有一些区域系统，如日本的“准天顶卫星系统”(QZSS)、印度的“印度区域导航卫星系统”(IRNSS)等。其中，GPS是发展最为成熟、市场接受度最高的系统；GLONASS的发展受苏联解体的影响，一度处于停滞状态，但进入21世纪以后发展迅速；中国的北斗导航系统虽然起步较晚，但发展速度很快，已于2020年全面建成覆盖全球的导航定位服务系统，具备全球区域的无源定位能力，完全可以替代美国GPS的服务，当前已在各个领域发挥了重大作用。此外，其他国家也在计划建立自己的区域卫星定位导航体系。四大主要的系统虽然在射频频段、信号调制方式以及卫星导航电文方面均存在或多或少的差异，但它们实现定位和制导的基本原理却大同小异，概括而言均采用一种无源定位方案。为此，这里以最为成熟的GPS为例介绍卫星制导的基本原理。

1. GPS 系统组成原理

GPS(global positioning system)的含义是：利用导航卫星进行测时和测距，以构成全球定位系统。

GPS 由空间部分(导航卫星星座)、地面控制部分、用户设备部分组成。

如图 4-49 所示，空间部分主要由围绕地球运行的 24 颗 GPS 卫星组成，星座设计之初，为保证地球上任意位置在任何时刻均有大于 4 颗可见卫星，初始设计方案是最少 24 颗卫星构成空间卫星星座，但实际上后来空间组网的在轨 GPS 卫星数目总是大于 24 颗，目前 GPS 卫星数目保持在 29～31 颗。美国官方把构成 GPS 星座的 24 颗卫星称作“核心星座”或“基本星座”。24 颗核心星座分布在 6 个轨道面上，轨道倾角为 55°，两个轨道面之间在经度上相隔 60°，每个轨道面上布放 4～6 颗卫星。在地球的任意地方，至少同时见到 5 颗卫星。

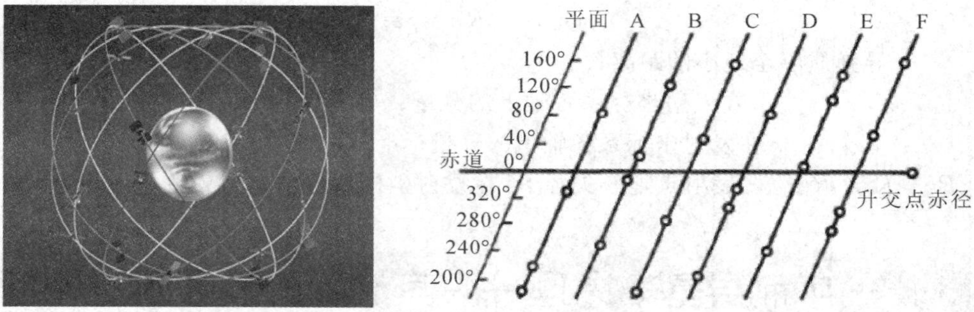

图 4-49　GPS 星座分布图

地面控制部分包括监测站、主控站和注入站。监测站在卫星过顶时收集卫星播发的导航信息，对卫星进行连续监控，收集当地的气象数据等；主控站的主要职能是根据各监测站送来的信息计算各卫星的星历以及卫星钟修正量，以规定的格式编制成导航电文，以便通过注入站注入卫星；注入站的任务是在卫星通过其上空时，把上述导航信息注入给卫星，并负责监测注入的导航信息是否正确。

用户设备部分包括天线、接收机、微处理机、控制显示设备等，有时也称为 GPS 接收机。用于导航的接收机亦称为 GPS 卫导仪。民用 GPS 卫导仪仅用 L1 频率的 C/A 码信号工作。GPS 接收机中微处理机的功能包括：对接收机进行控制，选择卫星，校正大气层传播误差，估计多普勒频率，接收测量值，定时收集卫星数据，计算位置、速度以及控制与其他设备的联系等。

2. GPS 定位原理

GPS 用户设备接收卫星发布的信号，根据星历表信息，可以求得每颗卫星发射信号时的位置。用户设备还测量卫星信号的传播时间，并求出卫星到观测点的距离。如果用户设备装有与 GPS 时间同步的精密钟，那么仅用三颗卫星就能实现三维导航定位，这时以三颗卫星为中心、以所求得的到三颗卫星的距离为半径作三个球面，则球面的交点即观测点的位置。

装备非精密钟的用户设备，所测得的距离有误差，称为伪距离(简称伪距)，这时用四颗卫星才能实现三维定位。图 4－50 为伪距离测量图。

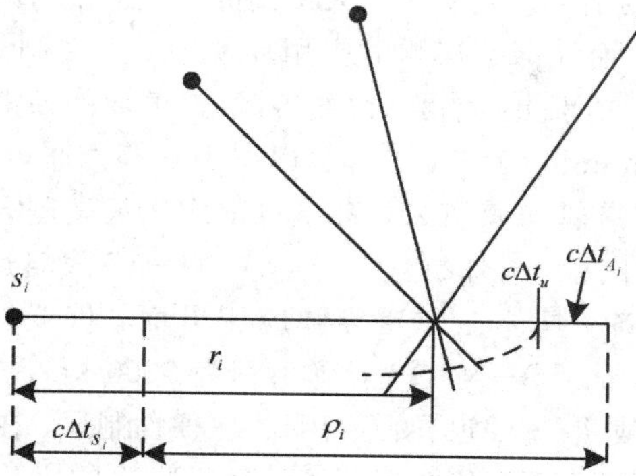

图 4－50　伪距离测量图

伪距离 ρ_i 的计算公式为

$$\rho_i = r_i + c\Delta t_{A_i} + c(\Delta t_u - \Delta t_{s_i}) \tag{4.210}$$

式中：r_i——观测点 u 到卫星 s_i 的真实距离；

c——光速；

Δt_{A_i}——第 i 颗卫星的传播延迟误差；

Δt_u——用户钟相对于 GPS 时间的偏差；

Δt_{s_i}——第 i 颗卫星时钟相对于 GPS 时间的偏差。

计算时，用到固连于地球的右手直角坐标系，设卫星 s_i 在该坐标系中的位置为$(x_{s_i}, y_{s_i}, z_{s_i})$，观测点 u 位于(x, y, z)处，则有

$$r_i = \sqrt{(x_{s_i} - x)^2 + (y_{s_i} - y)^2 + (z_{s_i} - z)^2} \tag{4.211}$$

故伪距离计算公式可改写为

$$\rho_i = \sqrt{(x_{s_i} - x)^2 + (y_{s_i} - y)^2 + (z_{s_i} - z)^2} + c\Delta t_{A_i} + c(\Delta t_u - \Delta t_{s_i}) \tag{4.212}$$

式中：卫星位置$(x_{s_i}, y_{s_i}, z_{s_i})$和卫星时钟偏差 Δt_{s_i} 由卫星电文计算获得；传播延迟误差 Δt_{A_i} 可以用双频测量法校正或利用电文提供的校正参数，根据传播延迟误差模型估算得到；伪距离 ρ_i 由测量获得；观测点位置(x, y, z)和用户钟偏差 Δt_u 为未知数。

由上可知，未知数有四个，只要测四颗卫星的伪距离，建立方程组，就能解得观测点的三维位置和用户钟偏差。

由计算出的卫星位置可以求得用户的位置。因为卫星位置与用户位置之间的关系是非线性的，所以通常可以用迭代法和线性化方法计算用户位置。

GPS 的速度是通过伪距率的测量获得的。GPS 通过观测多普勒频移能获得伪距率，根据伪距率用线性化方法求出速度，与位置求解方法类似。

4.4.2　天文制导基本原理

天文制导是对宇宙星体进行观测，根据星体在空中的固定运动规律所提供的信息来确定导弹空间运动参数的一种制导技术。因其将对宇宙中星体进行测量和观察而获取的位置、辐射信息等作为导航量，不与外部人工设备发生电磁联系，所以属于一种自主式制导模式，并具备较强的隐蔽性和抗干扰性。又因宇宙或外层空间中自然天体的位置等信息相对于一般制导应用来说具有极为恒定的特点，再结合特殊工作模式，天文制导不会产生类

似惯性制导应用中的累积误差，因而在现代制导领域越来越受到重视。

在卫星制导应用广泛的诸多飞行器中，天文制导系统作为重要的备份系统或组合制导子系统已经得到广泛认可；而在深空探测等应用环境中，天文制导更是一种重要性不亚于惯性制导的主要制导方法。军事上，俄罗斯“德尔塔”弹道导弹核潜艇采用了天文/惯性制导技术，定位精度达到0.25 n mile，其TU-16、TU-160等轰炸机也都装备天文制导辅助设施；法国“胜利”弹道制导核潜艇和德国212潜艇也都应用天文制导相关技术；美国B-52、FB-111、B-1B、B-2A中远程轰炸机，C-141A、C-17战略运输机，SR-71高空侦察机等都装备了天文制导设备。具体在弹道导弹应用方面，俄罗斯SS-N-8导弹射程达7950 km，命中精度为930 m；SS-N-18导弹射程为9200 km，应用天文/惯性制导，命中精度为370 m；美国“三叉戟-Ⅱ”型弹道导弹应用天文/惯性制导，在11 100 km的射程条件下达到240 m的命中精度，并于2009年实现了连续第120次的成功试射。结合相关研究文献及报道，当前在弹道导弹中应用天文制导技术多采用小视场星敏感器方案，即采用窄视场星敏感器敏感一颗导航星(单星方案)或两次敏感单星(双星方案)获取导航所需方位信息，进而为姿态计算提供辅助。小视场星敏感器方案在原理上已经比较成熟，但却存在着需要相应辅助信息/措施的缺点，并不能实现真正意义上的独立制导。

而随着相关领域研究的发展，大视场星敏感器得以出现并显示了诸多优越性。依靠模块化、智能化的设计理念，大视场星敏感器能够自主完成星图获取、星图匹配和姿态计算等一系列任务，从而实现智能的“星光入、姿态出”功能。因而，在当前卫星姿态控制和诸多深空探测任务中大多应用大视场星敏感器实现导航及姿态控制。例如：在MIR空间站1989—2001年的任务中已经成功应用德国的ASTRO系列星敏感器；NASA的ASC星敏感器也已应用于丹麦地磁探测卫星Orsted上，2006年的New Frontier系列任务则采用了Johns Hopkins大学应用物理研究所的AST星敏感器；而NASA/CNE TOPEX太空船中已经把HD-1000星敏感器作为主要姿态传感器使用。

在天文制导系统中，星敏感器是应用最多的一种姿态传感器，已被公认为目前最精确的姿态敏感设备。星敏感器通过敏感宇宙空间中恒星的精确位置来确定本体(载体)在惯性空间中的姿态，能够提供角秒级或更高精度的姿态信息。

从硬件上考虑，星敏感器一般主要由光学系统、图像传感器电路和控制与数据处理电路等部分构成，如图4-51所示。其基本工作原理为：由光学系统完成星空的光学成像，将星空成像在光学焦平面上；图像探测器置于光学焦平面上，完成光电转换，将星像转变成视频电信号输出；视频处理器完成视频处理，包括降噪、偏置、增益调节，最后进行A/D转换，输出数字图像；时序发生器与驱动器给出控制图像传感器探测器和视频处理器的工作时序。输出的数字图像传送到控制与数据处理电路中的数字信号处理器进行星像坐标提取、坐标变换、星图识别、姿态计算等处理工作，确定星敏感器光轴相对于惯性坐标系的指向，即确定惯性坐标系下的姿态信息。遥控遥测接口接收星载主控计算机的指令并向主控计算机提供自身工作状态的遥测数据，姿控系统接口负责向姿态控制系统输出星敏感器计算的姿态信息。

4.4.3 图像匹配制导基本原理

图像匹配制导是基于地表特征与地理位置之间的对应关系，利用遥感图像特征获取制导信息，控制导弹飞向目标的制导技术，主要包含地形匹配制导和景象匹配制导。其中地

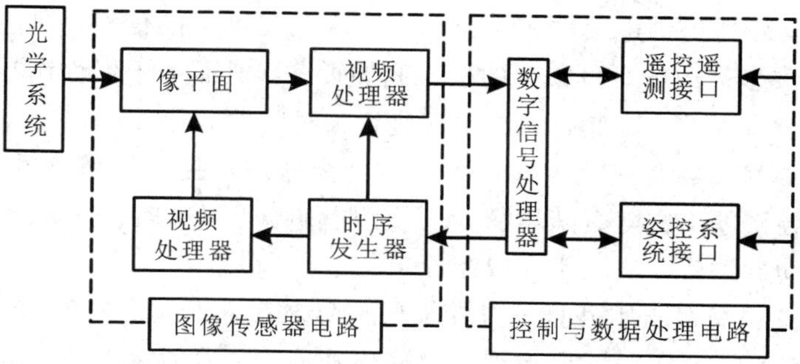

图 4-51　星敏感器的构成

形匹配制导通常指利用地球表面海拔高度(或地形特征)数据来确定飞行器的地面坐标位置并修正惯导系统工作误差的自动制导技术；景象匹配制导是将测得的地表景象与预先测得的地表景象进行比较获取制导信息，控制导弹飞向目标的制导技术。图像匹配制导的基本原理(如图 4-52 所示)可描述为以下四点：

(1) 通过卫星或高空侦察机拍摄目标区地面图像或获取目标其他知识信息，结合各种约束条件制备基准景象图(基准图)，并预先将基准图存入基准图存储器中；

(2) 飞行过程中，利用飞行器机载传感器采集实时景象图(实时图)；

(3) 在图像相关处理机中与预先存储的基准图进行实时相关匹配运算(匹配算法)；

(4) 计算得到精确的导航定位信息或目标的相关信息，并利用这些信息实现飞行器的精确导航与制导。

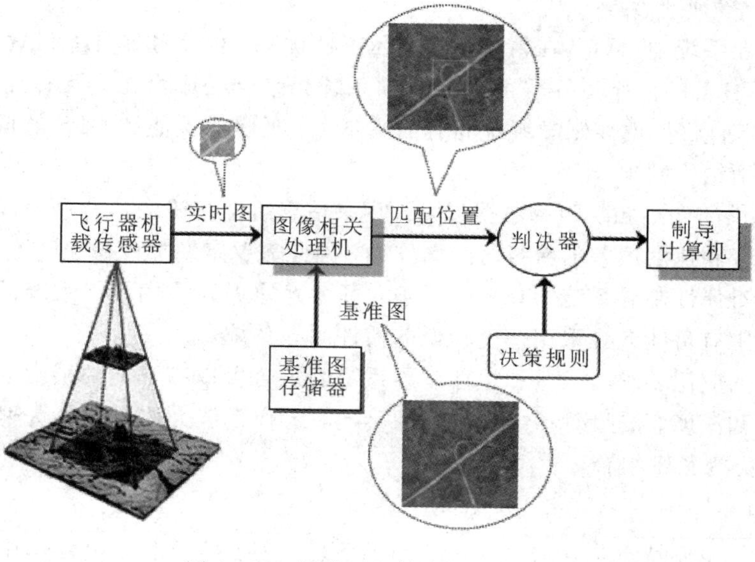

图 4-52　图像匹配制导的基本原理

4.4.4　复合制导系统

惯性制导系统是应用最为广泛的核心制导系统，它是在质量体惯性原理的基础上发展起来的，不需要任何外来信息，也不会向外辐射任何信息，能全天候在任何范围和任何介质环境里自主、隐蔽地提供连续的三维定位、速度及三维定向信息。惯性制导系统的这些优点使得它成为许多运载体不可缺少的核心制导设备。然而由于惯性制导系统的制导误差随着时间的增加逐渐累积，因此它无法单独进行长时间的制导。

卫星制导的典型特点是可全天候连续实时为全球用户提供高精度的位置/速度信息及授时服务，且制导误差不会随时间累积；但当卫星信号受到遮挡、外界干扰时，接收机的环路容易失锁，从而导致其无法正常完成制导定位。

天文制导系统具备高自主性且不对外辐射信号，有着很强的静默性；而且天文制导系统的定姿、定位参照信息不随时间改变，能够很好地修正惯性制导系统的误差漂移。但是传统天文制导系统受制于环境因素尤其是可观星条件和飞行动态性，无法昼夜全程使用，虽然短红外波段可实现大气层内白天观星，但是无法长时间使用，现阶段还无法满足全航程组合制导的需要。

图像匹配制导系统同样具备自主性好、隐蔽性高的特点，但其有匹配需有特征地形、需在预定任务区段使用及成像传感器成像时需平稳飞行的缺点。

综上，各种制导方式各有优缺点，采用单一制导方式很难满足设计要求。为此，一个最为直接的解决方案是采用由不同制导方式组合应用的复合制导方式，如惯性/卫星、惯性/天文、惯性/图像匹配等两系统组合制导以及惯性/卫星/天文、惯性/卫星/图像匹配等多系统组合制导，基本方法是采用信息融合的方式实现其他系统对惯性主系统的辅助修正，从而满足不同的应用需求。这里简单介绍最为常见的惯性/GPS、惯性/星光(或天文)、惯性/图像匹配制导系统，其他复合制导系统的基本原理具体可参见相关文献。

1. 惯性/GPS 制导系统

在所有制导系统中，GPS 在精度上具有压倒性优势，但惯性制导系统完全自主的特性却是 GPS 所不具备的，所以 GPS 与惯性制导系统相结合已成为无人飞行器制导的重要发展方向。这种组合将把惯性制导系统固有的高带宽、低噪声性能和 GPS 的低带宽、高精度定位性能完美地结合起来。

GPS 所提供的伪距和伪距率数据可以被用来估算组合系统的位置和速度误差，而惯性制导系统的位置和速度误差随航行时间而增加，因此需要定期加以修正。将 GPS 的位置和速度数据用作对惯性制导系统制导解的修正，可大大地提高惯性制导系统的精度，并且在这种组合系统中有可能允许采用精度较低的惯性制导系统。

根据不同的应用要求，GPS 和惯性制导系统的组合可以有不同的层次和水平，即可以有不同的程度和深度。按照两者组合深度的不同，组合系统大体可以分为两类：一类为松散组合，另一类为紧密组合。

1）松散组合

松散组合的主要特点是：GPS 和惯性制导系统仍然独立工作，组合作用主要表现为用 GPS 辅助惯性制导系统；组合系统的输出是通过融合 GPS 的导航输出和惯性制导系统的导航输出而得到的；组合系统能在对已有的系统的硬件与软件做最小改动的情况下，提供冗余度，有界的位置、速度和姿态估计，高数据率的导航和姿态信息。

松散组合的典型模式为：用位置、速度信息组合。用位置、速度信息组合的惯性/GPS 制导系统原理框图如图 4－53 所示。此系统用 GPS 接收机和惯性制导系统输出的位置、速度信息的差值作为量测值，经卡尔曼滤波，估计惯性制导系统的误差，然后对惯性制导系统进行校正，以提高惯性导航的精度。这种组合模式的优点是组合工作比较简单，便于工程实现，而且两个系统仍独立工作，使导航信息有一定余度。其缺点是 GPS 接收机输出的位置、速度误差通常是时间相关的，特别在 GPS 接收机内部应用卡尔曼滤波器时更是如此。

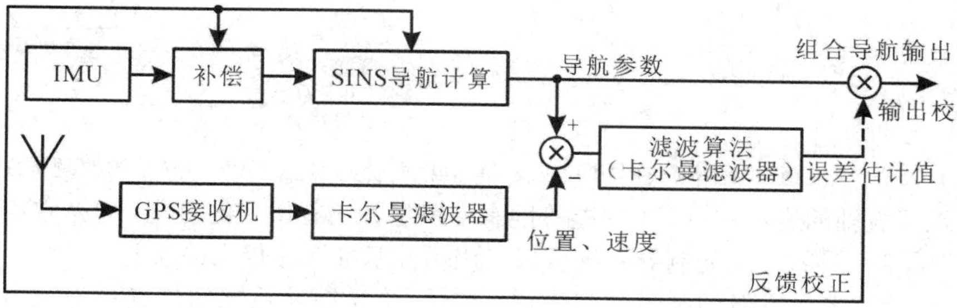

图 4-53 用位置、速度信息组合的惯性/GPS 制导系统原理框图

2）紧密组合

紧密组合（或称为深组合）的主要特点是制导系统只有一个滤波器，滤波器利用 GPS 接收机的原始测量信息（伪距、伪距率和载波相位）和相应惯性制导系统的导航输出计算出的伪距、伪距率信息之差估计载体的导航信息，组合作用体现在 GPS 接收机和惯性制导系统的相互辅助。紧密组合系统通常把 GPS 接收机作为一块电路板放入惯性制导部件中进行制导系统的一体化设计，要求接收机具有输出原始测量信息和接收速率辅助信息的能力，以牺牲子系统的独立性为代价获取高性能，实现起来比较复杂。

紧密组合的基本模式有：用伪距/伪距率（或同相 I/正交 Q）信息组合；在伪距/伪距率（或同相 I/正交 Q）组合基础上再加上用惯性制导位置和速度对 GPS 接收机跟踪环路进行辅助。其中，用惯性制导位置和速度信息辅助 GPS 接收机跟踪环路，可以有效地提高接收机跟踪环路的等效带宽，提高接收机的抗干扰性，减小动态误差，提高跟踪和捕获的性能，是紧密组合系统的主要标志。

用伪距/伪距率（或同相 I/正交 Q）信息组合的惯性/GPS 制导系统原理框图如图 4-54 所示。此系统用 GPS 接收机提供的星历数据、惯性制导系统给出的位置和速度以及估计的接收机时钟误差计算相应于惯性制导位置和速度的伪距 ρ_I 和伪距率 $\dot{\rho}_I$（或 I/Q）。把 ρ_I 和 $\dot{\rho}_I$（或 I/Q）与 GPS 测量的 ρ_G 和 $\dot{\rho}_G$（或 I/Q）相比较作为量测值，通过组合卡尔曼滤波器估计惯性制导系统惯性器件的误差以及接收机的误差，然后对两个子系统进行开环校正或反馈校正。由于 GPS 的测距误差容易建模，因而可以把它扩充为状态，通过组合卡尔曼滤波器加以估计，然后对 GPS 接收机进行校正。因此，伪距/伪距率（或 I/Q）组合模式比位置、速度组合模式具有更高的组合导航精度。在这种组合模式中，可以省去导航计算处理部分，GPS 接收机只提供星历数据和伪距/伪距率（或 I/Q）即可；也可保留导航计算部分，作为备用导航信息，使导航信息具有余度。

2. 惯性/星光制导系统

惯性/星光制导利用恒星作为固定参考点，飞行中用星敏感器观测星体的方位来校正惯性基准随时间的漂移，以提高导弹的导航精度。惯性/星光制导比纯惯性制导精确的原因在于在惯性空间里从地球到恒星的方位基本保持不变。因此，星敏感器就相当于没有漂移的陀螺。

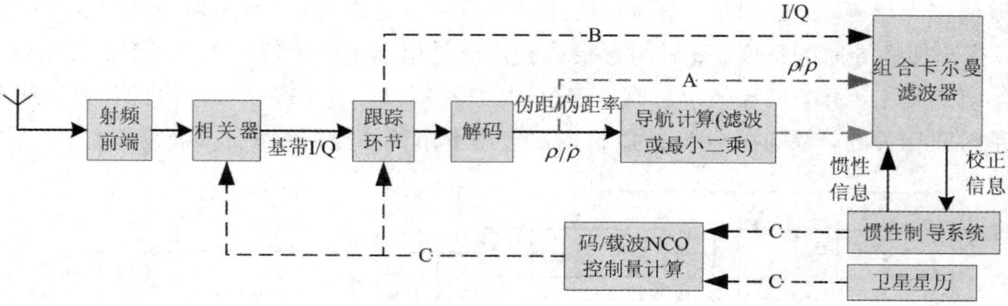

图 4-54 用伪距/伪距率(或同相 I/正交 Q)信息组合的惯性/GPS制导系统原理框图

虽然像差、地球极轴的进动和章动、视差等因素使恒星方向有微小的变化，但是它们所造成的误差远小于 1′，所以惯性/星光制导系统可以克服惯性基准漂移带来的误差。

对机动发射或水下发射的弹道导弹来说，惯性/星光制导系统的优点更为突出。因为它们的作战条件使发射前不会有充足的时间进行初始定位瞄准，也难以确切知道发射点的位置。这些因素给制导系统带来的突出问题是发射前建立的参考基准有较大的误差，这种误差称为初始条件误差，包括初始定位误差、初始调平误差、初始瞄准误差。采用惯性/星光制导，可允许在发射前粗略地对准，飞行过程中再依靠星敏感器进行修正，若再与发射时间联系起来，就能定出发射点的经纬度。这些突出的优点，加上系统的自主性和隐蔽性，使惯性/星光制导具有很好的发展前景。

目前，惯性/星光制导技术已经用来解决水下发射导弹的初始定位、定向和陀螺漂移。美国新型潜射导弹“三叉戟-Ⅰ”和“三叉戟-Ⅲ”以及俄罗斯的潜射导弹 SS-N-8 和 SS-N-18 均成功使用了惯性/星光制导方式。其中，“三叉戟”的惯性/星光制导精度达到了 122 m。

惯性/星光制导系统组成如图 4-55 所示。星光导航部分主要包括大视场光电探测单元、目标检测与星图识别单元、水平基准、时间基准、导航计算五部分。惯性导航部分主要由陀螺仪、加速度计、误差补偿和导航计算误差校正四部分组成。将星光导航和惯性导航信息进行组合滤波可修正惯性导航误差，显著提高导弹导航精度。

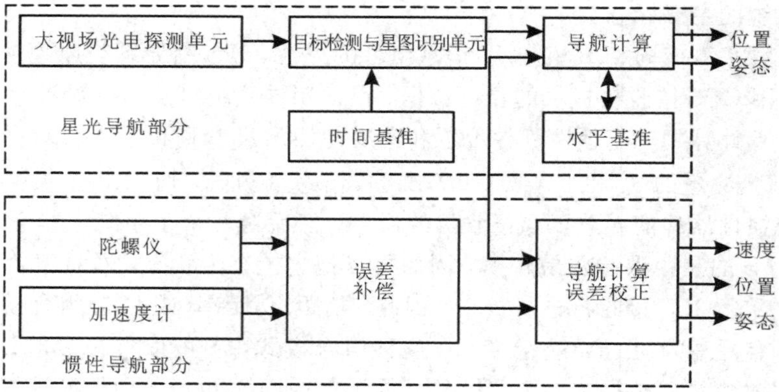

图 4-55 惯性/星光制导系统组成

3. 惯性/图像匹配制导系统

把图像匹配和惯性制导系统结合在一起，用图像匹配系统的精确匹配位置信息修正陀螺漂移和加速度计误差所造成的惯性制导系统的积累误差(定位误差)，可大大提高导航精度。惯性/图像匹配制导系统原理图如图 4-56 所示。

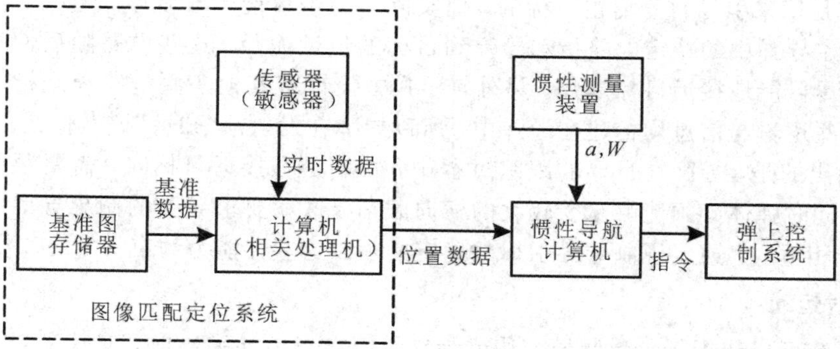

图 4-56 惯性/图像匹配制导系统原理图

采用惯性/图像匹配制导的弹道导弹的主动段采用纯惯性制导，保证一定的导航精度；再入段的导引和控制分成气动减速机动段和图像匹配末制导段。

在导弹的全程飞行中，惯性制导系统一直在工作并以固定的周期给出导弹的位置、速度信息。导弹再入大气层后，其导航计算转到以目标为原点的地面坐标系进行，即给出相对于地面坐标系的位置和速度。在图像匹配末制导段，图像匹配末制导雷达在几个预先选定高度获取地面图像信息，并将其与计算机中预存的图像进行匹配运算，确定惯性制导的水平位置误差，再将此水平位置误差与雷达测高获得的高度信息一起来修正惯性制导的位置。美国的“潘兴Ⅱ”即采用了惯性/图像匹配制导系统，导弹的末制导段采用景象匹配制导技术，大大提高了末制导精度。

4.5 自寻的制导原理

导弹自寻的制导是通过敏感目标信息，由弹上控制系统计算出控制指令，并由执行机构将导弹自动导向目标的制导方法。自寻的制导方法通常用于巡航导弹、弹道导弹飞行末段，以及导弹对卫星或敌方攻击武器的拦截。自寻的制导系统通常可以分为主动式、半主动式和被动式，也可以按照对目标的敏感方式分为激光制导、红外/可见光制导和雷达制导等。主动式自寻的制导导弹，既要携带辐射传感器，还要携带辐射源，使目标反射需要的特征；半主动式自寻的制导导弹，通过跟踪从目标反射回的、来自外部发射源的能量，来确认和锁定目标；被动式自寻的制导导弹，敏感的是目标自身的特征量。

4.5.1 自寻的制导导引律

导弹为了成功引导自己命中目标，必须获得目标信息，并且发射前和发射后的信息都要收集。在导弹发射前，也就是说，在预发射阶段，导弹必须知道要飞往哪里。一般由发射架通过操纵控制电缆所输入的电子信号，告知导弹其目标在哪里。这些信号包括弹头指向(使弹头指向目标)，发射偏置(将导弹指向遭遇点)，以及在仿真多普勒线上对真实目标的多普勒估计。然后导弹按照制导导引律飞行。也就是说，其敏感导弹速度矢量和目标之间的视线角变化。另外，给导弹一定的调节信号，使得导弹对情况变化进行调整。这些调节信号包括用来调节自动驾驶仪响应的自动驾驶仪指令以及辅助的多普勒定位信号。此外，虽然设计导弹是用来引导自身撞击目标的，但实际上撞击可能不会发生，导弹可能偏离目标有限的距离。导弹中的特定电路指示导弹到目标的最近途径。这些电路随后使得战斗部被触发，从而尽可能地接近目标爆炸。另外，导弹中设计了其他一些电路用来指示总的脱靶量。所有这些逻辑与信息均构建在导弹中，所以导弹在发射前“知道”该做什么。

需要指出的是，导弹在自寻的跟踪过程中，特别是在接近目标时，需要很好的操纵性和机动性，同时弹体必须能够承受较大的横向载荷。这就要求导弹的制导导引律必须能够与这些性能相适应，或者说制导导引律的确定必须以这些性能为约束。

1. 相对运动

制导系统可以使用任一种制导方法或制导导引律来为导弹导航，使其沿着一条弹道或者飞行路径拦截目标。制导设备所需的特定目标飞行路径信息取决于所使用的是哪一种制导导引律。导弹飞行的自动寻的弹道取决于所用制导导引律，而制导导引律取决于交战的数学需求或数学约束。图 4－57 所示导弹目标相对运动原理是导出这些数学方程的基础。

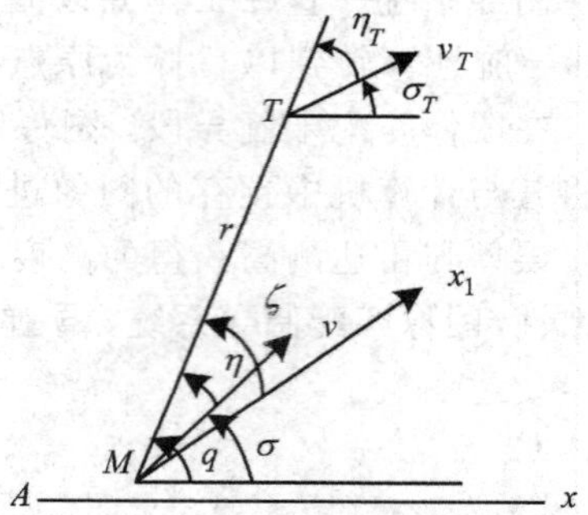

图 4－57　导弹目标相对运动原理

根据图 4－57 列出导弹和目标的运动学方程如下：

$$
\begin{cases}
\dfrac{\mathrm{d}r}{\mathrm{d}t}=(v_T\cos\eta_T-v\cos\eta) \\
\dfrac{\mathrm{d}q}{\mathrm{d}t}=\dfrac{1}{r}(-v_T\sin\eta_T+v\sin\eta) \\
\eta=q-\sigma \\
\eta_T=q-\sigma_T \\
\varepsilon=0
\end{cases}
$$

式中，$\varepsilon=0$ 是导引关系式，其具体形式与导引方法有关。

2. 经典导引律

1）直接导引

令 $\zeta=0$ 或 $\zeta=$常数，即弹体纵轴与目标视线重合或有一个常值偏差角，这种导引方法称为直接导引法（或常值方位角法）。目标不动时，随着导弹和目标斜距减小，导弹攻角发散，在命中点处趋于无穷。由于攻角总是有限的，在到达目标之前已经偏离了需求的弹道，所以该导引律不可能理想地实现。但只要偏离理想弹道时刻斜距足够小，就是可以接受的。

由于直接导引法需要将弹体轴指向目标或使弹体轴与目标视线之间有一个常值偏差

角，因而直接导引法适用于目标和导弹速度低、初始距离足够大时的导引。

2）速度追踪导引

令 $\varepsilon=\eta=0$，则表示导弹的速度方向指向目标，即速度方向与目标视线重合，这种导引方法称为速度追踪导引法，简称追踪法。追踪法是指导弹在攻击目标的导引过程中，导弹的速度矢量始终指向目标的一种导引方法。这种方法要求导弹速度矢量的前置角始终等于零。因此，追踪法的导引关系方程为

$$\begin{cases}\dfrac{\mathrm{d}r}{\mathrm{d}t}=v_T\cos\eta_T-v\\ r\dfrac{\mathrm{d}q}{\mathrm{d}t}=-v_T\sin\eta_T\\ q=\sigma_T+\eta_T\end{cases}$$

对方程进行分析，可得追踪法的特点如下：

(1) 导弹直接命中目标的必要条件是导弹的速度大于目标的速度；

(2) 考虑到命中点的法向过载，只有当速度比 $p=\dfrac{v}{v_T}$满足 $1<p\leqslant 2$ 时，导弹才有可能直接命中目标；

(3) 追踪法趋向于绕到目标的正后方去命中目标，所以存在攻击区域问题。

追踪法是最早提出的一种导引方法，实现起来是比较简单的。例如，在弹内装一个“风标”装置，再将目标位标器安装在风标上，使其轴线与风标指向平行，由于风标的指向始终沿着导弹速度矢量的方向，因此只要目标影像偏离了位标器轴线，导弹速度矢量没有指向目标，制导系统就会形成控制指令，以消除偏差。由于追踪法在技术实施方面比较简单，因此部分空地导弹、激光半主动制导炸弹采用了这种导引方法。

但采用这种导引方法的弹道存在严重的缺点。因为导弹的绝对速度始终指向目标，相对速度总是落后于目标视线，所以不管从哪个方向发射，导弹总是要绕到目标的后面去命中目标，这样导致导弹的弹道较弯曲(特别在命中点附近)，需用法向过载较大，要求导弹要有很高的机动性。由于受到可用法向过载的限制，导弹不能实现全向攻击。同时，考虑到命中点的法向过载，速度比受到严格的限制。因此，追踪法目前很少应用。

3）平行接近

令 $\varepsilon=\dot{q}=0$ 或 $\varepsilon=q-q_0=0$，则

$$\sin\eta=\frac{v_T}{v}\sin\eta_T=\frac{1}{p}\sin\eta_T$$

即在整个导引过程中，目标视线在空间保持平行移动，这种导引方法称为平行接近法。不管目标做何种机动飞行，导弹速度矢量 $\boldsymbol{v}$ 和目标速度矢量在垂直于目标视线方向上的分量相等。因此，导弹的相对速度正好在目标视线上，它的方向始终指向目标。无论目标做何种机动飞行，采用平行接近法导引时，导弹的需用法向过载总是小于目标的法向过载，即导弹弹道的弯曲程度比目标航迹的弯曲程度小。因此，导弹的机动性就可以小于目标的机动性。

用平行接近法导引的弹道最为平直，还可实行全向攻击。从这个意义上说，平行接近法是最好的导引方法。但到目前为止，平行接近法并未得到应用。主要原因是这种导引方法对制导系统提出了严格的要求，使制导系统复杂化，具体来说，就是它要求制导系统在

每一瞬时都要精确地测量目标及导弹的速度和前置角，并严格保持平行接近法的导引关系。而实际上，由于发射偏差或干扰的存在，不可能绝对保证导弹的相对速度始终指向目标，因此，平行接近法很难实现。

4）比例导引

令 $\varepsilon=(\sigma-\sigma_0)-K(q-q_0)=0$，即 $\dot{\sigma}=K\dot{q}$，这种导引方法就是比例导引法。如果 $K=1$ 且 $q_0=\sigma_0$，即导弹前置角为0，就是追踪法；如果 $K=1$ 且 $q_0=\sigma_0+\eta_0$，则 $q=\sigma+\eta_0$，即导弹前置角 $\eta=\eta_0$ 为常值，就是常值前置角法（显然，追踪法是常值前置角法的一个特例）；如果当 $K=\infty$ 时 $\dot{q}\to 0$，$q=q_0$ 为常值，则说明目标视线只是平行移动，就是平行接近法。

追踪法、常值前置角法和平行接近法都可看作是比例导引法的特殊情况。比例导引法的比例系数 K 在 $(1, \infty)$ 范围内，它是介于追踪法和平行接近法之间的一种导引方法。它的弹道性质也介于追踪法和平行接近法的弹道性质之间。

比例系数 K 的大小，直接影响弹道特性，进而影响导弹能否命中目标。因此，如何选择合适的 K 值，是需要研究的一个重要问题。K 值的选择不仅要考虑弹道特性，还要考虑导弹结构强度所允许承受的过载，以及制导系统能否稳定工作等因素。它可以是一个常数，也可以是一个变数，一般在3～6范围内。

因此，所谓比例导引是指通过使导弹的航向与视线角速率成比例，从而力图使视线角速率为0。比例导引的原理依据是：如果存在两个逐渐靠近的物体，两者之间的视线相对于惯性空间不发生旋转，则它们必然交会。比例导引的实现需要导弹控制系统使得导弹的过载加速度能够消除所测量的视线角速率。

比例导引法的优点是可以得到较为平直的弹道。与平行接近法相比，它对发射瞄准时的初始条件要求不严，在技术实施上是可行的。比例导引法的缺点是命中点导弹需用法向过载受导弹速度和攻击方向的影响。在实际应用中，比例导引有纯比例导引（PPN）、偏比例导引（BPN）、真比例导引（TPN）、广义比例导引（GPN）、增广比例导引（APN）、理想比例导引（IPN）等多个分支。

3. 现代导引律

前述导引方法都是经典导引律。一般而言，经典导引律需要的信息量少、结构简单、易于实现，因此大多情况下都使用经典导引律或其改进形式。但是对于高性能的大机动目标，尤其在目标采用各种干扰措施的情况下，经典导引律就不太适用了。因此，基于现代控制理论的现代导引律，如最优导引律、微分对策导引律、自适应导引律、微分几何导引律、反馈线性导引律、神经网络导引律等得到迅速发展。与经典导引律相比，现代导引律有许多优点，如脱靶量小，导弹命中目标时姿态角满足特定要求，对抗目标机动和干扰能力强，弹道平直，弹道需用法向过载分布合理，作战空域增大等。因此，用现代导引律制导的导弹截击未来战场上出现的高速度、大机动、有施放干扰能力的目标是非常有效的。但是，现代导引律结构复杂，需要测量的参数较多，给导引律的实现带来了困难。不过，随着计算机的不断发展，现代导引律在工程当中得到应用为期不远。

4.5.2 自寻的工作原理

前面介绍的导引律都要求将弹目视线作为基线并作为导引律的输入，如何得到这个输入呢？这就要求末制导时要有测量弹目视线的装置，一般可利用电磁波进行测量。采用不同波段的电磁波分别对应不同的制导方法，图 4－58 是电磁波谱示意图。

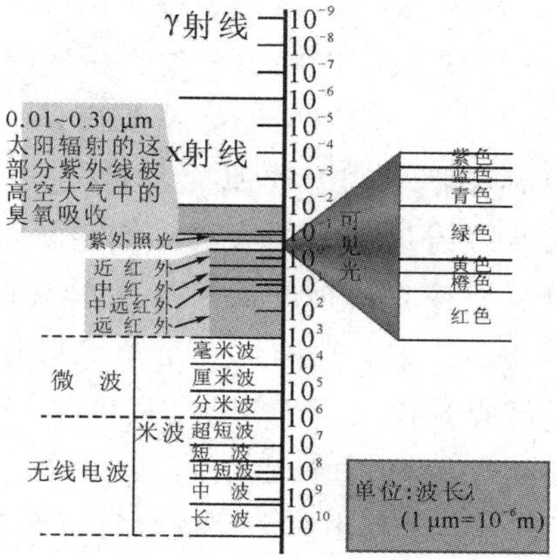

图 4－58　电磁波谱示意图

根据电磁波谱图，采用不同波长的电磁波实现对目标的探测就形成了不同的自寻的制导方法。下面我们从波长最长的电磁波开始，简要介绍对应的制导方法。

1. 无线电制导

无线电制导采用的波长为无线电波，主要的制导方法有卫星制导、地面陆基导航制导，基本思路是由卫星或导航站发出导航定位无线电波，由弹载接收设备接收无线电波并进行解码定位，从而确定自身位置、姿态等信息，并形成制导指令。这种制导方式的特点是精度高，但缺点也非常明显，就是容易受到干扰。

2. 雷达或毫米波制导

雷达或毫米波制导是利用弹载雷达主动发出微波或毫米波，或被动接收目标发出的微波，形成对目标的探测、识别并形成制导指令的一种制导方式。雷达或毫米波在末制导领域具有广泛的应用，其特点是制导精度高、抗干扰能力强，缺点是容易受到人为干扰。

3. 红外制导

任何高于绝对零度的物体都会发出红外波段的电磁辐射，从而可利用物体发出的红外波进行制导。红外制导一般分为红外点源制导和红外成像制导，其特点是可实现发射后不管，具有夜晚工作能力，缺点是容易受到大气、天候的影响。

4. 可见光/电视/景象匹配制导

可见光制导是利用物体反射的太阳光或自身的发光信息实现目标探测识别的一种制导方式，在某些应用场合也叫电视制导、景象匹配制导。由于可见光波长短，因而可见光制导的图像清晰、分辨率高，可实现较高的制导精度。这种制导方式的缺点是不能全天候工作，易受目标光照条件的影响。

5. 激光制导

激光制导是指利用激光获得制导信息或传输制导指令，使武器按一定导引律飞向目标的制导方法。根据工作原理的不同，激光制导可分为激光驾束制导和激光寻的制导两大类，激光寻的制导又可以进一步分为激光半主动(回波)制导、激光指令制导和激光主动成像制导三种。由于目标自身不能发出激光，因此需要由载体产生激光并对目标进行照射，然后由弹载探测装置接收目标的反射激光信息。激光制导中用得最多的是激光半主动制导，它是由激光目标指示器实现对目标的照射，由导引头接收目标的漫反射激光信息形成目标光斑并形成制导指令的一种制导方式，其优点是制导系统简单、制导精度高，制导精度可达0.5 m，缺点是由于要实现目标的照射，因此照射平台易受攻击，另外打击距离也比较近，一般为5～8 km；其次是正在发展的激光主动成像制导，它是利用弹载激光器对目标进行照射或扫描，由弹载探测装置接收目标的反射激光形成目标的距离-强度三维甚至四维图像并形成制导指令的一种制导方式，它的优点是图像信息丰富，因而可实现从复杂背景中分辨出多个目标及诱饵，缺点是作用距离较近，且目前还未成熟并形成大规模的装备。

此外，还有利用其他波段制导的高光谱/超光谱制导、紫外制导、太赫兹制导等制导手段，但目前发展尚不成熟。另外，为了利用多个谱段进行复合制导，多色红外复合、红外与可见光复合、红外与激光主动成像复合、红外与激光半主动复合、红外与毫米波复合、毫米波与激光半主动复合等成为复合制导的发展方向。

4.5.3 红外成像制导

红外成像制导是利用红外探测器探测目标的红外辐射，获取目标与背景的红外图像进行目标捕获与跟踪，并将导弹引向目标的一种制导方式。

红外线是一种热辐射，是物质内分子热振动产生的电磁波，其波长为0.76～1000 μm，在整个电磁波谱中位于可见光与毫米波/微波之间。所有的物质，只要其温度超过绝对零度，就会不断发射红外能量，如常温的地表物体发射的红外能量主要在波长大于3 μm的中波红外区。红外辐射不仅与物质的表面状态有关，而且是物质内部组成和温度的函数。在大气传输过程中，它能通过1～3 μm、3～5 μm和7～12 μm三个窗口。物体的温度与其辐射能量的波长之间的关系如表4-2所示。

表4-2 物体的温度与其辐射能量的波长之间的关系

物体温度/K	波长/μm	跟踪物体时使用的辐射波段
1000	2.9	短波红外
675	4.3	中波红外
450	6.4	中波至长波红外
300	10	长波红外
180	16	长波红外

一般来说，目标温度在1000 K以上时，一般采用短波红外(1～3 μm)进行跟踪识别，如跟踪导弹尾焰、发动机出口等；温度在600～1000 K时，一般采用中波红外(3～5 μm)进行跟踪识别，如跟踪飞机尾焰、尾喷口等；温度在常温以下，一般采用长波红外(8～12 μm)进行跟踪识别，如对地面目标、空间目标进行跟踪等。

红外自寻的制导系统根据目标和背景的红外辐射能量不同，把目标和背景区分开，以达到导引的目的。其优点是：① 制导精度高，角分辨率高，且不受无线电干扰的影响；② 采用被动寻的工作方式，导弹不辐射用于制导的能量，也不需要其他照射能源，攻击隐蔽性好；③ 弹上制导设备简单，体积小，质量轻，成本低，工作可靠。其缺点是：① 受气候影响大，不能全天候作战；② 容易受到激光、太阳光、红外诱饵等干扰和其他热源的诱骗；③ 作用距离有限。

红外自寻的制导一般可分为红外非成像制导和红外成像制导。红外非成像制导是由光学系统将目标聚成像点，成像于焦平面上的制导方式，也称为红外点源自寻的制导。这种制导方式从目标获得的信息量较少，只有一个点的角位置信号，没有区分多目标的能力。红外成像制导又称热成像制导，它把物体表面温度的空间分布情况变为按时间顺序排列成的电信号，并以图像的形式显示出来，或将其数字化存储在存储器中，为数字机提供输入，并用数字信号处理方法来分析这种图像，从而得到制导信息。它探测的是目标和背景间微小的温差或辐射频率差引起的热辐射分布图像。

红外成像制导的主要特点是：抗干扰能力强、空间分辨率和灵敏度较高、探测距离大、具有准全天候功能、制导精度高、具有很强的适应性。其缺点是：相比较红外非成像制导而言，成本较高。

红外自寻的制导系统一般由红外导引头、弹上控制系统、弹体及导弹目标相对运动学环节等组成。红外导引头用来接收目标辐射的红外能量，确定目标的位置及角运动特性，形成相应的跟踪和导引指令。

导引头是精确制导武器的重要组成部分，用来完成对目标的自主搜索、识别和跟踪，并给出制导导引律所需要的控制信号。导引头一般由探测器、伺服机构和电子线路等组成，一般探测器、伺服机构等光电机械系统称作位标器，电子线路称作电子舱。红外成像导引头的基本组成如图 4-59 所示。

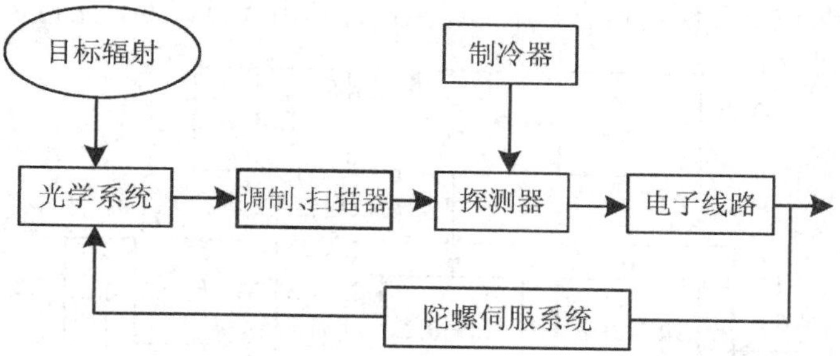

图 4-59 红外成像导引头的基本组成

光学系统主要用来聚焦来自目标和背景的红外辐射；调制、扫描器是光学和机械扫描的组合体，光学部分由机械驱动完成两个方向(水平和垂直)的扫描，实现快速摄取被测目标的各部分信号；探测器是实时红外成像器的核心，主要是锑化铟器件和碲镉汞器件，目前一般采用 320×256 像素、320×240 像素规格的探测器；制冷器用于对探测器降温，以满足锑化铟器件和碲镉汞器件所需的高灵敏度工作温度(77 K)；电子线路用于提高视频信噪比和对获得的图像进行各种变换处理，实现对目标的识别，并根据制导导引律输出制导指令给弹上控制系统，另外输出跟踪指令给陀螺伺服系统实现对目标的稳定跟踪；陀螺伺服系统实现对目标的稳定跟踪。

4.5.4 雷达制导

雷达制导是以目标的雷达反射信号作为信号源的制导方式，可分为主动雷达制导、半主动雷达制导和被动雷达制导。根据雷达信号的不同，雷达制导也可分为微波制导和毫米波制导。其中，微波的波长为 1 mm～1 m，频率为 300 MHz～300 GHz；毫米波的波长为 1～10 mm，频率为 30～300 GHz。相比较而言，毫米波制导具有穿透大气的损失较小、制导设备体积小且质量轻、测量精度高、分辨能力强、抗干扰能力强、鉴别金属目标能力强等特点。

主动雷达制导需要在导弹弹体内安装雷达发射机和雷达接收机，从而实现独立地捕获和跟踪目标，其原理如图 4－60 所示。由于弹上设备允许的体积和质量有限，所以弹载雷达发射机功率有限，作用距离较近，通常用于导弹末制导。

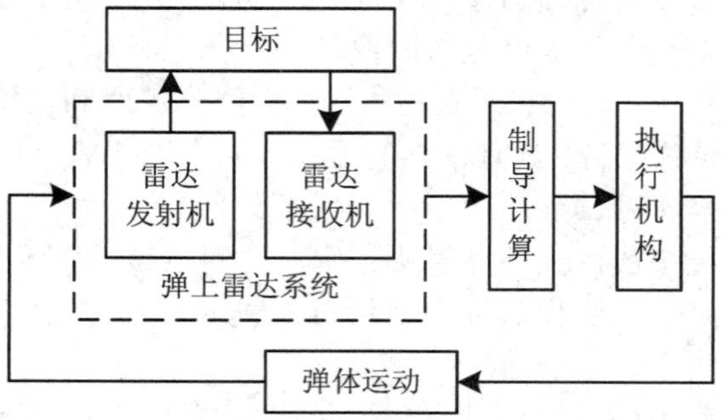

图 4－60 主动雷达制导原理图

半主动雷达制导需要在导弹上安装用于跟踪和照射的两部雷达，其原理如图 4－61 所示。其中，雷达接收机用前部天线接收目标反射的雷达波束能量，用后部天线接收雷达直接照射信号，提取目标的角位置和距离信息；弹上计算机计算出飞行偏差，控制导弹击中目标。

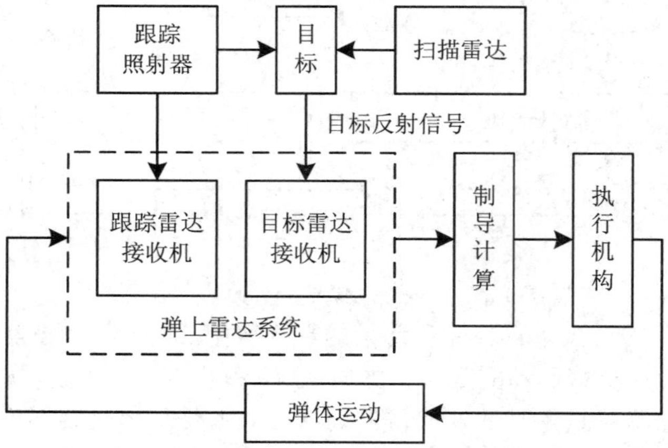

图 4－61 半主动雷达制导原理图

半主动雷达制导系统具有制导精度较高、全天候能力强、作用距离较大的优点。与主动雷达制导相比，其弹上设备较简单、体积较小、成本较低。但由于这种制导方式依赖外部雷达对目标进行照射，增加了受干扰的可能，而且在整个制导过程中，照射雷达波束始终要对准目标，使照射雷达本身易暴露，易受对方反辐射导弹的打击。

被动雷达制导需要在导弹上安装高灵敏度的宽频带接收机，以目标雷达、通信设备和干扰机等辐射的微波波束能量及其寄生辐射电波作为信号源，捕获、跟踪目标，提取目标角位置信号，使导弹命中目标，其原理如图 4-62 所示。

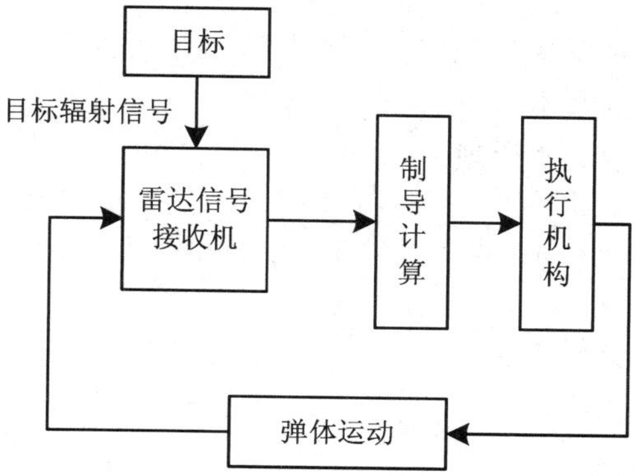

图 4-62　被动雷达制导原理图

被动雷达制导系统由于本身不辐射雷达波，也不用照射雷达对目标进行照射，因而攻击隐蔽性很好，对敌方的雷达、通信设备及其载体有很大的威胁和压制能力，是电子战中最有效的武器之一，有很强的生命力。其制导精度取决于工作波长和天线尺寸，由于弹体直径有限，天线不能做得太大，因而采用这种制导方式的导弹在攻击较高频段的雷达目标时有较高的精确度，在攻击较低频段的雷达目标时精确度较低。

思 考 题

1. 简述导弹制导方法与分类。
2. 简述摄动制导方法。
3. 简述显式制导方法。
4. 对于二自由度陀螺仪，定义 $\boldsymbol{M}_{外}$ 为外力矩、$\boldsymbol{H}$ 为动量矩、$\boldsymbol{\omega}$ 为进动角速度 、$\boldsymbol{M}_T$ 为陀螺力矩。要求在图 4-63 中按要求标出相应的参量。

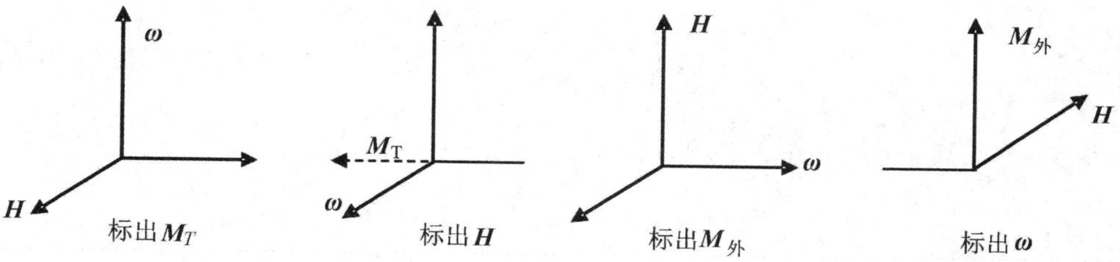

图 4-63　题 4 用图

5. 简述二自由度陀螺仪的三大特性。
6. 试分析陀螺漂移产生的原因，并简述如何降低陀螺漂移产生的影响。
7. 激光陀螺仪是如何实现角速率的测量的?
8. 简述石英挠性加速度计的工作特点。

9. 什么是捷联式惯性导航系统？

10. 捷联式惯性导航系统的特点是什么？

11. 试论述利用四元数法求解弹体坐标系 $O_z x_1 y_1 z_1$ 向惯性坐标系 $Ox^a y^a z^a$ 转换的计算过程。

12. 简述追踪法的基本原理。

13. 简述平行接近法的基本原理。

14. 简述比例导引法的基本原理。

第5章 弹头慢旋与滚速控制技术

弹头在再入过程中，气象散布误差和弹头特性参数偏差等因素使弹头偏离理论弹道所造成的弹着点偏差叫作再入散布误差。

目标区的大气参数偏差(如大气密度、温度及阵风等)使弹头发生扰动所造成的弹着点偏差称为气象散布误差。对非制导的弹头来说，由于大气参数偏差的随机性，要完全消除它对导弹命中精度的影响极其困难。目前采用的办法是：一方面采用有效的侦查手段，对目标区的大气参数进行多年搜集和统计处理，找出统计规律；另一方面，根据敌区短期气象预报，在导弹发射前，对射击诸元进行修正，以减小落点偏差。

弹头特性参数偏差会使弹头在再入时发生弹道扰动而造成落点偏差。造成弹头特性参数偏差的原因有两点：一是弹头加工制造的工艺误差；二是弹头再入过程中气动加热造成的误差，它是随机的，难以事先测定。经过大量的模拟试验和弹道计算，人们发现由弹头的质量不对称和几何外形偏差所造成的质心横偏、压心横移对落点散布的影响最突出。

弹头一般采用烧蚀防护法降温，在再入过程中受到气动加热，其表面附着的热防护层将大量地被烧蚀并升华、蒸发掉。由于烧蚀不均匀，弹头由轴对称体变为质量分布和几何外形不对称体，产生质心横偏和压心横移。而质心横偏和压心横移是通过配平攻角造成弹着点偏差的，因此称这部分弹着点偏差为“配平散布误差”。

1. 配平攻角产生的过程

弹头在再入过程中，表面烧蚀不均造成质心横偏，如图 5-1 所示，其中质心为 O_1，压心为 O_p，质心到压心的距离为 l，质心横偏至 O_1'，横偏的距离为 Δ；翼状凸起造成压心横移，如图 5-2 所示，其中压心横移至 O_p'，横移的距离为 Δ。

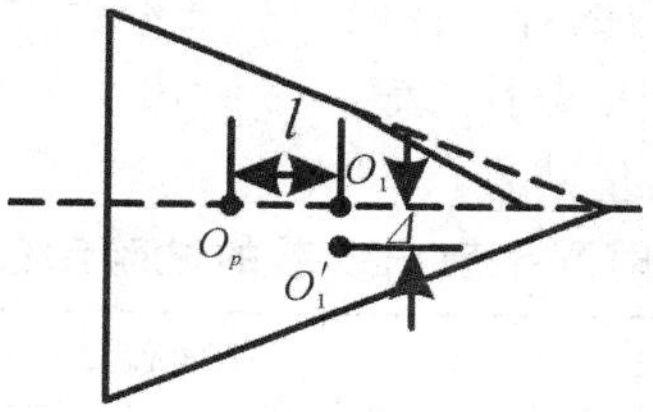

图 5-1 质心横偏示意图

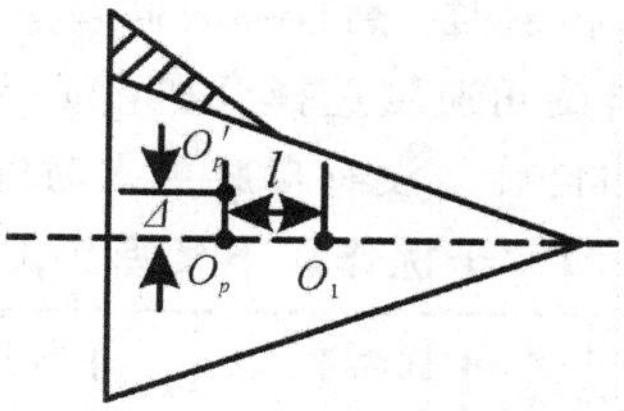

图 5-2 压心横移示意图

质心横偏或压心横移的弹头再入大气层时，在迎面气流的作用下就会产生绕质心的干扰力矩 $M_x = R_x \cdot \Delta$(R_x 为迎面气动力)。M_x 使弹头绕质心产生抬头转动，出现附加攻角 α，此时在弹头的质心就产生与附加攻角 α 相对应的法向气动力 N_α(与质心的距离为 l_α)，从而

产生气动恢复力矩 $M_\alpha = N_\alpha \cdot l_\alpha$。干扰力矩 M_x 与气动恢复力矩 M_α 方向相反，当 $M_\alpha < M_x$ 时，弹头将继续抬头转动，附加攻角 α 继续增大，直到 $M_\alpha = M_x$ 达到配平条件，此时弹头具有的附加攻角 α_{TR} 称为“配平攻角”。

2. 配平攻角对弹着点偏差的影响

具有配平攻角的弹头在再入时，配平法向力的作用将会使弹头的飞行弹道发生扰动，使弹头沿着配平法向力作用方向产生偏差。弹头沿配平法向力作用方向偏移理论弹道产生的弹着点偏差，称为配平散布误差，如图 5－3 所示。

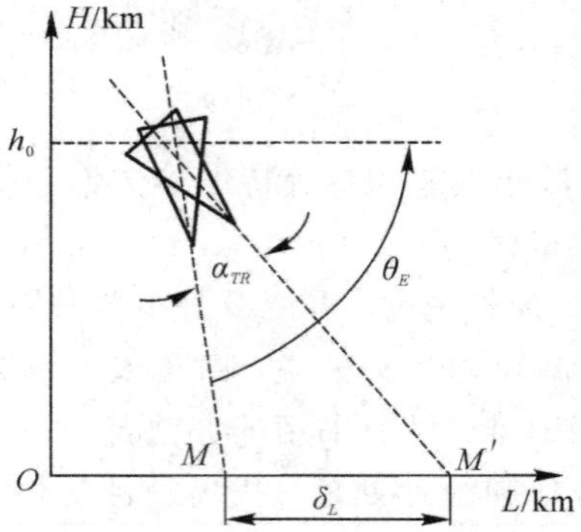

图 5－3　配平散布误差示意图

设弹头沿标准弹道飞行，在高程 h_0 处的弹道倾角为 θ_E，落点为 M。若在高程 h_0 处配平法向力产生的配平攻角为 α_{TR}，则落点为 M'。当 α_{TR} 很小时，通过近似计算，可得配平攻角造成的射程偏差为 $\delta_L \frac{h_0 \cdot \alpha_{TR}}{\sin^2\theta_E}$。

根据弹道计算，在射程为 14 000 km 时，若弹头无滚动时质心横偏为 15 mm，则会造成射程偏差 10.39 km。

3. 减小配平散布误差的方法

从配平散布误差产生的原因可知，要消除弹头配平散布误差，最直接的方法是堵塞配平攻角产生的根源，但难度极大。经过反复理论计算和大量试验研究，人们发现当弹头绕纵轴慢旋再入时，由配平攻角产生的配平法向力方向在弹道垂直平面内发生变化，若在同一高度弹头正好旋转一周，则配平法向力的合力为零，由此引起的弹道偏差也为零。事实上，弹头再入时，高程随时间瞬息变化，所以配平法向力的合力在同一高度不会为零。但只要弹头自旋角速度选择合适，就可以使配平散布误差大大减小。表 5－1 列出了干扰作用下某弹头加自旋与没有自旋再入时配平散布误差的试验测量结果。

表 5－1　干扰作用下某弹头加自旋与没有自旋再入时配平散布误差的试验测量结果

序号	干扰因素	干扰量	纵向偏差/km		横向偏差/km	
1	质心横偏	10 mm	7.1833	0.0081	2.6749	0.001 57
2	压心横移	10 mm	7.1833	0.0081	2.6749	0.001 57
3	质量偏差	60 kg	0.0913	0.0913	0.000 09	0.000 09

5.1 弹头慢旋技术

慢旋技术是给弹头提供一定的转动速率(或滚动速率)，保证弹头慢旋再入大气层的各种方法措施的统称。弹头的慢旋需要由专门的弹头慢旋系统来实现，其主要作用是让弹头以一定的速率转动起来，慢旋再入大气层，增加其运动的稳定性，减小再入散布误差，保证弹头打击精度。不同种类的弹头需要选择不同的慢旋速率，要根据具体试验结果来确定。

5.1.1 弹头直接慢旋技术

当弹头上有控制系统时，弹头慢旋的实现很简单，直接用两台安装在弹头壳体上的固体火箭产生弹头慢旋的动力矩，让弹头以特定的角速率绕纵轴旋转即可，这种方法称为弹头直接慢旋技术。

弹头直接慢旋系统的主要装置就是两只慢旋火箭。一般情况下，在弹头壳体表面与Ⅱ、Ⅳ象限线附近，靠近弹头尾部开有一对慢旋火箭喷口，在其内壁桁条上铆有一对相应的慢旋火箭安装支座，慢旋火箭安装在内壁支座上。慢旋火箭安装后，喷管伸出舱外的部分用整流罩保护。需要控制弹头慢旋时，弹头控制系统发出控制信号，控制两台慢旋火箭的点火器点火，引燃慢旋火箭中的火药，产生高温高压气体，喷出喷管产生推力，使弹头获得绕纵轴的控制力矩，弹头开始慢旋。只要设计好慢旋火箭产生的推力大小和工作时间长短，确定慢旋火箭的安装位置，就可以确定弹头绕纵轴的慢旋速率。一般大的弹头慢旋速率要小一些，小的弹头慢旋速率可以大一些，最终弹头的慢旋速率大小需要由试验确定。

1. 慢旋火箭的组成

慢旋火箭主要由火箭本体、套状装药、点火器等组成。

1）火箭本体

慢旋火箭本体由壳体、喷管、挡药板、前支架、固定支耳等几部分组成。壳体由筒段、顶盖和固定支耳焊接成，材料为高强度合金钢。筒段是固体火箭的燃烧室，腔内装固体套状装药。壳体右端和喷管相连，左端安装点火器，通过两个安装支耳把慢旋火箭安装在弹头后端靠近Ⅱ、Ⅳ象限线安装支座上，伸出舱外的喷口部分有整流罩保护。

慢旋火箭的喷管内壁用环氧树脂黏结着铝质堵盖，保证燃烧室内为地面常压，使固体火箭在高空能够可靠地点火。在喷管的喉部前方有一个挡药板，其作用是阻挡燃气把整块固体药柱吹出喷管，以免堵塞喷管喉部而造成燃烧室爆炸。在挡药板中心部位黏结着一圈橡胶板的支承圈，外缘一圈均匀黏结着三块橡胶板的支承块。前支架上也有同样的结构。这样在装配时能把套状装药压紧。

2）套状装药

慢旋火箭所用的固体推进剂由两根管状装药套装在一起，故称为“套状装药”。套状装药主要是用双基火药即硝化棉、硝化甘油制成的，其主要成分如表 5-2 所示。

在外层药柱外缘的两端，用乙酸乙酯黏结着三个具有同样火药成分的支承块，使套状装药在壳体内呈径向位置固定。在内层药柱外缘的两端，也黏结着三个定位块，使其在外药柱正中位置上。使用套状装药的目的是进一步增加火药燃烧的表面积，从而保证满足固体火箭在工作时推力能够很快达到额定值的要求，迅速获得慢旋的角速度。

表 5-2 套状装药主要成分一览表

序号	成分名称
1	硝化棉
2	硝化甘油
3	三硝基甲苯
4	苯二甲酸二丁酯
5	氧化镁
6	凡士林

3）点火器

点火用的双桥丝发火管结构如图 5-4 所示，在管壳底部装有烟火药。管壳中固定两对导线，一端焊有两根铂铱合金丝，另一端与插头极针钎焊。桥丝外面覆盖三硝基甲苯二酚铅作为引火药，上端面用环氧树脂漆封闭。

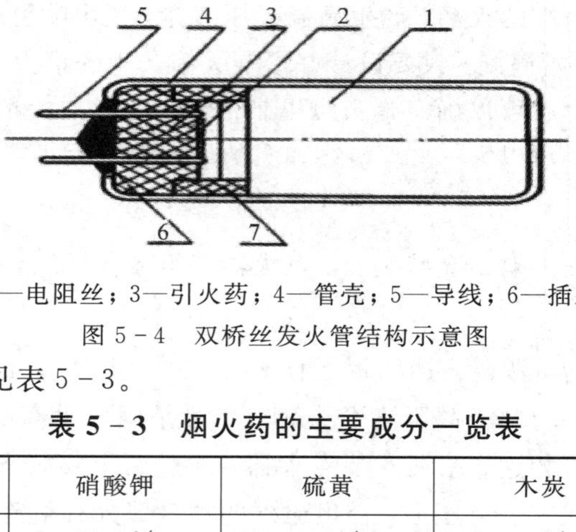

1—烟火药；2—电阻丝；3—引火药；4—管壳；5—导线；6—插塞；7—衬套。

图 5-4 双桥丝发火管结构示意图

烟火药的主要成分见表 5-3。

表 5-3 烟火药的主要成分一览表

成分名称	硝酸钾	硫黄	木炭	水分
百分比含量	74.3%	9.7%	16%	<0.64%

2. 慢旋火箭的工作过程

点火器在技术阵地测试安装，要求极针电阻丝阻值为 0.7～1.7 Ω。当需要控制弹头慢旋时，弹头控制系统发出电信号，慢旋火箭的点火器通电，双桥丝发热使引火药点燃，再点燃点火器中的烟火药，所产生的火焰点燃内外火药柱，产生的燃气由喷管喷出吹掉整流罩堵盖，产生推力。由于两个慢旋火箭对称地安装在弹头壳体上，从而形成了控制力矩，使弹头慢旋。

5.1.2 弹头延时慢旋技术

当弹头上没有控制系统时，需要弹体控制系统为弹头慢旋火箭点火，而点火指令需要一段时间的延时，即等待头体分离后再执行，因此这种方法称为弹头延时慢旋技术。

弹头延时慢旋系统一般采用“火工延时小发动机”系统，主要由两个电起爆器、一个防爆盒、两个延时器、一套导爆管组件、一组非电点火管、两台慢旋发动机组成，如图 5-5 所示。

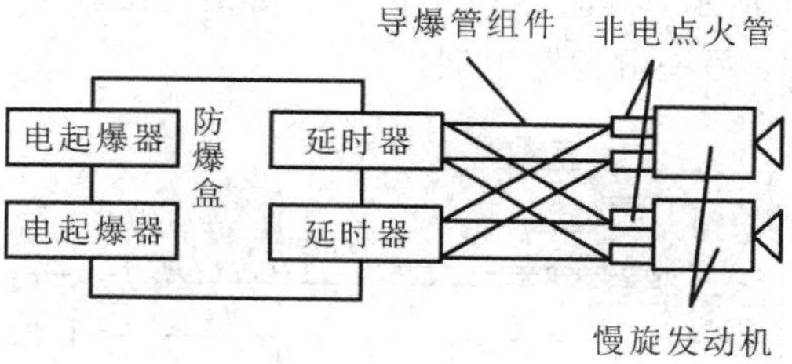

图 5-5 弹头延时慢旋系统组成框图

1. 电起爆器

(1) 功用。电起爆器是慢旋点火系统中第一个元件。它的动作受控于弹体控制系统。当弹体控制系统给它供电时，它立即起爆，引发延时器，使慢旋点火系统启动。

(2) 特性。电起爆器是 1 A、1 W 不起爆钝感电起爆器，其最大不发火电流为 1.69 A，装有静电释放和射频衰减元件，有较好的防静电和防射频干扰能力。

(3) 结构。电起爆器结构如图 5-6 所示。其各部分的工作情况如下：壳体材料为镍基高温合金，有较高的强度；两根插针是给桥带供电的导体，插针与壳体间绝缘，桥带焊接在插针的端面上；钝感热敏药为高能点火药，药量为 230 mg。

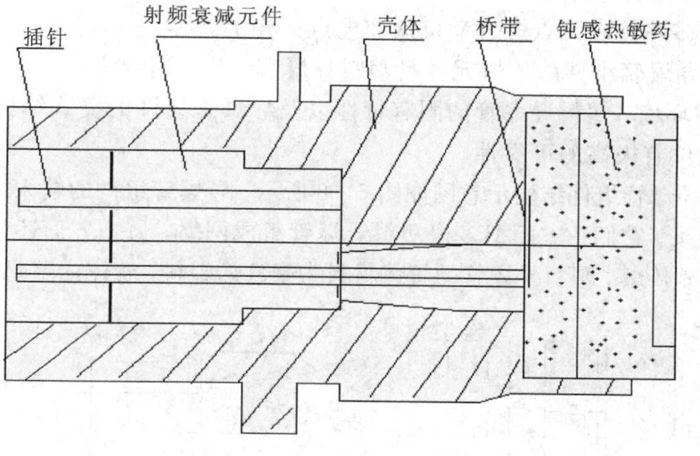

图 5-6 电起爆器结构示意图

(4) 使用说明。当通过插针给桥带供电后，桥带迅速发热升温，钝感热敏药受热发火，实现点火任务。

2. 防爆盒

防爆盒主要用来安装电起爆器和延时器。

3. 延时器

(1) 功用。在弹头与弹体分离时，弹体控制系统给慢旋系统供电。但是，弹头与弹体分离 1.5 s 后，头、体纵向分离距离达到 0.3 m，才允许弹头起旋。这个 1.5 s 的延时，就是由延时器来实现的。

（2）特性。它是一种火药延时器，其延时元件为硅系药延时铅索，可靠性高，其标称延时值为(1.5±0.15)s。

（3）结构。如图 5-7 所示，延时器的外壳为不锈钢。五芯延时铅索的两端均装有起爆药，螺纹的一端为输入端，另一端为输出端。

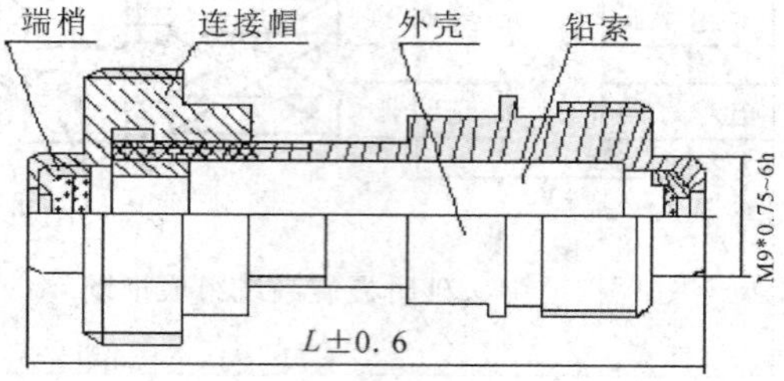

图 5-7 延时器结构示意图

（4）使用注意事项。延时器的输入端拧于防爆盒上，当电起爆器发火后，它被引发，进而使铅索中的五个药芯被引燃。延时药"缓慢"燃烧，1.5 s后输出端装药被延时药引爆，爆炸信号传到爆炸系列的下一级上。延时器的工作是有方向的，其输入端及输出端是固定不变的，不能反向作用。

4. 导爆管组件

（1）功用。导爆管组件是一个简单的传爆网络，在慢旋点火系统上，它承接延时器的输出爆炸信号，分多路传爆至点燃发动机的非电点火管上。

（2）特性。导爆管组件的传爆元件是塑料导爆管，其爆速约为 180 m/s。塑料导爆管能适应弹头的使用环境。塑料导爆管的固有特性以及导爆管组件的复式结构和可反向传输特性，使导爆管组件有极高的可靠性。

（3）结构。导爆管组件结构示意图如图 5-8 所示。导爆管组件的输入端和输出端是装有传爆药的连接接头。它们一方面把多根塑料导爆管组成网络，另一方面还使传爆能量有一定的加强，确保可靠传爆。塑料导爆管的管体材料为聚乙烯塑料，管体内壁附有一层炸药。

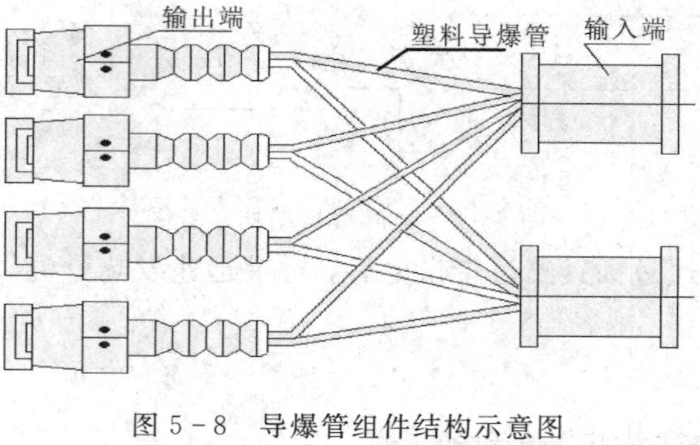

图 5-8 导爆管组件结构示意图

（4）工作原理。导爆管组件的输入端接收到足够的爆炸冲击信号后，其装药被引爆。输入端的爆炸作用可以十分可靠地引发塑料导爆管中的装药，爆炸冲击波可沿塑料导爆管进行无破坏性传爆，这一冲击波能可靠地引发输出端装药，使爆炸信号加强，形成有足够能量的输出。

5. 非电点火管

(1) 功用。非电点火管是慢旋点火组件中的最后一组元件。非电点火管的输出用来点燃慢旋发动机的点火药，使发动机点火。

(2) 特性。非电点火管是一个非电引发的隔板式点火管。它工作后仍可以确保发动机应有的密封性。

(3) 结构。非电点火管结构示意图见图 5-9。点火管的壳体由不锈钢制成。从图中可以看出，其输入部分与输出部分的装药间隔一层金属，此即“隔板”。壳体两端均有连接螺纹，输出端的螺纹用来与慢旋发动机连接，输入端的螺纹用来与导爆管组件连接。

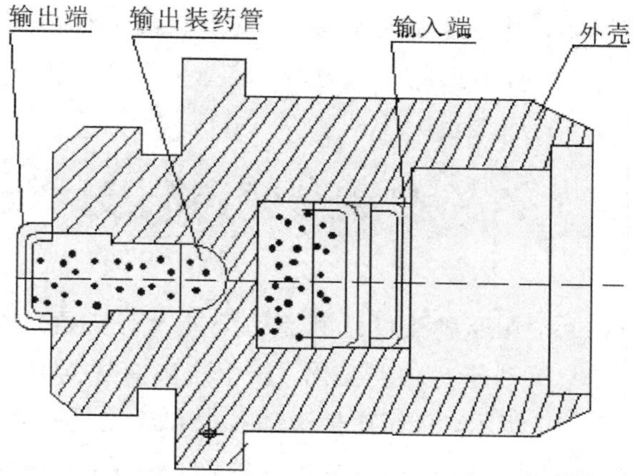

图 5-9 非电点火管结构示意图

(4) 工作原理。非电点火管输入端装药被引发后，其爆炸冲击波冲击“隔板”金属体传播至“隔板”另一面的炸药上，引起这部分装药爆炸，进而使点火管输出端装药爆炸，输出高温高压火焰，引燃慢旋发动机。

6. 慢旋发动机

(1) 功用。慢旋发动机是弹头再入的动力装置，共两台，安装在弹头的底遮板上，以保持弹头自旋再入飞行。

(2) 组成。两台慢旋发动机的结构与性能均相同，每台发动机由壳体、点火药装药和点火药盒组成。发动机壳体由带喷管的燃烧室、堵头点药架、挡药板、垫圈、紧固螺母组成。燃烧室与堵头间由螺纹连接，并用紧固螺丝紧固。

点火药装药采用单孔管状固体推进剂，内、外表面同时燃烧。点火药盒在燃烧室前端的点火管架内，由易燃的硝酸纤维素塑料材料制成，用以点燃火药装药。

慢旋发动机喷管处粘有喷管堵塞，以保持发动机在储存及工作前始终处于密封状态。壳体上的两个紧固螺母将慢旋发动机固定在底遮板的支架上。堵头前端有两个螺孔，用以连接慢旋点火组件的非电点火管。

(3) 使用说明。慢旋发动机在制造厂装填火药柱、点火药盒，完成总装工作，经验收合格后单独装箱，随弹出厂；发射前在技术阵地进行气密性检查，检查合格后方可装弹。两台慢旋发动机在头、体分离后由弹体控制系统给慢旋点火组件的电起爆器供电，经延时器延时，导爆管组件传爆，最后被点燃。发动机工作产生推力，两台发动机的推力形成一对力矩，使弹头绕轴自旋稳定再入。

7. 弹头延时慢旋系统工作过程

弹体控制系统在头体分离后提供点火信号，传到电起爆器，通过插针给桥带供电后，桥带迅速发热，引燃高能点火药，实现点火任务。延时器被引发，铅索中的五个药芯被引燃，延时 1.5 s 后爆炸信号传送到导爆管组件，其输入端装药被引爆，然后十分可靠地引发塑料导爆管；塑料导爆管再引发输出端装药，使爆炸信号加强，形成足够的能量输出到非电点火管；非电点火管输入端装药被引发后，爆炸信号冲击隔板，把信号传到隔板另一侧炸药上，使输出端装药爆炸，引燃慢旋发动机；慢旋发动机工作后，从喷管喷出高温高压气体，产生推力，两台发动机的推力形成一对力矩，使弹头绕轴旋转。

5.2 弹头滚速控制技术

弹头高速再入大气层后，由于弹头设计和制造公差及弹头再入烧蚀不均匀，形成沿弹轴方向的干扰力矩，使弹头滚动速率发生变化，产生绕弹头纵对称轴的轴向滚动和垂直对称轴的横向滚动，如图 5－10 所示，从而产生滚动共振和滚速过零的现象。滚动共振是指弹头受到空气动力作用产生升旋，滚动速率增大，当横向滚动速率达到某一极限值时，横向过载过大，引起弹头结构破坏；滚速过零是指弹头受到空气动力作用产生降旋，滚动速率减小，当滚动速率大幅减小或是变为负值时，将使弹头再入落点散布大，落点精度降低。这样就需要一套控制系统，将弹头的滚动速率控制在一定的范围之内，这种系统称为“弹头再入主动式滚动速率控制系统”，简称“弹头滚控系统”。

弹头延时慢旋系统是在头体分离后工作，弹头慢旋与滚速控制时机如图 5－11 所示。

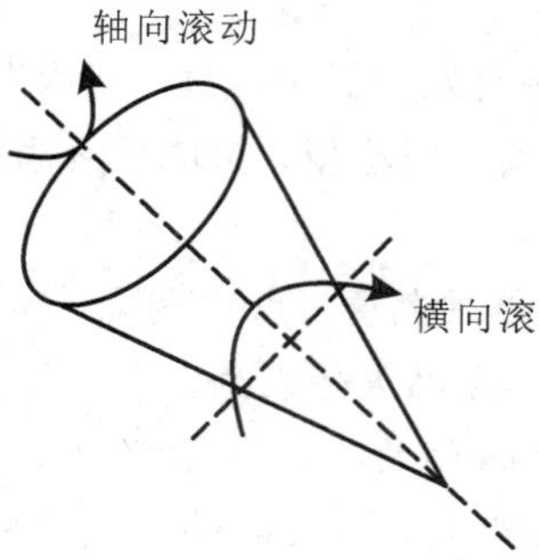

图 5－10　弹头滚动示意图

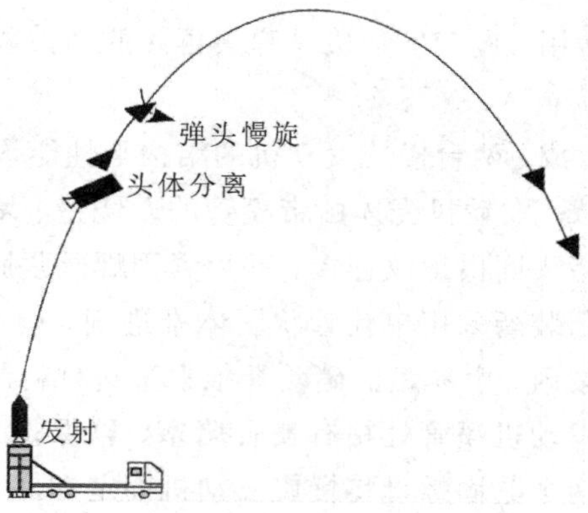

5－11　弹头慢旋与滚速控制时机示意图

5.2.1 弹头慢旋滚控系统的组成

1. 弹头调姿慢旋系统

弹头调姿慢旋系统是指头体分离后，修正弹头姿态角偏差，调整其飞行姿态保证小攻角再入，并控制其以一定的速率慢旋滚动的系统，主要由电池、陀螺组合、调姿控制器、配电器、调姿动力装置、慢旋装置等组成，如图 5－12 所示其主要功能是在头体分离后，由陀螺组合测量头体分离干扰和弹头姿态，在调姿控制器的控制下，通过调姿动力装置稳定弹头姿态，并将弹头调整到接近再入零攻角的姿态，最后通过慢旋装置实现弹头绕其纵轴的慢速旋转，以使弹头能以调整好的接近零攻角的姿态再入大气。

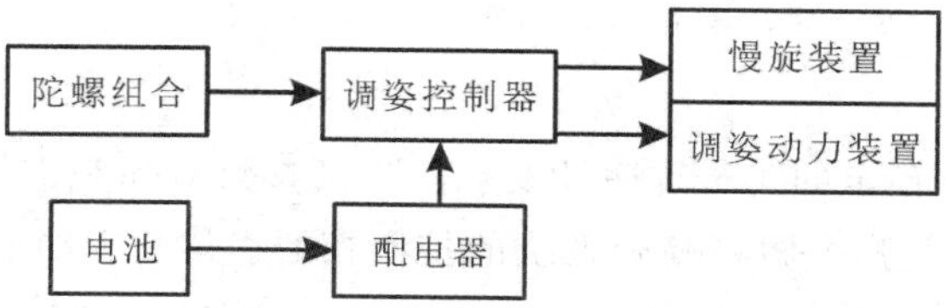

图 5－12　弹头调姿慢旋系统组成框图

2. 弹头滚控系统

弹头滚控系统是指弹头再入后测量弹头绕纵轴的滚动角速率并把其控制在要求范围内的系统，主要由电池、压电速率陀螺、控制组合、滚控动力装置、行程开关、过载开关等组成，如图 5－13 所示。

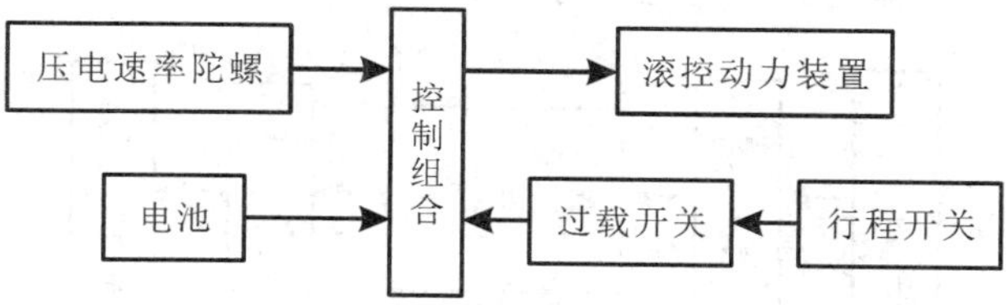

图 5－13　弹头滚控系统组成框图

5.2.2 弹头慢旋滚控系统主要组件

1. 陀螺组合

陀螺组合是建立测量基准，测量弹头绕质心转动的三个角速率并将其转换成相应电信号的装置。它由陀螺组合台体、两个陀螺仪、两路模/数转换电路、陀螺伺服电路、交流电源和直流电源组成，如图 5－14 所示。陀螺组合作为弹头调姿慢旋系统的惯性敏感元件，用来测量弹头在飞行过程中绕弹头三个轴转动的角速率，为弹头调姿慢旋系统提供控制信息，以实现弹头的调姿和稳定飞行，确保弹头以小攻角再入。

当有角运动输入时，通过双向正交的传感器检测壳体相对转子的角位移，并输出与其成比例的电信号，经伺服回路处理后，给出正比于输入角速度大小的电流，加到相应的力矩器产生平衡力矩，电流极性取决于输入角速度的方向。此电流经过模/数转换电路变成脉冲信号输出，电流的速率变化反映了输入角速度的变化，实现了对输入角速度的测量。

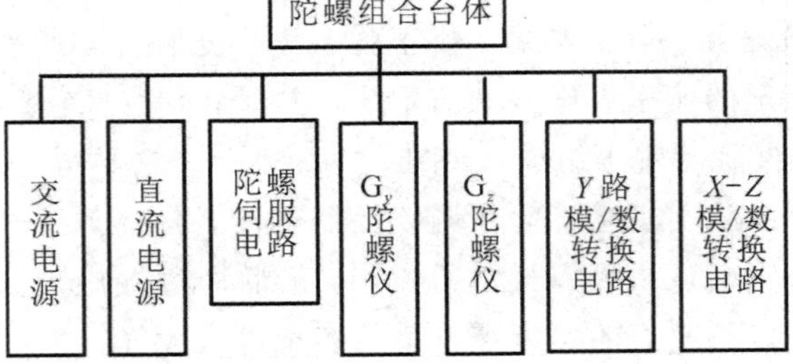

图 5-14　陀螺组合组成框图

2. 调姿控制器

调姿控制器是按照预定的飞行程序及发射前装订参数对弹头进行姿态角修正、姿态调整、慢旋控制的装置，是弹头调姿慢旋系统的控制核心。其基本功能是对陀螺组合的输出信号进行采集、处理，按控制方程计算出控制信号，控制调姿动力装置产生俯仰力矩，调整弹头的姿态，使弹头俯仰角以恒定的速率调整至理论再入攻角为零的角度。此外，它还可按预先设定的程序，在确定的时间启动姿态控制、进行姿态调整、进行慢旋装置解保控制、发出慢旋装置点火指令。

调姿控制器主要由软件程序和硬件电路组成。软件程序主要包括通信程序和飞行程序两部分；硬件电路则包括单片机系统、通信电路、信号采集电路、计数电路、功率放大电路、指令控制电路以及一些逻辑组合电路等，如图 5-15 所示。

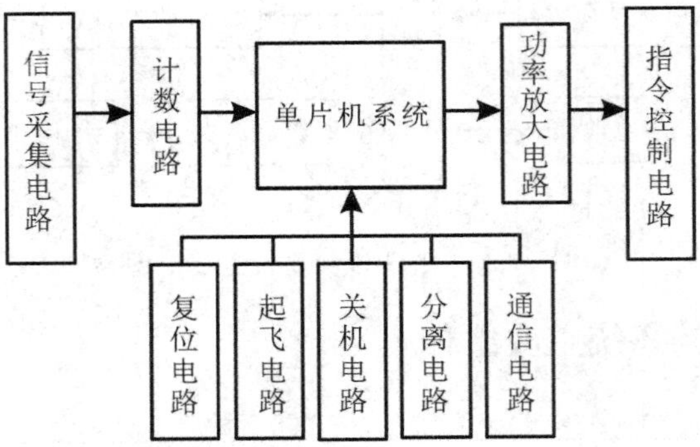

图 5-15　调姿控制器硬件电路组成框图

调姿控制器软件进入起飞程序，待零秒信号到，进入飞行控制程序，开始对陀螺组合 6 路输出信号进行采集处理，送给定时计数器后给单片机系统，单片机对采集到的陀螺组合信号按控制方程计算出弹头俯仰、偏航、滚动三个通道的控制信号；控制信号经功率放大电路后到指令控制电路，发出调姿指令控制调姿动力装置的推力装置，产生俯仰、偏航、滚动 6 路控制信号，实现调姿慢旋系统的弹头调姿和姿态稳定功能。

调姿控制器还对慢旋装置进行短路保护。在慢旋点火前，调姿控制器发出解保信号，使得调姿控制器＋BT 母线带电，发出慢旋装置点火信号。

3. 调姿动力装置

调姿动力装置是在弹头调姿慢旋系统的控制下产生使弹头绕质心转动的控制力矩，对弹头进行姿态角修正及姿态运动控制的装置，主要由推力装置(包括俯仰控制推力装置2台、偏航控制推力装置2台、滚动控制推力装置4台)、气瓶、电爆活门、减压器、充气活门等组成，其结构示意图如图5-16所示。

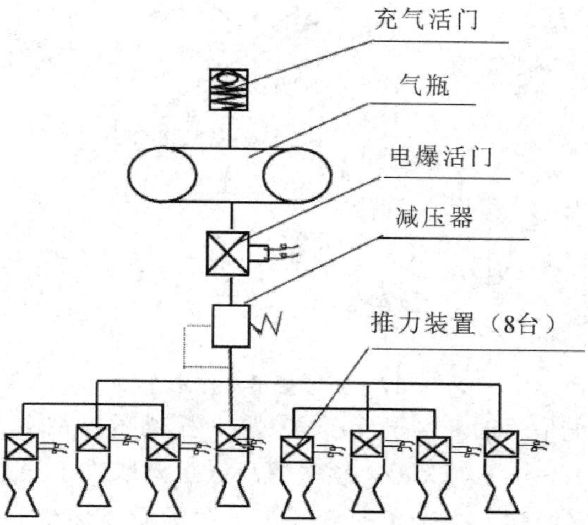

图5-16　调姿动力装置结构示意图

动力来源为储存在环形气瓶里的高压氮气。飞行过程中，启动电爆活门，高压气体与管路接通，通过减压器将高压气体压力减小，并在调姿过程中保持压力稳定。低压管路与8台推力装置通过电磁阀直接连接。调姿控制器通过控制电磁阀的开、闭及其开启时间，控制气体从推力装置的喷管喷出，产生调姿所需要的各方向的推力。当需要某台推力装置工作时，调姿控制器给相应的电磁阀发出工作指令，阀门打开，氮气通过喷管加速喷出，产生所需推力；工作完成后，调姿控制器给电磁阀发出关闭指令，电磁阀关闭，喷管停止工作，从而达到调整和稳定弹头姿态的目的。

4. 压电速率陀螺

基于压电材料的压电效应，以压电薄片作为换能器，激励振动元件振动，并检测哥氏力振动得到运动物体的角速度的振动陀螺称为压电晶体速率陀螺，简称压电速率陀螺。压电速率陀螺不存在高速转动部分，因而具有功耗小、寿命长、动态范围宽、体积小和可靠性高等优点。压电速率陀螺使用的换能器材料主要有压电陶瓷和压电石英晶体。压电陶瓷突出的优点是电容率高、机电耦合系数大、加工容易、价格便宜，是一种首选材料。压电石英晶体频率温度系数小，也常用作压电速率陀螺的换能器材料。

压电速率陀螺振子结构形式较多，其中矩形振梁和正三角形振梁最常使用。振子一般为复合结构，即在金属振梁的每个侧面粘贴压电换能器。单一压电材料，比如陶瓷圆片、陶瓷圆棒等也可以构成陀螺振子。矩形振梁速率陀螺的振动元件是一根矩形恒弹性合金梁，在其四个侧面粘贴压电换能器，换能器的电极和相应的外围电路相连接。矩形振梁工作示意图如图 5－17 所示。

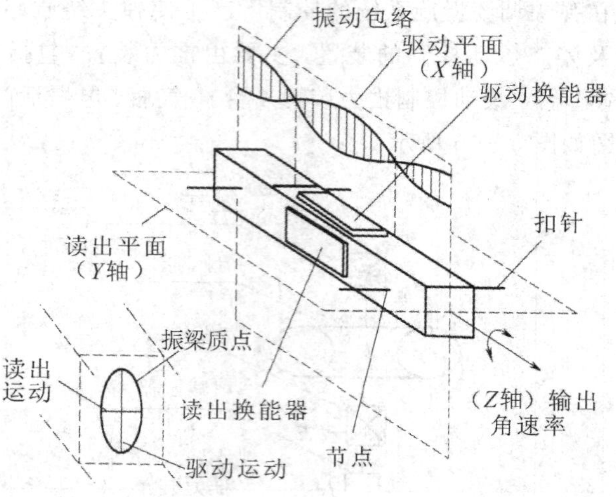

图 5－17 矩形振梁工作示意图

当驱动换能器加上电信号时，由于反压电效应，振梁质点在 X 轴方向产生正弦基频弯曲振动，其振动频率为 4.0～20.0 kHz，频率的高低主要取决于振梁的尺寸。

当沿振梁的纵轴（Z 轴）输入一个角速度 ω 时，振梁质点便受到哥氏力的作用，该力引起质点在读出平面内运动，从而使振梁在正交的 Y 轴方向产生另一个受迫振动。振梁质点在 Y 轴方向的位移和驱动平面的振幅成正比，也和输入角速度的大小成正比，而其相位与输入角速度的方向相对应。此时质点沿一椭圆轨道运动，椭圆的长轴代表驱动振幅的大小，椭圆的短轴代表输入角速度的大小。

压电陀螺的电信号输出是通过信号处理电路完成的。振梁、反馈换能器、移相器、增益调节器、驱动放大器、驱动换能器形成闭环，构成一个自激振荡器。在稳态时，闭环相位保持 360°，闭环增益为 1。通电时的任意扰动在正反馈的循环作用下，使振梁产生正弦简谐振动。振梁经读出换能器的输出信号通过放大器放大，相敏解调器解调，得到与角速率相关的直流输出。同时，输出信号调制到驱动振动信号上，然后送至阻尼换能器，以此来改善陀螺的动态特性。

压电晶体陀螺是一种新型角运动传感器，具有体积小、质量轻、动态范围宽等优点，同时还具备自动检测功能。它主要由敏感器件和电子线路两部分组成，其工作原理如图 5－18 所示。

敏感器件是一根矩形金属振梁，梁的四个面贴有压电换能器。电子线路共分为六个部分，即驱动电路、读出电路、阻尼电路、稳压电路、自检电路和脉冲电路，各部分功能如下：

(1) 驱动电路对敏感器件作用，使振梁产生一定频率和振幅的振动；

(2) 读出电路将读出换能器上的电压信号进行放大，经解调器解调出哥氏力信号，从而获得与输入角速率成正比的模拟信号；

(3) 阻尼电路是为了改善动态响应而设置的；

(4) 稳压电路给传感器提供一个稳定的工作电压；

（5）自检电路是为了使外加模拟信号通过其输入后能反映出传感器各部分是否正常，并且外加模拟信号与传感器模拟输出信号具有相应比例关系；

（6）脉冲电路的作用是把角速率信号转换成单脉冲信号。

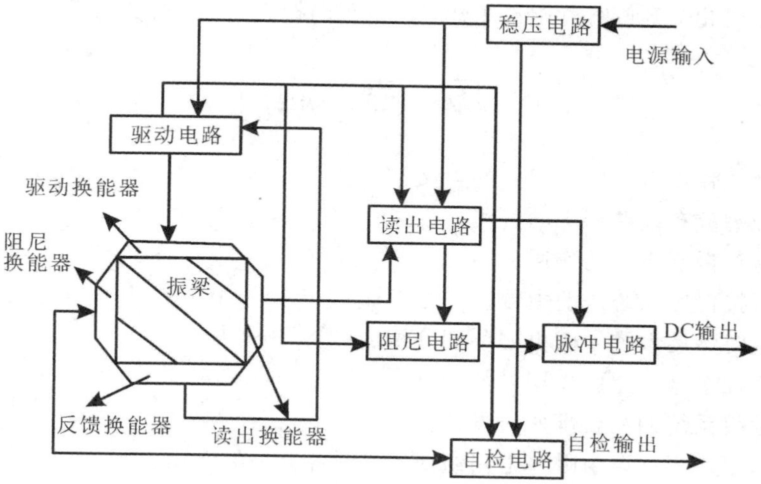

图 5－18　压电晶体陀螺工作原理图

5. 滚控动力装置

滚控动力装置是在弹头滚控系统的控制下产生使弹头绕纵轴升旋或降旋的控制力矩，把弹头滚动速率控制在要求范围内的装置，主要由燃气发生器、燃气分配阀、电磁铁、导管部件、升旋喷管组件和降旋喷管组件等组成，如图 5－19 所示。采用“燃气发生器＋喷管组件”的方案，主要目的是提供滚动控制力矩，防止弹头滚动共振和滚速过零，提高弹头的落点精度。

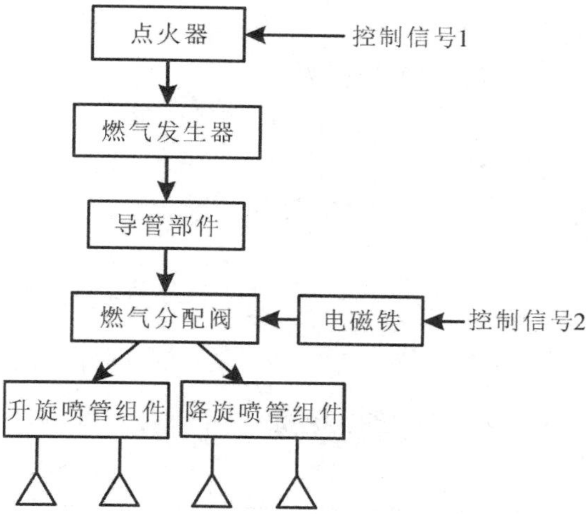

图 5－19　滚控动力装置组成框图

弹头再入大气层后，当其转速不符合要求时，控制点火器点燃燃气发生器内的火药，产生高温高压的燃气，经导管部件流入燃气分配阀。当转速大于要求值时，控制电磁铁线圈 L_1 通电，降旋喷管组件工作，产生负向控制力矩，弹头降旋；当转速小于要求值时，控制电磁铁线圈 L_2 通电，升旋喷管组件工作，产生正向控制力矩，弹头升旋。

思 考 题

1. 如何理解弹头再入散布误差的含义？
2. 说明配平散布误差产生的过程。
3. 说明弹头慢旋再入的作用。
4. 弹头直接慢旋系统一般由哪些部分组成？
5. 弹头延时慢旋系统一般由哪些部分组成？
6. 弹头滚控系统的主要作用是什么？
7. 弹头滚控系统的主要部件有哪些？
8. 压电速率陀螺主要由哪些电路组成？说明各电路的作用。
9. 滚控动力装置的主要部件有哪些？说明其特点。
10. 简述弹头调姿慢旋系统的功用及组成设备。
11. 陀螺组合的主要部件有哪些？
12. 调姿动力装置的主要部件有哪些？说明其特点。

第6章 多弹头分导控制技术

多弹头分导控制技术是弹头控制技术的又一具体应用，直接催生了一类新的导弹弹头，即分导式多弹头。所谓分导式多弹头，是指在有制导装置的母舱内装多个弹头，母舱按预定程序逐个释放，使其分别导向各自目标的导弹弹头。通过弹头控制技术，分导式多弹头可攻击相隔一定距离的数个目标，也能集中攻击一个面目标，从而提高了导弹的整体突防能力、命中精度和毁伤效果。本章围绕多弹头分导控制技术，从原理和系统实现层面介绍多弹头分导技术的发展、多弹头分导系统及分导控制原理等。

6.1 多弹头分导技术发展

6.1.1 多弹头分导技术发展背景

新式武器研制的决策和指导思想来源于对威胁的分析。20 世纪 50 年代后期，苏联导弹技术发展突飞猛进，打破了美国在远程轰炸机上对苏联的垄断性核优势，促使美国也大力发展导弹技术以巩固自己的核打击力量优势地位。为了尽快提高第一次核打击的能力和节省装备费用(主要是运载器和地下井的费用)，美国首先提出了多弹头(multiple reentry vehicle，MRV)技术，在一枚导弹上装载尽可能多的核弹头。集束式多弹头飞行弹道如图 6-1 所示。这一思路和装备大型远程轰炸机以求一次轰炸尽量多携弹是一样的。不同的是，导弹要比轰炸机难拦截得多，最开始导弹几乎就是不可拦截的。

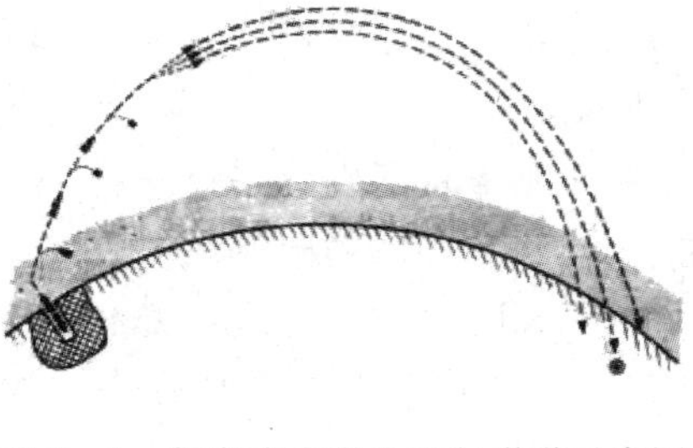

图 6-1 集束式多弹头飞行弹道示意图

有矛就有盾，1958 年苏联开始研制 A-35 反弹道导弹系统(西方称为 ABM-1“橡皮套鞋”)，采用百万吨级核反导战斗部摧毁来袭的敌核弹头，有效杀伤半径为 6～8 km。在苏联的核反导系统面前，弹道几乎一样的美国集束式 MRV 一旦被击中将几乎无一幸免。

在突破反导的战术要求和已取得技术突破(核弹头小型化和空间飞行器姿控技术)的背景下，美国于 1962 年提出了分导式多弹头(multiple independently reentry vehicle，MIRV)的概念。与 MRV 不同，MIRV 的多个弹头飞行弹道不同，可打击横向和纵向范围内几十到上百千米的多个目标。分导式多弹头飞行弹道如图 6-2 所示。一枚反导弹最多只能摧毁一个子弹头，这样反导弹与进攻导弹的交换比将大大下降，反导系统的效能大大降低。此外，随着制导、再入飞行器技术和核武器小型化的发展，子弹头的命中精度也达到了可以摧毁硬目标(如导弹发射井)的要求，装备 MIRV 的洲际导弹成为一种理想的"第一次核打击"(打击军事目标)武器。

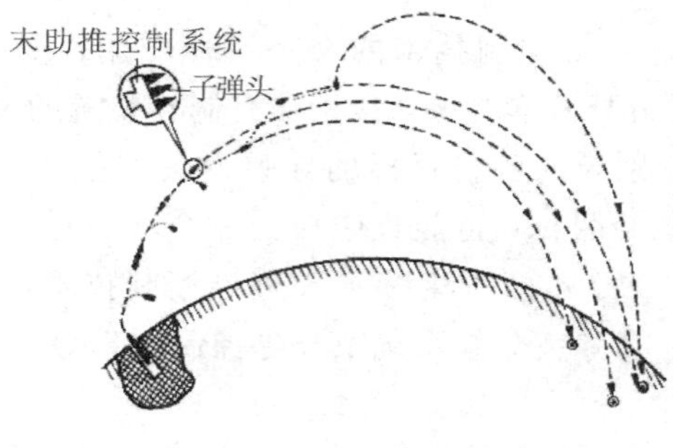

图 6-2　分导式多弹头飞行弹道示意图

基于上述理由，MIRV 立刻得到了美国军方的青睐。1964—1968 年，美国开展了 MIRV 的探索性研制，并在关键技术获得成果的基础上进入工程研制阶段。1970 年 6 月，美国在"民兵Ⅲ"导弹上首批部署了 MK12/W62 分导式多弹头。1971 年 3 月，美国又将 MK3/W68 分导式多弹头装备在"海神"C3 导弹上。

美国在取得 MIRV 技术突破后为了限制对方的发展和减轻自己的负担，与苏联开展了军控谈判。而到了 1972 年，苏联的 A-35 反导系统也正式建成服役。同年 5 月，美苏达成了《关于限制进攻性战略武器的某些措施的临时协定》(SALT)和《限制反弹道导弹系统条约》(ABMT)。前者将战略导弹的总限额定为美 1710 枚、苏 2358 枚，但没有限制弹头数目。后者约定了反导弹系统的范围为"只允许双方按规定在各自的首都周围和一个洲际弹道导弹地下发射井周围建立有限度的反弹道导弹系统"。

苏联从来都是"美国有的苏联也一定要有"，以取得战略平衡。1973 年苏联开始试验第一批 MIRV，1975 年苏联开始装备部队，美国晚了五年。苏联部署的导弹有：SS-17，带 4 个子弹头；SS-18，带 8 个子弹头；SS-19，带 6 个子弹头。

随着美苏在导弹上装的子弹头越来越多，"第一次核打击"的能力越来越强，军备竞赛再次不断升级，迫使双方不得不再坐下来谈判限制核弹头的数目。1991 年达成的《第一阶段削减进攻性战略武器条约》(START Ⅰ)对运载器、总投掷当量、第一次核打击能力和战略核弹头总数的限制都做了规定，其中限定美国的核弹头总数不超过 10 395 个、俄罗斯不超过 8084 个。1993 年 1 月双方又签署了《第二阶段削减进攻性战略武器条约》(START Ⅱ)条约 (未批准)。条约规定，在 2003 年 1 月 1 日之前(后来延至 2007 年 12 月 31 日)，美俄部署在进攻性战略武器上的核弹头总数将分别削减至 3000 枚、3500 枚，销毁所有陆基

MIRV 洲际弹道导弹。美国的和平保卫者 MX 导弹和俄罗斯的 SS-24 导弹因此于 2005 年全部退役。

6.1.2 MIRV 导弹装备情况

当前，美国现役的陆基 MIRV 导弹中较典型的是民兵Ⅲ导弹，每枚装备 1～3 个 MK12A/W78(33.5 万吨当量)。据估计有 250 枚民兵Ⅲ导弹装备了 350 个 MK12A/W78 弹头。美国现役的海基 MIRV 导弹也只有三叉戟ⅡD-5 导弹，每枚导弹装备 4～6 个 MK4/W76、MK4A/W76-1(10 万吨当量)弹头或 MK5/W88(47.5 万吨当量)弹头。据估计，共有 288 枚三叉戟ⅡD-5导弹部署在 14 艘 Ohio 级战略核潜艇上，装备了 718 个 MK4/W76 弹头、50 个 MK4A/W76-1 弹头和 384 个 MK5/W88 弹头，共 1152 个弹头。

目前，俄罗斯现役的典型陆基 MIRV 导弹包括：50 枚 SS-18 导弹，每枚装备 10 个 55 万吨当量子弹头，共 500 个弹头；60 枚 SS-19 导弹，每枚装备 6 个 40 万吨当量子弹头，共 360 个弹头。海基 MIRV 导弹包括：64 枚 SS-N-18 导弹，每枚装备 3 个 5 万吨当量子弹头，共 192 个弹头，部署在 5 艘 Delta Ⅲ级战略核潜艇上；96 枚 SS-N-23 导弹(包括“轻舟”及其改进型“蓝天”)，每枚装备 4 个 10 万吨当量子弹头，共 384 个弹头，部署在 6 艘 Delta Ⅳ级战略核潜艇上。俄罗斯正在发展新型陆基 MIRV 洲际导弹 RS-24，每枚装备 3 个 40 万吨当量子弹头，一般认为其改进自 SS-27(白杨-M)。该型导弹曾于 2007 年 5 月 29 日、12 月 25 日和 2008 年 11 月 26 日进行了三次成功试射，目前已装备俄军。新型海基 MIRV 洲际导弹 Bulava 是俄罗斯海上核战略力量的主战武器，射程为 8000 km，可携带 4～6 枚分导核弹头，从 2011 年 12 月 27 日起装备俄军。Bulava 装备在 955 型战略核潜艇上，每艇可携带 16 枚导弹。

法国是第三个发展 MIRV 技术的国家。与美苏在第一次核打击力量上装备 MIRV 不同，法国的 MIRV 装备在作为第二次核打击(核反击)力量的潜射导弹上，这是为了在有限的核潜艇和潜射导弹上实现尽可能多的核打击力量。法国第一种 MIRV 导弹是 M4 潜地弹道导弹，1976 年开始研制，1980 年 11 月首次飞行试验成功，1985 年 5 月开始在“不屈”号导弹核潜艇上部署，每枚带 6 个 15 万吨当量的 TN-70 和 TN-71 子弹头。随后法国又研制了射程更远的 M45 导弹，1991 年 12 月首次试射，1996 年 3 月开始在“胜利”号导弹核潜艇上部署。每枚 M45 导弹带 4～6 个 15 万吨当量的 TN-75 子弹头。法国已在 3 艘“凯旋”级战略核潜艇上部署了 48 枚 M45 导弹，共携带 240 个弹头。2010 年 1 月 27 日，另一款携带 12 枚 TN-75 弹头的 M51 导弹首次从核潜艇上试射成功，自此该型导弹逐步装备至“凯旋”级战略核潜艇上，后又换装配备 12 枚 TNO 型核弹头，此后 M51 导弹按惯例改称为 M51.2 导弹，于 2015 年服役。

英国没有发展自己的 MIRV 技术，其装备的三叉戟ⅡD-5 潜地洲际导弹是从美国购买的。目前英国有 4 艘“前卫”级战略核潜艇，每艘可携带 16 枚三叉戟ⅡD-5 导弹，每艘潜艇上共部署 48 个 10 万吨当量弹头(英国版的 MK12/W76)。据估计，英国共部署了 200 枚核弹头，未来将缩减至 160 枚。

美国在 20 世纪 60 年代发展 MIRV 是在相关技术取得突破的背景下进行的。发展 MIRV 技术所需要的主要技术有：① 小型化弹头技术，包括热核武器的小型化和再入飞行器的小型化；② 空间飞行器姿控技术，包括空间定位和弹头分离姿态控制技术。空间飞行器姿控技术是一种典型的军民两用技术，MIRV 和发射多颗不同轨道的多星发射技术有很多相通的地方。如图 6-3 所示为 Motorola 公司研制发射铱星的 CZ-2C/SD 火箭上的“智能分配器”，可以看作是末助推控制系统的一个简化原型。

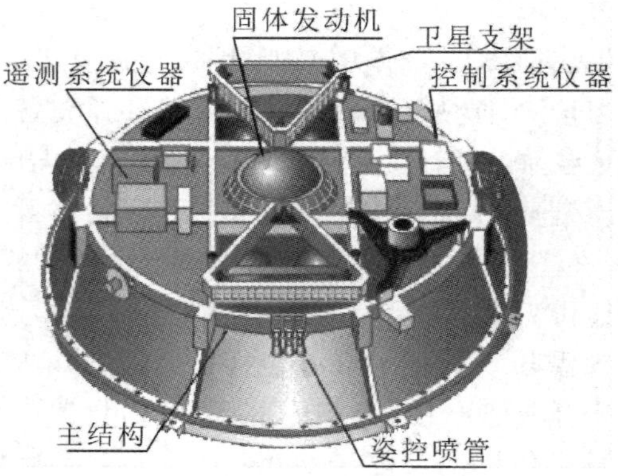

图 6-3 CZ-2C/SD 火箭上的“智能分配器”

6.2 多弹头分导系统

6.2.1 MIRV 系统组成

MIRV 由末助推控制系统(post boost vehicle, PBV)和再入系统(reentry vehicle, RV)组成。PBV 是分导式多弹头的技术核心，它由末级推进舱和控制舱组成；再入系统包括释放舱、整流罩、子弹头和突防装置等。此外，PBV 和释放舱、整流罩也被称为母舱或母弹头，子弹头固定在母舱的释放系统。PBV 的主要任务是在导弹助推段结束后给子弹头以必要的机动能力，并在预定的姿态和弹道上逐个释放子弹头和突防装置。下面结合图 6-4 概述母舱各部分的功能。

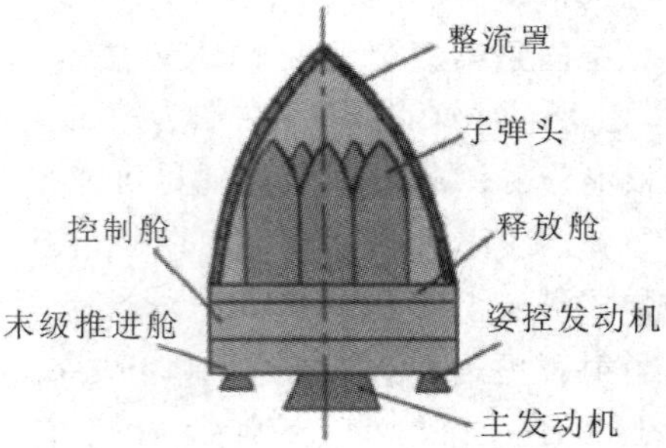

图 6-4 分导式多弹头结构示意图

末级推进舱包括主发动机、姿控发动机、推进剂贮箱及电气系统等。其中，主发动机用于为母舱提供动力，姿控发动机用于提供俯仰、偏航和滚动所需要的推力。

控制舱主要用于控制分导式多弹头的飞行、级间分离、推力终止、保险解除，释放子弹头和突防装置以及其他飞行任务。控制舱下端与末级推进舱连接，上端与释放舱相连。

释放舱是子弹头的分离释放机构，位于控制舱的上方，用于在导弹储存或飞行期间支承并固定子弹头。分离释放机构用爆炸螺栓将子弹头固紧在支座上，释放子弹头时炸开爆炸螺栓。突防装置也固定在释放舱内，和子弹头伴随释放。

整流罩(或头罩)用于使导弹保持完整的气动外形和保护子弹头。当导弹飞出大气后，主动段结束前，可适时抛掉整流罩，为子弹头释放做准备。

6.2.2 MIRV 工作原理

图 6-5 民兵Ⅲ导弹 PBV 的推进舱

下面以美国民兵Ⅲ导弹的 MIRV 为例介绍 MIRV 的工作原理。民兵Ⅲ导弹第四级(PBV)的推进舱(如图 6-5 所示)重约 210 kg、高 457 mm、直径为 1320 mm，外壳为镁合金壳体，内壁衬有软木。推进舱下端与第三级前端连接，上端则与控制舱相连。推进舱共有 11 台液体火箭发动机，其中 1 台是主发动机，10 台是姿态控制小发动机，推进剂均采用一甲基肼和四氧化二氮。主发动机的任务是根据制导系统的指令提供必要的轴向推力，以调整 PBV 的速度。主发动机安装在推进舱的底部的中央，具有多次启动的能力，推力为 1.4 kN，可以在俯仰和偏航两个方向上摆动，最大摆动角度约为 5°。10 台姿态控制小发动机的任务是根据制导系统的指令提供必要的俯仰、偏航和滚动所需要的推力，以调整 PBV 的姿态。其中 4 台用于控制俯仰(成对地安装在推进舱的两侧)，2 台用于控制偏航，4 台用于控制滚动。这 10 台发动机都安装在推进舱的四周。这些发动机的喷管出口端都与推进舱外壳相嵌接，以使其燃气通过推进舱外壳的开口排出。控制俯仰和偏航的 6 台发动机每台推力为 102 N，控制滚动的 4 台发动机每台推力为 80.4 N。

控制舱内装有惯性平台、3 个加速度计、2 个双轴向控制陀螺、电子控制装置、数字计算机等制导系统部件。民兵Ⅲ导弹 PBV 的控制舱如图 6-6 所示。制导系统的任务是：控制导弹的飞行、级间分离、推力终止、保险解除，释放子弹头和突防装置以及其他飞行任务。控制舱下端与推进舱连接，上端与释放舱相连。

释放舱是子弹头的分离释放机构，位于控制舱的上方，用于在导弹储存或飞行期间支承并固定子弹头。民兵Ⅲ导弹 PBV 的释放舱如图 6-7 所示。分离释放机构用爆炸螺栓将子弹头固紧在支座上，释放子弹头时炸开爆炸螺栓。突防装置(诱饵和金属箔条)也固定在释放舱内，和子弹头伴随释放。

图 6-6 民兵Ⅲ导弹 PBV 的控制舱

图 6-7 民兵Ⅲ导弹 PBV 的释放舱

整流罩的作用是使导弹保持完整的气动外形和保护子弹头。整流罩的外形为尖拱形，在导弹飞出大气层后，借助两个小火箭将整流罩沿导弹飞行方向推离 PBV，两个小火箭最大推力为 5 kN。

民兵Ⅲ导弹的 MIRV 设计充分考虑了对苏联导弹防御系统的突防性能，突防方案具有很强的针对性和目的性，其典型工作流程如图 6-8 所示。

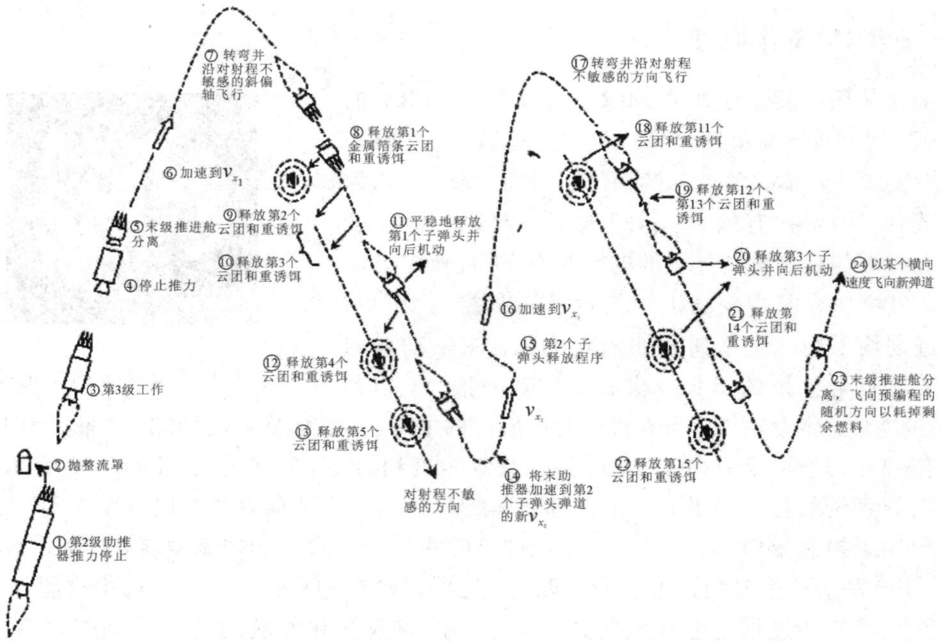

图 6-8　民兵Ⅲ导弹的 MIRV 典型工作流程示意图

民兵Ⅲ导弹起飞后 120 s 抛整流罩，高度约 100 km；210 s 三级发动机分离，高度约 240 km；再 3 s 后 PBV 开始工作，进行星光定位，并按照计算机预定的程序，对 PBV 的方向和速度进行修正；当 PBV 滑翔到适宜的位置调整到预定姿态，开始沿着对射程不敏感的方向顺序地释放子弹头、金属箔条云团和重诱饵，使子弹头或重诱饵置于金属箔条云团之中；每次释放后 PBV 重心位置发生跳动，推进舱重新工作，调整 PBV 的飞行方向、速度和姿态到新的弹道，再投出下一个子弹头或重诱饵；全部突防系统投放完毕后，在真空段形成 3 串并行“糖葫芦”式的多目标群构成的多目标飞行状态，每个多目标群串大约有 4～6 个单目标群，每个群中多数含有由重诱饵和钨丝形成的干扰云团，少数含有子弹头，为的是真假混淆、以假乱真。以“2 个子弹头＋10 个再入诱饵＋12 个单目标群”的方案为例，3 个多目标群串之间的间距(在下降段 360 km 高度)为 28 km，目标群串的长为 113 km，3 个目标群串落地时的横向间距分别可达到 175 km 和 149 km。

6.2.3　MIRV 的布局

在同样的原理下，MIRV 可以有不同的布局。MX 导弹的 MIRV 布局类似于民兵Ⅲ导弹，如图 6-9 所示。陆基地井部署导弹对长度要求不高，因此子弹头全部放置在 PBV 上，而 PBV 位于三级发动机之上。

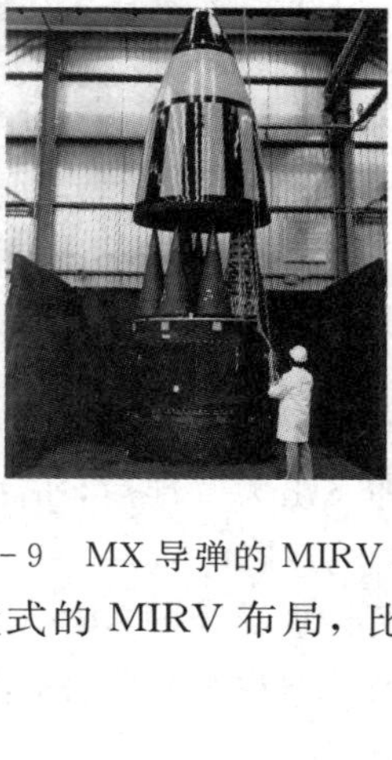

图 6-9　MX 导弹的 MIRV 布局

而海基导弹对长度要求比较苛刻，因此有些海基导弹的 PBV、子弹头和三级发动机嵌套放置，比如图 6-10 所示的三叉戟ⅡD-5 导弹，这里的子弹头是 MK4/W76。

苏联的海基导弹(无论是液体导弹还是固体导弹)采取了倒置式的 MIRV 布局，比如图 6-11所示装载在“台风”级核潜艇上的 SS-N-20 导弹。

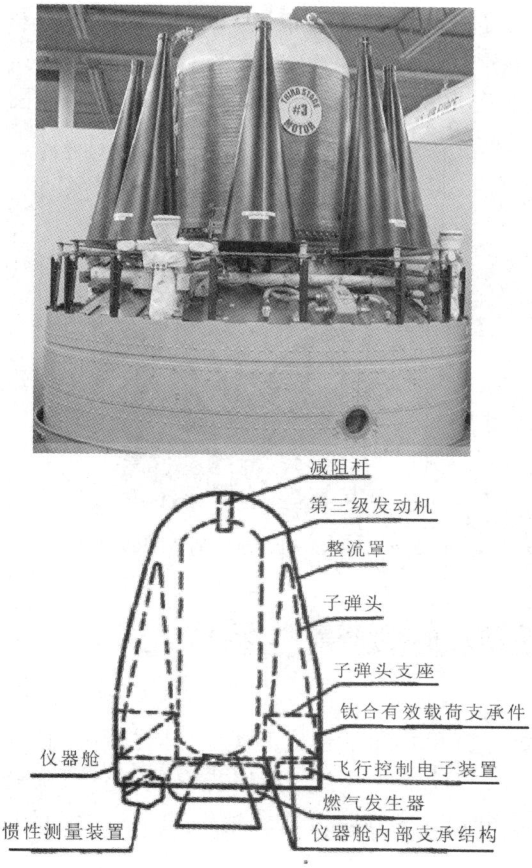

图 6-10　三叉戟ⅡD-5导弹的 MIRV 布局

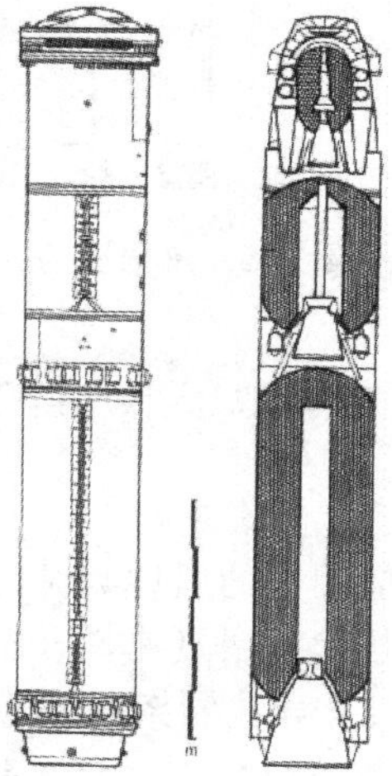

图 6-11　SS-N-20 导弹的 MIRV 布局

Bulava 导弹的 MIRV 也采用这种倒置布局。

如果不加整流罩，为了减小气动阻力，MIRV 可以用紧凑式布局，比如图 6-12 和图 6-13所示的苏联 SS-20 导弹，其 PBV 也非常独特。

图 6-12　SS-20 导弹的 MIRV 布局

图 6-13　SS-20 导弹发射场景

苏联的 SS－18 重型洲际导弹还有一种独特的子弹头上下重叠布局，如图 6－14 中的左 2 所示。

弹头数较少时，RV 可以围绕 PBV 布置，比如苏联的 SS－17 导弹，其 MIRV 布局如图 6－15 所示。

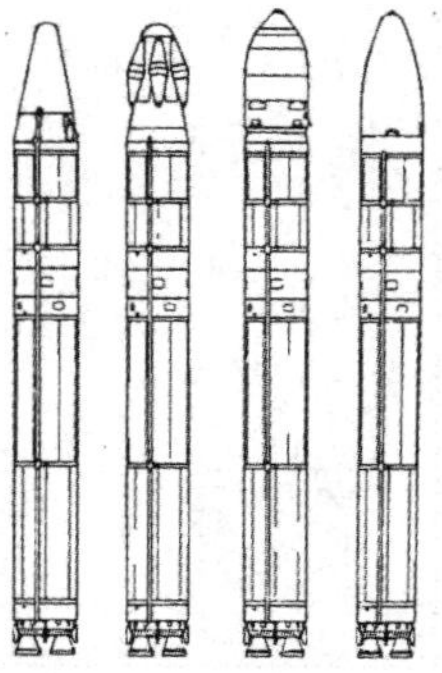

图 6－14　SS－18 导弹的 MIRV 布局

图 6－15　SS－17 导弹的 MIRV 布局

6.3 工程应用中的惯性测量组合

工程应用中的惯性测量（简称惯测）组合主要有捷联式和平台式两类。目前捷联式惯性测量组合技术发展迅速，随着器件精度的提高及制造成本的降低，有逐步取代平台式的趋势。多弹头分导控制系统多采用捷联式惯性测量组合。本节以捷联式惯性测量组合为例，介绍与其密切相关的惯性仪表的结构组成及工作原理。

6.3.1　捷联式惯测组合概述

根据测量载体姿态角信息的不同，捷联式惯测组合可分为位置捷联惯测组合和速率捷联惯测组合。所谓速率捷联惯测组合，就是选择载体坐标系为参考坐标系，将惯性敏感组件（相互正交的三个挠性加速度计和三个动力调谐陀螺仪）配以再平衡回路组成惯性测量组合，直接捆绑（安装）在运动载体上，载体的运动以最短的路径传递给惯性敏感组件，惯测组合得以直接测量载体角速度和视加速度在载体坐标系中的分量，而导航控制与制导参数的计算均由计算机进行解析计算完成，属于解析式惯性制导系统。

1. 结构组成及安装命名

惯测组合由惯性仪表组合本体、组合电子箱、电源变换器组成，如图 6－16 所示。

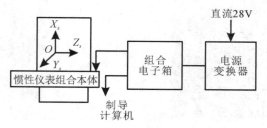

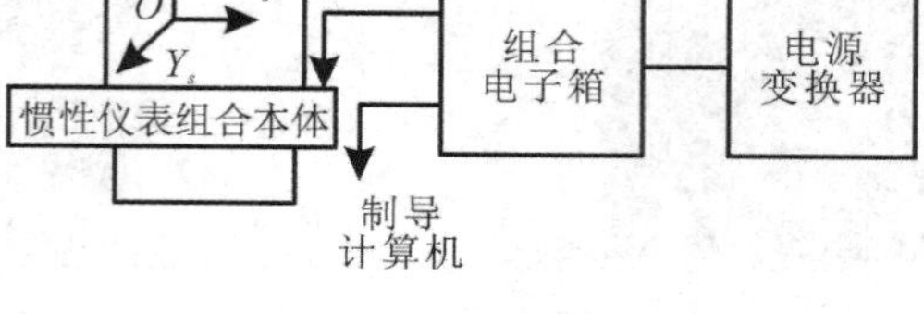

图 6－16　惯测组合组成连接图

陀螺仪和加速度计等惯性敏感器件、正六面体、加温装置组合在一起形成惯性仪表组合本体；惯性仪表的再平衡回路、输出电路、频标电路及温控电路装入一特制的电子箱中形成组合电子箱；电源变换器将 28 V 直流电变换输出，转换为组合所需的各种品质电源。

在惯性仪表组合本体上，建立一个惯测组合坐标系 $OX_sY_sZ_s$。它既是惯测组合的安装测量基准，又是惯性仪表的安装基座。为了实现惯测组合坐标系 $OX_sY_sZ_s$，在惯性仪表组合本体上安装一正六面体反光镜，作为惯测组合工艺调整和标定试验的基准，镜面法线就是 OX_s、OY_s、OZ_s 轴的基准轴线。惯测组合坐标系是正交的直角坐标系，也是测量基准坐标系。它的误差直接影响惯测组合的测量误差，所以一般要求正六面体镜面法线相互不垂直度不大于 2″。选用两个动力调谐陀螺仪作为运载器姿态角速度的敏感器件，承担纵向射程控制、滚动稳定控制和航向稳定控制，以消除滚动角和偏航角，保证运载器按预定轨道飞行，另一个动力调谐陀螺仪作为测试和导弹起飞前自寻北用。选用三个石英挠性加速度计分别测量沿组合 OX_s、OY_s、OZ_s 轴向的视加速度，其中横、法向加速计在运载器还与 G_x 一起作初始对准用。正六面体、三个动力调谐陀螺仪、三个石英挠性加速度计在惯性仪表组合本体上的安装关系如图 6-17 所示。

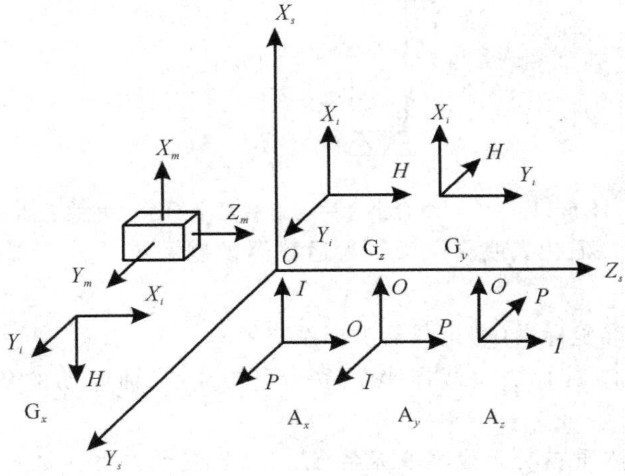

图 6-17 惯性仪表组合安装关系图

对于动力调谐陀螺仪，X_i、Y_i 轴是两敏感轴，H 轴是转子的极轴。转子轴 H 轴与惯测组合坐标系 OX_s 轴平行的陀螺仪命名为 G_x 陀螺，G_x 陀螺的 X_i 敏感轴测量角速度 ω_{zs}，Y_i 敏感轴测量角速度 ω_{ys}；转子轴 H 轴与惯测组合坐标系 OY_s 轴平行的陀螺仪命名为 G_y 陀螺，G_y 陀螺的 Y_i 敏感轴用于测量角速度 ω_{zs}，X_i 敏感轴作为冗余轴闭环锁定；转子轴 H 轴与惯测组合坐标系 OZ_s 轴平行的陀螺仪命名为 G_z 陀螺，G_z 陀螺的 X_i 敏感轴测量角速度 ω_{xs}，Y_i 敏感轴测量角速度 ω_{ys}。输出极性定义为：当载体的角速度向量与 $OX_sY_sZ_s$ 坐标系的方向一致时为正输出，反之为负输出。根据使用情况，也可选用 G_y、G_z 陀螺组合，G_x 陀螺用于地面自寻北。

对于挠性加速度计，I 轴是输入轴，P 轴是摆轴，O 轴是输出轴。三个加速度计的输入轴 I 轴分别与惯测组合坐标系的 OX_s、OY_s、OZ_s 轴平行，对应的加速度计分别命名为 A_x、A_y、A_z 加速度计，用以测量对应方向的视加速度 a_x、a_y、a_z，提供速度增量。输出极性定义为：当载体的线加速度向量与 $OX_sY_sZ_s$ 坐标系的方向一致时为正输出，反之为负输出。

在捷联式系统中应用的惯性仪表，一般都采用闭环模拟反馈加模拟/数字转换方案，实现数字化输出，可直接与制导计算机连接。

2. 功用

惯测组合安装于运载器上部的仪器舱中，惯性仪表组合本体经由减震支架和仪器舱中对应的安装基准面与定位基准面可靠接触后紧固。惯测组合坐标系 $OX_sY_sZ_s$ 与运载器坐标系 $OX_1Y_1Z_1$ 间的关系如图 6-18 所示。

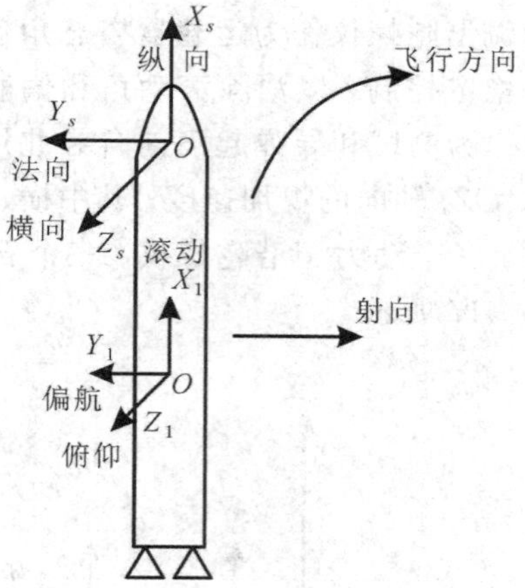

图 6-18 惯测组合坐标系与运载器坐标系之间关系图

通过以上介绍可以看出，惯测组合作为运载器控制系统的核心部件，主要具备以下四大功能：

(1) 建立测量基准坐标系(即运载器坐标系)。

(2) 测量运动载体质心绕运载器坐标系 $OX_1Y_1Z_1$ 三轴运动的角速度及其积分姿态角信息。

(3) 测量运动载体质心沿运载器坐标系 $OX_1Y_1Z_1$ 三个方向轴向上的视加速度及其积分速度信息。

(4) 为初始对准提供运载器平面相对发射点发射水平面的初始姿态信息。

惯测组合敏感载体运动产生角速度和加速度信号，经隔离装置和 I/F 转换电路后，输出角度及加速度脉冲信号给制导计算机进行采样。

6.3.2 捷联式惯测组合的测量敏感器件

1. 动力调谐陀螺仪

动力调谐陀螺仪是一种用挠性器件对高速旋转转子构成万向接头式支承的二自由度陀螺仪。挠性是弹性材料易于弯曲的特性。挠性支承是一种无摩擦的弹性支承，它由相互垂直的内、外挠性轴和平衡环组成。在调谐转速下，平衡环振荡运动的动态力矩抵消了挠性支承的弹性约束力矩，陀螺转子将稳定在惯性空间，成为不受约束的自由转子，因此称之为动力调谐陀螺仪。它是捷联式惯测组合的重要组件，用以检测载体运动的角速度及角度增量。当载体存在角运动时，在陀螺仪力矩器驱动下，陀螺转子跟踪仪表壳体一起运动，测量陀螺仪力矩电流值即可得到仪表壳体相对惯性空间运动的角速度或角度增量。惯测组合中，装有两个动力调谐陀螺仪，其作用主要是：纵向射程控制、滚动和航向稳定控制。

1）结构组成及工作原理

陀螺仪有两个基本属性：定轴性和进动性。动力调谐陀螺仪就是利用了这两个基本特性，构成闭环反馈系统并测量载体运动角速度。挠性陀螺仪没有用常规陀螺仪那样的内框、外框，只用一个挠性接头。这样，不仅简化了结构，同时由于取消了两个滚珠(或其余方式)支承的框架及轴装置，因而也就没有任何摩擦干扰力矩，从而形成一种挠性组件对高速旋转的陀螺转子构成万向接头式的无摩擦弹性支承。但是，挠性支承带来了新的问题：当壳体相对转子倾斜时，挠性接头同时被扭曲而产生弹性力矩，这个弹性力矩相当于一个干扰力矩作用在陀螺仪上，使陀螺仪产生漂移误差。这个弹性力矩是有规律的，可以巧妙地设计挠性支承的结构进行补偿。

按照系统级部件划分，动力调谐陀螺仪主要由驱动马达、支承系统、角度传感器、力矩器、陀螺转子、加温装置、密封壳体等组成；按照部件级划分，动力调谐陀螺仪主要由转子、扭杆、平衡环、限动器、驱动轴、传感器导磁环、力矩器永磁环、力矩器线圈、磁屏蔽、传感器线圈、仪表壳体、磁滞环、电机定子、滚珠轴承等组成，其结构如图6-19所示。

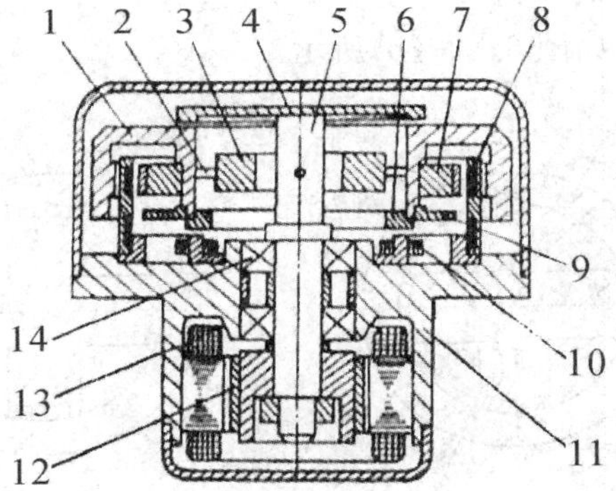

1—转子；2—扭杆；3—平衡环；4—限动器；5—驱动轴；6—传感器导磁环；7—力矩器永磁环；8—力矩器线圈；9—磁屏蔽；10—传感器线圈；11—仪表壳体；12—磁滞环；13—电机定子；14—滚珠轴承。

图6-19 动力调谐陀螺仪结构图

动力调谐陀螺仪采用优化的哑铃式结构：下侧是驱动电机，上侧是陀螺转子组件、挠性支承、力矩器和传感器，陀螺转子组件上装有力矩器的磁钢环和传感器动极板。力矩器定子组件和传感器定子组件安装在底座上，且力矩器定子组件安装在传感器定子组件外面，仪表底座的右边安装电机定子，并通过一对滚珠轴承支持驱动轴。轴承位于仪表中部，轴承的内、外圈分别与驱动轴及仪表壳体刚性连接，并采用背靠背安装方式的施加预紧力结构。电机驱动轴经内、外挠性支承与平衡环及陀螺转子连接，电机转子与驱动轴固连。当电机定子组件上的激磁绕组通以三相电流时，在此电流所建立的旋转磁场作用下，电机转子组件将连同驱动轴一起带动挠性接头(即内、外挠性支承及平衡环组件)与陀螺转子组件高速转动。下面具体介绍按照系统级部件划分的动力调谐陀螺仪的各组成部分。

(1) 驱动马达。驱动马达是陀螺仪的一部分，马达转子就是陀螺仪的飞轮，在高速旋转下，形成陀螺仪的角动量，构成陀螺仪最本质的物理性质——陀螺效应。

动力调谐陀螺仪的驱动马达通过驱动轴带动支承系统和陀螺转子以恒定的角速度旋转，保证陀螺仪具有需要的调谐转速和角动量。它选用内转子结构磁滞马达，马达定子安装在仪表壳体上，马达转子(磁滞环)由磁性能高且稳定性好的磁滞材料制成。这种马达具有结构简单、转速恒定、能自启动、运行可靠等优点。它的一个缺点是磁滞材料磁化时需要消耗较大的激磁电流；另一个缺点是磁滞马达在同步后，定子磁极和转子磁极的磁力线相当于弹性系数较低的弹簧，负载力矩、外加电压或频率的微小变动，都将导致转子的周期性振荡。到目前为止，这种固有振荡还没有有效的防止办法，不利于陀螺仪精度的提高。如果这种振荡频率与外干扰频率接近，引起共振，其效果将更差。

磁滞马达转子上的磁滞环为圆环，由半硬磁材料片叠压而成。环上没有任何绕组，不像永久磁铁那样需要预先充磁，而是在陀螺马达启动过程中，由定子旋转磁场来磁化。采用磁钢厚度很薄的切向磁路，其磁化方式基本上属于交变磁化，它能得到高的磁能指标。切向磁路是通过在磁环的里面镶上一个非磁性衬套来实现的。

磁滞马达力矩是由转子上磁滞材料被定子旋转磁场磁化后的磁滞效应产生的。正因为是磁滞效应，所以被磁化的转子磁极在空间上要滞后定子一个角度 γ，如图 6-20(a)所示。它的存在使得气隙磁力线被扭斜而产生切向力驱使转子转动。反之，如果磁钢没有磁滞效应，被定子旋转磁场磁化的转子磁极与定子磁极之间不存在空间角度($\gamma=0$)，那就没有切向力，转子也就不会转动，如图 6-20(b)所示。

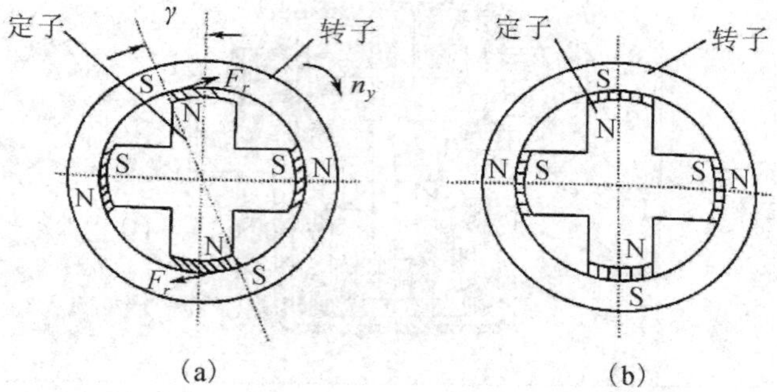

图 6-20　磁滞马达原理图

磁滞马达的转子磁极相对于转子不是刚性固定，在启动过程中，磁滞马达转子磁极相对于转子表面实际上是滑动的，而且磁极的空间旋转速度与定子旋转磁场的旋转速度相同。正是由于转子磁极相对于转子滑动造成分子摩擦，迫使转子不断加速，一直到同步为止。

转子磁极的滑动速度在定子刚通电瞬间等于旋转磁场的速度。随着转子的不断加速，转子磁极相对于转子表面的滑动速度不断减小。进入同步时，如果没有外来干扰，那么转子磁极相对于转子表面就静止不动了。同步之前，磁滞角一直处在最大值，也就是说磁滞回线的面积处在最大值。达到同步后，加速停止，磁滞角缩小，其缩小数值取决于设计时所取的过载能力。转子从加速阶段到同步运转阶段，磁滞角从最大减到很小，有一个衰减振荡的转变过程。

(2) 支承系统。动力调谐陀螺仪的驱动轴与转子用一个平衡环结构来连接，构成支承系统。它包括挠性支承、调谐杆和平衡环，其结构示意图如图 6-21 所示。

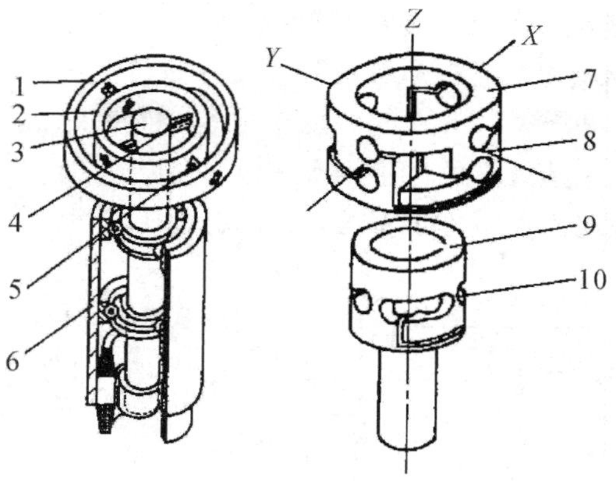

1—转子；2—平衡环；3—驱动轴；4—内挠性轴；5—外挠性轴；6—壳体；
7—外挠性接头；8—横细颈；9—内挠性接头；10—纵细颈。

图 6 - 21 支承系统结构示意图

支承系统的作用有：

① 支承陀螺转子，提供万向连接；

② 传递驱动力矩，带动转子旋转；

③ 隔离陀螺仪壳体的角运动，保证转子 H 轴相对惯性空间的稳定；

④ 产生弹性补偿力矩，补偿挠性接头拉杆的反弹性力矩。

挠性支承是动力调谐陀螺仪的特征构件。在仪表工作时，挠性支承的正弹性力矩可以完全被平衡环的振荡运动产生的动力反弹性力矩所抵消，使陀螺转子成为不受约束的自由转子。

调谐杆是可调整的平衡环质量，用来调节平衡环的惯量矩，实现动力调谐陀螺仪的调谐条件。

平衡环采用弹性材料制作，由一个圆环及互成 90°的内、外挠性轴组成。驱动轴与内挠性轴固连，外挠性轴与转子固连，内、外挠性轴与平衡环也固连。内、外挠性轴具有高的抗弯曲刚度、低的抗扭转刚度。转子经挠性支承与电机驱动轴连接，在电机驱动下，驱动轴通过内挠性轴带动平衡环旋转，平衡环再通过外挠性轴带动转子相对壳体做高速旋转。当转子绕内挠性轴有转角时，转子通过外挠性轴带动平衡环一起绕内挠性轴偏转，这时内挠性轴将产生扭转弹性变形。当转子绕外挠性轴有转角时，不会带动平衡环绕外挠性轴偏转，而是使外挠性轴产生弹性变形。仪表在调谐转速下工作时，挠性支承的弹性恢复力矩可以完全被平衡环振荡运动产生的动力反弹性力矩所抵消，这时陀螺转子将稳定在惯性空间，成为不受约束的自由转子，我们称这种状态为“动力调谐”状态。应用这种补偿原理制成的挠性陀螺，称为动力调谐陀螺仪。

(3) 角度传感器。角度传感器是一种机电转换组件，用来将陀螺转子相对仪表壳体绕两个正交输出轴的转角转换成相应的电压信号。传感器定子组件与陀螺转子组件间构成的电感式角度传感器可用来测量仪表底座相对于陀螺转子的偏转角信号，此信号经前置放大器放大后输出给伺服回路。

电感式角度传感器是一种线圈电感值随转子位移变化而形成输出电压的机电转换组件，其结构示意图和等效电路图如图 6 - 22 所示。在转子端面上装有一个用软磁材料制作成的导磁环，相对的有四个电感线圈及铁芯，它们沿圆周间隔均匀地安装在壳体内的隔磁支架上，两个安装在 X 轴向，两个安装在 Y 轴向。四个线圈组成两对差动式传感器，可感受绕两个输出轴的角位移信号。通电后，当衔铁在中间位置时，衔铁与两侧绕有电感线圈的定子铁芯间气隙相等，两个电感线圈的电感也相等，桥路平衡，输出电压等于零。当衔铁偏向一方时，气隙减小方电感线圈的电感增大，另一方(气隙增大方)电感线圈的电感减小，桥路平衡遭到破坏，负载电阻两端电位不等，有输出电压发生。

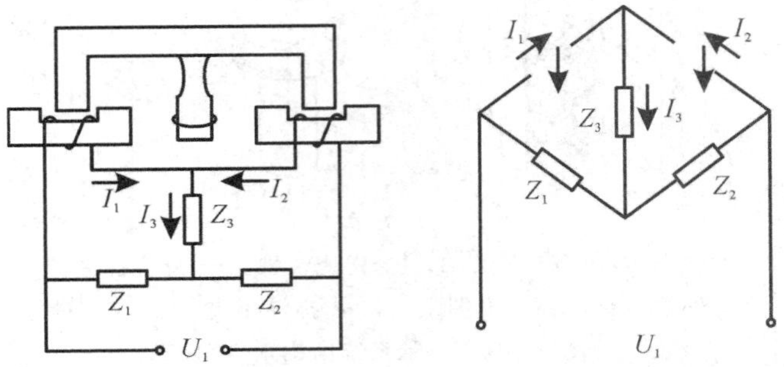

(a) 结构示意图 (b) 等效电路图

图 6-22 电感式角度传感器结构示意图和等效电路图

(4) 力矩器。力矩器也是一种机电转换组件，它的功能是将输入电量转换成相应的机械力矩。力矩器定子组件与陀螺转子组件的磁钢环组成永磁动铁式力矩器，对陀螺转子施加所需的控制力矩。动力调谐陀螺仪的力矩器是对陀螺转子施加力矩的装置，在再平衡回路中作为反馈组件，使闭路系统形成力矩平衡状态，通过输出力矩器的电流来测量平衡力矩大小，从而求得输入的角速度值。力矩器工作角度极小，基本上处于堵转状态，力矩相对于输入电流的线性度和力矩器的标度因子稳定性要求极高。双轴永磁动铁式力矩器由高矫顽力、高磁能积的永磁材料制成，其永久磁钢直接安装在陀螺转子上，使力矩器转子与陀螺仪转子形成一体。由于它不断转动，磁场自我封闭，环境磁场影响不大，避免了由引线所引起的干扰力矩。

双轴永磁动铁式力矩器包括转子组件和定子组件两部分，其结构如图 6-23 所示。永久磁钢和力矩器动铁内磁路组成不动的定子组件；安装在转子上的力矩器动铁外磁路、外挠杆、线圈与线圈骨架组成转动的转子组件。

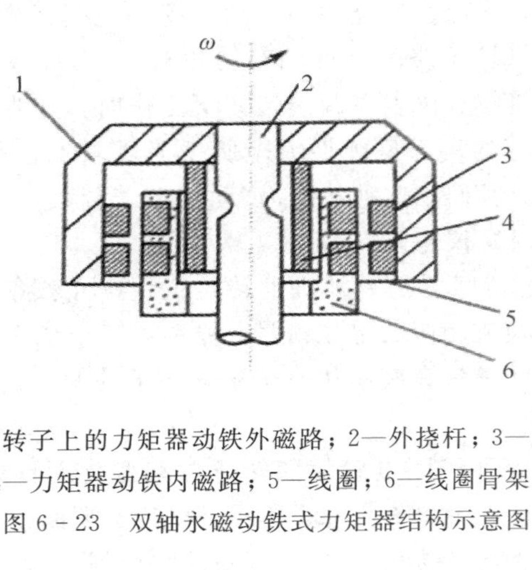

1—安装在转子上的力矩器动铁外磁路；2—外挠杆；3—永久磁钢；
4—力矩器动铁内磁路；5—线圈；6—线圈骨架。

图 6-23 双轴永磁动铁式力矩器结构示意图

按载流导体在磁场中受力的电磁力定律

$$F=B\delta LIW \tag{6.1}$$

可得其输出力矩的表达式为

$$M=2RB\delta LIW=KI \tag{6.2}$$

式中：B——工作气隙中的磁感应强度；

δL——导线的有效长度，近似等于磁钢轴向长度；

I——导线中电流；

W——线圈匝数；

R——线圈导线至回转中心的平均半径；

K——力矩器的比例系数或刻度因子。

由式(6.2)可见，永磁式力矩器的输出力矩与线圈中控制电流 I 成正比。

(5) 陀螺转子。陀螺转子是产生陀螺角动量的惯性质量，由飞轮、力矩器的永磁环、传感器的动极板及角度限动器组成。通常飞轮是用软磁合金材料制成的。

(6) 加温装置。为缩短仪表的热平衡时间，保持仪表工作温度的稳定性，提高仪表精度，仪表内部的加温片、测温组件与表外的温控线路联用，实现对仪表加温和温度控制。温度控制电路为一有差调节系统，由温度传感器(温度敏感电桥)、调整电阻(设置预定温度)及加温电阻组成。

安装于惯测组合内的各惯性仪表的参数随温度的变化而改变，环境温度的变化直接影响惯性仪表的测量精度。惯性仪表合理的结构设计虽然可以减小仪表的温度系数，但是不能彻底消除温度的影响。解决这个问题的方法一般有两种：一种是采用温度补偿；另一种是采用温度控制。前者是在惯性仪表生产、调试阶段用高低温箱测出各惯性仪表参数随环境温度变化的特性曲线，并装订到制导计算机中，以便在使用中实时测出惯性仪表工作的环境温度，进行温度补偿；后者是采用温度控制系统保持惯性仪表工作环境温度恒定。

当惯性仪表自身无温度补偿时，为降低环境温度对惯测组合性能的影响，确保陀螺仪和加速度计的测量精度，在惯测组合内设置温度自动调节系统是十分必要的。该方案采用对惯测组合进行一级温控，对各惯性仪表进行二级温控。其优点是温控精度较高，强度场较均匀；缺点是温控线路复杂、温控组件多、所占空间位置大，降低了可靠性。

由于条件所限，惯测组合温控系统中只有加温装置，因此恒温工作点一般要选择比环境温度高 5～10℃。若恒温工作点选得太高，则当环境温度较低时，温控功耗较大，温控时间较长，会造成惯测组合内温度梯度过大、局部过热等；若恒温工作点选得太低，由于无降温装置，则当环境温度接近或高于惯测组合恒温工作点时，由惯测组合内仪表及线路的热功耗所引起的温升将使恒温工作点上漂而无法稳定。因此在确定恒温工作点时，应先推算或实测出在环境温度下，无温控条件时惯测组合内各仪表及线路均工作的温度稳定值，所选定的恒温工作点应比该稳定值高 3～5℃。温度控制可使惯测组合内恒定温度达到 55℃。

为提高温控精度，降低环境温度变化对恒温精度的影响并取得良好的动态品质，一般采用以下方法：提高系统开环放大倍数以减少系统稳态误差；选用低温漂、高增益的运放及漏电流小、高增益的功率放大器；选用感温性能好的测温组件及温度系数小的桥臂电阻；进行合理的热设计，采用适当的保温措施，减少温度梯度；根据被控对象的传递函数设计合理的校正网络，以保证系统能稳定工作并有良好的动态品质。

(7) 密封壳体。密封壳体通常包括仪表底座、外罩和后盖。仪表底座上不仅安装着马达定子、滚珠轴承并支撑着驱动轴带动陀螺转子高速旋转，还安装着力矩器线圈组件和传感器电感线圈组件。仪表后盖组件上有直接烧结的密封绝缘子，该绝缘子将力矩器、传感器、电机等信号线引出至仪表插座及前置放大器。前置放大器组件通过支架安装在后盖组件上。后盖安装有密封插头，提供仪表内各电气组件连接。仪表底座两端分别由圆柱形外罩及后盖组件罩住，外罩和后盖组件与底座间的连接采用电子束焊或胶接，以确保仪表的密封性。仪表内部抽真空并充以工作气体。

(8) 伺服回路。伺服回路由前置放大器、交直流变换放大器、校正网络和功率放大器组成。

前置放大器一般选用高阻抗、低噪声的运算放大器。它把传感器感受陀螺转子壳体的转角 α 和 β 的电压信号进行放大。

交直流变换放大器将前置放大器输出的交流信号变成直流信号，由交流放大器、带通滤波器和相敏解调器组成。为了使功率放大器有足够的功率输出，要求交直流变换放大器的输出线性范围比较宽，同时要满足一定的线性度和对称性要求。

校正网络选用有源校正网络。第一级为放大级；第二级为滞后超前校正环节，使陀螺系统在不同的工作频率具有足够的阻尼，并且使系统具有一定宽度的通频带；第三级为陷波网络，消除陀螺自转频率的干扰。

功率放大器不仅要求输出电流的变化范围大，而且要求输出电压的变化范围也要大，才能保证力矩器产生足够大的力矩。

2) 自由转子的实现

挠性支承是一种弹性支承，它弯曲变形时必然产生一个弹性恢复力矩，作用到转子上使之进动，从而破坏陀螺对惯性空间的定轴。陀螺转子的锥形进动如图 6－24 所示。

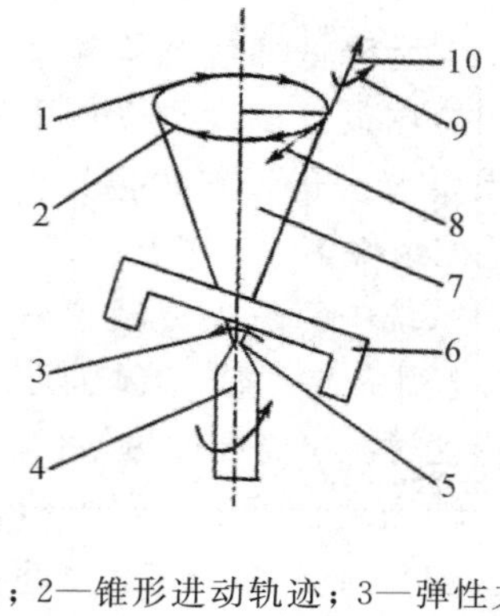

1—锥形进动方向；2—锥形进动轨迹；3—弹性力矩；4—驱动轴；
5—挠性接头；6—转子；7—偏离平面；8—弹性力矩；9—自转方向；10—自转轴。

图 6－24　陀螺转子的锥形进动图

当挠性陀螺自转轴相对驱动轴偏转一个角度时，作用在转子上的弹性力矩矢量方向垂直于自转轴的偏离平面，使自转轴进动，离开原先的偏离平面，并形成新的偏离平面。与此同时，弹性力矩也改变方向而垂直于新的偏离平面。由于在进动过程中偏离平面本身总是不断地朝着弹性力矩矢量所指方向偏转，而弹性力矩又始终与偏离平面保持垂直，因此自转轴就在空间描绘出圆锥形轨迹。圆锥的顶点为挠性支承中心，顶角等于两倍偏角，对称

轴线则是驱动轴轴线。根据动力调谐陀螺仪的进动规则，不难推出上述圆锥形进动的周期T_P为

$$T_P=\frac{2\pi H}{K_S} \tag{6.3}$$

式中：K_S——挠性接头绕正交轴弯曲时的弹性系数；

H——陀螺角动量。

由此可见，用挠性接头取代传统的框架铰链式支承从原理上避免了干摩擦，但同时带来了挠性支承所固有的弹性约束。对这种弹性约束如果不加以补偿，则只要自转轴与驱动轴存在相对偏角，陀螺便进入锥形进动而不能保持空间方位稳定。因此，消除支承弹性约束的影响是确保挠性陀螺正常工作的前提。弹性约束力矩M_S是一种有确定规律的力矩，在一定范围内它服从于胡克定律，即有

$$M_S=K_S\alpha \tag{6.4}$$

其中：α为自转轴相对驱动轴的偏角。

由于$\boldsymbol{M}_S$的方向总是力图使偏角减小，因此又称它为正弹性力矩，而称K_S为正弹性系数。显然，对于这种有规律的力矩，我们完全可以利用具有相反规律的量对它进行精确补偿。挠性陀螺的性能在很大程度上取决于对支承弹性力矩的补偿精度。动力调谐补偿法则是依靠挠性接头自身在参与旋转中的惯性力矩来进行补偿。在动力调谐陀螺仪中，驱动轴与转子之间的挠性接头由两对相互垂直的挠性扭杆和一个平衡环组成。一对共轴线的内扭杆把驱动轴与平衡环连接起来，另一对共轴线的外扭杆又把平衡环与转子连接起来。内扭杆轴线与驱动轴轴线相互垂直，外扭杆轴线与内扭杆轴线相互垂直，在理想情况下这三根轴线相交于一点，该交点称为挠性支承中心。动力调谐陀螺仪是目前对弹性力矩补偿效果较好的挠性陀螺仪。在这种陀螺仪中，驱动轴与陀螺转子用一个平衡环结构来连接，它通过内扭杆和外扭杆从内部给转子提供绕正交轴的转动自由度，并且挠性接头本身也参与了高速自转，因此称之为内支承形式或“胡克”式接头形式。正是平衡环的特殊运动规律给动力调谐陀螺仪提供了一个可调的反弹性力矩，用来补偿扭杆的正弹性力矩。调整反弹性力矩使正弹性力矩达到完全补偿的过程称为动力调谐。

3）平衡环的扭摆运动

动力调谐陀螺仪的工作基础就在于利用平衡环反弹性力矩来补偿支承的弹性力矩。反弹性力矩是在平衡环随转子一起做高速旋转时又相对转子做扭摆运动的过程中产生的。

当驱动轴带动转子做高速旋转时，陀螺自转轴保持空间方位稳定。如果仪表壳体连同驱动轴绕垂直于自转轴的任意轴有偏角，则由于挠性支承结构的特性，在驱动轴通过平衡环带动转子旋转的过程中，平衡环将绕内挠性轴振荡，这可以从转子在旋转一周的过程中，平衡环相对自转轴的转角变化观察到。

图6-25(a)、(b)、(c)、(d)表示旋转的转子在四个不同瞬间，依次转过90°转角时，转子、驱动轴和平衡环间的相对位置。由于转子和驱动轴各自保持原来的方位，从而在转动一周过程中，平衡环被迫做扭摆运动。没有外力作用于高速旋转的转子上，陀螺转子具有保持其自转轴在惯性空间方位不变的特性(定轴性)。当驱动轴相对陀螺转子自转轴偏转某角度时，该轴又通过内、外挠性接头带动旋转中的平衡环及陀螺转子。在这一过程中，必然出现平衡环绕内支承轴线做振荡运动的现象。

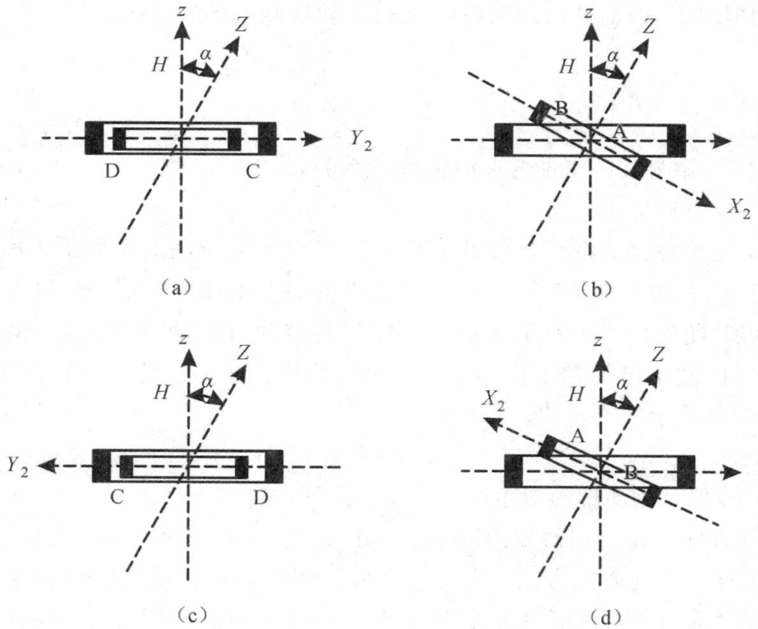

图 6-25　平衡环扭摆运动位置图

壳体连同驱动轴绕如图 6-25(a)中与纸面垂直的轴按顺时针方向转过 α 角时，陀螺转子轴维持其方位不变，故驱动轴相对转子自转轴的偏角即 α。此时，内挠性支承轴线垂直于纸面，其 A 端在前、B 端在后；外挠性支承轴线处于纸面内，其 C 端在右、D 端在左。由于内挠性支承绕其轴线的扭转刚度很小，因此内挠性支承产生扭转变形，平衡环相对驱动轴绕内挠性支承轴的转角 $\gamma=+\alpha$。因外挠性支承的弯曲刚度很大，故其变形为零，平衡环相对于转子轴的转角 $\varphi=0$。此时，内挠性支承所产生的弹性恢复力矩通过平衡环、外挠性支承作用于陀螺转子上。

在陀螺马达带动下，当驱动轴按俯视逆时针方向转过 90°，达到如图 6-25(b)所示的位置时，内挠性支承轴线处于纸面内，其 A 端在右、B 端在左；外挠性支承轴线垂直于纸面，其 D 端在前、C 端在后。由于外挠性支承绕其轴线的扭转刚度很小，因此外挠性支承产生扭转变形，结果使陀螺转子相对于平衡环绕外挠性轴的转角 $\varphi=-\alpha$。因内挠性支承的弯曲刚度很大，故其变形为零，平衡环相对于驱动轴的转角 $\gamma=0$。此时，外挠性支承产生的弹性恢复力矩直接作用于陀螺转子上。当驱动轴按俯视逆时针方向再转过 90°，达到如图 6-25(c)所示的位置时，外挠性支承轴线处于纸面之内，其 C 端在左、D 端在右；内挠性支承轴线再次与纸面垂直，但其 B 端在前、A 端在后。此时，内挠性支承转角 $\gamma=-\alpha$，外挠性支承转角 $\varphi=0$。内挠性支承所产生的弹性恢复力矩经平衡环、外挠性支承作用于陀螺转子上。当驱动轴又转过 90°，达到如图 6-25(d)所示的位置时，内挠性支承轴线又处于纸面之内，但其 A 端在左、B 端在右；外挠性支承轴线又垂直于纸面，其 C 端在前、D 端在后。此时，外挠性支承的转角 $\gamma=0$，内挠性支承的转角 $\varphi=\alpha$。外挠性支承所产生的弹性恢复力矩直接作用于陀螺转子上。

驱动轴再转过 90°，即又回到图 6-25(a)所示的初始位置，此后的运动又将进行同上的循环。

从上述过程可以看出：

(1) 当驱动轴带动平衡环及转子旋转一周时，由于陀螺转子的定轴性，转子自转轴与驱动轴的夹角不变，其值为 α。

(2) 驱动轴旋转一周的过程中，平衡环绕内挠性支承轴线相对驱动轴的转角 γ 以及陀螺转子绕外挠性支承轴线相对于平衡环的转角 φ 均按简谐振荡规律变化一次，这种转角振荡的幅值为 α，而频率即等于转子的旋转频率。

(3) 平衡环除随转子一起高速旋转外，还绕其内支承轴线做振荡运动，而且转子旋转一周，从壳体来看平衡环振荡两次。由此可见，平衡环是以两倍转子旋转频率绕不随转子转动的参考轴做振荡运动。这种平衡环的复合运动通常称为平衡环的扭摆运动。

假设驱动电机带动平衡环及陀螺转子以角速度 ω 旋转，平衡环相对驱动轴绕内挠性支承轴线的转角为 γ，陀螺转子绕壳体坐标系 OX 和 OY 轴的偏转角分别为 α 和 β，则平衡环的振荡运动可用下式描述：

$$\begin{cases}\gamma=\alpha\cos\omega t+\beta\sin\omega t \\ \varphi=\beta\cos\omega t-\alpha\sin\omega t\end{cases} \tag{6.5}$$

平衡环做扭摆运动，必然受到外力矩的作用，同时也必然会产生惯性反作用力矩。由于内、外挠性支承的结构特性，平衡环扭摆运动产生的惯性力矩一部分作用在陀螺转子上，另一部分被驱动轴所吸收。

4) 动力调谐条件

上面通过讲述平衡环的扭摆运动，论述了平衡环补偿力矩的产生过程，现在给出其产生条件，即动力调谐条件(推导过程略)。

动力调谐条件即正负弹性力矩相等或正负弹性力矩互相平衡，陀螺仪没有约束力矩作用在转子上，可以保持稳定在惯性空间，成为一个无约束的“自由转子式”陀螺仪。其表达式如下：

$$\Delta k=k_0-(a+b-c)\frac{N_0^2}{2}=0 \tag{6.6}$$

式中：k_0——挠性接头弹性系数；

Δk——剩余弹性系数；

N_0——转子调谐转速；

a，b——平衡环与转子轴垂直方向的转动惯量，称为赤道转动惯量；

c——极转动惯量。

$(a+b-c)$称为等效转动惯量，只有当平衡环转动惯量满足 $a+b>c$ 的条件时，才能保证出现负弹性力矩项，该力矩也会引起陀螺自转轴的漂移。

调谐就是使剩余弹性系数为零。这可以通过正确设计挠性接头弹性系数 k_0，平衡环转动惯量 a、b 和 c 以及转子转速来达到。对于某一具体的陀螺仪，转子转速与电源频率有关，一旦确定了转子调谐转速 N_0，就不再轻易改变其转速，而在平衡环转动惯量上想办法。因此在结构上要求平衡环的转动惯量 a、b 和 c 的数值在一定范围内可以调整。在精调谐过程中，当 $\Delta k>0$ 时，说明负弹性力矩不够补偿正弹性力矩，称为欠调谐状态；当 $\Delta k<0$ 时，说明负弹性力矩已经超过正弹性力矩，称为过调谐状态；当 $\Delta k=0$ 时，称为动力调谐状态，此时，当转子自转轴与驱动轴间出现相对偏角时，平衡环随转子高速旋转的同时，相对转

子以与偏角相同的振幅做复合扭摆运动，并产生与上述弹性约束力矩相反的弹性补偿力矩，正负弹性力矩互相平衡，转子保持稳定在惯性空间。

5）动力调谐陀螺仪的优点

动力调谐陀螺仪使用平衡环结构作为支承系统，平衡环产生一个动力反弹簧力矩(即惯性力矩)来抵消挠性轴产生的弹性力，达到陀螺高精度定位的目的，从根本上消除了支承的摩擦力矩及环架陀螺输出装置(如电刷)引起的干扰力矩。动力调谐陀螺仪的转子在支承系统的外面，而液浮陀螺仪的转子在环架里面。因此，动力调谐陀螺仪相对于液浮陀螺仪，结构大为简化，既没有浮子组件的气密性问题，输电引线也很少，并且是固定式的，可靠性大大提高；由于没有液体加温和调节，所以工作准备时间也较短，启动快、寿命长。它具有以下显著特点：

(1) 具有很大的加矩速率。陀螺仪与伺服回路配合，产生大的加矩速率，能快速跟踪载体的运动。

(2) 具有较强的抗力学环境干扰能力。陀螺仪经惯性仪表组合本体与载体固连，具有较强的抗冲击能力。

(3) 有良好的动态特性。在捷联式工作状态下，仪表输入角速度动态范围很大，陀螺仪在全部测量范围内均有良好的动态特性。

(4) 力矩器标度因子具有较高精度及良好的稳定性。捷联应用的陀螺仪力矩器是实现陀螺转子快速跟踪仪表壳体的加矩组件，通过测量力矩器的加矩电流检测载体的运动。

(5) 陀螺转子上没有线绕件及灌封物，也没有输电装置产生的弹性约束力矩的影响。转子组件是旋转的，使有些干扰在一周旋转中被平均掉，而不会对仪表性能产生大的影响，提高了陀螺转子的质心稳定性，降低了对仪表精度的不利影响。

(6) 对温控精度的要求低且散热性好。动力调谐陀螺仪属于干式仪表，对温控精度的要求低；陀螺电机单独安装在陀螺转子的下侧，散热性好。

2. 石英挠性加速度计

一种典型的惯性测量组合的加速计元件采用了石英挠性加速度计，这里主要介绍其工作原理及结构组成。

1）工作原理

挠性加速度计是一种摆式加速度计，有不同的结构类型。如图 6-26 所示为一种挠性加速度计结构示意图。摆组件的一端通过挠性支承固定在仪表壳体上，另一端可相对输出轴转动。信号器动圈和力矩器线圈固定在摆组件上，信号器定子和力矩器磁钢与仪表壳体相固连。

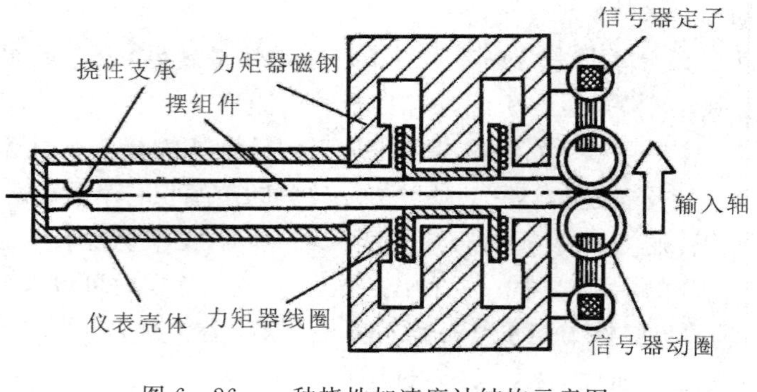

图 6-26　一种挠性加速度计结构示意图

在挠性加速度计中，由于挠性支承位于摆组件的端部，所以摆组件的重心 C_M 远离挠性轴。挠性轴就是输出轴 O_A，摆组件的重心 C_M 至挠性轴的垂线方向为摆性轴 P_A，而与 P_A、O_A 轴正交的轴为输入轴 I_A，它们构成右手坐标系，如图 6-27 所示。当有单位重力加速度 g 沿输入轴 I_A 作用时，绕输出轴 O_A 产生的摆力矩等于重力矩。当仪表内充有阻尼液体时，摆力矩等于重力矩与浮力矩之差。假设浮心 C_B 位于摆性轴上，则摆组件的摆性为

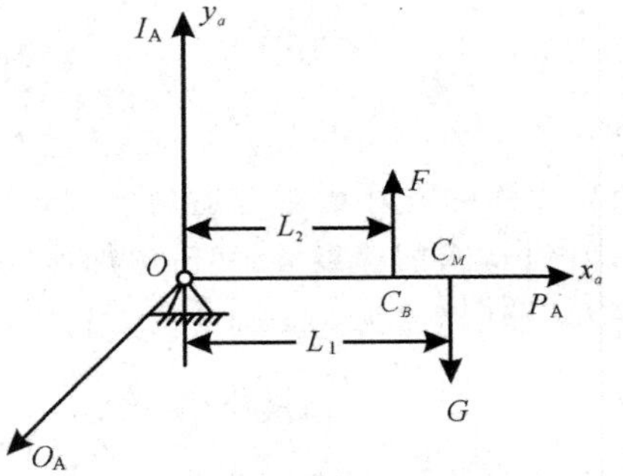

图 6-27　挠性加速度计的摆组件坐标系

$$F=B\delta LIW \tag{6.7}$$

$$P=mL=\frac{GL_1-FL_2}{g} \tag{6.8}$$

式中：G，F——摆组件的重力和浮力；

L_1，L_2——摆组件的重心和浮心至输出轴 O_A 的距离。

在挠性加速度计中，同样是由力矩再平衡回路所产生的力矩来平衡加速度所引起的摆力矩。而且为了抑制交叉耦合误差，力矩再平衡回路同样必须是高增益的。作用在摆组件上的力矩，除了液浮摆式加速度计中所提到的各项力矩，这里还多了一项力矩，即当摆组件出现偏转角时，挠性支承所产生的弹性力矩。因此，挠性加速度计在闭路工作条件下，摆组件的运动方程成为

$$I\ddot{\theta}+D\dot{\theta}+(k+k_uk_ak_m\theta)=P(a_{by}-a_{bz}\theta)+M_d \tag{6.9}$$

式中，k 为挠性支承的角刚度。

挠性加速度计的工作原理方框图如图 6-28 所示。

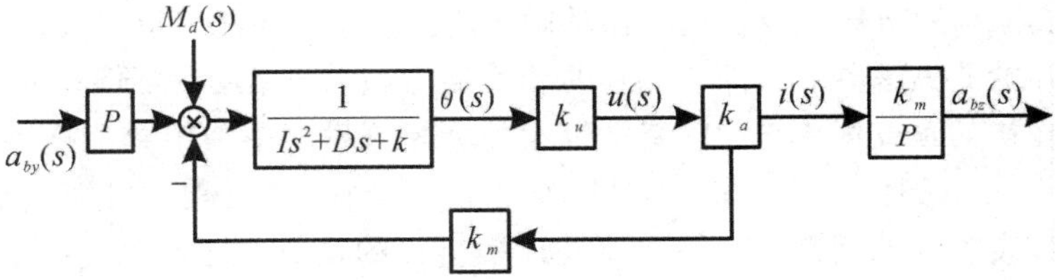

图 6-28　挠性加速度计的工作原理方框图

从该图可得输出加速度的拉氏变换式为

$$a_{bz}(s)=\frac{k_uk_ak_m}{Is^2+Ds+k+k_uk_ak_m}\left[a_{by}(s)+\frac{M_d(s)}{P}\right] \tag{6.10}$$

加速度误差的拉式变换式为

$$\Delta a(s)=a_{by}(s)-a_{bz}(s)=\frac{(Is^2+Ds+k)a_{by}(s)-(k_uk_ak_m/P)M_d(s)}{Is^2+Ds+k+k_uk_ak_m} \tag{6.11}$$

摆组件偏转角的拉氏变换式为

$$\theta(s)=\frac{Pa_{by}(s)+M_d(s)}{Is^2+Ds+k+k_uk_ak_m} \tag{6.12}$$

当输入加速度和干扰力矩为常值时，可得稳态时加速度误差的表达式为

$$\Delta a=\frac{1}{1+K}a_{by}+\frac{K}{1+K}\frac{M_d}{P} \tag{6.13}$$

式中，K 为回路的开环增益，$K=k_u k_a k_m/k$。从式(6.13)可见，为了提高加速度计的测量精度，回路的开环增益应适当增大，而干扰力矩应尽量降低。

设输入加速度 $a_{by}=5g$，加速度误差 $\Delta a \leqslant 1\times 10^{-5}g$，则根据式(6.13)可估算出回路的最小开环增益为

$$K_{\min}\approx\frac{a_{by}}{\Delta a}=\frac{5}{1\times 10^{-5}}=5\times 10^{5} \tag{6.14}$$

当输入加速度和干扰力矩为常值时，由式(6.12)可得稳态时摆组件偏转角的表达式为

$$\theta=\frac{Pa_{by}+M_d}{k+k_u k_a k_m}=\frac{Pa_{by}+M_d}{k(1+K)} \tag{6.15}$$

若不考虑干扰力矩，并利用式(6.13)的关系，则得

$$\theta=\frac{P}{k}\Delta a \tag{6.16}$$

由此可见，稳态时摆组件偏转角与加速度误差成比例。为了限制交叉耦合误差，希望摆组件偏转角尽量小一些。通常，θ/a_{by} 的典型数值为 0.5×10^{-5} rad/g。

挠性支承实质上是由弹性材料制成的一种弹性支承，它在仪表敏感轴方向上的刚度很小，而在其他方向上的刚度则较大。

适于制造挠性支承的材料，一般应具有如下物理性能：弹性模量低，以获得低刚度的挠性支承；强度极限高，以便在过载情况下挠性支承具有足够的强度；疲劳强度高，特别是在采用数字再平衡回路时，摆组件可能经常处于高频振动状态，所以疲劳强度对保证仪表具有高的工作可靠性是非常重要的；加工工艺性好。

挠性支承是挠性加速度计中的关键零部件，它的尺寸要求低，而几何形状精度和表面光洁度的要求却很高。

摆组件由支架、力矩器线圈及信号器动圈组成。它通过挠性支承与仪表壳体弹性连接。为了提高信号器的放大系数和分辨率，它的动圈通常被胶接在摆的顶部。一对推挽式力矩器线圈也固定在摆的顶部或中部，以获得较大的力矩系数。在采用单个挠性杆或簧片的结构中，摆支架为一细长杆；而在采用成对挠性杆的结构中，摆支架一般为三角形架。

为了提供仪表需要的摆性，应仔细地设计摆组件的重心。仪表内可以不充油，成为干式仪表；也可充具有一定黏度的液体(例如硅油)，以提供适当的阻尼，使其获得良好的动态特性。挠性加速度计中所采用的力矩器和信号器，与液浮加速度计所采用的基本上相同。为了使仪表的标度因数不受环境温度变化的影响，挠性加速度计也必须像液浮加速度计一样，对仪表进行精确的温度控制，以使阻尼液体的密度、黏度、摆组件重心的位置，以及力矩器磁场受温度变化的影响减至最小。

2) 结构组成

挠性加速度计由恒弹性材料做成的挠性器件支承检测质量构成摆组件，在加速度作用下，摆组件受惯性力偏离时，两边间隙发生改变，使桥路的容抗发生变化，信号传感器输出反映摆组件偏转角的信号。按照系统级部件划分，石英挠性加速度计主要由摆组件、力矩器、信号传感器、力矩再平衡回路、输出电路和壳体等组成；按照部件级划分，其结构如图 6-29 所示。

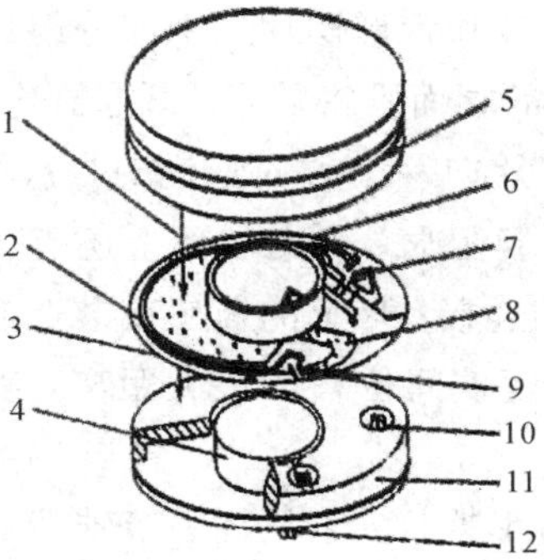

1—传感器和阻尼间隙；2—传感器及极板；3—检测质量组件；4—磁铁；5—上磁铁组件；
6—力矩器线圈；7—挠性支承；8—传感器和力矩器薄膜引线；9—软引线；
10—引线接柱；11—下磁铁组件；12—表头电子线路接插件。

图 6-29 石英挠性加速度计结构图

挠性支承就是各种形式的弹性支承。加速度计对挠性支承的要求是：敏感轴方向的刚度要小，以便于改善阈值，增加加速度计的稳定性；而其他方向的刚度要足够大，以提高抗交叉干扰的能力。采用成对使用的挠性支承，两根挠性杆分开布置后，其侧向抗弯刚度和抗扭刚度都大为提高。为尽量减小残余应力，挠性支承采用以切削加工为主的工艺。

石英挠性加速度计采用挠性构件支承摆组件，即采用整体式圆舌形石英摆片作为检测质量构成单摆，摆片和挠性杆构成一个整体，在加速度作用下绕输出轴进行角位移；采用变距离差动电容式传感器，以石英摆片的上、下两个镀金面作为电容式传感器的动极板，而以两个力矩器轭铁的端面作为定极板；在挠性支承上、下面直接用真空镀金的方法做成薄膜引线，消除了导电游丝的干扰力矩，提高了仪表的零位稳定性；仪表内不充油，主要靠摆片运动时产生的空气压膜作用得到阻尼，仪表稳定时间短。挠性支承从根本上消除了轴承支承所固有的库仑摩擦力，并且使仪表结构简单。石英挠性加速度计结构组成主要部分详述如下。

(1) 摆组件。摆组件是挠性加速度计的关键器件，仪表的主要结构参数如摆性系数 K_b 和转动惯量 J 都是根据摆组件结构确定的，而这两个参数的选择与仪表的量程和动态特性密切相关。

加速度计采用整体式石英挠性摆片，摆片的材料是石英玻璃，它具有优异的光学、电学和化学性能，良好的机械特性，在强度范围内是一种理想的弹性材料。石英挠性关节面用化学刻蚀方法加工，没有机械应力，消除了石英玻璃表面因研磨抛光而产生的应力层，保证了挠性关节处于几乎无内应力的良好状态。两根挠性关节是从平行度很高的两个端面同时向里面刻蚀的，采用激光进行修正，消除微小裂缝和不规则形状，提高抗冲击强度，保证两关节面厚度一致，且处于同一平面内，避免扭摆现象的产生。整体式石英挠性摆片结构示意图如图 6-30 所示。

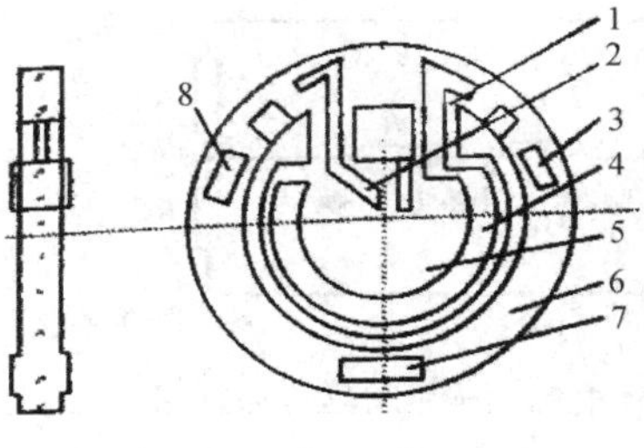

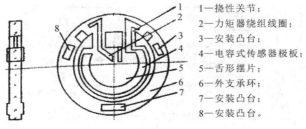

图 6-30 整体式石英挠性摆片结构示意图

它主要由外支承环、挠性关节和舌形摆片三个部分组成。外支承环的上、下表面上有3个安装凸台，分别和上、下轭铁的端面紧密贴合，既起到定位和固定整体摆片的作用，又起着悬挂挠性关节的作用。舌形摆片向一个方向运动时，这个方向的气体受到压缩，因而给摆片运动施加了阻力，即空气压膜阻尼。外支承环上还有4个与电容式传感器力矩器相连接的镀金膜引线与仪表接线柱相连接。环上的3个安装凸台也是用化学刻蚀方法加工出来的，凸台的高度是摆片在上、下轭铁间位移的最大距离，直接关系到活动系统的阻尼和动态测量范围。

整体式摆片的中心部分是舌形摆片，它只绕关节轴即输出轴转动。在舌形摆片的中央，上、下两面分别粘有一个力矩器绕组。两个绕组串联，与接在轭铁上的永磁定子构成推挽式力矩器。舌形摆片及力矩器绕组构成了仪表的检测质量。

(2) 力矩器。力矩器是对加速度计摆组件施加力矩的装置，在再平衡回路中作为反馈组件，使闭路系统形成力矩平衡状态，通过输出力矩器的电流来测量平衡力矩大小，从而求得输入的加速度值。

(3) 信号传感器。信号传感器采用电容式传感器，它是一种将机械位移转换成电容量变化的机电转换组件。它的特点是结构简单、工作可靠、灵敏度高和干扰力矩小。电容式传感器由摆片和轭铁组成。摆片的上、下两表面采用真空镀膜技术蒸镀上一层环状金膜，作为电容式传感器的两个动极板，而相对应的轭铁端面作为定极板，上、下轭铁的定极板通过套在外圆上的腹带电气短接成为传感器的地线。在忽略边缘电场条件下，一对平行板的电容计算公式为

$$C_1=\frac{\xi_r \cdot \xi_0 \cdot s}{\delta} \tag{6.17}$$

式中：ξ_0——真空介电常数；

ξ_r——极板间介质的相对介电常数；

s——两平板间相互耦合面积；

δ——两平行极板间的距离。

在惯性仪表中，为了克服温度变化引起极板间气隙和介电常数变化等不稳定因素，一般采用差动工作的电容式传感器，它是由两个电容式传感器机械组合而成的。此外，为了减小电容式传感器的输出阻抗，使其便于与负载匹配及增强其抗干扰能力，在电容式传感器采用电桥测量电路输出时，通常在负载上串联一个电感线圈。差动电容式传感器结构原理图如图6-31所示。

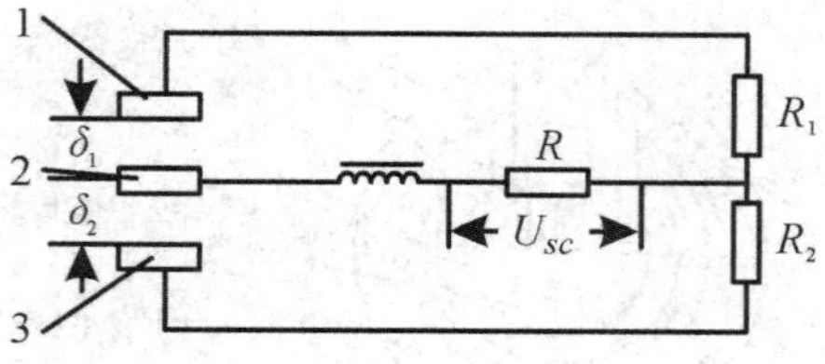

图6-31 差动电容式传感器结构原理图

它由一个动极板(标号为2)和两个定极板(标号为1、3)构成两个可变气隙的电容 C_1 和

C_2。当动极板 2 处于两个定极板 1、3 的中间位置，即 $\delta_1=\delta_2=\delta_0$ 时，形成的电容 C_1、C_2 相等，这时传感器处于平衡位置，输出电压 $U_{sc}=0$。当动极板 2 向上移动 δ 距离时，动极板 2 与定极板 1 之间距离为 $\delta_1=\delta_0-\delta$，电容为

$$C_1=\frac{\xi_r \cdot \xi_0 \cdot s}{\delta_0-\delta} \tag{6.18}$$

容抗为

$$X_{C_1}=\frac{\delta_0-\delta}{\omega \cdot \xi_r \cdot \xi_0 \cdot s} \tag{6.19}$$

而动极板 2 与定极板 3 之间的距离为 $\delta_2=\delta_0+\delta$，电容为

$$C_2=\frac{\xi_r \cdot \xi_0 \cdot s}{\delta_0+\delta} \tag{6.20}$$

容抗为

$$X_{C_2}=\frac{\delta_0+\delta}{\omega \cdot \xi_r \cdot \xi_0 \cdot s} \tag{6.21}$$

此时，$X_{C_1}<X_{C_2}$，电桥失去平衡，负载电阻 R 两端电位不等，有电流流过负载电阻 R，产生与动极板位移大小成比例的输出电压 U'_{sc}。当动极板向下移动 δ 距离时，$X_{C_1}>X_{C_2}$，有输出电压 U_{sc}，它在时间相位上与 U'_{sc} 差 180°。

（4）力矩再平衡回路。力矩再平衡回路由差动电容-电压转换器、功放电路、三端稳压电源电路及校正网络组成，其原理如图 6-32 所示。

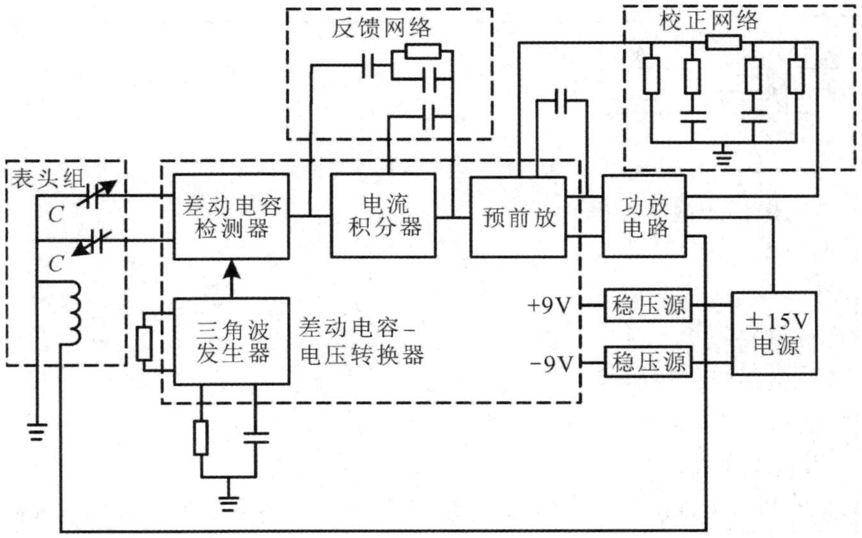

图 6-32　力矩再平衡回路原理图

差动电容-电压转换器由三角波发生器、差动电容检测器、电流积分器及功放级前置放大器（预前放）组成，其功能是把仪表电容式传感器的电容变化转换成正、负直流电压输出，为功放输入级提供工作点。校正网络与积分器的反馈网络一起完成对系统的补偿，以满足系统一定的动、静态指标，适当改变反馈网络参数可改变回路的频率特性。功放电路把预

前放输出的电压信号转换成电流输出给力矩器。

在输入加速度 a 的作用下，摆组件产生角位移，信号传感器将该角位移变换为交流调制信号。差动电容-电压转换器对此交流信号放大、解调、滤波、校正，使其成为正、负直流电压输出。功放电路将输出的电压信号转换成电流输出给力矩器和I/F 转换电路。I/F 转换电路将伺服回路输出的电流精确地转变为频率与输入加速度成比例的脉冲序列，正加速度作用时有正输出，负加速度作用时有负输出，零加速度作用时没有输出。此电路满足测量系统、控制系统数字化的要求。

6.3.3 捷联式惯测组合的测量原理

1. 角速度测量原理

动力调谐陀螺仪用于捷联式惯测系统时，仪表需配以再平衡回路，工作于闭环状态。其再平衡回路组成框图如图 6－33 所示。

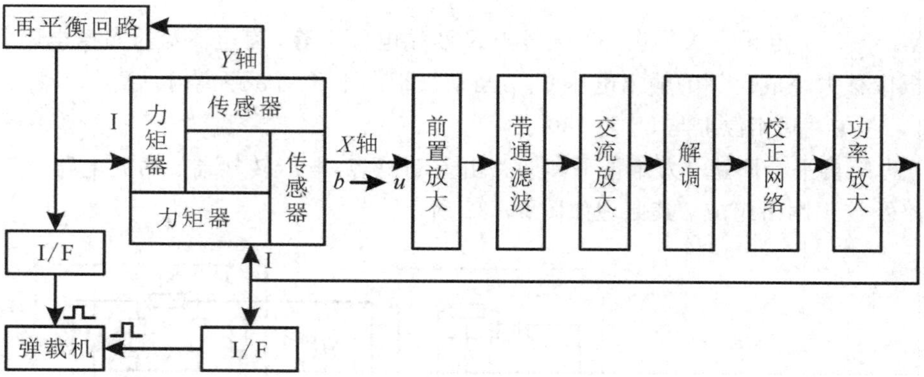

图 6－33 动力调谐陀螺仪再平衡回路组成框图

动力调谐陀螺仪的输出方程为

$$I_G = \frac{H}{K_{GT}} \cdot \omega \tag{6.22}$$

式中：I_G——陀螺仪力矩电流；

H——陀螺仪转子角动量；

K_{GT}——力矩器系数；

ω——输入角速度。

当运动载体相对惯性空间存在角运动时，直接安装于运载器上的陀螺仪壳体将相对陀螺转子产生偏转角，传感器就会敏感并检测出载体相对惯性基准的偏转角，输出与该偏转角信号成比例的电压信号。该电压信号再经前置放大器放大后，送给仪表的伺服放大器，产生与该电压信号成比例的电流信号，馈入仪表力矩器的控制线圈中，产生相应的电磁力矩，作用于陀螺转子，使其进动并快速跟踪载体的角运动。运载器相对惯性空间绕仪表两输出轴的角速度可通过测量相应力矩器线圈中的电流而得到。一般该电流经过“电流一频率”转换后，变成脉冲频率输出。

2. 视加速度测量原理

石英挠性加速度计用于捷联式惯测系统时，仪表需配以再平衡回路，工作于闭环状态。其系统组成如图 6-34 所示。

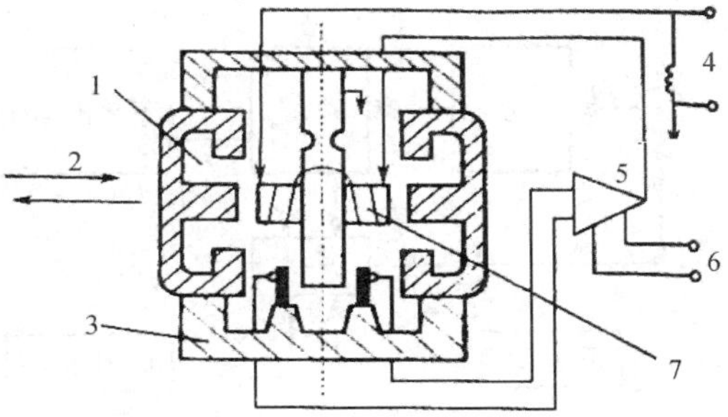

1—力矩器；2—输入轴；3—壳体；4—输出信号；5—伺服放大器；6—电源；7—检测质量。

图 6-34　石英挠性加速度计系统组成图

加速度计的输出方程为

$$I_A=\frac{mLa}{K_t}=\frac{K_b}{K_t}\cdot a \tag{6.23}$$

式中：I_A——反馈到加速度计力矩器的电流；

K_t——加速度计力矩器系数；

K_b——加速度计摆性系数，为偏心质量 m 与偏心矩 L 的乘积。

当具有摆性的挠性支承检测质量 m 受到沿其敏感轴的加速度 a 的作用时，便产生与加速度方向相反的惯性力矩 mLa，此力矩使检测质量绕其挠性梁的转轴转动。传感器敏感出检测质量产生的位移，并以电信号形式输出给伺服回路校正放大后，以电流的形式传递给力矩器线圈。载流线圈在磁场作用下产生反馈电磁平衡力矩 $K_t\cdot I_A$，此力矩与惯性力矩相反，在摆上产生稳定的力平衡。I_A的大小即加速度的度量值。

3. I/F 转换电路工作原理

I/F 转换电路即电流积分式模/数转换电路，是惯测组合的重要组成部分。它将动力调谐陀螺仪和石英挠性加速度计伺服回路的输出电流精确地连续转换为计算机所需要的脉冲频率输出，以满足测量系统、控制系统数字化的要求。在捷联式惯性测量系统中，要求模/数转换电路具有高精度、高速度、高分辨率、大量程和小而稳定的零位输出等品质。动力调谐陀螺仪和石英挠性加速度计 I/F 转换电路的电路组成相似，工作原理相同。

1）电路组成

I/F 转换电路采用三元变宽双恒流源反馈电路形式，以时钟脉冲触发、高精度恒流源反馈，积分器选用低漂移运算放大器，在输入端加有分流电路，输入量程扩大，分辨率高。其组成框图如图 6-35 所示。

（1）分流电路和积分器：积分器由低漂移运算放大器和绝缘性能良好的积分电容组成，它将输入电流积分以电压形式输出，以控制逻辑、开关电路，同逻辑、开关、恒流源组成闭环系统。积分器在 I/F 转换电路中起充放电作用，逻辑、开关电路就是根据积分输出电压的大小来控制开关导通与截止的，以控制恒流源电流反馈时间，准确地控制量化电荷和输出脉冲频率，使输出脉冲频率同分流后流入积分器的电流成正比。

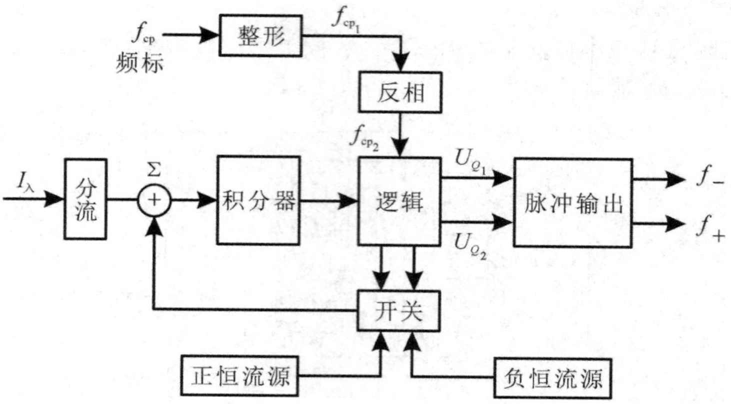

图 6-35 I/F 转换电路组成框图

(2) 逻辑、开关电路：逻辑电路由 D 触发器构成，开关电路是一个双极性开关电路。根据积分器输出电平高低，在频标 f_{cp_2} 的上升沿作用下，逻辑输出电平进行高低变换，以控制开关电路饱和导通或截止，以便适时地把恒流源电流输送到积分器输入端，使其反积分。

(3) 恒流源：由基准电压、电压比较放大、控制器、采样电阻组成。I/F 转换分正、负两路，因此有正恒流源、负恒流源。当电流流入积分器输入端时，负恒流源反馈；当电流流出积分器输入端时，正恒流源反馈。输出脉冲频率要正比于分流后流入积分器的电流。分流系数、量化电荷必须保持常量，关键是保持恒源电流不变，所以恒流源是保证 I/F 转换精度的关键环节。保持恒流源电流不变意味着恒流源电流不仅要与电源、负载、温度变化无关，而且要有良好的长期稳定性、良好的频率特性，因此低漂移、高增益的运算放大器，高稳定性、低温度系数的基准稳压管和采样电阻是保证高精度恒流源的三大要素。

(4) 整形电路：由与非缓冲器构成，其功能是把经电缆传输的频标 f_{cp} 整形，使方波波形良好，同时使频标 f_{cp} 倒相变为脉宽为 1.9 μs 的脉冲 f_{cp_1}，供脉冲输出电路用。

(5) 反相电路：由与非缓冲器构成，其功能是把 f_{cp_1} 波形倒相成 f_{cp_2} 脉冲（f_{cp_2} 与频标 f_{cp} 同相），供逻辑电路 D 触发器使用。

(6) 脉冲输出电路：由双与非门构成，具有反向电压高、输出电流大的特点。

2) 工作原理

(1) I/F 转换电路的工作原理。仪表力矩器电流 $I_入$ 经过分流输入到 Σ 点，通过双极性开关、经电源地回到伺服回路地上，而双极性开关中通过的电流幅度和通断时间受恒流源及逻辑、开关电路准确调节和控制。因此，双极性开关中流过电流的平均值就是 $I_入$ 的平均值，两者对时间的积分，即两者提供的电荷量是相同的。电流积分器暂存一些电荷量，当这一电荷量超过一个脉冲电荷量时，通过逻辑、开关电路使恒流源提供一个或数个脉冲电荷量（整数个脉冲），此时输出电路输出脉冲信号，完成输入电流数字转换。

(2) I/F 转换电路的转换过程。当力矩器电流 $I_入$ 流向为负（箭头方向）时，积分器电压 U_j 上升，当 U_j 大于门槛电压后，在 f_{cp_2} 脉冲上升沿作用下，逻辑输出 U_{Q_1} 高电平、U_{Q_2} 低电平，此时正恒流源电流向$\sum$点反馈电流，使积分器电压下降。当f_{cp_2}脉冲上升沿再次询问时，若U_j小于门槛电压，则逻辑输出U_{Q_1}低电平，反馈截止；若U_j大于门槛电压，则继续反馈，直到U_j小于门槛电压，停止反馈，反馈电流导通时间正好是f_{cp_2}周期的整数倍。反馈期间因U_{Q_1}处于高电平，在f_{cp_1}作用下，脉冲输出回路负路有输出。此时U_{Q_2}处于低电平，正路无反馈、无输出。当力矩器电流$I_入$流向与上述流向相反时，正路有反馈、有输出，负路无反馈、无输出。当力矩器电流$I_入$为零时，逻辑输出U_{Q_1}、U_{Q_2}都处于低电平，正、负两路均无反馈、无输出。

在角速度(或加速度)最大时，仪表伺服回路输出电流可达数百毫安。为了保证I/F转换电路的精度，输入端接有由精密线绕电阻和合金箔电阻组成的分流电路，其目的是将大的输入电流变为小的输入电流，这样不仅I/F转换易实现高精度，而且可减小电路体积。

(3) I/F转换电路引起的误差：

① 积分器直流影响引起的误差。积分器输入端引入分流电路，由于运算放大器存在失调电压、失调电流及偏值电流，向积分器电容不断充电引起积分器输出漂移，使积分器输出产生误差电压。当漂移不稳定时，I/F转换就有不稳定的零位输出，而且影响小电流转换时的线性度。

② 分流比引起的误差。分流电阻温度系数不一致，导致分流比不为常数，引起转换误差。

③ 恒流源电流引起的误差。当恒流源电流变化时，量化电荷不是常数，输出脉冲频率不正比于分流后流入积分器的电流，从而引起误差。

④ 双极性开关引起的误差。输出脉冲数和电流对时间积分成正比，由于开和关时有滞后，这种影响随恒流源电流的大小、频标高低而变化，引起转换误差，导致线性度下降。

6.4 分导控制原理

分导控制系统的功用主要有：

(1) 保证分导的姿态稳定。

(2) 保证分导对弹头的分导推进。

(3) 保证分导推进段的程序飞行。

分导控制系统由分导制导系统、分导姿态控制系统等组成。

分导制导系统通常由捷联式惯性测量组合和分导计算机组成。在助推段飞行时，分导制导系统不参与控制，仅做导航计算；弹头与弹体分离后，制导控制任务由分导制导系统接力完成。分导推进程序角通常采用闭路制导控制方案。

分导姿态控制系统采用数字式姿态控制系统，校正网络由弹上计算机实现，控制方案为捷联式惯性测量组合+分导计算机+姿控喷管系统。

分导姿态控制系统方框图如图6-36所示。

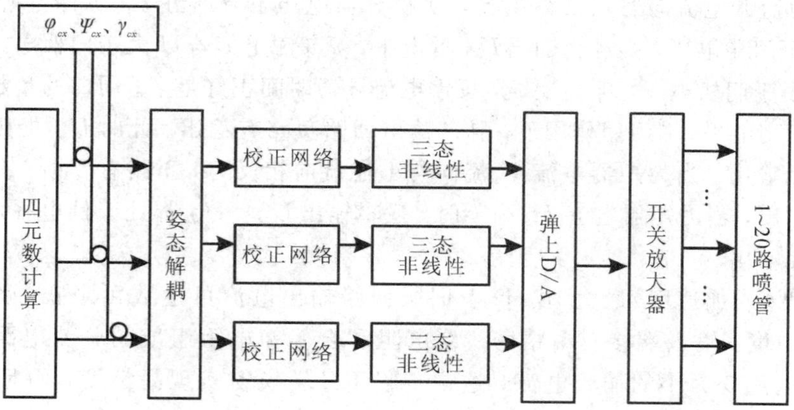

图 6-36 分导姿态控制系统方框图

分导控制系统采用捷联式惯性测量组合+分导计算机方案。捷联式惯性测量组合敏感导弹的姿态角增量及视加速度；分导计算机完成四元数计算、导航计算、姿态控制计算，并输出控制指令给开关放大器，控制姿控喷管开启与关闭，产生控制力矩，实现对分导级的姿态和程序控制。

6.4.1 惯性测量组合测量原理

分导飞行过程中，安装于惯性测量组合中的动力调谐陀螺仪和石英挠性加速度计分别敏感分导级三个轴向的角度增量和视加速度，输出相应的脉冲供弹上计算机录取，弹上计算机进行处理后控制姿控喷管工作，产生相应的控制力矩，实现分导级的姿态稳定。

下面以分导飞行过程中存在俯仰偏差角(包括法向运动)时分导姿态稳定系统的工作过程为例进行讲述。

当分导级不存在法向运动趋势(即不存在法向加速度 a)时，直接安装于分导级上的加速度计 A_z 的敏感质量(具有摆性的挠性支承检测质量 m)-舌形摆片不发生转动，处于信号传感器的两块定极板的中间位置，差动传感器处于平衡位置，传感器无输出，差动电容-电压转换器亦无输出，I/F 转换电路没有输出。

当分导级存在法向运动趋势(即存在法向加速度 a)时，直接安装于分导级上的加速度计 A_z 的敏感质量(具有摆性的挠性支承检测质量 m)-舌形摆片敏感这一加速度，产生与加速度 a 方向相反的惯性力 ma，从而产生惯性力矩 mLa，此力矩使检测质量绕其挠性梁的转轴转动，使摆片产生角位移，改变了摆片(即信号传感器的动极板)与信号传感器的两块定极板之间的距离，信号传感器平衡被破坏，传感器有输出，差动电容-电压转换器对此交流信号放大、解调、滤波、校正，使其成为正、负直流电压输出。功放电路将输出的电压信号转换成电流信号输出给力矩器和 I/F 转换电路。力矩器载流线圈在磁场作用下产生反馈电磁平衡力矩 $K_t \cdot I_A$，此力矩与惯性力矩相反，以平衡惯性力矩。当摆上产生稳定的力平衡时，I_A的大小即加速度的度量值。I/F 转换电路将伺服回路输出的电流精确地转变为频率与输入加速度成比例的脉冲序列，正加速度作用时有正输出，负加速度作用时有负输出，零加速度作用时没有输出。当法向运动趋势减弱或消失时，摆片在力矩器产生的电磁平衡力矩作用下回到平衡状态，输出为零。

下面结合图 6－37 和图 6－38，以分导飞行过程中存在俯仰偏差角(包括法向运动)时分导姿态稳定系统的工作过程为例进行讲述。

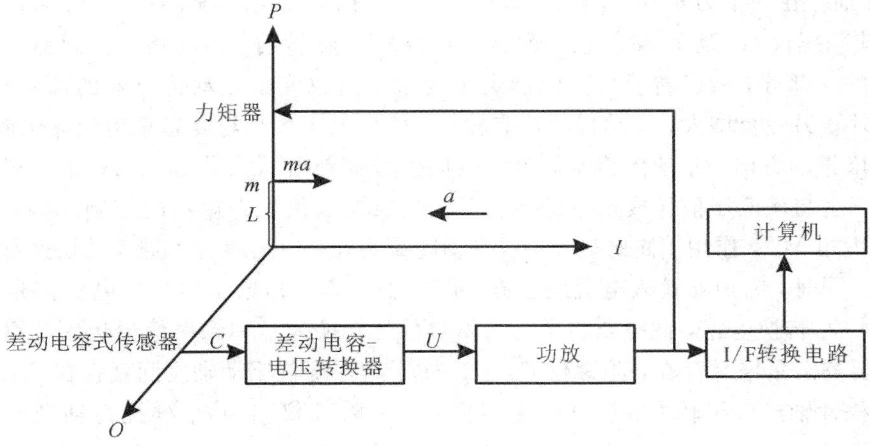

图 6－37　挠性加速度计测量加速度工作原理示意图

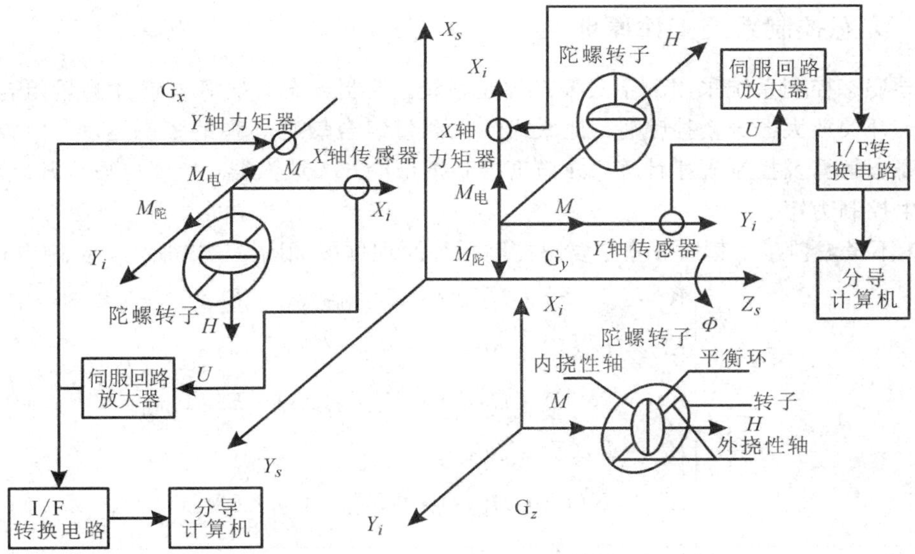

图 6－38　陀螺仪测量角运动工作原理示意图

当分导级不存在俯仰姿态运动时，直接安装于分导级上的陀螺仪 G_x、G_y、G_z 壳体相对各自的陀螺转子没有偏转角，陀螺仪驱动轴、转子、平衡环以同步速率高速旋转，内、外挠性杆无扭转、弹性形变，转子(差动传感器动极板)处于中间位置，差动传感器处于平衡位置，传感器无输出，I/F 转换电路没有输出。

当分导级存在俯仰姿态运动时，直接安装于分导级上的陀螺仪 G_x、G_y、G_z 壳体相对各自的陀螺转子产生俯仰偏差运动，陀螺仪驱动轴、角度传感器定子亦跟随仪表壳体偏转。此时陀螺仪 G_x、G_y 转子与平衡环还保持在原来的空间位置，即陀螺仪 G_x、G_y 转子与陀螺仪驱动轴、角度传感器定子之间存在偏转角，这一偏转角也就是分导级的姿态角增量；而

陀螺仪 G_z 则因为驱动轴跟随仪表壳体偏转而与转子、平衡环的转动不同步，其相差的转速正好是分导级的俯仰姿态运动速率。也就是说，陀螺仪 G_x 的 X_i 输入轴、G_y 的 Y_i 输入轴、G_z 的自转轴存在一个力矩 M，因为陀螺效应，陀螺仪 G_x 的 Y_i 轴、G_y 的 X_i 轴产生陀螺力矩 $M_{陀}$，使陀螺仪 G_x 绕 Y_i 轴转动、陀螺仪 G_y 绕 X_i 轴转动。因为角度传感器的动极板是陀螺转子的一部分，所以转子与传感器定子的偏转角改变了差动传感器的两个气隙宽度，使一个减小、另一个增大，差动传感器有输出，输出电压大小与姿态角增量成比例，正负反映姿态角增量的方向。差动传感器输出的电压信号经前置放大器放大后，送给仪表的伺服放大器，产生与该电压信号成比例的电流信号，反馈入仪表力矩器的控制线圈中，产生相应的电磁力矩 $M_{电}$，作用于陀螺转子，以平衡陀螺力矩，使陀螺转子进动并快速跟踪分导级的角运动。同时，力矩器输入电流经分流电路将表示姿态角增量信号的电流信号输入到 I/F(电流/脉冲)转换电路，此电路将姿态角增量信号转换为脉冲频率信号送入计算机和遥测系统。只要姿态角增量存在，陀螺仪 G_x、G_y 转子与陀螺仪驱动轴之间就存在偏转角，使陀螺仪的内挠性轴产生扭转、平衡环产生扭摆运动；陀螺仪 G_z 内、外挠性轴则产生弹性形变，使转子、平衡环与驱动轴同步。随着陀螺转子的进动，陀螺转子与驱动轴之间的偏转角逐渐减小直至消失。

6.4.2 姿态控制系统工作原理

分导姿态控制系统采用数字式姿态控制系统，控制方案为捷联式惯性测量组合＋弹载计算机＋开关放大器＋姿控喷管。捷联式惯性测量组合敏感导弹的姿态运动，由弹载计算机完成姿态解算及控制规律计算，并输出控制指令给开关放大器，使姿控喷管开启或关闭，从而产生控制力矩。

(1) 不考虑惯量解耦时，分导姿态控制系统原理框图如图 6-39 所示，控制方程为

$$\begin{cases} K^{\varphi} = N(E) \cdot H_0(s) \cdot W_{\mathrm{ON(OFF)}}(s) \cdot E_3^{\varphi} \\ E_3^{\varphi} = D_3(Z) \cdot \Delta\varphi_{Z_1} \\ K^{\psi} = N(E) \cdot H_0(s) \cdot W_{\mathrm{ON(OFF)}}(s) \cdot E_3^{\psi} \\ E_3^{\psi} = D_3(Z) \cdot \Delta\psi_{Y_1} \\ K^{\gamma} = N(E) \cdot H_0(s) \cdot W_{\mathrm{ON(OFF)}}(s) \cdot E_3^{\gamma} \\ E_3^{\gamma} = D_3(Z) \cdot \Delta\gamma_{X_1} \end{cases} \tag{6.24}$$

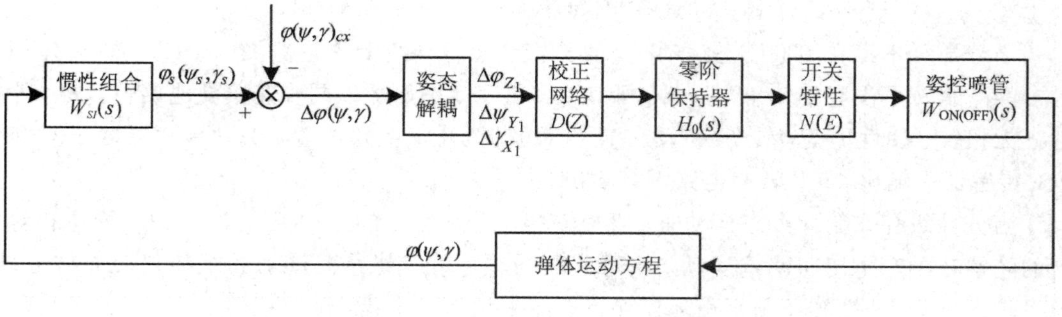

图 6-39 不考虑惯量解耦的分导姿态控制系统原理框图

（2）考虑惯量解耦时，非线性反馈解耦的分导姿态控制系统原理框图如图 6-40 所示。除上面的计算公式外，增加铰链力矩控制方程计算公式：

$$M=\{[J]\cdot[S]-[\Omega]\cdot[S]\cdot[\varphi]\} \tag{6.25}$$

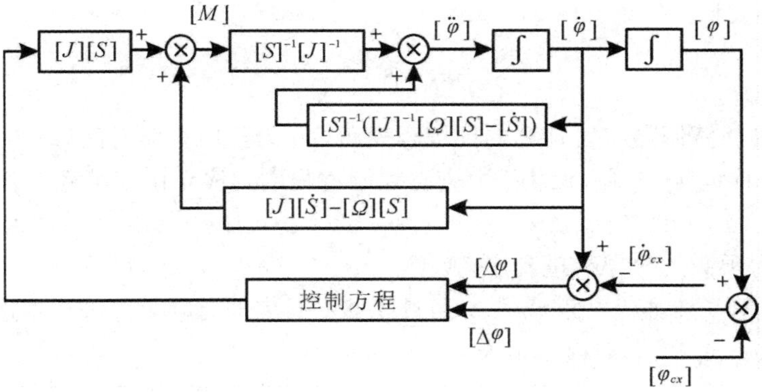

图 6-40 非线性反馈解耦的分导姿态控制系统原理框图

6.4.3 分导制导系统工作原理

1. 功能

分导制导系统的主要功能如下：

（1）陀螺和加速度计采样；

（2）平台姿态角采样；

（3）陀螺和加速度误差补偿；

（4）利用加速度计测量弹体水平角；

（5）计算四元数初值；

（6）四元数起算；

（7）四元数解算、求姿态角；

（8）导航计算；

（9）导航参数修正；

（10）四元数修正；

（11）分导级调姿程序角计算；

（12）需要速度和分导推进程序角计算；

（13）关机计算；

（14）提供冗余和可靠性措施。

2. 组成及工作原理

（1）数学平台。数学平台计算采用四元数解算方法，对捷联测量信息采用捷联工具进行误差实时补偿。

（2）四元数修正。四元数修正的目的是利用平台姿态角重新建立分导级的姿态基准，通过重新计算四元数来实现。具体方法为：对平台姿态角采样，进行姿态角处理；计算姿态角修正量；计算四元数。

3. 分段控制

(1) 保持段：

$$\varphi_{cx}=\varphi_{cx_0}，\psi_{cx}=\psi_{cx_0}，\gamma_{cx}=0 \tag{6.26}$$

(2) 线性调姿段：

$$\varphi_{cx}=\varphi_{cx_0}+\frac{\varphi_p-\varphi_{cx_0}}{\Delta T}t_c \tag{6.27}$$

其中，φ_p 为通过闭路制导实时计算的推进程序角，t_c 为段内相对时间。

(3) 推进方向调姿和再入调姿。大姿态控制过程的程序角由姿控系统计算：

$$\Delta\varphi=\varphi_{pr}-\varphi_{cx_0}，\Delta\psi=\psi_{pr}-\psi_{cx_0}$$

其中，φ_{pr}、ψ_{pr} 为预测的分导推进程序角。

(4) 推进过程。推进程序角 φ_p、ψ_p 通过闭路制导实时计算，并进行角速度限幅。

定义 $\Delta\psi=\psi_r-\psi_{cx_{i-1}}$，则程序角为

$$\begin{gathered}\varphi_{cx}=\varphi_p\\ \psi_{cx}=\begin{cases}\psi_p, & |\Delta\psi|\leqslant E_\psi\\ \psi_{cx_{i-1}}-\text{sign}(\Delta\psi)\cdot E_\psi, & |\Delta\psi|>E_\psi\end{cases}\\ \gamma_{cx}=0\end{gathered} \tag{6.28}$$

定义关机余量 $J=v_g=\|\boldsymbol{v}_r-\boldsymbol{v}\|$，每步长($\tau$)递减量 $\Delta J=v_{g_i}-v_{g_{i-1}}$，当 $v_g<50|\Delta J|$ 时，保持偏航程序角不变，直至关机。

思 考 题

1. 简述分导控制的任务。
2. 简述分导控制系统的一般组成。
3. 简述分导控制系统的工作过程。
4. 简述分导控制原理。

第7章 弹头的机动变轨技术

简要地讲，弹头的机动变轨技术是指弹头在飞行中随机改变弹道，以躲避对方反导系统拦截的一种突防技术。它分为全弹道变轨和弹道末段变轨两种，全弹道变轨主要采取低弹道、高弹道、滑翔弹道和末段加速飞行等技术。

采用高弹道、低弹道或末段加速飞行可缩短反导系统的拦截时间；采用滑翔弹道飞行时，弹头先飞入高弹道，再做低空滑翔，俯冲目标，使对方不易拦截，达到突防目的。弹道末段变轨是当弹头再入大气层时，先沿预定弹道飞行，造成攻击目标的假象，后改沿另一弹道飞行进入目标区，利用弹头由变轨终点飞到目标的时间很短，使对方反导系统来不及拦截。

7.1 机动弹头的特点与组成

从地地导弹发展趋势来看，强突防、高精度是设计地地导弹的根本要求。机动弹头是实现强突防、高精度的重要技术途径。因此，机动弹头是弹头领域一个极其重要的发展方向。

7.1.1 机动弹头的特点

机动弹头不同于惯性弹头，它需带有控制和动力系统或者气动升力面，能改变自身的惯性飞行而进行机动飞行，沿着一条变化的弹道飞向目标。机动弹头弹道示意图如图7-1所示。躲避型机动弹头的主要目的是提高突防能力，弹头再入至某一高度(此时速度较高)，突然改变飞行方向来躲避反导拦截器的拦截。显然，这种机动弹头有一定的局限性，因机动能力(即机动加速度和速度)有一定的限度，反导防御系统仍能预测到弹头可能飞行的弹道。但这种可能的机动变轨弹道有一个“不确定范围”(见图7-2)，要求反导系统重新组织拦截，并将足够的反导拦截器发送到这个不确定范围内，才可能摧毁机动弹头。由此可见，发展躲避型机动弹头是突破敌反导防区、提高弹头的突防概率的一种较好的技术手段。从这一点出发，应将躲避型机动弹头设计成再入速度高、机动能力强并具有较高突防概率的武器。

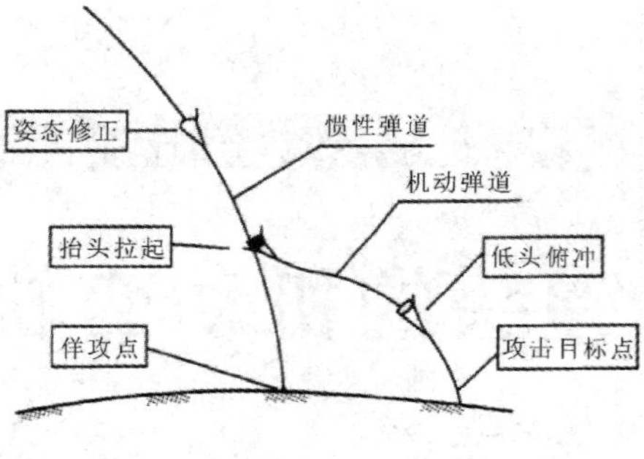

图 7-1 机动弹头弹道示意图

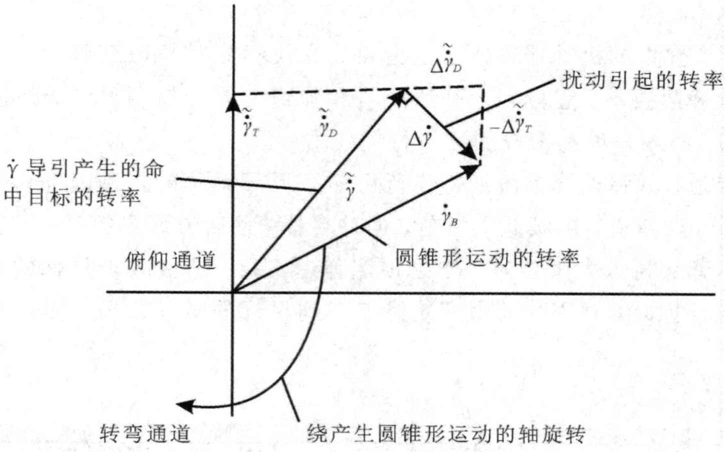

图 7-2 机动变轨弹道的不确定范围对反导系统的要求

1. 机动飞行方法

有的机动弹头除装有惯性制导系统外，还装有再入段应用的末制导寻的装置。这种装置可使弹头再入至某一高度时减速，并保持一定的飞行姿态，利用景象匹配或地形匹配系统实现精确命中目标之目的。由于这种弹头依靠末制导寻的技术修正飞行弹道直到命中目标，因此精度很高，是打击点目标的有力武器。

具有机动飞行能力是机动弹头的主要特征。只有弹头的机动能力与速度比寻的反导导弹大得多时，才能躲避反导导弹的拦截。由于大气稀薄，高空机动突防所使用的机动动力只能是火箭发动机，因此，高空机动能力的确定主要依赖于火箭发动机的能量。要使弹头获得的机动能力大于反导导弹的机动能力，必须要求发动机推力与质量之比值较高，并且发动机的质量和尺寸必须限制在总体允许的范围内。低空机动突防，一般是指弹头在海拔高度 60 km 以下，其机动能力可利用气动升力面来获得。一般情况下，其法向加速度可达到惯性弹头气动阻力产生的轴向加速度的量级，例如以 7 km/s 速度再入的惯性弹头，其气动阻力产生的负加速度可以达到 $50g$ 的量级，只要恰当地选择气动升力面，就可以获得同样量级的气动升力所产生的加速度。

气动升力面的选择，需要根据飞行速度、升阻比及稳定性、操纵性等因素来综合考虑。气动升力面可以是体翼式(如弹体与配平翼或侧翼相结合)或体式(如弯头锥)，如图 7-3 所示。

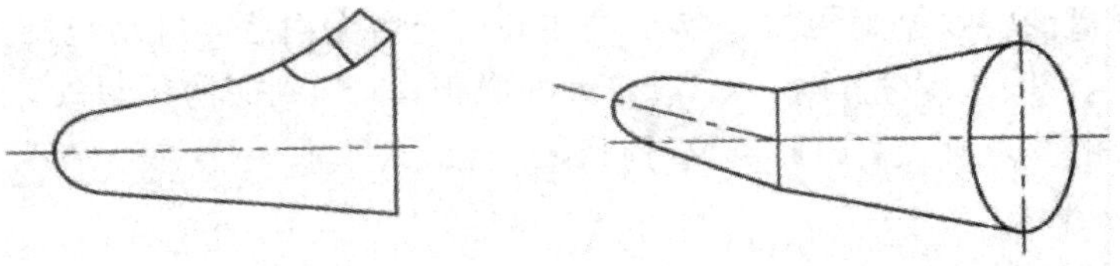

(a) 体翼式(配平翼方案)　　(b) 体式(弯头锥方案)

图 7-3　机动弹头典型气动升力面示意图

低空机动飞行的弹头同惯性弹头气动特性的区别主要表现在升阻比特性上。惯性弹头的升阻比为零，机动弹头的升阻比是决定机动能力的主要参数。对于以高超声速再入的机动弹头，其气动升力的产生主要由弹头外形以一定的配平攻角飞行来实现。

体翼式的翼(配平翼，或称襟翼)是产生和调整配平攻角的部件，例如在同一侧面使两个翼同时升高或降低，就可以控制弹头俯仰；如使其一升一降，则两个翼做差动就能使弹头滚转。这种可调翼可以精确地控制升力的数值和方向，只要合理地选择翼面和调整质心就可得到所需的升阻比。对于体式(弯头锥方案)，其特点是不用翼，而是依靠前后锥的轴线形成的夹角使外形成为非对称来产生配平攻角，它在整个再入过程中通过压心的变化适当调节配平攻角。因此，它始终提供气动升力，使弹头一直做机动飞行。由于弹头的动能不间断地消耗于机动方向，在弹头接近地面时，其速度就会变得相当小。

还有一种获得低空机动突防弹头的机动能力的方法是利用动量矩控制的原理，即通过改变弹头的质心和转动惯量，使弹头产生配平攻角来提供气动升力，控制弹头的机动飞行。

此外，采用侧向喷流方法也可以使弹头产生机动飞行。

2. 机动弹道种类

低空机动突防弹头的机动弹道主要有以下几种：平面机动弹道、螺旋机动弹道、空间机动弹道等。

1）平面机动弹道

平面机动即弹头在射面机动飞行，当弹头飞行到再入高度时，以大过载转弯，将弹道拉起或拉平，以波状飞行方式或滑翔飞行方式进入敌低拦下界，然后以负攻角俯冲攻击目标。平面机动弹道示意图如图 7-4 所示。

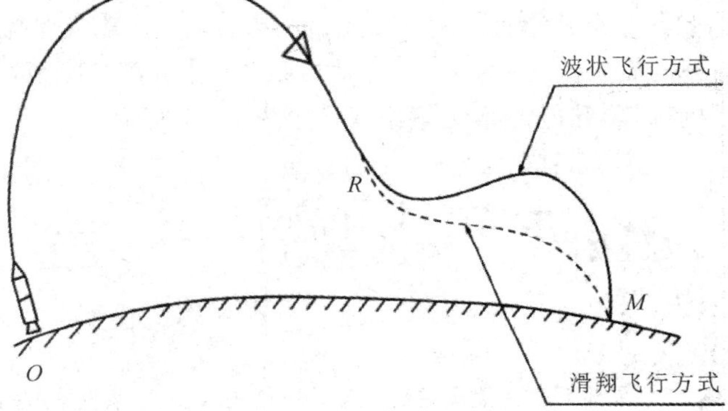

图 7-4　平面机动弹道示意图

这类机动弹道的特点是弹头按程序机动飞行，能增大射程，机动范围大，用控制飞行高度来躲避敌方拦截；以大过载拐弯，造成大的脱靶量，达到突防的目的。但由于弹头的再入机动会带来大的落点偏差，因此需要进行误差修正。

2）螺旋机动弹道

对于螺旋机动弹道，除控制飞行攻角外，还要控制弹头滚转速度，使弹道呈空间螺旋形状。采用这种机动弹道时，弹头外形一般为弯头锥。可以通过选取不同攻角(或弯头锥的锥角)和调整弹头滚转速度，实现所要求的螺旋机动弹道。这种机动弹道的特点是弹头以大过载、空间变轨、高速俯冲达到突防的目的；通过控制滚速和攻角，可以修正弹头的命中精度。

3）空间机动弹道

空间机动弹道是一种高级的机动弹道。机动开始阶段，弹头按一定的攻角程序和侧滑角程序实施空间变轨机动；当低空拉平弹道后，启动末制导系统，使弹头依靠自动寻的技术命中目标。这种空间机动也可以采用自适应的机动方式，即弹头装有寻的装置，当发现来袭目标时，弹头自动改变飞行程序，躲避拦截，突破敌方防御系统，命中打击目标。

弹头的机动变轨虽然增加了防御方实施反导拦截的难度，但也造成了弹头落点偏差的加大。既要提高弹头的突防能力，又要达到一定的命中精度要求，最好选用高级机动弹头。高级机动弹头除装有惯性制导系统外，还装有末制导装置。这种装置要求弹头再入至某一高度时减速，并保持一定的飞行姿态，利用景象匹配或地形匹配系统实现精确命中目标。由于这种弹头采用末制导来修正飞行弹道直至命中目标，因此精度很高，是打击点目标的有力武器。

弹头在实施再入机动变轨时，遇到的另一个技术问题是气动加热问题。机动弹头在大气层的飞行时间比惯性弹头长，在大气层中以高加速度机动的持续时间也较长，这就意味着机动弹头的最大加热率和总热载都比较高；同时，由于有攻角飞行，局部热环境恶化，促使端头和翼面的局部烧蚀加重，影响弹头的气动特性，从而使落点精度下降，甚至使结构失效。因此端头和翼面的防热是机动弹头研制中的关键点之一。保持端头良好气动外形的最有效途径是采用发汗冷却端头，而在选择翼面形式时要注意考虑气动加热造成的翼面烧蚀影响。一般而言，侧翼可用在气动加热不是很严重的情况(如中等射程)；配平翼则用于气动加热较严重的情况(如远程或洲际)。

7.1.2 机动弹头的组成

典型的高级机动弹头一般由弹头壳体、战斗部(核装置)及其引爆控制系统、组合式制导系统(包括惯性制导系统和末制导装置等)、动力系统(包括姿态控制发动机、液压伺服系统、配平翼及其执行机构等)和能源系统等组成，如图 7-5 所示。

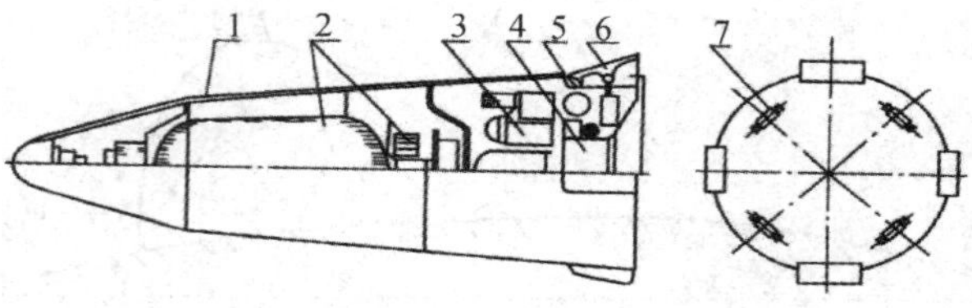

1—弹头壳体；2—战斗部及其引爆控制系统；3—组合式制导系统；4—能源系统；5—动力系统；6—配平翼及其执行机构；7—姿态控制发动机。

图 7-5 高级机动弹头基本组成示意图

弹头壳体、战斗部及其引爆控制系统与惯性弹头的基本相同，下面介绍其他的部分。

1. 组合式制导系统

1）惯性制导系统

惯性制导系统可采用捷联式或平台式系统。该系统从起飞开始工作，一直控制到命中目标，在再入段与末制导装置组合构成组合式制导系统。它的功能是为弹头控制提供惯性基准，实现全程的惯性制导，确保弹头三轴姿态的稳定，并将机动飞行的规律装订在计算机内，控制弹头按预定的程序飞行。

2）末制导装置

末制导装置可以是雷达地形匹配装置，它由雷达、相关器和计算机组成。装置中可预先输入目标区的地形地貌参数，将雷达测到的实际地形参数在相关器内与预先储存的数据相比较并计算，就可以确定弹头相对于地面基准系统的位置。

组合式制导也可以采用惯性＋卫星导航组合方式制导，在弹头内安装卫星导航接收机，利用卫星导航信息可以修正惯性导航的积累误差，确保弹头机动后能准确命中目标。

3）再入段制导的特点

机动弹头在再入段的制导一般都采用惯性制导或以惯性制导为主的组合式制导。但机动弹头的惯性制导系统与导弹助推段有所不同，主要体现在以下几点：一是机动弹头要能在几十倍重力加速度作用下进行机动，要求其制导组件在远大于助推段的震动和加速度环境下能正常工作；二是弹头的制导系统必须具有抗核加固能力；三是弹头制导系统必须要小型化、轻质化，减轻消极质量。因此，采用组合式制导的高级机动弹头，其惯性器件精度要求可以放宽，但必须能在恶劣的再入环境下不失效；而躲避型机动弹头，其命中精度既要受惯性器件精度的影响，也要受制导方法的影响，同样要求能经受再入的恶劣环境。研究表明：如果用激光陀螺或光纤陀螺来代替传统的惯性测量器件，不仅可减小体积和质量，而且更能抗高加速度和核环境，动态范围大。这类陀螺在高达 280 g 的加速度环境下仍可正常工作。

2. 动力系统

机动弹头的动力系统通常由姿态控制发动机、配平翼及其执行机构和液压伺服系统等组成。

3. 能源系统

能源系统可以用化学电池，也可用涡轮能源系统。涡轮能源是一种小型的、高效率的能源，可作为弹头控制系统设备的动力源。

7.1.3 战术导弹机动弹头举例

机动弹头按射程大小和战斗部类型可分为战略导弹机动弹头和战术导弹机动弹头。前者仍在研制阶段，已提出了一些控制方案：控制翼方案、弯头加配重块控制方案、舵面控制方案等。试验结果证明其虽有一定的突防能力，但作战性能差，尺寸和质量都太大，精度也低，不能满足战略导弹的作战要求，其改进型正在研究试验中。

潘兴Ⅱ弹头是美国 20 世纪 80 年代初研制成功的战术导弹机动弹头。下面对潘兴Ⅱ弹头的组成、潘兴Ⅱ导弹发射与弹道、潘兴Ⅱ弹头的特点做简要介绍。

1. 潘兴Ⅱ弹头的组成

潘兴Ⅱ弹头为带末制导的机动弹头，采用细长的双锥外形，长为4.2 m，底部直径为1 m，前半锥角约为15°，后半锥角约为3°30′～3°36′，其结构如图7-6所示。

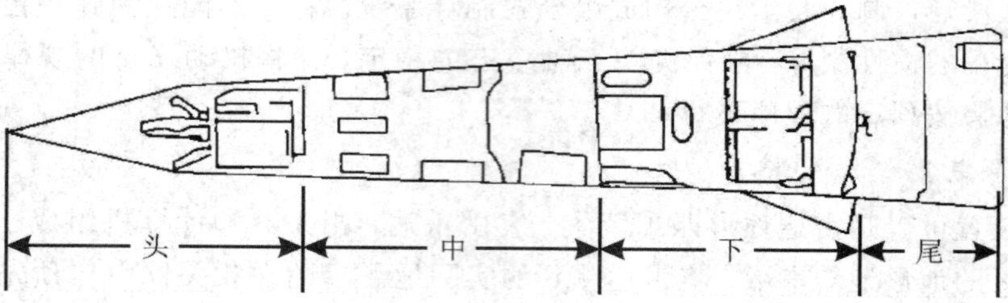

图7-6 潘兴Ⅱ弹头结构图

它由四部分组成，头部由末制导雷达和天线、碰撞引信组件及天线罩组成；中部为战斗部，壳体内装有常规战斗部76枚子弹，用于攻击机场跑道等；下部为制导和控制部分，内装惯导装置、数字相关计算机、液压系统执行机构、燃气能源系统、反作用冷气姿控系统、分离机构等，在裙部外面装有四个三角形空气舵；尾部是分离环适配器和过渡段。

2. 潘兴Ⅱ导弹发射与弹道

1）潘兴Ⅱ导弹发射

潘兴Ⅱ导弹在发射前先利用陀螺罗盘惯性平台确定导弹的方位基准，接到准备发射命令后，操作人员必须做好诸元准备，特别是要将目标和发射阵地的地面坐标、发射方位角、飞行程序、关机参数、图像相关匹配的原图信息等装入弹上计算机内。发射后，导弹按助推段、中段和再入段3个阶段飞行。助推段包括第一级发动机工作、无推力滑行及第二级发动机工作。在第一级发动机工作期间，导弹的姿态靠摆动发动机的喷管与一级发动机上的空气舵来控制，导弹的俯仰与偏航靠调整发动机喷管的方向来控制，导弹的滚动靠转动两个可动空气舵来控制。第二级上没有尾翼，在第二级发动机工作期间，导弹的俯仰与偏航靠改变喷管方向来控制，导弹的滚动靠弹头上两个空气舵的偏转来控制。潘兴Ⅱ导弹是采用速度关机的，控制系统不断计算到达瞄准点所需速度和到关机点的速度与时间，当导弹达到所需关机速度时，二级发动机关机。弹道中段指从弹头与弹体分离直到再入段（末段）开始，弹头主要在大气层外飞行，最大飞行高度约为300 km，最大马赫数约为14。开始中段飞行时，弹头向目标方向俯仰飞行，以便为再入调定方向并减小弹头的雷达散射截面。弹头在中段的飞行姿态在飞出大气层前靠弹头稳定裙上的空气舵来控制，在大气层外则由冷气反作用系统控制。

2）潘兴Ⅱ导弹弹道

潘兴Ⅱ末段弹道最突出的特点是进行拉起弹头、实现机动飞行来降低弹头的速度，修正弹道误差，并且使末段弹道最后陡直地接近目标。弹道拉起部分的指令由攻角α制导方程提供，下拉部分由速度矢量转动角速率（即$\dot{\gamma}$）控制方程提供。α控制飞行阶段的目的在于在进行横向误差修正的同时提供最大的可能拉升机动。潘兴Ⅱ导弹的飞行程序如图7-7所示。

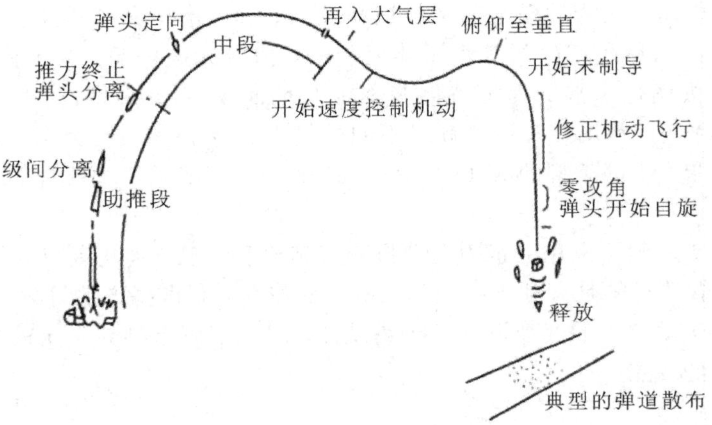

图 7-7 潘兴Ⅱ导弹的飞行程序

再入时弹头进行的第一次机动为速度控制机动，它是按预定程序、在惯性制导系统控制下进行的，即在通过大气层上层后，在 40 km 高度处将弹头拉起来，使气动阻力增大，将弹头速度减慢到雷达区域相关末制导系统能够工作的速度，该速度约为 6～7 *Ma*。将弹头拉起机动还可躲避敌方反导导弹的拦截。弹头拉起后，由攻角 α 控制弹头飞行($\alpha=25°$)，继而弹头开始做锥形运动，弹头由 α 控制转到由速度矢量转动角速率 $\dot{\gamma}$ 控制。当弹头飞到足够低的高度，使雷达有足够的功率开始测高时，雷达天线指向下方，进行一系列距离测量。在开始地形图像相关之前，要进行一次或多次高度修正。几秒钟后，当弹头下拉飞到低于 15 km 高度时，雷达开机，开始相关器修正。工作频率约为 20 GHz 的 J 波段雷达天线，不是直接指向正前方，而是指向偏离几度的一侧，以每秒两转的速率对弹头下方目标区的地形进行圆形扫描，其中一转用于获取目标区的图像，另一转用于确定高度。天线的扫描范围在 4.5 km 高度时为 35 km^2。计算机将经过高度校正的雷达图像回波信号换成数字图像，经相关器信息匹配处理后，提供相对目标的位置修正量，以此修正惯导系统，并发出操纵指令给空气舵，导引弹头击中目标。一般情况下，相关过程要进行一次或几次，一直进行到 900 m 左右的高度为止。然后，计算机发出指令，弹头旋转抛撒子弹。

潘兴Ⅱ导弹的末段机动控制机理是弹头机动所产生的诱导阻力，产生阻力最有效的机动是转动，即弹轴以恒定攻角绕速度矢量旋转的运动。由于在这种机动中弹轴描绘的是一个以速度矢量为中心的圆锥面，所以人们称它为圆锥形机动。

3. 潘兴Ⅱ弹头的特点

综合起来，潘兴Ⅱ弹头有如下几个特点：

(1) 采用了惯性＋地形匹配的末制导系统，利用雷达区域相关器和高度表的测量信息，修正了惯性导航的位置误差，提高了再入机动弹头的命中精度。

(2) 目标虽然是固定的，但弹道是非惯性的，实现了机动飞行，增加了防御方反导拦截的难度，提高了弹头的突防能力。

(3) 根据不同的战斗部类型，可对弹头落速进行控制。机动飞行的导引律采用了最佳状态反馈导引律。该导引律既保证了高的命中精度，又为雷达高度表和雷达区域相关器以及弹头引信的正常工作创造了良好的条件(即接近垂直)，同时保证再入过程中速度损失较小，以利于对落速进行控制。潘兴Ⅱ弹头落速的控制范围为 410～1070 m/s。

总之，再入机动弹头为了使雷达和区域相关器正常工作，必须减小飞行速度，否则弹头将被严重的气动加热所产生的等离子体所包围，信号无法传输。为了便于相关器工作，需要再入机动弹头飞行末端的速度方向基本上与地面垂直，所以对速度方向也要进行控制。从另一方面来看，常规弹头往往针对不同的打击目标装有不同类型的战斗部，为了达到最佳的杀伤效果，不同类型的战斗部不仅对速度方向有要求，而且对落速大小也有不同的要求。

再入机动弹头一般不采用大推力发动机来实施机动变轨，而主要利用空气动力来实施机动飞行，这样做的目的是有利于减轻弹头的消极载荷，获得多方的好处。在后续内容中，我们将重点讨论机动弹头的气动设计和防热设计，以及带有末制导系统的再入机动弹头的速度方向和大小的控制问题。

7.2 机动弹头的气动设计

再入机动弹头的气动力问题与惯性弹头相比要复杂得多，要求也要高得多。使弹头实现机动飞行的方案有许多种。例如：二次引射气动控制方案，其优点是不出现弹头再入时所遇到的严重的热环境对气动控制面的破坏问题，而可利用在较高空的机动，但实现此方案将会使弹头质量明显增大；配平翼方案，它比二次引射气动控制方案所增加的质量要小，但却遇到了翼的烧蚀问题；弯头方案，它利用弹头前缘部分的弯曲来得到机动力，但在高空时所提供的机动力不大，只适用于低空机动。采用何种机动方案，与对机动弹头的机动能力、末制导系统和机动飞行弹道等的要求有关。目前看来，双锥-控制翼方案是较现实的机动方案，该方案通过改变翼偏角产生机动力矩，从而使弹头形成新的配平攻角，以获得改变弹道所需的附加力矩。机动弹头的机动飞行弹道的设计主要取决于其气动外形，而弹头的气动特性又是控制系统设计的前提，所以弹头气动外形设计得成功与否不仅影响弹头的再入性能，还直接影响弹头的命中精度。因此，机动弹头的气动外形设计是机动弹头的关键技术之一。

7.2.1 对机动弹头气动外形选择的要求

1. 机动能力

对于机动弹头，描述其机动能力的大小一般用法向加速度。法向加速度越大，机动能力就越强；机动弹头能够转的弯子越小(曲率半径越小)，就越有利于机动攻击目标和突防。对于用空气动力作为控制力的有翼弹头，它的法向机动能力的好坏主要取决于弹头能够产生空气动力的大小。在铅垂面内，法向加速度可表示为

$$v\dot{\theta}=q_{\infty}\cdot S\cdot \frac{C_L}{m}-g\cos\theta \tag{7.1}$$

式中，v 表示弹头的质心速度，$\dot{\theta}$ 表示速度矢量转动的角速度，g 表示重力加速度，θ 表示弹道倾角。

从式(7.1)可以看出，在同一飞行高度，动压 q_{∞} 是不变的，参考面积 S 也是定值，若升力系数 C_L 增大，则法向加速度 $v\dot{\theta}$ 也增大。

2. 升阻比

由弹体坐标系与速度坐标系之间的关系可得到铅垂面内升阻比的表达式为

$$C_L/C_D=\frac{C_N-C_A\tan\alpha}{C_N\cdot\tan\alpha+C_A} \tag{7.2}$$

式中，C_D 为阻力系数，C_N 为法向力系数，C_A 为轴向力系数。要使弹头具有较大的机动射程，必须使配平攻角增大，即使升阻比 C_L/C_D 增大。

3. 落速

弹头内装有的不同类型战斗部对弹头的速度有不同的要求。对钻地或侵彻子弹头来说，要求子弹头着地时有较高的落速，也就要求在抛撒高度上母弹头的速度要大，这就要求弹头的阻力要小。

4. 静稳定与静不稳定设计

进行机动弹头设计时，要求在非机动状态弹头是静稳定的，而在机动状态弹头应是静不稳定的，这是与惯性弹头设计的最大区别。惯性弹头设计一般要求弹头的静稳定裕度应大于5%，而机动弹头设计则要求在无烧蚀情况下弹头的静稳定裕度控制在±2.2%范围内，在烧蚀情况下弹头的静稳定裕度控制在±2.9%范围内。把弹头的压心控制在其质心的前后小范围内，容易实现弹头的机动。

5. 舵面控制效率

舵面控制效率的大小是衡量操纵性能好坏的标志。舵面控制效率高，弹头运动参数达到稳态所需的时间短，操纵效果好。

6. 较大的内部装填空间

如果机动弹头是带末制导的子母弹头，则除了有装填战斗子弹的空间，还应有装填末制导寻的头和舵面伺服系统的空间，以及相关的仪器、仪表和电缆等的空间。

7.2.2 弹头的气动力设计

对于选用双锥+控制翼方案的机动弹头，在飞行过程中，可通过控制翼面转角来改变配平攻角 α_t、升力 L 及阻力 D，以达到改变弹道的目的。如图 7-8 所示，根据翼、体相对于质心的力矩平衡原理，可得到

$$C_{mW}q_\infty S_B l=C_{NB}q_\infty(X_{cpB}-X_{cg})l \tag{7.3}$$

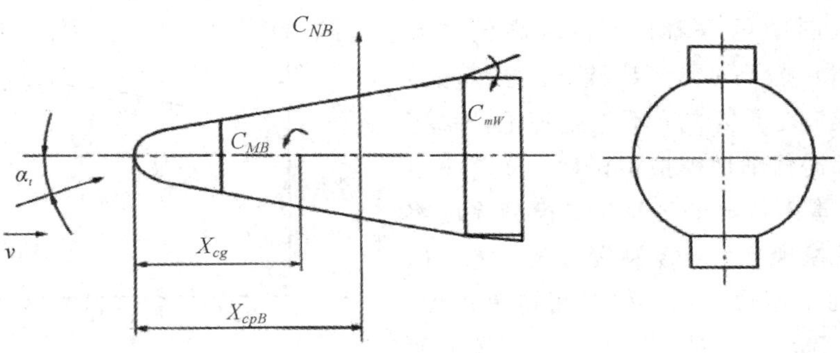

图 7-8 控制翼机动方案俯仰平衡原理图

式中：C_{mW}是由翼面引起的相对于质心的俯仰力矩系数；q_∞表示动压；X_{cpB}是体的压心系数；X_{cg}是质心系数；S_B是参考面积；l是参考长度；C_{NB}是弹头(不包括翼面)的法向力系数。

在小攻角条件下，有$C_{NB} \approx C_{NB\alpha}\alpha_t$。令$\Delta X_{cp}=X_{cpB}-X_{cg}$，则式(7.3)可写成

$$\alpha_t=\frac{C_{mW}S_B}{C_{NB\alpha}\Delta X_{cp}} \tag{7.4}$$

又由于

$$N_B=C_{NB\alpha}\alpha_t q_\infty S_B \tag{7.5}$$

因此有

$$N_B=\frac{C_{mW}q_\infty S_B^2}{\Delta X_{cp}} \tag{7.6}$$

从式(7.6)式可以看出，影响法向力N_B的因素有三个：翼面相对于质心的俯仰力矩系数C_{mW}、动压q_∞和静稳定度ΔX_{cp}。要增大法向力N_B，就得增大翼面相对于质心的俯仰力矩系数或减小静稳定度，而动压q_∞取决于飞行弹道系数。

作用在整个弹头上的法向力N为

$$N=N_B-N_W \tag{7.7}$$

其中N_W表示作用在翼面上的法向力。

作用在弹头上的升力和阻力为

$$\begin{cases}L=(C_N\cos\alpha_t-C_A\sin\alpha_t)q_\infty S_B\\D=(C_A\cos\alpha_t+C_N\sin\alpha_t)q_\infty S_B\end{cases} \tag{7.8}$$

升力L、阻力D和弹头的其他有关参数决定了弹头的机动能力。

根据上述分析，如要求弹头有较强的机动能力，则必须使静稳定度较小，这就要求给出的压心系数具有较高的精度，因为压心系数的误差直接影响作用在弹头上的法向力。为了减轻控制系统的负担，在马赫数和攻角变化时要求弹头的压心系数变化不大。球形端头单锥弹头外形的压心系数对马赫数和攻角的变化比较敏感，为了满足机动飞行的需要，可以采用适当外形参数组合的球形端头双锥弹头外形。球双锥外形不但可以使压心系数不敏感于马赫数和攻角的变化，而且其钝度比对压心系数的影响也较球单锥要小。适当地选择球双锥体各部分参数，可使其压心系数随飞行马赫数和攻角变化不大，因此球双锥外形是较理想的机动弹头外形。

图7-9给出了典型机动弹道Ma_∞-$Re_{L\infty}$关系曲线。从图中可以看出：在较高的高度上，马赫数Ma_∞较高，雷诺数较低，此时激波层流动黏性效应是重要的，不论是理论计算还是风洞实验都需仔细地模拟雷诺数；随着飞行高度的降低，雷诺数显著地增大，模型表面将出现边界层转捩现象。对控制翼方案，翼根前缘有可能达到湍流边界层，如翼面转角较大，就会出现分离流动，它对气动力特性有较大的影响，风洞实验时，要认真考虑对雷诺数的模

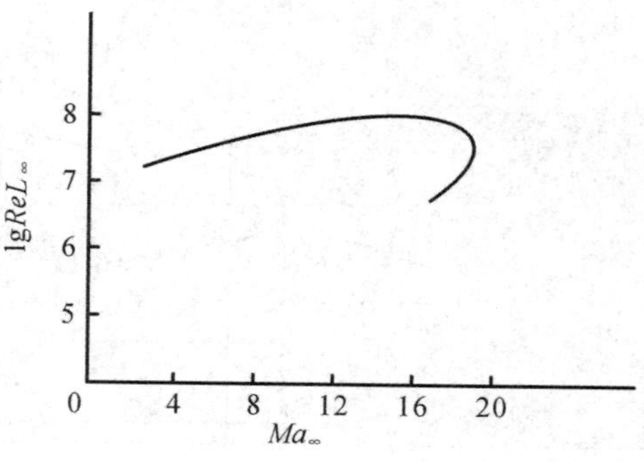

图7-9　典型机动弹道Ma_∞-$Re_{L\infty}$关系曲线

拟要求。为了获得较大的法向力，飞行过程中可能会出现配平攻角大于半锥角的情况，即 $\alpha_t > \theta_c$，锥体背风面由于黏性效应可能出现横向分离流动现象，影响背风面的控制翼面效率。这些都应在设计时考虑到。

同样，烧蚀现象对机动弹头的气动力特性也有较大的影响。沿着机动弹道飞行过程中，端头和翼面外形都将由于烧蚀而发生变化，烧蚀产物大量地注入边界层，改变了边界层特性。对于弹道导弹弹头，因端头烧蚀外形的变化可使其压心系数有±1%～±2%的变化量，这对弹头设计来说是一个很可观的量，对机动弹头设计尤其重要，因为机动弹头的静稳定度本来就设计得相当小，压心系数 1% ～ 2%的变化量可能会引起法向力系数百分之几十甚至几倍的变化量，对其他气动力系数也会带来不同程度的影响。况且，端头烧蚀外形变化不仅影响头部附近的流动，而且由于改变了弓形激波的形状，也影响后身区很远处的压心系数分布。在技术上令人头痛的问题是端头烧蚀外形沿飞行弹道变化的不确定性。为确保设计的成功，通常采取保守设计法，即研究飞行过程中可能出现的“最坏”端头外形变化，给出对气动力特性的影响量，使控制系统在“最坏”的情况下也能进行控制。同样，对翼面的烧蚀影响也按上述思路处理。

烧蚀表面粗糙度和质量注入除对轴向力系数产生影响外，还对其他气动力系数产生影响，在研究滚转力矩和滚转阻尼力矩时需考虑这些因素。烧蚀产物注入边界层也会影响俯仰和偏航方向的动导数。

弹头周围的高温气体对气动力特性的影响也应引起注意。由于高温的真实气体效应使激波层变薄(与完全气体相比)，激波层内流场参数值发生变化，从而可导致弹头气动力特性的变化。在一定钝度比情况下，真实气体将使压心系数下降1%～2%。同样地，真实气体还会影响控制翼面的效率，真实气体的压心系数值低于完全气体，随着速度增大和高度提高，其影响越来越显著。

除上述诸因素外，边界层转捩、加工偏差等对气动力特性的影响也都需要考虑。一般机动弹头主要考虑俯仰方向的控制，对以翼面转角 δ 和攻角 α 等为函数的俯仰平面上的气动力系数特别关注，如果俯仰方向的压心系数超出预定的数值，则弹头性能将受到影响。对于偏航方向也进行控制的机动弹头，气动力特性也同样重要，若对偏航方向不进行控制，则要求在该方向上应具有一定的静稳定度。翼面的铰链力矩也是重要参数之一，特别是在确定最大铰链力矩时，需慎重考虑各种因素的影响，因为最大铰链力矩值是伺服机构设计的依据。

在机动弹头的复杂流场中，有一些部位(如翼面和烧蚀端头)附近可能会出现压力脉动现象，特别是当出现气流分离流动时，分离点和再附点的脉动压力强度较大，可引起结构的振动和疲劳，这也是需要引起重视的问题。

7.2.3 弹头的气动力计算方法

和惯性弹头一样，确定机动弹头的气动力特性也同样依赖于风洞实验、理论计算和飞行试验三大手段，特别是随着计算机和计算技术的发展，理论计算工作的作用越来越大，占有很重要的地位。弹头气动力特性的工程计算方法的基本思想是从理论分析出发，利用部分数值计算结果和实验结果，以及修正牛顿公式、爆炸波理论、二阶激波膨胀波法及内伏牛顿理论，结合“等效体”思想，给出弹头气动力特性的计算方法。

等效体的简单思想就是把有攻角的三元绕流问题简化为求解零攻角绕流问题。因为气流通过双锥时有几次膨胀，所以这里以二阶激波膨胀波法为主，与等效体概念相匹配，给出压力分布计算方法。有了压力分布，气动力就很容易计算了。

1. 体的压力分布

(1) 球头压力分布 C_{P_1} 为

$$C_{P_1}=\begin{cases}C_{PS}\sin^2\theta_T, & \theta_T\geqslant 0\\ 0, & \theta_T<0\end{cases} \tag{7.9}$$

式中，C_{PS} 为驻点压力系数，θ_T 为等效角。

(2) 前锥压力分布 C_{P_2} 为

$$C_{P_2}=\left(A+\frac{B}{Ma_\infty^2}\right)\beta^{1.7} \tag{7.10}$$

式中：A、B 为常数；β 与流动参数、物形有关，其单位为(°)。

(3) 后锥压力分布 C_{P_3} 为

$$C_{P_3}=\frac{2}{\gamma Ma_\infty^2}\left(\frac{P_3}{P_\infty}-1\right) \tag{7.11}$$

其中：γ 为比热比，对于完全气体取 1.4；

$$\frac{P_3}{P_\infty}=\frac{P_{3d}}{P_\infty}+\left(\frac{P_{3u}}{P_\infty}-\frac{P_{3d}}{P_\infty}\right)\cdot e^{\eta} \tag{7.12}$$

式中：P_{3u} 为经前锥至后锥膨胀后的压力；P_{3d} 为膨胀前的压力；η 为与等效角、马赫数和压力梯度有关的变量。

2. 控制翼面上的压力分布

机动弹头的控制翼装配在后锥体靠近底部的位置，当控制翼有转角时，控制翼面上的压力就要上升。当转角不大或气流的动量足够大时，控制翼上的流动仍为附着流。但由于压力梯度和黏性层的相互影响，翼面上压力分布与无黏流的压力分布是不同的。当转角继续增大时，控制翼上的压力增加，若气流的动量不足以克服这种压力增加，就会出现分离。

当控制翼有转角时，不论是附着流还是分离流，翼面上的压力都将增加，翼面上增加的这些压力就是气动力。气动力系数对转角的导数就是翼面效率。

翼面压力系数 C_P 的表达式为

$$C_P=\frac{2}{\gamma Ma_\infty^2}\left(\frac{P}{P_C}\frac{\rho}{\rho_\infty}-1\right) \tag{7.13}$$

其中，$\frac{P}{P_C}$ 由以翼面转角 θ_f、锥面马赫数 Ma_C 为来流的斜激波关系式给出。其计算公式为

$$\frac{P}{P_C}=\frac{7Ma_C^2\sin^2\theta_f-1}{6} \tag{7.14}$$

3. 气动力系数的计算

有了体压力分布，把压力在轴向、法向、侧向的投影沿物面积分，加上翼面所提供的气动力，便可得到轴向力系数、法向力系数、侧向力系数、俯仰力矩系数、偏航力矩系数和滚动力矩系数。利用差分公式，便可算出 $C_{N\delta}$、$C_{M\delta}$ 等参数。由于机动弹头在飞行过程中有静稳定度要求，压心位置要计算精确，因此在计算方法上应加入烧蚀影响、真实气体效应以及翼面气流分离的影响。

7.2.4 风洞实验模拟

风洞实验是研究机动弹头气动力的基础。图 7-9 给出了典型机动弹道 $Ma_\infty - Re_{L\infty}$ 关系曲线，同时也意味着给出了所需某些主要设备的最大模拟能力。可以看出，设备的实际模拟能力与要求差距太大，特别对洲际的机动弹头而言差距更大。风洞实验的重要性不言而喻。即使在计算机和计算技术高速发展的今天，风洞实验仍然是基础，因为流动模型的建立、计算方法的鉴定都需用风洞实验验证。对于一些复杂的流动问题，如翼面缝隙对气动特性的影响、边界层转捩、分离流动、非定常压力脉动、动导数等问题，目前主要还是依靠风洞实验来解决。

机动弹头进行风洞实验模拟时，对一些结果需进行修正，如研究翼面的气动力特性时，模型和真实弹头可以做到几何相似，但翼前缘的边界层厚度无法做到几何相似。一般地说，计算边界层厚度 δ 有如下公式：

$$\delta = A_X R_e^n \tag{7.15}$$

式中：R_e 为边界层半径；A_X 和 $n(0<n<1)$ 是两个常数，对于层流和湍流取不同的数值。从式(7.15)得到模型和弹头的边界层厚度关系是

$$\delta_M = \left(\frac{L_M}{L_D}\right)^{1-n} \cdot \delta_D \tag{7.16}$$

式中：δ_M 是模型的边界层厚度；δ_D 是弹头的边界层厚度；L_M 是模型总长；L_D 是弹头总长。

式(7.16)说明，边界层厚度不可能做到按几何相似比例来模拟。因此，需对风洞实验结果进行边界层厚度修正后才能用于设计。

为了研究流动现象并鉴定理论计算结果，观察、判断流动状态是十分重要的。对机动弹头这样复杂的外形，流态的模拟是很重要的。风洞实验的流态如与实际飞行不同，可能会引起气动力特性的偏差。如边界层转捩位置发生在弹头质心附近，则会使压心系数和俯仰(或偏航)力矩系数发生较大的变化。

由于端头烧蚀外形变化有一定的随机性，不可能预先知道某一飞行弹道下烧蚀外形变化的确切过程，所以只能选择飞行过程中可能出现的典型外形进行风洞实验，以确定其对气动力特性的影响量。

翼面烧蚀外形的变化对其效率有明显的影响，虽可用增大(或减小)翼面转角来补偿，但必须通过实验了解烧蚀的影响量，以便确定翼面转角的大小。

烧蚀影响的模拟实验研究必须与理论工作、飞行试验测量密切配合，采用综合分析方法解决工程设计中碰到的难题。

自由飞行弹道靶缩比模型实验可通过一系列高速摄影得到弹头的运动轨迹，经气动辨识获得真实气体条件下的气动力特性，是一种较好的地面实验设备。其结果可修正真实气体对压心系数的影响。

动态导数(包括滚转、俯仰和偏航阻尼导数)在机动弹头的研制中虽然不像静态导数那样对稳定和控制系统设计影响那么大，但也是不可缺少的参数。烧蚀及其产物对动态导数的影响是不可忽略的，进行实验时需认真考虑其影响。

低空机动弹头从 40 km 左右开始机动飞行，在这段飞行过程中，翼面附近要经历层流、转捩和湍流状态。湍流状态一般在 35 km 左右出现，因此，湍流状态飞行时间较长，对湍流状态的实验研究是比较重要的。但对常规高超声速风洞，若要使模型表面能达到自然转捩

的雷诺数，则其来流马赫数为 5～6，激波风洞的马赫数为 10 左右，离实际要求有较大的差距。为了实现高马赫数下模型表面湍流边界层流态的模拟问题，可在端头附近用加绊线等方法来实现人工转捩。但这样获得的数据在使用时必须设法对由于加绊线引起的气动力特性影响量加以修正。

7.3 机动弹头的热环境与热防护

弹头以高超声速再入稠密大气层飞行时，空气受到强烈的压缩和剧烈的摩擦作用，弹头大部分动能转化为热能，弹头周围的空气温度急剧升高，此高温气体与弹头表面之间产生巨大温差，部分热能迅速向物面传递。这种由于物体在大气层中以高速飞行产生的加热现象，称为气动加热。随着飞行马赫数的增大，气动加热更趋严重。烧蚀产物引射入边界层还会与高温空气发生化学反应，进而改变边界层的结构和温度分布。这样，烧蚀过程反过来影响弹头周围的流场特性，也就改变了弹头的气动加热环境。弹头防热层烧蚀时，伴随着材料损耗，烧蚀表面变得很粗糙，还会出现沟槽、花纹等，使弹头外形发生变化，这些不仅改变弹头的气动特性，还对弹头表面的传热和防热带来较大的影响。此外，弹头表面的突出物(如遥外测天线、控制翼、鼓包等)和连接部位会出现对接缝隙与烧蚀台阶等，这些局部的特殊结构对流场必然起干扰作用。突出物附近的流场将产生分离、再附等现象，这些局部流动图像十分复杂，局部热环境和局部烧蚀非常严重。弹头飞行中还有可能会遇到不利的天气，雪花、冰晶、雨滴等各种凝聚物粒子直接撞击防热层表面，会使对流加热量增加。气动加热的大小和分布主要取决于弹头的气动外形和飞行的速度、弹道特性，最大热流密度一般出现在飞行高度约为 12 km，作用的最严重部位在端头上，尤其是端头的声速点附近。

机动弹头比惯性弹头在大气中飞行的时间更长，因此，其最大加热率和总加热量更高。当机动弹头沿机动弹道做有攻角飞行时，弹头迎风面产生恶劣的热环境，而背风面可能出现分离、再附和复杂的涡系，使机动弹头的热环境预测出现许多新问题。如有攻角飞行时的热环境、攻角飞行引起的转捩阵面不对称、背风面涡的运动及其对气动加热的影响、控制翼面的热环境以及翼和锥表面连接处的缝隙气动加热等，这些都是机动弹头设计所关注的重要问题。机动弹头的再入热环境是热防护设计中要解决的重大问题。

解决弹头防热问题的技术途径很多，工程上使用的防热结构有吸热式、烧蚀式和发汗式等类型。防热设计就是要根据弹头的热环境确定防热方案。现在，吸热式防热已基本不用，发汗式防热尚不成熟，烧蚀式防热是普遍采用的一种防热手段。烧蚀式防热材料有硅基材料、碳基材料、石英材料等。在同一弹头的不同部位上所用的烧蚀材料不同，防热层结构和厚度也不同，因此又有端头体防热设计、大面积防热设计、局部防热设计等。良好的弹头防热设计主要体现在：烧蚀量小、隔热性能好、质量小、抗热应力性能好、有很强的抗核能力、具有抗粒子云侵蚀功能，某些还应具有良好的电波穿透功能。防热设计还要使防热系统与承力结构相匹配以及和弹头各部位的防热性能相匹配。因此，防热设计是一个十分复杂的过程，也是一个十分重要的关键问题，要尽可能全面考虑，综合权衡，达到优化设计的目标。

7.3.1 气动加热的基本参数

1. 表面剪切参数

对于牛顿流体，剪切应力正比于速度梯度，在壁面上的表面摩擦阻力 τ_W 为

$$\tau_W = \mu\left(\frac{\partial u}{\partial y}\right)_W \tag{7.17}$$

式中：u 表示速度；y 表示垂直于表面的距离；μ 是黏性系数；量的下标"W"表示壁面条件。

局部表面摩擦系数 C_f 定义为

$$C_f = \frac{2\tau_W}{\rho_e u_e^2} \tag{7.18}$$

式中，量的下标"e"表示边界层外缘条件，C_f 为摩擦系数，ρ_e 为来流密度，u_e 为来流速度。

2. 表面传热系数

在物体表面上，流体的速度为零。若不计辐射及质量扩散，则物面上的热能传递是通过导热机制进行的。对于流体，其热流密度可用傅里叶定律表示为

$$q_W = -\lambda\left(\frac{\partial T}{\partial y}\right)_W \tag{7.19}$$

式中：q_W 表示热流密度；T 表示温度；λ 是气体导热系数。

在高超声速流中，边界层内存在温度梯度，其温度分布如图 7－10 所示。此时流体与物面都有传热现象，物面的状况还影响边界层的温度分布。

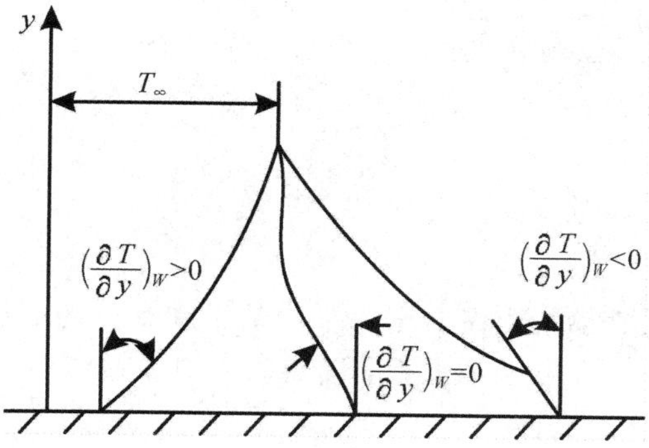

图 7－10 边界层温度分布

绝对绝热壁：

$$\left(\frac{\partial T}{\partial y}\right)_W = 0，T_W = T_r，q_W = 0$$

热壁：

$$\left(\frac{\partial T}{\partial y}\right)_W < 0，T_W > T_r，q_W > 0$$

冷壁：

$$\left(\frac{\partial T}{\partial y}\right)_W > 0，T_W < T_r，q_W < 0$$

式中，T_W 为壁面温度，T_r 为恢复温度。

通过物面流入量或输出量还可用牛顿冷却定律表示为

$$q_W = \alpha_1 (T_W - T_r) \tag{7.20}$$

式中，α_1 为传热系数。

考虑真实气体效应，采用比焓表示能位特征参数，则有

$$q_W = \alpha (h_{re} - h_W) \tag{7.21}$$

式中：α 为传热系数；h_W 为壁面比焓；h_{re} 为恢复比焓。

3. 斯坦顿(Stanton)数

斯坦顿数是一个无量纲比值，其定义为

$$St = \frac{-q_W}{\rho_e u_e (h_{re} - h_W)} \tag{7.22}$$

式(7.22)可看作是实际加热率与当地流动总的潜在加热率之比。$-q_W$ 表示气体给壁面的热流密度。在工程设计时，主要关心的是物体被加热或致热，而不是热流的方向，习惯性总是把弹头的气动加热计算得到的热流密度写为 q_W，以便于防热设计使用。设计中通常将气动加热的热流密度写成

$$q_W = \rho_e u_e St (h_{re} - h_W) \tag{7.23}$$

4. 表面传质系数

如果忽略热扩散，则在二元混合物中，组元 i 的扩散流 J_{iW} 仅取决于它的浓度梯度，在表面上其表达式可由斐克(Fick)定律给出：

$$J_{iW} = \rho D_{iW} \left(\frac{\partial C_i}{\partial y} \right)_W \tag{7.24}$$

式中：D_{iW} 为组元 i 的扩散系数；C_{iW} 为组元 i 的质量。

无量纲的组元 i 的传质系数 C_{mi} 定义为

$$C_{mi} = \frac{J_{iW}}{\rho_e u_e (C_{iW} - C_{ie})} \tag{7.25}$$

式中：C_{ie} 为组元 i 的浓度。

5. 雷诺比拟因子

黏性和热传导的本质在微观上是分子的平均动量和动能的交换，因而可认为在传热和摩擦之间存在着反映这一内在联系的关系，即雷诺比拟关系：

$$St = \frac{C_f}{2S} \tag{7.26}$$

式中：S 为雷诺比拟因子。式(7.26)对层流边界层和湍流边界层都适用。

对于 $Ma<5$ 接近绝热壁条件，可取 $S=1.16$；对于 $Ma>6$ 和 $T_W/T_e<0.3$(T_e 表示边界层外缘温度)，可取 $S\approx1.0$。

6. 恢复温度、恢复焓和恢复系数

在高温边界层同时存在着动能交换和黏性耗损，壁面上总要损失一部分热能，使得在绝热壁条件下壁面温度也达不到驻点温度，这个温度称为恢复温度或绝热壁温度，该温度对应的比焓称为恢复比焓。这些量可以通过无量纲的恢复系数来表示：

$$T_r = T_e \left(1 + r_{(0)} \frac{\gamma_\infty - 1}{2} Ma_e^2 \right) \tag{7.27}$$

$$h_{re} = h_e \left(1 + r_{(0)} \frac{\gamma_\infty - 1}{2} Ma_e^2 \right) \tag{7.28}$$

式中：量的下标"re"表示恢复条件；量的下标"e"表示边界层外缘条件；$r_{(0)}$称为恢复系数，其定义为

$$r_{(0)}=\frac{T_r-T_e}{\dfrac{1}{2C_P}u_e^2} \quad 或 \quad r_{(0)}=\frac{h_{re}-h_e}{\dfrac{1}{2}u_e^2} \tag{7.29}$$

由实验得出，恢复系数基本上是普朗特数的函数

$$\begin{cases}层流：r_{(0)}=Pr^{1/2}\\ 湍流：r_{(0)}=Pr^{1/3}\end{cases} \tag{7.30}$$

7.3.2 气动加热的工程计算方法

1. 流场特性

弹头以高超声速飞行时，其前方存在弓形激波，气动加热就是由于激波后高温气流流经物体表面时产生的加热现象，因而进行气动加热设计，首先要了解弹头周围的流场特性，确定流场分布条件。通常把物体周围的流场分成两个不同的区域：紧靠物面的薄层称为边界层，在这一层内，黏性力起主要作用，剪切和传热是主要物理现象；在这一层之外的区域，黏性力不强，可以忽略剪切和传热效应，视作无黏性流场，这一层构成了边界层的外边界条件。在高超声速流中，在靠近物面的薄层内，由于高速边界层内黏性摩擦力的作用，在产生速度梯度的同时气体的动能还不可逆地转变为热能，使得此薄层内存在明显的温度梯度。类似于速度边界层的概念，存在温度梯度的这一薄层流场称为温度边界层。由于高超声速流中存在温度边界层，产生了向物面传递热量的气动加热，因此，研究气动加热主要就是研究边界层的动量和能量的传递关系。对于机动弹头带攻角飞行时，头部脱体弓形激波相对体轴有较大的偏心，整个流场都会出现不对称分布，这种不对称分布必然会导致边界层外缘特性参数和边界层转捩阵面出现不对称分布，显现出流场的三维效应。弹头有攻角飞行时，表面的气动加热涉及三维边界层流场的研究。

2. 驻点热流密度的计算方法

再入弹头大多采用球钝锥外形，半锥角在9°～17°为多；也有采用尖锥外形、抛物线外形的，但仅适合于飞行速度较低的状况。不管是球钝锥外形还是尖锥外形，驻点和平板热流密度计算都是两个最基本的工程计算。

(1) 层流计算。为了能简捷而又较精确地计算球钝锥驻点的热流密度，在计及离解气体影响条件下，驻点热流密度表示为

$$q_{WS}=0.763Pr^{-0.6}(\rho_W\mu_W)^{0.1}(\rho_S\mu_S)^{0.1}\sqrt{\left(\frac{\mathrm{d}u_e}{\mathrm{d}x}\right)_S}\times\left[1+(Le^{\alpha}-1)\frac{h_d}{h_S}\right](h_S-h_W) \tag{7.31}$$

式中：

$$\alpha=\begin{cases}0.52, & 离解气体处于热化学平衡时\\ 0.63, & 离解气体处于冻结状态时\end{cases}$$

Le为刘易斯数；量的下标"W"表示壁面条件；量的下标"S"表示驻点条件；h_d为驻点焓。

对于速度小于9150 m/s，10.1325 Pa$<P_S<$10.1325 MPa及300 K$<T_W<$1700 K的情况，科恩(N. B. Cohen)的数值结果为$\dfrac{Nu_W}{\sqrt{R_{eW}}}=0.767\ Pr^{0.43}\left(\dfrac{\rho_e\mu_e}{\rho_W\mu_W}\right)^{0.43}$，其中$Nu_W$为壁面的努塞尔数，则驻点热流密度表示为

$$q_{WS}=0.767\ Pr^{-0.6}(\rho_S\mu_S)^{0.43}(\rho_W\mu_W)^{0.07}\sqrt{\left(\frac{\mathrm{d}u_e}{\mathrm{d}x}\right)_S}(h_S-h_W) \tag{7.32}$$

对于 $Ma_\infty<7$ 的情况，下式可以给出较好的结果：

$$q_{WS}=0.767\ Pr^{-0.6}\sqrt{\rho_S\mu_S\left(\frac{\mathrm{d}u_e}{\mathrm{d}x}\right)_S}(h_S-h_W) \tag{7.33}$$

对于高马赫数情况，用式(7.31)进行大量的计算，并用实验结果进行修正后，得出了用来流速度和来流密度表示的简化关系式：

$$q_{WS}=\frac{110\ 356}{\sqrt{R_N}}\left(\frac{\rho_\infty}{\rho_c}\right)\left(\frac{v_\infty}{v_C}\right)^{3.15}\frac{h_S-h_W}{h_S-h_{W,300}} \tag{7.34}$$

式中：$h_{W,300}$ 为 300 K 时的比焓；v_∞ 为自由流速度；ρ_∞ 为自由流密度；v_C 为常数，且 $v_C=7900$ m/s；ρ_c 为 v_c 对应的来流密度；R_N 为钝头半径(m)。

计算驻点热流密度的公式很多，式(7.31)至式(7.34)均在一定的范围内有较好的精度。

(2) 湍流计算。对于钝头锥体，若端头发生湍流加热，则用下面的简化公式计算热流密度能给出较好的结果：

$$q_{WS}=0.0405\ Pr^{-2/3}\rho_e\mu_e Re^{-0.2}\left(\frac{P_e}{P_S}\right)^{0.075}\left(1+0.58\frac{h_d}{h_S}\right)(h_{re}-h_W) \tag{7.35}$$

3. 非驻点区域热流密度的计算方法

用参考焓法计算平板层流热流密度，得到

$$q_{WL}=0.322\rho_e v_e\ Pr^{-2/3}Re_X{}^{-0.5}\sqrt{\frac{\rho^*\mu^*}{\rho_e\mu_e}}(h_r-h_W) \tag{7.36}$$

对于球钝锥，式(7.36)修改为

$$q_{WL}=0.322\rho_e v_e\ Pr^{-2/3}Re_X{}^{-0.5}\sqrt{\frac{\rho^*\mu^*}{\rho_e\mu_e}}\times\left[\frac{\rho_e\mu_e v_e r^{1.25}S}{\int_0^S\rho_e\mu_e v_e{}^{1.25}\mathrm{d}S}\right]^{0.5}(h_r-h_W) \tag{7.37}$$

用参考焓法计算平板湍流热流密度，具体公式为

$$q_{WT}=0.0296\rho_e v_e\ Pr^{-2/3}Re_X{}^{-0.5}\left(\frac{\rho^*}{\rho_e}\right)^{0.8}\left(\frac{\mu^*}{\mu_e}\right)^{0.2}(h_r-h_W) \tag{7.38}$$

对于球钝锥，式(7.38)修改为

$$q_{WT}=0.0296\rho_e v_e\ Pr^{-2/3}Re_X{}^{-0.5}\left(\frac{\rho^*}{\rho_e}\right)^{0.8}\left(\frac{\mu^*}{\mu_e}\right)^{0.2}\times\left[\frac{\rho_e\mu_e v_e r^{1.25}S}{\int_0^S\rho_e\mu_e v_e{}^{1.25}\mathrm{d}S}\right]^{0.2}(h_r-h_W) \tag{7.39}$$

式(7.36)至式(7.39)中，量的上标“＊”表示参考焓条件下的值。

4. 有攻角飞行的气动加热处理方法

机动弹头在再入大气层飞行时，为了机动变轨和精度修正，常带有攻角飞行，其气动加热与三维边界层流场有关。国内外有许多学者对有攻角球钝锥的三维热流密度做了大量的理论和实验研究，比较有效的工程计算方法主要有轴对称比拟法和等价锥比拟法。

轴对称比拟法的基本思路是：采用小横向流假设，即认为边界层内沿物体表面流体流

动的方向基本上与无黏流表面流线的方向一致，而与无黏流表面流线相垂直的横向流动分量很小，此小横向流与主流方向的速度相比可以忽略。这样，可以将三维边界层的问题简化为流线坐标系下的轴对称问题处理。于是，可用求解零攻角轴对称体边界层热流密度的方法计算有攻角热流密度。根据轴对称比拟关系，计算沿物体表面某一条流线的热流密度，只要将垂直于物面坐标的比例因子 h_β 作为等价轴对称体的半径，将沿流线的长度作为等价轴对称体子午线的长度，就可使用零攻角热流密度公式计算有攻角热流密度，即用 h_β 代替式(7.37)和(7.39)中的 r 实施求解。

等价锥比拟法的基本思想是：对一个有攻角的轴对称体的流动，可用一个"等价轴对称体"来近似。此"等价轴对称体"的流动可按零攻角的条件来处理。等价轴对称体的半锥角为有攻角球锥表面相对来流的局部倾角。这样对等价轴对称体的热流密度可用求解零攻角的热流密度的方法来计算。

5. 转捩区气动加热

湍流边界层的气动加热比层流的严重得多，弹头再入时端头烧蚀外形变化的主要机理是由于边界层从层流转捩成湍流导致局部表面烧蚀后退率增大，从而使边界层转捩的研究成为设计中一个十分重要的问题。弹头再入飞行过程中，在高空弹头表面为层流流动；当降低到一定高度时，弹头后端边界层开始出现转捩；随着飞行高度继续下降，转捩由后向前推进，直到弹头表面除驻点区附近为层流流动外，其余均为转捩区及湍流流动，而且转捩区随高度下降逐渐缩小。在弹头表面，边界层从层流流动经过转捩区到湍流流动是一个极其复杂的过程。虽然发展了线性稳定性分析、有限扰动理论以及现象学湍流模型来研究转捩问题，但是，由于影响转捩的因素很多，如来流马赫数、物面压力梯度、表面粗糙度、质量传递和壁温比(T_W/T_e)等，因此迄今为止难以找出一个统一的规律或经验公式来描述转捩雷诺数。在工程设计中，弹头上转捩起始位置的确定仍是以实验数据作为依据，给出经验、半经验公式。为此，设计人员在不同的地面实验和飞行条件下，选取不同的相关参数，给出受不同因素影响的转捩准则，以确定转捩位置和转捩区的气动热环境。

6. 粗糙壁热环境

在热流密度较大时，弹头的热防护材料将发生烧蚀，导致光滑表面逐渐变成粗糙表面。以球钝锥外形为例，声速点一般在球部45°左右，这里常常由层流转捩为湍流，热流密度比前面位置增加许多，引起球面烧蚀量不均匀，球形逐渐变成非球形状。研究表明，表面粗糙度不仅对边界层的转捩特性有很大影响，还改变了边界层内的速度分布、温度分布以及湍流流动强度分布，增强了表面的传热作用，使得表面的热流密度比光滑壁的大得多。因此，预估粗糙壁的热环境是设计中的重要问题。

表面粗糙度按其对热环境的影响可分为层流粗糙度和湍流粗糙度。层流粗糙度是由材料加工等因素引起的防热层表面固有粗糙度和层流烧蚀出现的微观粗糙度决定的。如对三向编织的碳-碳复合材料，在层流烧蚀表面上，正交纤维突出在流场中形成与纤维尺度同量级的微观粗糙度，它决定了边界层的转捩特性，增强了边界层传热，是一个极重要的参数。在湍流烧蚀过程中，弹头的端头上还出现沟槽，端头的后端以及锥面还会出现花纹。这些烧蚀图像构成了湍流宏观粗糙度，它对边界层传热的影响远比层流严重，致使热流密度成倍增加。表面粗糙度使热流密度增加的原因主要有：激波效应、分离旋涡效应和加热表面积效应。表面粗糙度对表面传热的影响，由于其理论上的复杂性，迄今为止还主要依靠实验来给出。估计粗糙壁的热流通常引入粗糙壁热增量因子 K_X，它表示滑面热流密度与粗糙面热流密度之比，即

$$K_X=\frac{q_{WX}}{q_W} \tag{7.40}$$

式中，q_{WX} 为粗糙面热流密度。下标“X”表示的意义：当 X 为 L 时表示层流，当 X 为 T 时表示湍流。

确定 K_X 需要区分边界层流态并知道材料表面的有效粗糙度。但在烧蚀过程中形成的粗糙元的分布带有随机性，粗糙度的概念只能在统计的意义上使用。

7. 质量引射对边界层传热的影响

烧蚀防热系统具有质量交换和能量交换自身调节的特点，因此分析气动热环境与烧蚀材料的相互作用对防热设计是十分重要的。除烧蚀防热层在高温热环境中相交吸收热量和向内部传热之外，烧蚀产物引射进入高温气体层也要吸收热量，并与高温空气发生化学反应。此外，引射气体进入气体边界层，使边界层增厚，从而减少了表面摩擦力及传入物面的热流密度，还起到了“热阻”的作用，上述过程通常称为热阻塞效应。欲分析质量引射对边界层传热的影响，需要预先知道烧蚀率，烧蚀率依赖于边界层内热流密度的大小，这样热流密度与材料烧蚀需耦合求解，从而增加了具有质量引射边界层传热分析的复杂性。在实际应用中，对热环境与材料的相互作用分为具有引射气体边界层、烧蚀表面相容条件和材料内部受热过程三部分来处理。在弹头表面处，气体边界层与引射物质之间的相互作用仍然遵守质量守恒和能量守恒定律，解有质量引射边界层方程的边界条件应由表面质量和能量的相容关系提供，这些相容条件确定了表面组元浓度、引射率与壁面温度之间的关系。

若 q_{W_0} 表示无质量引射时的热流密度，q_W 表示有质量引射时的热流密度，则质量引射对热流密度的影响可表示为

$$\Psi=\frac{q_W}{q_{W_0}} \tag{7.41}$$

Ψ 是一个复杂的函数，一般在一定的简化条件下通过边界层方程数值求解给出简单的公式，以适合工程设计使用。如不考虑化学反应的边界层解，在做了一些经验修正后，可给出下列表达式：

$$\Psi=1-N\left(\frac{M_{\text{air}}}{M_j}\right)^{\alpha}-\frac{\dot{m}_W}{q_{W_0}}(h_{re}-h_W) \tag{7.42}$$

式中：M_j 为引射气体的平均相对分子质量；M_{air} 为空气相对分子质量；$\dot{m}_W$ 为引射率，由烧蚀计算确定。

对于层流：$0.67\leqslant N\leqslant 0.72$，$0.25\leqslant\alpha\leqslant 0.4$。对于湍流：$N=0.2$；当 $\frac{M_{\text{air}}}{M_j}<1$ 时，$\alpha=\frac{1}{3}$，当 $\frac{M_{\text{air}}}{M_j}\geqslant 1$ 时，$\alpha=\frac{4}{5}$。

7.3.3 局部热环境

对于机动再入弹头，在其表面可能安装有天线、喷流装置、控制翼以及设计连接台阶，这些突出物在高超声速流场中引起的激波将与黏性边界层发生强烈的干扰。突出物附近的旋度、压力和流场特性参数出现剧烈的非线性变化，可能导致边界层出现分离流动，使得突出物附近的局部压力和局部热流急剧增加，不仅影响弹头的阻力特性，还增加了防热设计的难度。在工程设计中，由于突出物的结构形式相差很大，分离流动又十分复杂，往往难以用理论方法精确预计，更多的是使用实验结果结合理论分析归纳的工程方法来预测分离区的范围和局部热环境参数。对于各种突出物，尽管其几何形状不同，但其干扰效应可归结为二维台阶分离流和三维台阶分离流问题。

1. 二维分离流动的热环境

控制翼是弹头上楔形突出物的一种典型形状，一般将其简化为平板翼(或平板-楔形块)的二维模型来研究其诱导激波和边界层的相互作用。在平板-楔形块二维模型的流动中，楔偏转出现压缩拐角，楔前将出现压力扰动，在逆压梯度下引起拐角前边界层增厚，使得上游压力分布发生变化。拐角较小时形成附着流动，当拐角大到一定程度时，逆压梯度亦增大，致使楔前的上游处流动出现分离现象，并产生分离激波。分离区近似为常压下的自由剪切层的线性增长区，通常称为平台压力区，平台压力用 p_p 表示。当剪切层逼近楔面时，气流又被压缩，产生再附激波，然后气流折转成平行楔表面的流动。图 7-11 为超声速流中二维压缩拐角所形成的分离干扰区及再附区的典型流动示意图，这类流动通常称为双斜激波流动。在分离区，尤其是再附区，局部压力和热流密度急剧增加，使得这一区域成为工程设计中重点关注的部位。

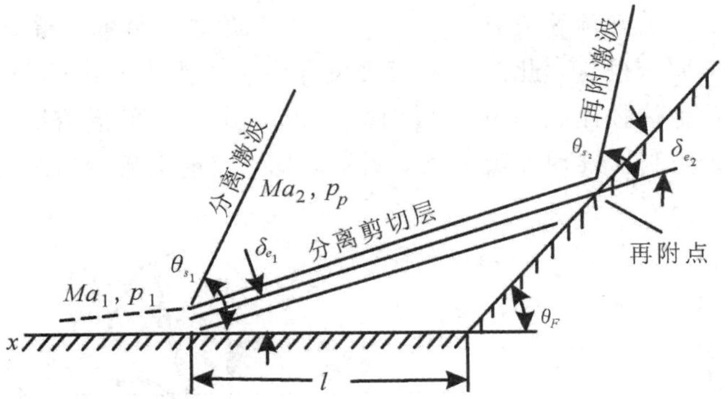

图 7-11 超声速流中二维压缩拐角所形成的分离干扰区及再附区的典型流动示意图

对于压缩拐角干扰热流密度，研究者们做过大量研究。图 7-12(a)为平板-楔形突块上游对称线上热流密度分布的实验结果，突块高度 H 与边界层厚度 δ 之比大于 3，楔块偏转角变化范围是 30°～90°。图 7-12(b)为平板-突条的实验结果，H/δ 在 0.18～1.85。从图中可以看出，热流自干扰点开始逐渐上升，经过一段平台值，在接近突出楔时，又迅速上升到峰值。结果还表明，对不同的偏转角或不同的 H/δ 值，热流密度分布曲线都有共同的特征，即突出物前的热流密度分布具有相似性，且随着偏转角或 H/δ 值的减小，干扰区减小，热流密度峰值也大大减小，这一结果对防热设计是有重要意义的。

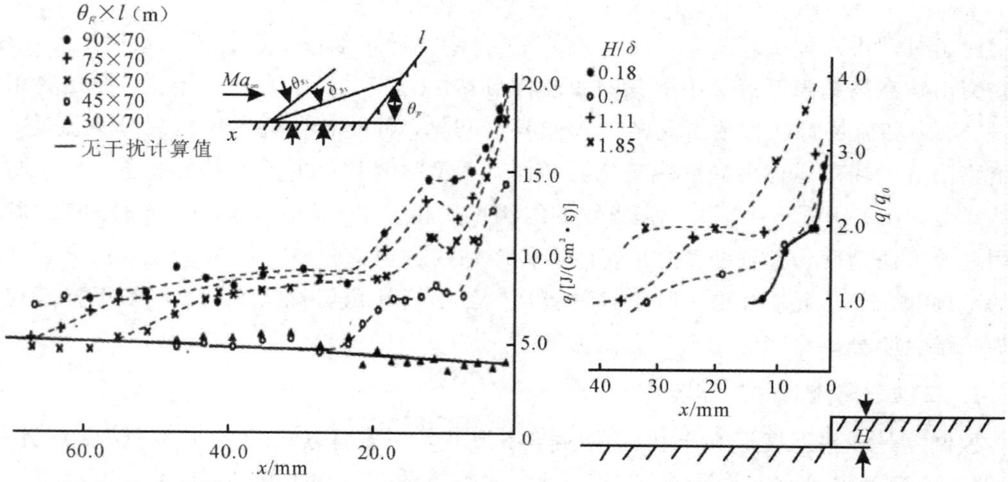

(a) 平板-楔形突块(Ma_∞=8.4, Re/l=4.7×10^{7}m^{-1})　　(b) 平板-突条(Ma_∞=8.8, Re/l=4.3×10^{7}m^{-1})

图 7－12　平板-楔形突块和平板-突条上游对称线上热流密度分布的实验结果

计算平台热流密度时，由激波边界层干扰理论给出摩擦系数与压力的关系，通过雷诺比拟关系得出与平台压力相关的简单计算式为

层流：
$$\frac{q_p}{q_1}=\left(\frac{p_p}{p_1}\right)^{0.55} \tag{7.43}$$

湍流：
$$\frac{q_p}{q_1}=\left(\frac{p_p}{p_1}\right)^{0.85} \tag{7.44}$$

式中：q_1 为未发生分离的热流；p_1 为未发生分离的压力；q_p 为平台的热流；p_p 为平台的压力。

楔前根部附近的峰值热流密度比 $q_{p,\max}/q_1$ 与偏转角、马赫数、雷诺数有关，需要针对具体设计情况通过实验来确定，此部位是工程设计中应予重点考虑的部位。

图 7－13 为轴对称体控制翼翼前及翼面热流密度分布的实验结果，图中 R_B 为轴对称体底部半径，q_{co} 为无控制翼锥面热流密度。图示表明，翼前上游峰值热流密度与翼根部的距

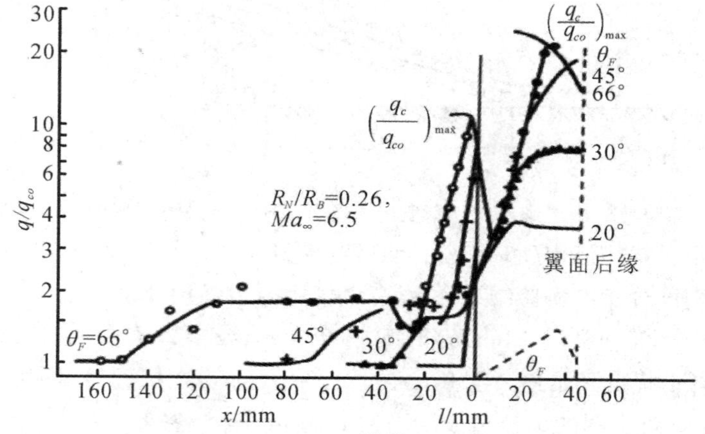

(a) 翼前

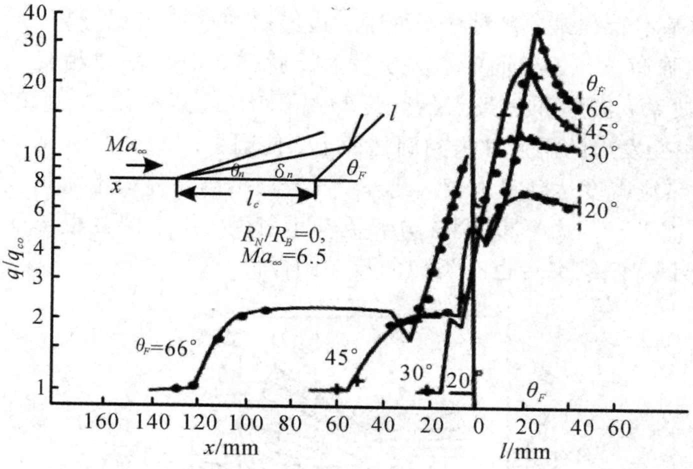

(b) 翼面

图 7-13　轴对称体控制翼翼前及翼面热流密度分布的实验结果

离随翼偏转角的增大而增大，而且翼面也有明显的比翼前上游严重得多的峰值热流密度，在 $Ma_\infty=6.5$、$\theta_F=66°$时，翼面峰值热流密度为无翼时的 40 倍左右。

图 7-14 为平板控制翼翼面热流密度分布的实验结果，在 $Ma_\infty=8.32$、$\theta_F=63°$时，峰值热流密度为无翼时的 60 多倍。可见对于翼面的气动加热环境，在设计时必须高度重视。实验还表明，与翼前分离干扰区的峰值热流比类似，翼面的峰值热流比亦随偏转角的增大而增大。

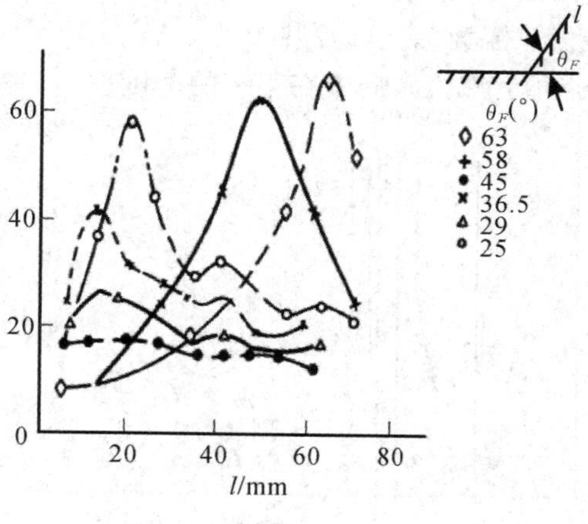

图 7-14　平板控制翼翼面热流密度分布的实验结果($Ma_\infty=8.32$，$Re/l=2.45\times10^7\ \mathrm{m^{-1}}$)

设计中应尽可能注意减小偏转角，以改善翼前及翼面的热环境，从而减小防热设计的难度。

2. 三维分离流动的热环境

三维分离流动十分复杂。在三维分离干扰区内，不仅沿流向有压力梯度，而且横向也存在压力梯度，使边界层内出现横向流动。目前还没有成熟的计算三维分离流热环境的方法。这里仅以平板-圆柱的三维流动为例对这一问题做简单的分析和介绍。

弹头裙部装有柱状天线的流动属三维绕流问题，在工程上常把它简化为平板-圆柱绕流问题。该流动的基本特征是：在对称平面上，边界层在柱前出现分离，产生一分离激波，圆柱前产生的弯曲强激波与近壁面的边界层发生干扰并与分离激波相交产生连接激波，此三激波构成了“λ”波系，波形和三叉点的高度与高径比（或高宽比）、偏转角及来流条件有关。“λ”波系激波相交发出的涡面撞击到圆柱面上，使圆柱面的局部压力和热流密度大大增加，甚至使压力、热流密度达到最大值。此外，气流还沿圆柱侧向下游形成强的马蹄涡，流动图像极为复杂。图 7－15 为平板-圆柱分离流动示意图。由于圆柱根部前存在分离，这里将形成一高压高热区。三维突台也有类似的流动图像。

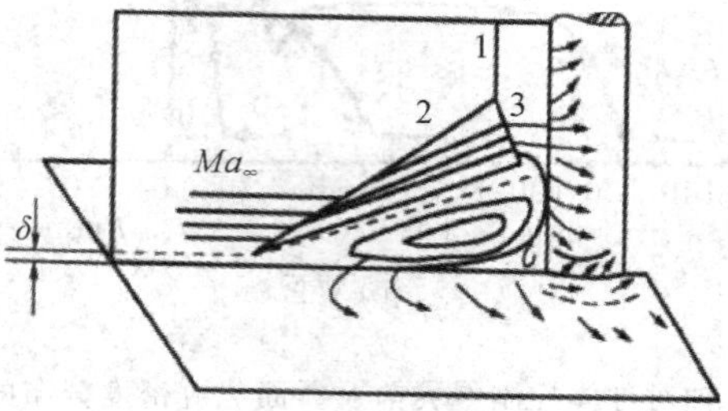

图 7－15　平板-圆柱分离流动示意图

图 7－16 给出了平板-直立圆柱干扰区对称平面上的热流分布。由图可以看出，高超声速流过平板-圆柱时，形成了“λ”激波，圆柱前干扰区热流密度的变化如前所述，沿圆柱表面，自根部起沿柱面向上，热流密度下降，在 $z=0.2D$ 附近降至最小值。热流实验表明，在 $z<0.2D$ 与 $\lambda<0.1D$ 范围内根部不是滞止区。此区之上，剪切层再附于柱面，使热流密度上升，并有小平台；之后热流急剧上升，在激波三叉点（$z=0.07D$）附近柱面，热流达到峰值，当 $Ma_\infty=5.2$ 时，峰值热流为圆柱驻点热流的 5 倍；过了峰值，热流密度迅速下降，到 $1.8D$ 恢复到无干扰的驻点值，峰值区局限在很窄的范围内。

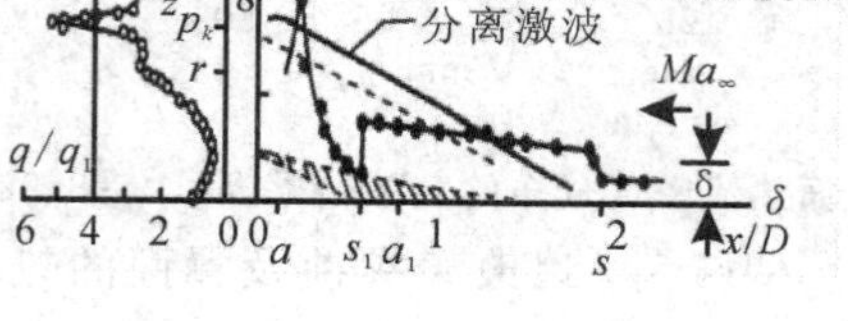

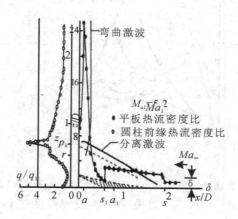

图 7－16　平板-直立圆柱干扰区对称平面上的热流分布

图 7－17 给出了带后掠角的圆柱面滞止线上的热流分布。从图中可以看出，随着后掠角的增大，峰值热流逐渐向根部移动，且圆柱面的峰值热流大大降低。实验还证明，后掠角的加大使圆柱前平板上峰值热流降低更显著，这一结论与二维台阶是相同的。因此，在工程设计中，通常将天线杆设计成带后掠角，这样可以改善天线杆及其周围的热环境条件，以利于天线杆及局部区域的防热设计。

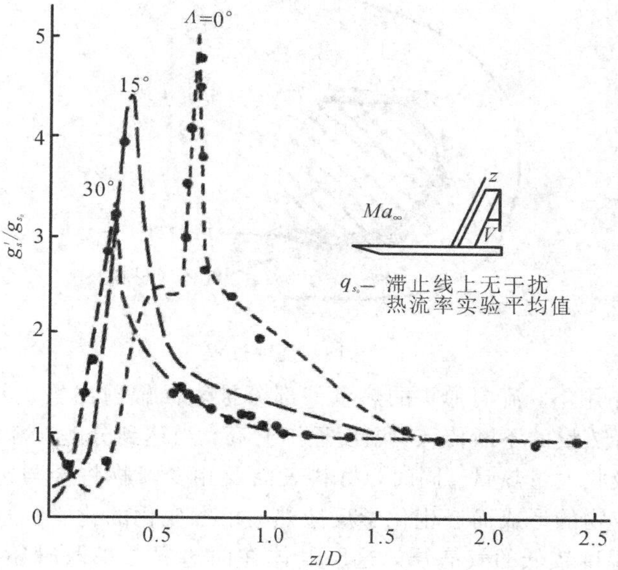

图 7-17 带后掠角的圆柱面滞止线上的热流分布

3. 缝隙流热环境

机动弹头一般都安装有控制翼，为使控制翼能转动，在控制翼和弹头锥体之间设计有一适当缝隙。受到缝外流动特性及缝隙几何参数的影响，缝隙内的流动十分复杂。同时，缝内流动也要影响缝外流动，这种缝内、外流动的相互作用，使流动变得更为复杂。影响缝隙流动的因素很多，如偏转角、入口唇缝形状、缝隙宽度及来流条件等。缝隙气动加热计算方法还不成熟，需要通过实验研究各种因素对缝隙加热的影响。实验表明，缝内热流分布形状因外流分为附着流和分离流，从而分为附着流型和分离流型两种。当翼偏转角较小，翼前为附着流时，缝入口唇缘和凹面唇缘热流较低，在入口附近形成峰形热流分布。当翼偏转角较大，翼前为分离流时，缝内热流密度增加，最大值在缝凹面唇缘。实验还表明，缝内热流密度还随缝隙宽度的增大而增加。影响缝隙热环境的因素很多。地面和飞行试验表明，虽然缝隙很小，但烧蚀的作用将会产生严重的后果，因此，设计时应高度重视对缝隙的热防护，并要通过严格的实验来确定防热措施的有效性。

7.3.4 弹头的热防护

较为实用的弹头防热方案有热沉式、发汗式和烧蚀式。烧蚀式是目前广泛用于弹头防热的基本方式，它利用材料的质量消耗来抵消气动加热，只要热流足够大，能发挥其烧蚀效率就可使用，不受热流上限的限制，但不同材料烧蚀机理不同，防热效果不同。硅基材料具有较好的烧蚀性能而且热导率低，在热流较大、再入时间较长的情况下最适合应用；碳基烧蚀材料利用碳的升华潜热高的特点，但必须在高热流下才能充分发挥作用，而且材料表面温度高，热导率大，因而适用于射程远、质阻比高的再入环境。一般小型化高性能弹头均使用碳基烧蚀材料。

烧蚀式防热的实际过程比较复杂，它与材料性能和加热环境密切相关。图 7-18 描绘了烧蚀过程。

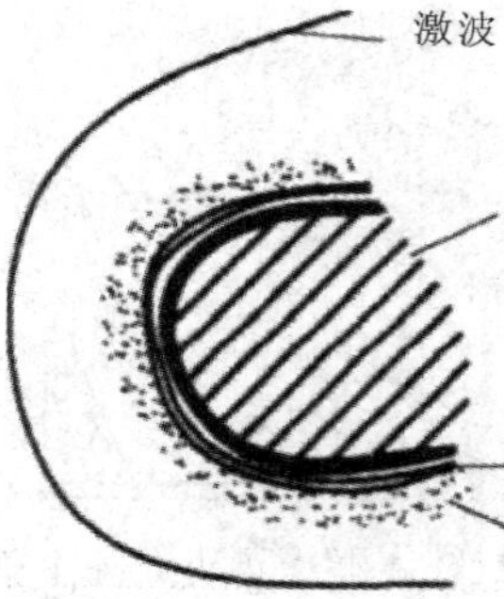

图 7-18　烧蚀过程

在气动加热的作用下，流向弹头的热量一部分被表面辐射出去；另一部分由材料吸收并向深部传递，随着热量的不断传入，温度逐渐升高，当达到分解、熔化、汽化或升华温度时，材料因相变而吸收大量热量。同时，材料表面及相变产物将会与边界层内的空气发生化学反应，伴随反应物的形成而产生化学反应热。相态变化的化学反应所产生的气体在弹头表面形成了一个温度较低的气态层，这层气体在向边界层扩散时还要吸收一部分热量。扩散增大了边界层厚度，使边界层的平均温度降低，从而显著地降低了边界层向表面的热扩散，有效地减少了流向弹头的热量，这就是通常所说的热阻塞效应或质量引射效应。这种在气动加热作用下产生的相态变化和化学反应形成的质量与能量交换就是烧蚀。烧蚀量的大小取决于加热量，热量的增加必然使烧蚀量增加，而烧蚀量的增加又相应地增强了防热作用。由于烧蚀材料单位质量带走热量大，因而可以吸收和消耗较多的气动加热，所以烧蚀式弹头的头部半径可以取得较小，这样可以使落速增加，也减小了雷达的散射截面，有利于突防和弹头的小型化；其缺点是飞行过程中表面有质量损耗，使气动外形发生变化，造成其气动特性的改变，对飞行弹道产生影响，引起落点散布的增大。

弹头的防热方案与总体方案密不可分，需要综合优化方案，根据气动力、弹道和气动加热计算提供的环境数据，拟定出相应的防热方案和防热结构安排，进行烧蚀和温度场的计算，然后做应力分析和强度校核，结合这些结果对所拟定设计的可靠性和合理性做出判断。概括起来，防热设计主要考虑以下要求：

(1) 质量小，烧蚀量小，隔热性能好，确保弹头在严重的再入气动热环境下不被烧穿，使舱内设备处于良好的工作环境中，并且气动外形变化小；

(2) 强度高，抗热应力性能好，能经受严重的力、热载荷的综合作用而不被破坏；

(3) 能经受高空核拦截环境，具有良好的抗核功能，特别是能抗 X 射线所引起的热激波环境；

(4) 净化程度高，不含或只含微量的碱金属或碱土金属杂质，以求在再入过程中尽可能减小等离子体鞘套的电子密度和尾迹的长度，以利于减少通信中断时间和提高突防功能；

(5) 具有抗粒子云侵蚀的功能，一般要求能经受中等或较严重天候(WSI≥8)的侵蚀环境和其他粒子云(如核尘埃)环境；

(6) 在某些部位，还要求具有良好的电磁波穿透性能，保证透波头罩、引信天线及遥外测天线系统无线电波的传输，并在高温下具有良好的绝缘性能。

除满足上述要求外，防热设计还必须十分重视材料和结构的相容性。既要考虑弹头各部位防热性能的匹配，又要使防热系统作为弹头结构的一部分，与承力结构相匹配，使之成为一个整体。

对于潘兴Ⅱ弹头，其防热设计的技术关键主要有：透波头罩的防热问题，弹头中段和裙部大面积的隔热设计与热匹配技术，舵前缘的防热设计及舵结构的热匹配热相容技术，舵基座、轴和缝隙的防热和密封技术等。对于透波头罩，只要雷达允许透波天线罩有一定的烧蚀后退量和烧蚀粗糙度，就可采用防热、透波和承力功能一体化的设计方案，可选择石英陶瓷或石英编织体作为天线罩材料。大面积防热隔热方案可选用高硅氧材料或碳-碳材料，关键在于材料既要能隔热、能传递力、密度小，还要解决长时间受热状态下防热、隔热及壳体间的结构匹配问题。关于舵前缘抗烧蚀的设计，可以采用将三维碳-碳编织材料或碳化硅类材料镶嵌在高硅氧舵面上，也可采用在高硅氧材料上加涂层的方法来解决。对于舵基座、轴和缝隙的防热与热密封的设计，可采用耐烧蚀基座面板和轴间迷宫式热密封技术来解决。

在进行了弹头防热设计的方案工作后，在风洞进行常规测热测压实验、气动加热研究性实验、烧蚀实验、热载实验以及粒子侵蚀实验是十分必要的，这些实验是检验气动加热和防热设计可靠性、合理性的重要途径和手段，设计人员必须高度重视这些实验工作。

7.4 再入机动弹头的运动方程及分析

前面已经论述了再入机动弹头的特点和组成、气动外形的设计、气动热环境和热防护，这都是机动弹头必须要考虑的重大问题。在确定了再入机动弹头的质量特性、几何特性和气动特性之后，再入机动弹头的运动分析、导引规律和速度控制等研究工作是再入弹头机动弹道设计的重要内容。再入机动弹头利用空气动力来实施机动变轨的方案有很多种，本节只讨论用攻角来控制减速的机动变轨方法。

7.4.1 常用坐标系及坐标变换

1. 常用坐标系的定义

为了研究弹头再入机动弹道的特性及控制规律，需要建立以下几个常用坐标系。

(1) 目标坐标系。目标坐标系 O_0xyz 简记为 O。该坐标系原点在目标处，取目标处的地理坐标系为目标坐标系 O_0xyz。因为再入机动弹头飞行时间短，可以认为地球是不旋转的圆球，认为目标为固定点，所以该坐标系为惯性系。O_0y 轴在目标与地球球心的连线上，指向目标为正；O_0x 轴在当地水平面内，指向弹头为正；O_0z 轴与 O_0x、O_0y 轴构成右手直角坐标系。

(2) 视线坐标系。视线坐标系 $O_0\xi\eta\zeta$ 简记为 S。该坐标系原点也在目标处。$O_0\xi$ 轴由目标指向机动弹头质心 O_1；$O_0\zeta$ 轴在目标当地水平面内，即在 xO_0z 平面内，且与 $O_0\xi$ 轴垂直，向右为正；$O_0\eta$ 轴与 $O_0\xi$、$O_0\zeta$ 轴组成右手直角坐标系。该坐标系也称为导引坐标系。

(3) 地心坐标系。地心坐标系 $O_ex_ey_ez_e$ 简记为 E。该坐标系原点在地心 O_e 处。O_ex_e 轴在赤道平面内指向过目标的子午线与赤道平面的交点；O_ez_e 轴垂直于赤道平面，指向北极；O_ey_e 轴与 O_ex_e、O_ez_e 轴构成右手直角坐标系。该坐标系随地球一起转动，因此，此坐标系为一动参考系。

(4) 速度坐标系。速度坐标系 $O_1x_vy_vz_v$ 简记为 v。该坐标系原点在弹头的质心 O_1 处。O_1x_v 轴沿再入飞行器的速度方向；O_1y_v 轴在弹头主对称面内，垂直于 O_1x_v 轴；O_1z_v 轴垂

直于 $x_vO_1y_v$ 平面，顺着运动方向看去 O_1z_v 轴指向右方。用该坐标系与其他坐标系的关系可反映出再入机动弹头速度矢量的状态。

（5）半速度坐标系。半速度坐标系 $O_1x_hy_hz_h$ 简记为 H。该坐标系原点在弹头的质心 O_1 处。O_1x_h 轴沿弹头速度方向，与速度坐标系 O_1x_v 轴方向重合；O_1y_h 轴位于包含速度矢量的铅垂平面内，垂直于 O_1x_h 轴（或在 $x_vO_1y_v$ 平面内垂直于 O_1x_v 轴）；O_1z_h 轴与 O_1x_h、O_1y_h 轴构成右手直角坐标系。该坐标系又称弹道坐标系、航迹坐标系。在该坐标系建立运动方程，微分方程左边有简单的形式。

（6）弹体坐标系。弹体坐标系 $O_1x_1y_1z_1$ 简记为 B。该坐标系原点在弹头的质心 O_1 处。O_1x_1 轴为弹头纵轴，指向头部；O_1y_1 轴在弹头主对称面内，垂直于 O_1x_1 轴；O_1z_1 轴垂直于主对称面，沿运动方向看去 O_1z_1 轴指向右方。该坐标系的位置可用来反映弹头的空间位置。

（7）地理坐标系。地理坐标系 $O_1x_Ty_Tz_T$ 简记为 T。该坐标系原点在弹头的质心 O_1 处。O_1y_T 轴在地球球心 O_e 与弹头质心 O_1 的连线方向上；O_1x_T 轴在过弹头质心 O_1 的子午面内，垂直于 O_1y_T 轴，指向北极为正；O_1z_T 轴与 O_1x_T、O_1y_T 轴构成右手直角坐标系。

2. 常用坐标系之间的变换公式

（1）设视线坐标系和目标坐标系之间的方向余弦矩阵为 $\boldsymbol{S}_0$。如图 7－19 所示，定义视线角 λ_T 是视线 $O_0\xi$ 在地平面上的投影与 O_0x 轴之间的夹角，也称方位角；λ_D 是视线 $O_0\xi$ 与地平面之间的夹角，也称高低角。视线坐标系是目标坐标系先按 O_0y 轴转动一次，再按 $O_0\zeta$ 轴转动一次得到的坐标系，故

$$\begin{bmatrix}\xi\\ \eta\\ \zeta\end{bmatrix}=\boldsymbol{S}_0\begin{bmatrix}x\\ y\\ z\end{bmatrix}\tag{7.45}$$

$$\boldsymbol{S}_0=\begin{bmatrix}\cos\lambda_D\cos\lambda_T & \sin\lambda_D & -\cos\lambda_D\sin\lambda_T\\ -\sin\lambda_D\cos\lambda_T & \cos\lambda_D & \sin\lambda_D\sin\lambda_T\\ \sin\lambda_T & 0 & \cos\lambda_T\end{bmatrix}\tag{7.46}$$

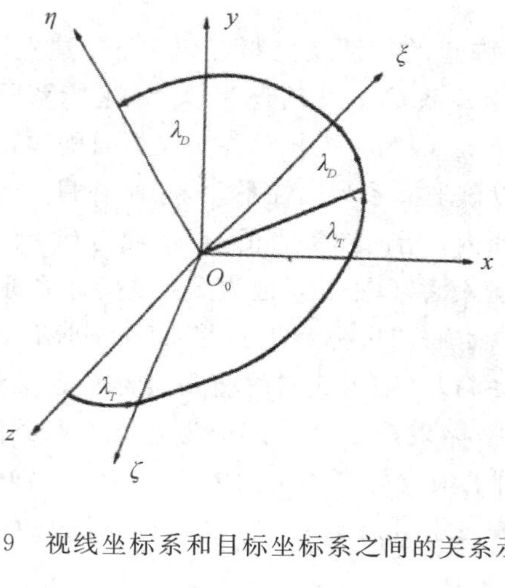

图 7－19　视线坐标系和目标坐标系之间的关系示意图

（2）设半速度坐标系和目标坐标系之间的方向余弦矩阵为 $\boldsymbol{H}_0$。如图 7－20 所示，定义了弹道倾角 θ 和弹道偏角 σ，则半速度坐标系和目标坐标系之间的转换关系为

$$\begin{bmatrix} x_h \\ y_h \\ z_h \end{bmatrix} = \boldsymbol{H}_0 \begin{bmatrix} x \\ y \\ z \end{bmatrix} \tag{7.47}$$

$$\boldsymbol{H}_0 = \begin{bmatrix} \cos\sigma\cos\theta & \sin\theta & -\sin\theta\cos\theta \\ -\cos\sigma\sin\theta & \cos\theta & \sin\sigma\sin\theta \\ \sin\sigma & 0 & \cos\sigma \end{bmatrix} \tag{7.48}$$

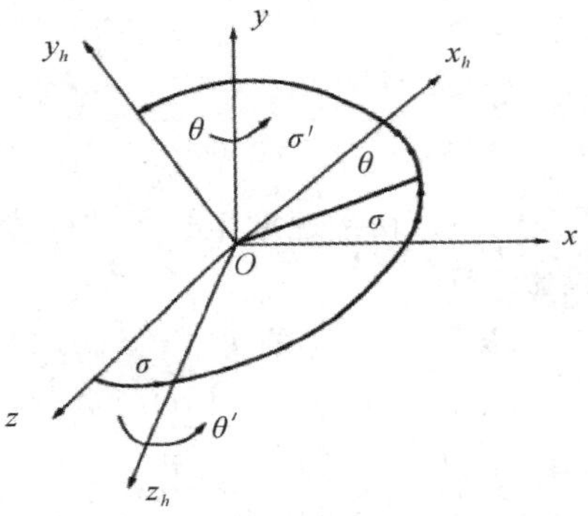

图 7-20 半速度坐标系和目标坐标系之间的关系示意图

(3) 设地心坐标系和目标坐标系之间的方向余弦矩阵为 $\boldsymbol{E}_0$，则两坐标系之间的转换关系为

$$\begin{bmatrix} x_e \\ y_e \\ z_e \end{bmatrix} = \boldsymbol{E}_0 \begin{bmatrix} x \\ y \\ z \end{bmatrix} \tag{7.49}$$

$$\boldsymbol{E}_0 = \begin{bmatrix} -\sin\varphi_0 & \cos\varphi_0 & 0 \\ 0 & 0 & 1 \\ \cos\varphi_0 & \sin\varphi_0 & 0 \end{bmatrix} \tag{7.50}$$

(4) 设地理坐标系和目标坐标系之间的方向余弦矩阵为 $\boldsymbol{T}_0$，则两坐标系之间的转换关系为

$$\begin{bmatrix} x_T \\ y_T \\ z_T \end{bmatrix} = \boldsymbol{T}_0 \begin{bmatrix} x \\ y \\ z \end{bmatrix} \tag{7.51}$$

$$\boldsymbol{T}_0 = \begin{bmatrix} \sin\varphi\cos\Delta\lambda\sin\varphi_0 + \cos\varphi\cos\varphi_0 & -\sin\varphi\cos\varphi_0\cos\Delta\lambda + \cos\varphi\sin\varphi_0 & -\sin\varphi\cos\Delta\lambda \\ -\cos\varphi\cos\Delta\lambda\sin\varphi_0 + \sin\varphi\cos\varphi_0 & \cos\varphi\cos\varphi_0\cos\Delta\lambda + \sin\varphi\sin\varphi_0 & \cos\varphi\sin\Delta\lambda \\ \sin\Delta\lambda\sin\varphi_0 & -\sin\Delta\lambda\cos\varphi_0 & \cos\Delta\lambda \end{bmatrix} \tag{7.52}$$

7.4.2 再入机动弹头质心运动方程

1. 在半速度坐标系列写运动方程

设地球为不旋转的圆球，则目标坐标系为惯性坐标系，将质心动力学方程投影到半速度坐标系 $O_1x_hy_hz_h$。假设再入机动弹头完全依靠气动力做机动飞行，没有变轨发动机和姿

控发动机，则可得到再入机动弹头质心运动方程如下：

$$\begin{cases}\dot{v}=\dfrac{R_{xh}}{m}+g_{xh}\\ \dot{\theta}=\dfrac{R_{yh}}{mv}+g_{yh}/v\\ \dot{\sigma}=-\dfrac{R_{zh}}{mv\cos\theta}-\dfrac{g_{zh}}{v\cos\theta}\\ \dot{x}=v\cos\theta\cos\sigma\\ \dot{y}=v\sin\theta\\ \dot{z}=-v\cos\theta\sin\sigma\end{cases}\tag{7.53}$$

式中，R_{xh}、R_{yh}、R_{zh} 为机动弹头气动力在半速度坐标系中的投影，g_{xh}、g_{yh}、g_{zh} 为地球引力加速度在半速度坐标系中的投影，且

$$\begin{bmatrix}R_{xh}\\R_{yh}\\R_{zh}\end{bmatrix}=\begin{bmatrix}-x\\y\\z\end{bmatrix}=\begin{bmatrix}-C_x\\C_y\\C_z\end{bmatrix}qS\tag{7.54}$$

$$\begin{bmatrix}g_{xh}\\g_{yh}\\g_{zh}\end{bmatrix}=\boldsymbol{H}_0\begin{bmatrix}x\\y+R_0\\z\end{bmatrix}\left(-\frac{\mu}{r^3}\right)\tag{7.55}$$

式中：q 表示来流动压；S 为弹头参考面积；r 为地心距；μ 为地球引力系数。

2. 几个辅助关系

如图 7－21 所示，当地地心纬度 φ 和经度差 $\Delta\lambda$ 可由下式计算：

$$\varphi=\arcsin\left(\frac{Z_1}{R_1}\right)\text{或 }\varphi=\arctan\left(\frac{Z_1}{\sqrt{X_1^2+Y_1^2}}\right)\text{(取主值)}$$

$$\Delta\lambda=\arcsin\left(\frac{Y_1}{\sqrt{X_1^2+Y_1^2}}\right)$$

$$\cos\Delta\lambda=\frac{X_1}{\sqrt{X_1^2+Y_1^2}}\text{(判断 }\Delta\lambda\text{ 之象限)}$$

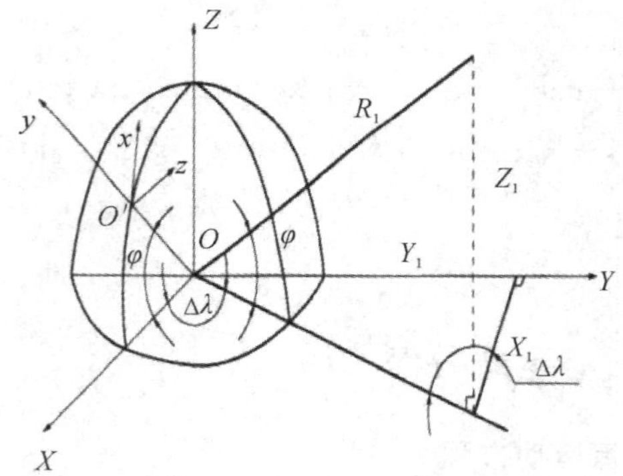

图 7－21　求取 φ 和 $\Delta\lambda$ 的示意图

即

$$\varphi=\arcsin\left[\frac{x\cos\varphi_0+(y+R_0)\sin\varphi_0}{R_1}\right] \tag{7.56}$$

$$\Delta\lambda=\arcsin\left\{\frac{z}{\sqrt{[-x\sin\varphi_0+(y+R_0)\cos\varphi_0]^2+z^2}}\right\} \tag{7.57}$$

$$\cos\Delta\lambda=\frac{-x\sin\varphi_0+(y+R_0)\cos\varphi_0}{\sqrt{[-x\sin\varphi_0+(y+R_0)\cos\varphi_0]^2+z^2}} \tag{7.58}$$

式中，x、y、z 为在地心坐标系的 3 个位置分量。

对地理坐标系的速度倾角和航迹偏航角为

$$\theta_T=\arctan\frac{v_{Ty}^2}{\sqrt{v_{Tx}^2+v_{Tz}^2}} \tag{7.59}$$

$$\sigma_T=\arctan\left(\frac{-v_{Tz}}{v_{Tx}}\right) \tag{7.60}$$

$$\begin{bmatrix} v_{Tx} \\ v_{Ty} \\ v_{Tz} \end{bmatrix}=\boldsymbol{T}_0\begin{bmatrix} v_x \\ v_y \\ v_z \end{bmatrix} \tag{7.61}$$

式(7.53)共有六个微分方程，其中前三个用来确定再入飞行器质心运动速度的大小和方向，而后三个用来确定质心的坐标，辅助关系用来确定几个需要的量。但式(7.53)是按 2-3-1次序由目标坐标系转动两次得到的。当弹头接近目标时，θ 可能接近 90°，式(7.53)第三式出现分母约零的情况。为避免此现象，可按 3-2-1 转动次序得到速度坐标系下的运动方程，此时式(7.53)可改写成

$$\begin{cases} \dot{v}=\dfrac{R_{xh}}{m}+g_{xh} \\ \dot{\theta}=\dfrac{R_{yh}}{mv\cos\sigma}+\dfrac{g_{yh}}{v\cos\sigma} \\ \dot{\sigma}=-\dfrac{R_{zh}}{mv}-\dfrac{g_{zh}}{v} \\ \dot{x}=v\cos\theta\cos\sigma \\ \dot{y}=v\sin\theta\cos\sigma \\ \dot{z}=-v\sin\sigma \end{cases} \tag{7.62}$$

其余的关系依此类推。

对于式(7.53)或者式(7.62)的求解，需知 α、β 的变化规律，故实际解再入机动弹头的质心运动还需补充决定 α、β 大小的导引方程。

7.4.3 导引方程

速度方向控制既要保证在无干扰情况下命中目标，又要保证末速度有一定的方向，即应该由导引方程来确定所需要的 α、β 的变化规律，以便由式(7.53)来确定机动弹头的飞行弹道。

导引方程可从优化原理推导出来，这里给出导引方程的推导结果。

为了命中目标和控制末速在确定的方向，速度方向的变化率在视线坐标系 $O_0\xi\eta\zeta$ 内应满足以下方程

$$\begin{cases}\dot{\gamma}_D=K_{GD}\dot{\lambda}_D+\dfrac{K_{LD}(\lambda_D+\lambda_{DF})}{T_g}\\ \dot{\gamma}_T=K_{GT}\dot{\lambda}_T\cos\lambda_T\end{cases}\tag{7.63}$$

其中，K_{GD}、K_{LD} 和 K_{GT} 是从优化原理推导出的有关常数；λ_{DF} 是末端所要求的速度倾角；$\dot{\gamma}_D$、$\dot{\gamma}_T$ 是再入机动弹头速度方向转动绝对角速度在视线坐标系 $O_0\eta$ 轴和 $O_0\zeta$ 轴上的投影。

式(7.63)中右端函数的具体计算公式为

$$\begin{cases}\lambda_D=\arctan\left(\dfrac{y}{\sqrt{x^2+z^2}}\right)\\ \lambda_T=\arctan\left(-\dfrac{z}{x}\right)\end{cases}\tag{7.64}$$

$$\begin{cases}\dot{\lambda}_D=\dfrac{v_\eta}{\rho}\\ \dot{\lambda}_T=-\dfrac{v_\zeta}{\rho\cos\lambda_D}\end{cases}\tag{7.65}$$

$$T_g=\frac{\rho}{v_\xi}\tag{7.66}$$

$$\rho=\sqrt{x^2+y^2+z^2}\tag{7.67}$$

其中，v_ξ、v_η、v_ζ 为速度在视线坐标系各轴上的投影，且

$$\begin{bmatrix}v_\xi\\ v_\eta\\ v_\zeta\end{bmatrix}=\boldsymbol{S}_0\begin{bmatrix}v_x\\ v_y\\ v_z\end{bmatrix}\tag{7.68}$$

当已知 x、y、z 和 v_x、v_y、v_z 时，可用式(7.64)至式(7.68)确定 $\dot{\gamma}_D$、$\dot{\gamma}_T$、λ_D 和 λ_T。由图 7-22，可得 λ_D 和 λ_T 的表达式。

$\dot{\theta}$、$\dot{\sigma}$ 和 λ_D、λ_T 的关系推导如下：

$$\begin{bmatrix}\dot{\gamma}_\xi\\ \dot{\gamma}_\eta\\ \dot{\gamma}_\zeta\end{bmatrix}=\boldsymbol{S}_0\begin{bmatrix}-\dot{\theta}\sin\sigma\\ \dot{\sigma}\\ -\dot{\theta}\cos\sigma\end{bmatrix}\tag{7.69}$$

式(7.69)中 $\dot{\theta}$ 前面带负号是因为速度方向由质心指向目标。将 $\boldsymbol{S}_0$ 代入式(7.69)可以得到

$$\begin{cases}\dot{\gamma}_D=-\dot{\theta}\cos(\lambda_T-\sigma)\\ \dot{\gamma}_T=\dot{\sigma}\cos\lambda_D-\dot{\theta}\sin(\lambda_T-\sigma)\sin\lambda_D\end{cases}\tag{7.70}$$

求解式(7.70)可以得到

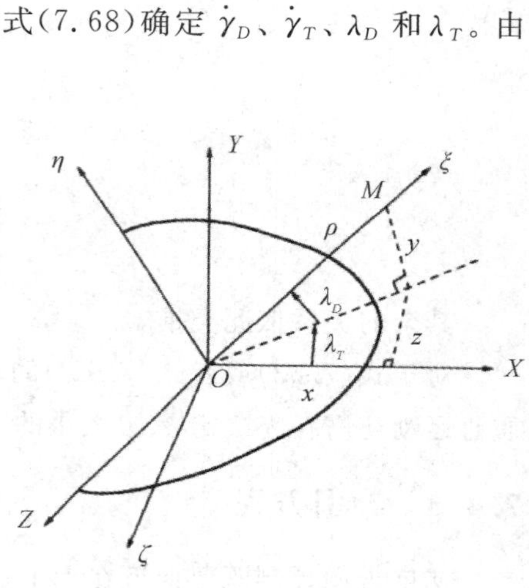

图 7-22 求取 λ_D 和 λ_T 的示意图

$$\begin{cases}\dot{\theta}=\dfrac{-\dot{\gamma}_D}{\cos(\lambda_T-\sigma)}\\ \dot{\sigma}=\dfrac{1}{\cos\lambda_D}[\dot{\gamma}_T-\dot{\gamma}_D\tan(\lambda_T-\sigma)\sin\lambda_D]\end{cases} \tag{7.71}$$

通过式(7.71)求出 $\dot{\theta}$、$\dot{\sigma}$，再利用式(7.53)即可求出 R_{yh}，进而求出 R_{zh}。在 α、β 较小时，利用 $C_y=C_y^\alpha\alpha$、$C_z=C_z^\beta\beta$，可求出所需的 α、β。若 α、β 较大，则要利用 C_y、C_z 和 M_α 反查 α、β。

7.4.4 机动弹头最优导引规律

1. 相对运动方程

为了简化问题，以弹头和目标为基准，可将弹头运动分解为俯仰平面内的运动和转弯平面内的运动。俯仰平面是由目标点 O、弹头质心 M 及地心 O_e 构成的平面，而转弯平面则为垂直于俯仰平面且与俯仰平面的交线为 OM 的平面，如图 7-23 所示。由于 α 控制的特点，即侧滑角 β 较小，转弯平面内的运动参数可视为小量，因此在 $\dot{\gamma}$ 控制段，为了研究弹头导引控制规律，可将俯仰平面内的运动与转弯平面内的运动分开进行分析。下面先研究再入机动弹头在俯仰平面内的运动方程。

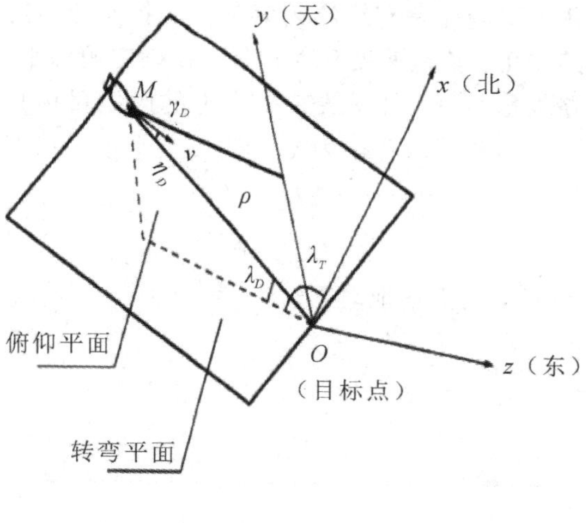

图 7-23 再入机动弹头俯仰平面和转弯平面示意图

在图 7-23 中，v 为速度矢量，γ_D 为速度在俯仰平面内的方位角，λ_D 为视线角，η_D 为速度方向与视线间的夹角，ρ 为视线距离。

设 v 在俯仰平面内，图 7-23 中 $\gamma_D<0$，则

$$\eta_D=\lambda_D+\gamma_D \tag{7.72}$$

由图 7-23 知

$$\begin{cases}\dot{\rho}=-v\cos\eta_D\\ \rho\dot{\lambda}_D=v\sin\eta_D\end{cases} \tag{7.73}$$

将式(7.73)中第二式两边对时间求导数，得到俯仰平面内的相对运动方程为

$$\ddot{\lambda}_D=\left(\frac{\dot{v}}{v}-\frac{2\dot{\rho}}{\rho}\right)\dot{\lambda}_D-\frac{\dot{\rho}}{\rho}\dot{\gamma}_D \tag{7.74}$$

同理令

$$\eta_T=\lambda_T-\gamma_T$$

式中，η_T 为速度矢量 v 在转弯平面内与俯仰平面的夹角，γ_T 为速度矢量在转弯平面内的方向角，λ_T 为视线角，则在转弯平面内有

$$\begin{cases}\dot{\rho}=-v\cos\eta_T\\ \rho\dot{\lambda}_T=v\sin\eta_T\end{cases} \tag{7.75}$$

经微分和化简后，可得到在转弯平面内的运动方程为

$$\ddot{\lambda}_T=\left(\frac{\dot{v}}{v}-\frac{2\dot{\rho}}{\rho}\right)\dot{\lambda}_T+\frac{\dot{\rho}}{\rho}\dot{\gamma}_T \tag{7.76}$$

综上所述，可得到再入机动弹头的相对运动方程：

$$\begin{cases}\ddot{\lambda}_D=\left(\dfrac{\dot{v}}{v}-\dfrac{2\dot{\rho}}{\rho}\right)\dot{\lambda}_D-\dfrac{\dot{\rho}}{\rho}\dot{\gamma}_D\\ \ddot{\lambda}_T=\left(\dfrac{\dot{v}}{v}-\dfrac{2\dot{\rho}}{\rho}\right)\dot{\lambda}_T+\dfrac{\dot{\rho}}{\rho}\dot{\gamma}_T\end{cases} \tag{7.77}$$

2. 俯仰平面内的最优导引控制规律

再入机动弹头的最优导引规律是有终端约束条件的控制律，其终端约束条件包括弹头命中目标时的落地飞行路线角、落地速度和射程等。在确定俯仰平面内的最优导引规律时，将导引视为有落地飞行路线角约束，且视线转率为零的固定目标拦截问题。终端约束条件取视线角等于落地飞行路线角和视线转率为零，即

$$\begin{cases}\lambda_D(t_f)=-\gamma_{DF}\\ \ddot{\lambda}_D(t_f)=0\end{cases} \tag{7.78}$$

式中，γ_{DF} 为落地时速度倾角，t_f 为落地时间。

设

$$\begin{cases}x_1=\lambda_D-\gamma_{DF}\\ x_2=\dot{\lambda}_D\end{cases} \tag{7.79}$$

则可得状态方程为

$$\begin{cases}\dot{x}_1=x_2\\ \dot{x}_2=\left(\dfrac{\dot{v}}{v}-\dfrac{2\dot{\rho}}{\rho}\right)x_2-\dfrac{\dot{\rho}}{\rho}\dot{\gamma}_D\end{cases} \tag{7.80}$$

故终端约束条件表达式(7.79)变成

$$\begin{cases}x_1(t_f)=0\\ x_2(t_f)=0\end{cases} \tag{7.81}$$

在研究导引规律时，一般可认为$\dfrac{\dot{v}}{v}\approx 0$，因为不做这样的简化，就得不到显式解，不便于分析。由于导引控制为闭路控制，因此这样处理是允许的。

若定义

$$T_g=-\frac{\rho}{\dot{\rho}}\quad(\rho\neq 0) \tag{7.82}$$

则状态方程可简化成

$$\begin{cases}\dot{x}_1=x_2\\ \dot{x}_2=\dfrac{2}{T_g}x_2+\dfrac{1}{T_g}\dot{\gamma}_D\end{cases} \tag{7.83}$$

式中，T_g 为待飞时间。将状态方程写成矩阵形式，则有

$$\begin{cases}\dot{\boldsymbol{X}}=\boldsymbol{AX}+\boldsymbol{BU}\\ \boldsymbol{X}(t_f)=\boldsymbol{0}\end{cases} \tag{7.84}$$

式中

$$\begin{cases}\boldsymbol{A}=\begin{bmatrix}0 & 1\\ 0 & 2/T_g\end{bmatrix}\\ \boldsymbol{B}=\begin{bmatrix}0\\ 1/T_g\end{bmatrix}\\ \boldsymbol{X}=\begin{bmatrix}x_1\\ x_2\end{bmatrix}\\ \boldsymbol{U}=[\dot{\gamma}_D]\end{cases} \tag{7.85}$$

t_f 为 $\rho=\rho_f$ 时的时间，ρ_f 为不等于零的小量。

这是一个变系数非齐次线性微分方程组，其中 $\boldsymbol{X}$ 为状态变量，$\boldsymbol{U}$ 为控制变量。

在速度损失最小的条件下，可取最优性能指标为

$$J=\boldsymbol{X}(t_f)^{\mathrm{T}}\boldsymbol{F}\boldsymbol{X}(t_f)+\frac{1}{2}\int_0^{t_f}\dot{\boldsymbol{\gamma}}_D^2\,\mathrm{d}t \tag{7.86}$$

其中 $\boldsymbol{X}(t_f)^{\mathrm{T}}\boldsymbol{F}\boldsymbol{X}(t_f)$ 称为补偿函数，$\boldsymbol{F}$ 为一个对称半正定常值矩阵，因要求终端时刻 $\boldsymbol{X}(t_f)=\boldsymbol{0}$，故 $\boldsymbol{F}\to\infty$。这是一个典型的二次型性能指标的最优控制问题。根据现代控制理论，其最优控制解为

$$\boldsymbol{U}^*=-\boldsymbol{R}^{-1}\boldsymbol{B}^{\mathrm{T}}\boldsymbol{P}\boldsymbol{X} \tag{7.87}$$

这里 $\boldsymbol{R}=[\boldsymbol{I}]$，$\boldsymbol{U}^*=[\gamma_D^*]$。于是得到

$$\boldsymbol{\gamma}_D^*=-\boldsymbol{B}^{\mathrm{T}}\boldsymbol{P}\boldsymbol{X} \tag{7.88}$$

式中，$\boldsymbol{P}$ 可由逆 Riccati 方程得到：

$$\begin{cases}\dot{\boldsymbol{P}}^{-1}-\boldsymbol{A}\boldsymbol{P}^{-1}-\boldsymbol{P}^{-1}\boldsymbol{A}^{\mathrm{T}}+\boldsymbol{B}\boldsymbol{B}^{\mathrm{T}}=\boldsymbol{0}\\ \boldsymbol{P}^{-1}(t_f)=\boldsymbol{F}^{-1}=\boldsymbol{0}\end{cases} \tag{7.89}$$

若令 $\boldsymbol{E}=\boldsymbol{P}^{-1}$，则逆 Riccati 方程简化为

$$\begin{cases}\dot{\boldsymbol{E}}-\boldsymbol{AE}-\boldsymbol{EA}^{\mathrm{T}}+\boldsymbol{B}\boldsymbol{B}^{\mathrm{T}}=\boldsymbol{0}\\ \boldsymbol{E}(t_f)=\boldsymbol{0}\end{cases} \tag{7.90}$$

将式(7.90)展开得

$$\begin{bmatrix}\dot{e}_{11} & \dot{e}_{12}\\ \dot{e}_{21} & \dot{e}_{22}\end{bmatrix}=\begin{bmatrix}0 & 1\\ 1 & 2/T_g\end{bmatrix}\begin{bmatrix}e_{11} & e_{12}\\ e_{21} & e_{22}\end{bmatrix}+\begin{bmatrix}e_{11} & e_{12}\\ e_{21} & e_{22}\end{bmatrix}\begin{bmatrix}0 & 0\\ 1 & 2/T_g\end{bmatrix}-\begin{bmatrix}0 & 0\\ 0 & 2/T_g^2\end{bmatrix} \tag{7.91}$$

将式(7.91)展开，并根据对称性简化后，在终端约束条件下进行积分求解，可近似得到

$$\begin{cases} e_{11}=\dfrac{T_g}{3} \\ e_{12}=e_{21}=-\dfrac{1}{6} \\ e_{22}=\dfrac{1}{3}T_g \end{cases} \tag{7.92}$$

于是逆 Riccati 方程的解为

$$\boldsymbol{E}=\begin{bmatrix} \dfrac{T_g}{3} & -\dfrac{1}{6} \\ -\dfrac{1}{6} & \dfrac{1}{3}T_g \end{bmatrix} \tag{7.93}$$

求逆后得到

$$\boldsymbol{P}=\begin{bmatrix} \dfrac{4}{3}T_g & 2 \\ 2 & 4T \end{bmatrix} \tag{7.94}$$

将 P 代入最优控制解的表达式，得

$$\dot{\boldsymbol{\gamma}}_D=-\boldsymbol{B}^{\mathrm{T}}\boldsymbol{P}\boldsymbol{X} \tag{7.95}$$

即

$$\dot{\boldsymbol{\gamma}}_D=-\left(0 \quad \frac{1}{T_g}\right)\boldsymbol{P}=\begin{bmatrix} \dfrac{4}{T_g} & 2 \\ 2 & 4T \end{bmatrix}\begin{bmatrix} \gamma_{DF}+\lambda_D \\ \dot{\lambda}_D \end{bmatrix} \tag{7.96}$$

整理得

$$\dot{\gamma}_D=-4\dot{\lambda}_D-2\,\frac{\lambda_D+\gamma_{DF}}{T_g} \tag{7.97}$$

式(7.97)为机动弹头在俯仰平面内的最优导引规律。从式(7.97)可以看出，为了命中目标，且速度损失最小，其最优导引规律相当于比例导航参数为 4 的比例导引。因为终端有约束，所以它增加了终端约束项，以保证命中点处落速方向满足要求。

3. 转弯平面内的最优导引控制规律

再入机动弹头在转弯平面内的运动方程如式(7.77)中第二个方程所示，即

$$\ddot{\lambda}_T=\left(\frac{\dot{v}}{v}-\frac{2\dot{\rho}}{\rho}\right)\dot{\lambda}_T+\frac{\dot{\rho}}{\rho}\dot{\gamma}_T \tag{7.98}$$

在转弯平面内，终端约束条件仅要求视线转率为零，而对视线角无要求，即

$$\begin{cases} \lambda_T(t_f)=\text{自由} \\ \dot{\lambda}_T(t_f)=0 \end{cases} \tag{7.99}$$

在忽略$\dfrac{\dot{v}}{v}$的条件下，方程(7.98)可化简为

$$\ddot{\lambda}_T=\frac{2}{T_g}\dot{\lambda}_T-\frac{1}{T_g}\dot{\gamma}_T \tag{7.100}$$

若令 $\boldsymbol{X}=[\dot{\lambda}_T]$，$\boldsymbol{U}=[\dot{\gamma}_T]$，则可得状态方程为

$$\dot{\boldsymbol{X}}=\boldsymbol{AX}+\boldsymbol{BU} \tag{7.101}$$

式中：

$$\boldsymbol{A}=\left[\frac{2}{T_g}\right],\ \boldsymbol{B}=\left[-\frac{1}{T_g}\right]$$

这是变系数非齐次线性微分方程，其中 $\boldsymbol{X}$ 为状态变量，$\boldsymbol{U}$ 为控制变量。为了求出转弯平面内的最优导引规律，可选取

$$\boldsymbol{J}=\boldsymbol{X}(t_f)^{\mathrm{T}}\boldsymbol{FX}(t_f)+\frac{1}{2}\int_0^{t_f}\dot{\boldsymbol{\gamma}}_T\mathrm{d}t \tag{7.102}$$

作为最优性能指标，式中 $\boldsymbol{F}\to\infty$。根据现代控制理论，式(7.102)的最优控制解为

$$\boldsymbol{U}^*=-\boldsymbol{R}^{-1}\boldsymbol{BPX} \tag{7.103}$$

式中 $\boldsymbol{R}=[\boldsymbol{I}]$，$\boldsymbol{U}^*=[\dot{\gamma}_T^*]$。于是可得

$$\dot{\boldsymbol{\gamma}}_T^*=-\boldsymbol{BPX} \tag{7.104}$$

其中 $\boldsymbol{P}$ 可由逆 Riccati 方程得到：

$$\begin{cases}\dot{\boldsymbol{P}}^{-1}-\boldsymbol{AP}^{-1}-\boldsymbol{P}^{-1}\boldsymbol{A}+\boldsymbol{B}^2=\boldsymbol{0}\\ \boldsymbol{P}^{-1}(t_f)=\boldsymbol{F}^{-1}=\boldsymbol{0}\end{cases} \tag{7.105}$$

即由

$$\begin{cases}\dot{\boldsymbol{P}}^{-1}=\dfrac{4}{T_g}\cdot\boldsymbol{P}^{-1}-\dfrac{1}{T_g^2}\\ \boldsymbol{P}^{-1}(t_f)=\boldsymbol{F}^{-1}=\boldsymbol{0}\end{cases} \tag{7.106}$$

积分求解，在一定假设条件下（$\rho-\rho_f/\rho\neq0$，ρ_f/ρ 为小量）进行简化，可近似得到

$$\boldsymbol{P}^{-1}=[1/3T_g]$$

故有

$$\boldsymbol{P}=[3T_g] \tag{7.107}$$

将 $\boldsymbol{P}$ 代入最优控制解的表达式

$$\dot{\boldsymbol{\gamma}}_T^*=-\boldsymbol{BPX} \tag{7.108}$$

即得

$$\dot{\gamma}_T^*=3\dot{\gamma}_T \tag{7.109}$$

此即再入弹头在转弯平面内的最优导引规律。

7.4.5 机动弹头速度控制方法

对于中、近程常规机动弹头实施速度控制是十分必要的，因为根据被杀伤目标的特性，对弹头的落地速度有不同的要求。如对空爆、触地爆弹头的落速与对侵彻、钻地弹头的落速就有不同的要求。另外，由于子母弹种类的不同和抛撒方式的不同，也要求弹头落地速度有一个适当的调整范围，以满足对着速范围的要求。潘兴Ⅱ弹头以不机动弹道式再入飞行时，其落速为 2400 m/s 左右；机动飞行有 $\dot{\gamma}$ 导引而无圆锥形运动时，其落速为 1200 m/s 左右；有 $\dot{\gamma}$ 导引也有圆锥形运动时，其落速可控制在 410～1070 m/s 范围内。在低空时，一般不使用减速发动机，一是效率不高，二是弹头质量太大；采用减速板方案又影响控制性

能和飞行特性。可行的方法是使弹头纵轴以某一总攻角 η 绕速度方向做圆锥形运动，这可使升力大部分被抵消，而只有因附加总攻角产生的诱导阻力，使弹头减速。为了进行速度控制，一方面需要建立一个基准，就是设计出一条满足落速要求的理想速度曲线，即合理的速度随高度变化曲线；另一方面需要求出控制飞行速度沿理想速度曲线变化的 $\dot{\gamma}$ 控制方法。

1. 理想速度曲线的设计

设计的理想速度曲线必须保证其落点速度近似等于要求的速度，同时还应在接近目标段与实际情况差别较小，而高空段允许有大一些的偏差。附加的总攻角，即附加的攻角和侧滑角不应出现饱和与失控现象，特别是当图像匹配对自动驾驶仪误差进行修正时，更应该保证其可控性；同时在起始匹配高度上，应留出一个速度差 Δv_P，作为修正误差时速度损失的补偿。理想速度曲线应便于在弹头上实现，其变量应易于测量。为便于计算，其计算公式应能写成解析形式。

为了进行图像匹配，相关器理想工作条件是弹头纵轴与当地水平面垂直，即相关器开始工作以后弹道倾角逐渐趋于$-90°$。停止控制时，保证零攻角飞行，使无控段的实际弹道为垂直下降弹道。因此从相关器匹配开始，按垂直下降弹道设计理想速度曲线是必要和合理的。再入段飞行的一般简单运动方程，在平面运动假设下可写成

$$\begin{cases}\dfrac{\mathrm{d}v}{\mathrm{d}H}=\dfrac{C_D qS}{m}-g\sin\theta \\ \dfrac{\mathrm{d}\theta}{\mathrm{d}t}=\dfrac{C_L qS}{mv}-\dfrac{g}{v}\cos\theta \\ \dfrac{\mathrm{d}H}{\mathrm{d}t}=v\sin\theta\end{cases} \tag{7.110}$$

式中：v 为弹头运动速度；θ 为弹头飞行弹道倾角；H 为弹头飞行高度；C_D 为弹头阻力系数；C_L 为弹头升力系数；q 为弹头动压；S 为弹头参考面积；m 为弹头质量。

忽略升力和重力，并假设密度随高度呈指数变化，即大气密度 $\rho=\rho_0\mathrm{e}^{-\beta H}$，则方程组(7.110)可简化为

$$\begin{cases}\dfrac{\mathrm{d}v}{\mathrm{d}H}=-\dfrac{C_D\rho_0 Sv}{2m\sin\theta}\mathrm{e}^{-\beta H} \\ \dfrac{\mathrm{d}v}{v}=-\dfrac{C_D\rho_0 S}{2m\sin\theta}\mathrm{e}^{-\beta H}\end{cases} \tag{7.111}$$

假设阻力系数 C_D 为常数，且令 $k_0=\dfrac{C_D\rho_0 S}{m\beta}$，则可求解得到

$$v=v_E\mathrm{e}^{\frac{k_0}{2\sin\theta}\mathrm{e}^{-\beta H}} \tag{7.112}$$

对垂直下降弹道而言，$\theta=-\dfrac{\pi}{2}$，则式(7.112)为

$$v=v_E\mathrm{e}^{-\frac{k_0}{2}\mathrm{e}^{-\beta H}} \tag{7.113}$$

对落点(即 $H=0$)处，记落速为 v_F，则有

$$v_F=v_E\mathrm{e}^{-k_0/2} \tag{7.114}$$

将式(7.114)代入式(7.113)，可得

$$v=v_F e^{\frac{k_0}{2}(1-e^{-\beta H})} \tag{7.115}$$

将 $e^{\frac{k_0}{2}(1-e^{-\beta H})}$ 展开成级数形式，且只取第一项，则式(7.115)可近似成

$$v=v_F[1+\partial e(1-e^{-\beta H})] \tag{7.116}$$

若只取展开级数的第一项，则$\partial e=k_0/2$。实际上式(7.116)中的∂e是可以调整的，以便更符合实际情况。

弹头再入段机动弹道并非垂直下降弹道，在俯仰机动段，弹道倾角θ变化很大。因此，理想速度曲线必须考虑θ变化的影响，才能进行实际应用。

在求解方程组(7.111)时，将θ分段取常数，并分段求解，就能得到

$$v=v_F[1+\partial e(1-e^{-\beta H})]^{-\frac{1}{\sin\lambda_D}} \tag{7.117}$$

潘兴Ⅱ弹头用$\frac{1}{\sin\lambda_D}\cdot\frac{1}{\cos^2(\lambda_D+\theta_F)}=\frac{1}{\sin^3\lambda_D}\left(\theta_F=\frac{\pi}{2}\right)$来逼近$-\frac{1}{\sin\lambda_D}$，则上式为

$$v=v_F[1+\partial e(1-e^{-\beta H})]^{\frac{1}{\sin\lambda_D}\cdot\frac{1}{\cos^2(\lambda_D+\theta_F)}} \tag{7.118}$$

式中，∂e为变量，可分段取常数。

由于用$\frac{1}{\sin\lambda_D}$逼近$\frac{1}{\sin\theta}$不理想，因此需要进行调整，将其取为某高度下的限定值k（潘兴Ⅱ弹头可取$k=2$）。当$\frac{1}{\sin\lambda_D}\cdot\frac{1}{\cos^2(\lambda_D+\theta_F)}\geqslant k$时取为常数$k$，同时$\partial e$分段取常数。

在修正惯导系统产生的弹头位置偏差时，必然要损失一部分速度。因此，在匹配开始时应增加一个补偿速度Δv_P，最后得到理想速度公式为

$$v=v_F[1+\partial e(1-e^{-\beta H})]^k+\Delta v_P \tag{7.119}$$

当k值大于某给定值时，则取为该值，潘兴Ⅱ弹头取为2。

理想速度公式(7.119)中的参数∂e、k和Δv_P，在飞行试验装订前经过大量模拟计算最后确定。理想速度曲线随高度的演化过程如图7-24所示。

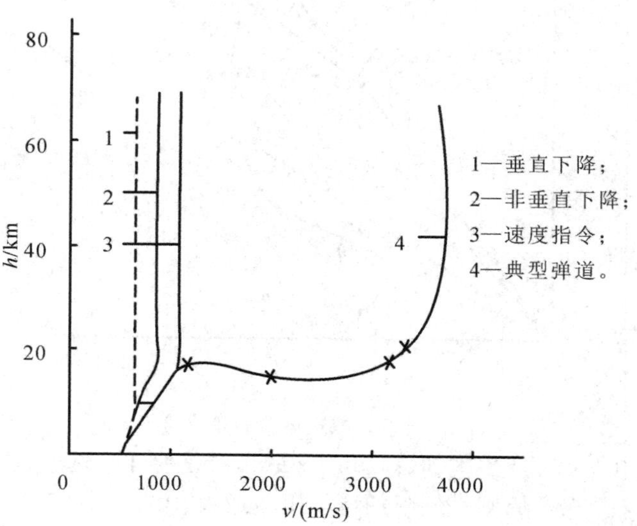

图7-24　理想速度曲线随高度的演化过程

2. 速度控制方法

速度控制就是如何把实际速度控制到理想速度曲线上。若将速度 v 减到 v^*，在依靠空气动力实施机动飞行的条件下，唯一方法是增加总攻角 η，依赖增加的诱导阻力使弹头减速。为使增加的升力不至于干扰弹头的运动特性，或使增加的升力对弹头运动影响很小，则增加的总攻角必须是在 $\dot{\gamma}$ 导引规律确定的总攻角上产生交变的总攻角，从而使增加的总升力能相互抵消。具体控制方法简述如下。

1）减速运动的诱导阻力

由 $\dot{\gamma}$ 控制导引的无减速控制在某高度上的阻力 $\widetilde{D}$ 可以写成由导引规律确定的总攻角 $\widetilde{\eta}$ 的函数，即

$$\widetilde{D}=qS(C_{D_0}+C_{D\alpha}\widetilde{\eta}^2) \tag{7.120}$$

$$\widetilde{\eta}=(\widetilde{\alpha}^2+\widetilde{\beta})^{1/2} \tag{7.121}$$

式中：C_{D_0} 为总攻角 $\widetilde{\eta}$ 等于零时的阻力系数；$C_{D\alpha}$ 为由 $\widetilde{\eta}$ 引起的诱导阻力系数；$\widetilde{\alpha}$、$\widetilde{\beta}$ 为由 $\dot{\gamma}$ 导引规律确定的攻角和侧滑角，它们均为某高度上的已知参数。

设由某高度开始减速控制，则要求增大总攻角 $\widetilde{\eta}$ 以提供减速的附加阻力。若总攻角增大到 η，则此时产生的阻力为

$$D=qS(C_{D_0}+C_{D\alpha}\eta^2) \tag{7.122}$$

式(7.122)减式(7.120)可得减速运动的附加诱导阻力为

$$\Delta D=qSC_{D\alpha}(\eta^2-\widetilde{\eta}^2) \tag{7.123}$$

式(7.123)只说明减速控制的附加诱导阻力的算法，至于 η 和 $\widetilde{\eta}$ 的几何关系，即附加总攻角的加法将放在后面讨论。减速运动的总攻角如图 7-25 所示。

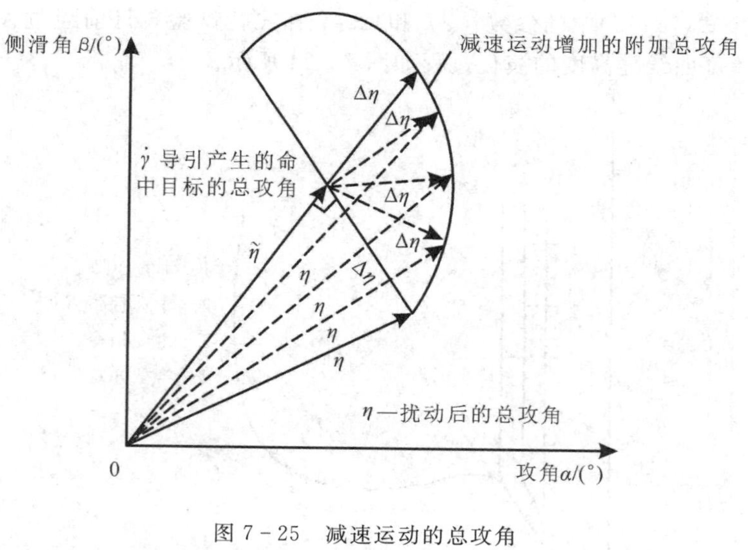

图 7-25　减速运动的总攻角

由图 7-25 可以看出：产生附加总攻角 $\Delta\eta$ 的目的是使弹头迅速减速。因此，研究附加总攻角的加法问题，其根本原则是使附加诱导阻力最大。由图 7-25 中可以得知，在产生的附加诱导阻力相同的情况下，以附加总攻角垂直加到总攻角 $\widetilde{\eta}$ 上所产生的总攻角最小，也就是说，垂直相加所产生的附加诱导阻力最大，这正是减速控制所必需的。

由图7-25可知，只有垂直相加，才能保证对弹头的运动特性影响最小，既能保证最优导引规律的实现，又能使附加总攻角产生的升力部分被相互抵消。而其他任何加法，都将在最优导引规律 $\tilde{\eta}$ 上增加一个附加总攻角，既改变了导引规律的最优性，又产生了一个不能抵消的升力，将改变弹头的运动特性。

当附加总攻角垂直加到 $\tilde{\eta}$ 上以后，式(7.123)为

$$\Delta D = qSC_{D\alpha}\Delta\eta^2 \tag{7.124}$$

$$\Delta\eta^2 = \eta^2 - \tilde{\eta}^2 \tag{7.125}$$

2）减速控制的导引方程

由总升力产生的速度方向的转动角速度 $\tilde{\gamma}_B^2$ 可以表示为

$$\tilde{\gamma}_B^2 = \frac{\rho v S}{2m}C_L = \frac{\rho v S}{2m}C_{D\alpha}(\tilde{\eta}^2 + \Delta\eta^2)^{1/2} \tag{7.126}$$

设某高度上的实际速度 v 与理想速度 v^* 的差值为 $v-v^*$，若要求在 $T_g=-\gamma/\gamma^*$ 时间内通过减速控制消除此速度差，则所需附加的加速度为

$$\frac{v-v^*}{T_g}$$

但由于 T_g 和 v^* 等有误差，所以应该加一个修正系数 k，从而附加的加速度应为

$$\frac{k(v-v^*)}{T_g}$$

此附加的加速度只能由附加的诱导阻力来提供，即

$$\frac{k(v-v^*)}{T_g} = \frac{\rho v^2 SC_{Dd}\Delta\eta^2}{2m} \tag{7.127}$$

则有

$$\Delta\eta = \left(\frac{2m}{C_{D\alpha}\cdot S}k\,\frac{v-v^*}{v}\cdot\frac{1}{T_g}\cdot\frac{1}{\rho v}\right)^{1/2} \tag{7.128}$$

$\tilde{\eta}$ 为无减速运动时按 $\dot{\gamma}$ 导引规律确定的总攻角，由此总攻角 $\tilde{\eta}$ 产生的阻力加速度为

$$-\frac{C_{D_0}\rho v^2 S}{2m} - \frac{C_{D\alpha}\rho v^2 S}{2m}\tilde{\eta}^2 = A_{x_0} + A_x^m \tag{7.129}$$

则有

$$A_{x_0} = -\frac{C_{D_0}\rho v^2 S}{2m}$$

$$A_x^m = -\frac{C_{D\alpha}\rho v^2 S}{2m}\tilde{\eta}^2 \tag{7.130}$$

$$\tilde{\eta} = \left(\frac{2m}{C_{D\alpha}\cdot S}\cdot\frac{1}{\rho v}\cdot\frac{|A_x^m|}{v}\right)^{1/2} \tag{7.131}$$

式中，$|A_x^m|$ 为 A_x^m 的模。

将式(7.128)和式(7.131)代入式(7.126)可得

$$\dot{\gamma}_B = \left\{\frac{C_{L\alpha}\rho v S}{2m}\left[\frac{2m}{C_{D\alpha}\rho v S}\left(k\,\frac{v-v^*}{v}\cdot\frac{1}{T_g} + \frac{|A_x^m|}{v}\right)\right]^{1/2}\right\}^{1/2} \tag{7.132}$$

令 $K_1 = \left[\frac{(C_{L\alpha})^2\cdot S}{2mC_{D\alpha}}\right]^{1/2}$，$\varepsilon = \frac{v-v^*}{v}$，$-\frac{\dot{\gamma}}{\gamma} = -\frac{v_{xs}}{\gamma}$，则上式最后为

$$\dot{\gamma}_B=K_1\left\{\rho v\left[k\left(-\frac{v_{xs}}{\gamma}\right)\varepsilon+\frac{|A_x^m|}{v}\right]\right\}^{1/2} \tag{7.133}$$

3）减速控制的 $\dot{\gamma}_D$ 和 $\dot{\gamma}_T$ 计算

无附加减速控制时，总的 γ 记为 $\tilde{\gamma}$，可以写为

$$\tilde{\dot{\gamma}}=\frac{\rho v S C_{L\alpha}\tilde{\eta}}{2m} \tag{7.134}$$

则有

$$\dot{\gamma}_B^2=\tilde{\dot{\gamma}}^2+\left(\frac{\rho v S C_{L\alpha}\Delta\eta}{2m}\right)^2 \tag{7.135}$$

若令 $\Delta\dot{\gamma}$ 为附加的速度转率 $\rho v S C_{L\alpha}\Delta\eta/2m$，则有

$$\dot{\gamma}_B^2=\tilde{\dot{\gamma}}^2+(\Delta\dot{\gamma})^2 \tag{7.136}$$

即

$$\Delta\dot{\gamma}=[\tilde{\dot{\gamma}}_B^2-\tilde{\dot{\gamma}}^2]^{1/2} \tag{7.137}$$

由式(7.137)可知，$\Delta\dot{\gamma}$ 垂直于 $\tilde{\dot{\gamma}}$，式(7.137)的关系见图 7-26 所示。

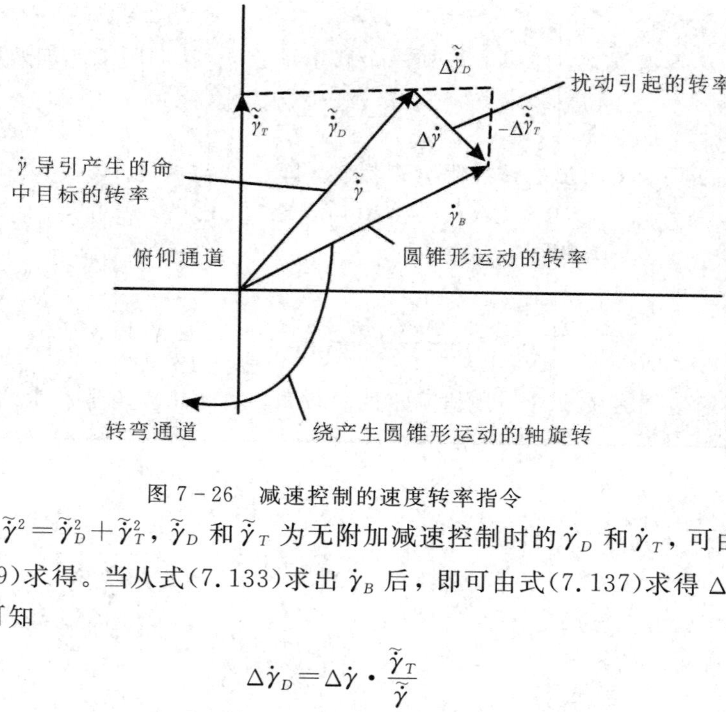

图 7-26 减速控制的速度转率指令

图 7-26 中，$\tilde{\dot{\gamma}}^2=\tilde{\dot{\gamma}}_D^2+\tilde{\dot{\gamma}}_T^2$，$\tilde{\dot{\gamma}}_D$ 和 $\tilde{\dot{\gamma}}_T$ 为无附加减速控制时的 $\dot{\gamma}_D$ 和 $\dot{\gamma}_T$，可由导引控制方程(7.97)和(7.109)求得。当从式(7.133)求出 $\dot{\gamma}_B$ 后，即可由式(7.137)求得 $\Delta\dot{\gamma}$。

由图 7-26 可知

$$\Delta\dot{\gamma}_D=\Delta\dot{\gamma}\cdot\frac{\tilde{\dot{\gamma}}_T}{\tilde{\dot{\gamma}}} \tag{7.138}$$

$$\Delta\dot{\gamma}_T=-\Delta\dot{\gamma}\cdot\frac{\tilde{\dot{\gamma}}_D}{\tilde{\dot{\gamma}}} \tag{7.139}$$

则减速运动的控制指令为

$$\dot{\gamma}_D=\Delta\dot{\gamma}_D+\tilde{\dot{\gamma}}_D,\ \dot{\gamma}_T=\dot{\gamma}\cdot\tilde{\dot{\gamma}}_T+\Delta\dot{\gamma}_T \tag{7.140}$$

有了 $\dot{\gamma}_D$ 和 $\dot{\gamma}_T$ 后就可求得 α 和 β，并逐步积分运动方程组，得到再入机动弹道和各有关参数。

思 考 题

1. 简述机动弹头的组成及特点。
2. 简述带机动弹头的潘兴Ⅱ导弹的飞行过程。
3. 简述机动弹头气动外形选择所考虑的主要因素。
4. 简述弹头气动力计算的主要步骤,并列写关键公式。
5. 试分析如何控制机动弹头的速度。

参 考 文 献

[1] 雷虎民，何广军，马附洲，等. 导弹制导与控制原理[M]. 北京：国防工业出版社，2006.
[2] 李惠峰. 高超声速飞行器制导与控制技术[M]. 北京：中国宇航出版社，2012.
[3] 朱坤岭，汪维勋. 导弹百科辞典[M]. 北京：中国宇航出版社，2001.
[4] 鲁郁. 北斗/GPS 双模软件接收机原理与实现技术[M]. 北京：电子工业出版社，2016.
[5] TITTERTON D H，WESTON J L. 捷联惯性导航技术：第 2 版[M]. 张天光，王秀萍，王丽瑕，等译. 北京：国防工业出版社，2007.
[6] 张毅，肖龙旭，王顺宏. 弹道导弹弹道学[M]. 长沙：国防科技大学出版社，2005.
[7] 王惠南. GPS 导航原理与应用[M]. 北京：科学出版社，2003.
[8] 杨军，杨晨，段朝阳，等. 现代导弹制导控制系统设计[M]. 北京：航空工业出版社，2005.
[9] 陆元九. 惯性器件[M]. 北京：中国宇航出版社，1993.
[10] 秦永元. 惯性导航[M]. 北京：科学出版社，2006.
[11] 中国惯性技术学会，中国航天电子技术研究院. 惯性技术词典[M]. 北京：中国宇航出版社，2009.
[12] 张宗麟. 惯性导航与组合导航[M]. 北京：航空工业出版社，2000.
[13] ARMENISE M N，CIMINELLI C，DELL'OLIO F，et al. 新型陀螺仪技术[M]. 袁书明，程建华，译. 北京：国防工业出版社，2013.
[14] 邓正隆. 惯性技术[M]. 哈尔滨：哈尔滨工业大学出版社，2006.
[15] 薛成位. 弹道导弹工程[M]. 北京：中国宇航出版社，2002.
[16] 爱因斯坦. 狭义与广义相对论浅说[M]. 杨润殷，译. 北京：北京大学出版社，2005.
[17] 费恩曼，莱顿，桑兹. 费恩曼物理学讲义：第 1 卷[M]. 郑永令，华宏鸣，吴子仪，等译. 上海：上海科学技术出版社，2005.
[18] 刘石泉. 弹道导弹突防技术导论[M]. 北京：中国宇航出版社，2003.
[19] 许江宁，卞鸿巍，刘强，等. 陀螺原理及应用[M]. 北京：国防工业出版社，2009.
[20] 吴俊伟. 惯性技术基础[M]. 哈尔滨：哈尔滨工程大学出版社，2002.
[21] 查特菲尔德. 高精度惯性导航基础[M]. 武凤德，李凤山，等译. 北京：国防工业出版社，2002.
[22] 任思聪. 实用惯导系统原理[M]. 北京：中国宇航出版社，1988.
[23] 郭素云. 陀螺仪原理及应用[M]. 哈尔滨：哈尔滨工业大学出版社，1985.
[24] 王新龙. 惯性导航基础[M]. 西安：西北工业大学出版社，2013.
[25] 张桂才. 光纤陀螺原理与技术[M]. 北京：国防工业出版社，2008.
[26] 毛奔，林玉荣. 惯性器件测试与建模[M]. 哈尔滨：哈尔滨工程大学出版社，2008.